航|空|航|天|新|兴|领|域|高|等|教

轨道力学

ORBITAL MECHANICS

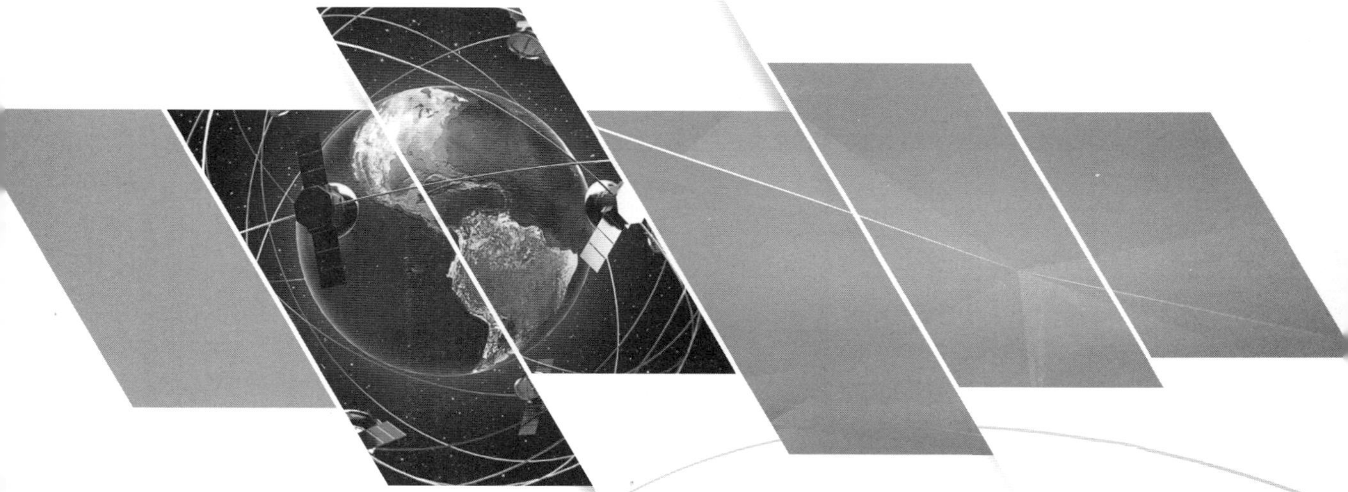

主　编 / 王卫杰
副主编 / 周伟静
参　编 / 杨彦霞　于春淼
李　磊　王　训

国防工業出版社
· 北京 ·

内 容 简 介

本书系统地阐述了航天器轨道力学的知识，主要内容包括四部分：太阳系、轨道力学的发展历程、时间系统和质点动力学基础；二体轨道、轨道递推、初始轨道确定和轨道摄动等轨道力学的经典内容；轨道覆盖与轨道类型、轨道机动和相对轨道等与航天任务密切相关的内容；限制性三体问题、月球和行星际探测等深空轨道的基础知识。全书内容丰富、理论体系严谨、物理图像清晰，并配有必要的例题和习题。

本书可作为普通高等院校的本科生教材，也可供航天相关专业的研究生和从业人员学习参考。

图书在版编目（CIP）数据

轨道力学 / 王卫杰主编. -- 北京 : 国防工业出版社, 2025. 4. -- ISBN 978-7-118-13661-6

Ⅰ. V412. 4

中国国家版本馆 CIP 数据核字第 20258HR903 号

※

国防工业出版社 出版发行

（北京市海淀区紫竹院南路 23 号　邮政编码 100048）

三河市天利华印刷装订有限公司印刷

新华书店经售

*

开本 787 × 1092　1/16　**印张** 16½　**字数** 396 千字

2025 年 4 月第 1 版第 1 次印刷　**印数** 1—1500 册　**定价** 160. 00 元

国防书店：（010）88540777　书店传真：（010）88540776

发行业务：（010）88540717　发行传真：（010）88540762

前　言

轨道力学作为连接天体运动与航天工程的关键学科，其理论体系历经三百余年的演进与发展。开普勒基于第谷观测数据总结的行星运动三大定律，为轨道力学奠定了多方面的理论基础，并深刻影响了后续天体力学的发展。牛顿在《自然哲学的数学原理》一书中系统阐述了三大运动定律与万有引力定律，人类首次能够通过数学方程精确描述天体间的相互作用，不仅统一了地月系统与行星绕日运动的规律，更为人造航天器轨道设计与控制提供了核心理论支撑。

相较于传统天体力学聚焦于月球、行星等自然天体的研究，航天器轨道力学主要针对近地空间至深空域的人造物体运动特性展开研究。该学科需要综合运用经典力学与控制理论的最新成果，在动力学框架下解析航天器在多类作用力作用下的复杂运动轨迹。具体而言，需考虑地球非球形引力场引起的 J_2 项摄动、日月引力摄动、大气阻力及太阳光压等多因素耦合效应，同时还要处理航天器自身控制系统产生的控制力。

本书以服务国家航天强国战略为导向，针对编者团队单位航天发射测控、航天任务规划、航天态势感知等特色专业的人才培养需求，构建了“基础理论－经典应用－前沿拓展”的阶梯式知识体系。全书共 10 章，内容上既注重学科纵深发展，又强调工程实践衔接，具体架构如下：第 1 章～第 2 章聚焦学科基础与认知框架，包括轨道力学的发展历程、时空系统和质点动力学基础；第 3 章～第 6 章深入解析经典天体力学精髓，包括二体轨道、轨道递推、轨道确定和轨道摄动；第 7 章～第 9 章聚焦轨道力学在航天工程任务中的应用，包括轨道覆盖与轨道类型、轨道机动和相对轨道；第 10 章前瞻性探讨了限制性三体问题、月球和行星探测等深空轨道的基础知识；附录给出了常用轨道力学常数，以及方向余弦阵和球面三角形的基本公式。

本书的创作初心始终根植于三个维度：构建“知天”的认知体系、锤炼“用天”的实践能力、掌握“算天”的核心技术，致力于打造一部贯通天体力学、航天器工程应用与计算机编程计算的综合型教材。在本书的编写过程中作者参考了国内外本领域众多学者的教研成果，在此表示衷心的感谢。本书既可作为航天类院校本科生的教材，也可供航天相关专业研究生和从业人员学习参考。

编者深切体会到教材作为知识传递与人才培养基石的重要使命，始终以敬畏之心和如临深渊、如履薄冰的态度编写本书，力求在能力范围内做到最好，但由于水平有限，加之时间紧张，书中难免存在不足之处，在此，我们诚恳期盼广大读者特别是行业专家不吝赐教，将使用中发现的问题随时反馈至邮箱 wangwjie@ 126. com。

编　者

2024 年 11 月

目　录

第1章　绪　　论

人造天体与自然天体在万有引力场中的运动规律是类似的，因此，轨道力学的很大一部分知识源自天文学中的天体力学，而天体力学的发展则可追溯到早期的古典天文学。我国天文学的起源可追溯到久远的年代，在古老的历史文献《尚书·尧典》中就有记载："乃命羲和，钦若昊天，历象日月星辰，敬授民时"，是说尧命令羲氏、和氏，严谨地遵循天数，推算日月星辰运行的规律，制定出历法，把天时节令告诉人们。因而学习轨道力学，需从了解太阳系天体开始。

1.1　太阳系

1.1.1　太阳系组成

太阳系位于距银河系中心大约2.4万~2.7万光年的位置。太阳系中最主要的成员是太阳，它是一颗G2主序星，占据了太阳系所有已知质量的99.86%。太阳以220km/s的速度绕银心运动，大约2.5亿年绕行一周，太阳运行的方向基本上是朝向织女座，靠近武仙座的方向。太阳系内的天体在太阳引力的约束下运动。

除太阳外，截至2019年10月，太阳系还包括8个大行星、近500个卫星和至少120万个小行星，还有一些矮行星和彗星，如图1-1所示。太阳系八大行星按其物理性质可以分为两类。一类为类地行星：体积小而平均密度大，自转速度慢，卫星较少，有水星、金星、地球和火星；另一类为类木行星：体积大，平均密度小，自转速度快，卫星较多，有木星、土星、天王星和海王星，最为特殊的是海王星和土星。表1-1列出了太阳和八大行星的重要物理特性。

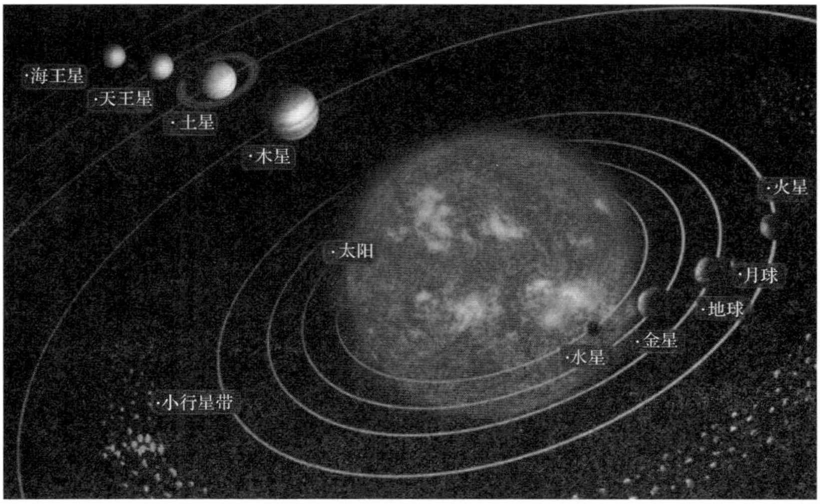

图1-1　太阳系示意图

表 1-1 太阳和八大行星的物理特性

行星	轨道周期/年	半长轴/(10^6km)	轨道速度/(km/s)	与地球质量比(地球=1)	μ/(km^3/s^2)	赤道半径/km	赤道与轨道面倾角
太阳	—	—	—	333,432	1.327×10^{11}	696,000	7.5°
水星	0.241	59.91	47.87	0.055	2.203×10^4	2439	7.005°
金星	0.615	108.2	35.02	0.815	3.257×10^5	6052	177.36°
地球	1.000	149.6	29.79	1.000	3.986×10^5	6378	23.45°
火星	1.881	227.9	24.13	0.107	4.305×10^4	3397	25.19°
木星	11.86	778.3	13.07	318.0	1.268×10^8	71,492	3.12°
土星	29.42	1429	9.67	95.16	3.794×10^7	60,268	26.73°
天王星	83.75	2875	6.83	14.50	5.794×10^6	25,559	97.86°
海王星	163.7	4504	5.48	17.2	6.809×10^6	24,764	29.56°

小行星带是太阳系内介于火星和木星轨道之间的小行星密集区域，98.5%的小行星都在此处被发现，已经被编号的小行星有120437颗。由于小行星带是小行星最密集的区域，因此这个区域也被称为主带。另外，位于海王星轨道外侧日心空间区域的柯伊伯带，至少包含100个近冥王星大小的天体，这些天体也被称为柯伊伯带天体（KBOs）。

矮行星与常规行星围绕太阳运动，有足够的质量和引力，自身引力足以克服其固体应力而使自己成圆球状。与常规行星不同的是，矮行星不能清除其轨道附近的其他物体，运行轨道布满其他天体，如小行星和彗星。典型的有冥王星、谷神星、阋神星、鸟神星、妊神星。其中谷神星离地球最近，是木星和火星之间主要小行星带中最大的矮行星，也是航天器访问过的第一颗矮行星。

1.1.2 行星轨道要素

行星轨道的大小、形状和方向用5个经典轨道要素来描述。这5个轨道要素除了由于行星间的相互引力引起的微小扰动外，都是不变的常数。第6个轨道要素定义行星在其轨道上的位置，它随时间的变化而改变。对于任一日期，行星在其轨道上的位置均可从《天文年鉴》（*The Astronomical Almanac*）4上查到。表1-2列出了J2000历元时刻的一组完整的轨道要素。除水星之外，其他行星的轨道几乎都是圆形，且几乎都在黄道平面内。

表 1-2 J2000 历元时刻平均黄道和春分点的行星轨道要素

行星	半长轴 a [AU]	轨道偏心率 e	黄道面倾角 i	升交点黄经 Ω	近日点黄经 Π	历元时刻真黄经 l_0
水星	0.3871	0.2056	7.005°	48.332°	77.450°	252.251°
金星	0.7233	0.0068	3.394°	76.681°	131.533°	181.980°

续表

行星	半长轴 a [AU]	轨道偏心率 e	黄道面倾角 i	升交点黄经 Ω	近日点黄经 Π	历元时刻真黄经 l_0
地球	1.0000	0.0167	0.000°	-11.261°	102.948°	100.464°
火星	1.524	0.0934	1.851°	49.579°	335.041°	355.453°
木星	5.203	0.0484	1.305°	100.556°	14.754°	34.404°
土星	0.537	0.0542	2.484°	113.715°	92.432°	49.944°
天王星	19.191	0.0472	0.770°	74.230°	170.964°	313.232°
海王星	30.069	0.00859	1.769°	131.722°	44.971°	304.880°

1.1.3　地月系统

月球环绕地球运动这一说法并不准确，更准确的说法是，地球和月球两者都环绕它们的共同质量中心运动。地心到月心的平均距离是384400km，月球质量是地球质量的1/81.304，这就使地月系统的质心离地心 4671km，或者说地月系统质心大约位于从地心到地面距离的 3/4 处。

描述地月系统的运动是一件相当复杂的事。系统的质心每年绕太阳旋转一圈（按照年的定义）。地球和月球每 27.3 天绕它们的共同质心旋转一次。因此，当我们从地球上，而不是从地月系统的质心观察天体时，天体的黄经（例如太阳或较近行星的黄经）就会呈现出以 27.3 天为周期的起伏变化。事实上，在 1962 年 10 月“徘徊者”5 号（Ranger 5）飞入距离月球 725km 的范围内之前，天体黄经的周期性变化是确定月球质量最可靠的资料来源。

月球轨道的周期并不是一个常数，而是在慢慢增大，与此同时，地球和月球的距离也在增大。按照达尔文提出的理论，过去月球离地球更近。月球缓慢地向外退的原因是：由月球的存在而引起的地球海洋潮汐隆起被地球的自转带向东面，这就使地球引力中心发生漂移，偏向地球和月球质量中心连线的东面。于是月球在其轨道运动方向产生了一个很小的加速度，使月球缓慢向外盘旋的速度加快，如图 1－2 所示。

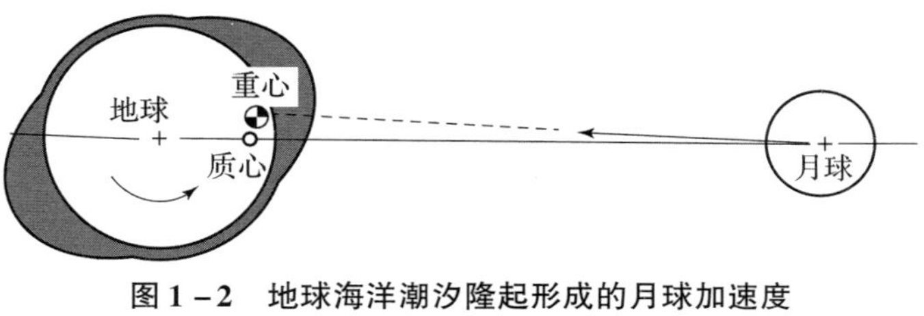

图 1－2　地球海洋潮汐隆起形成的月球加速度

1. 月球的轨道要素

从地心观察时，月球的轨道可以用半长轴 a、偏心率 e、轨道倾角 i、升交点赤经 Ω、近点幅角 ω、历元时刻的赤经 α 共 6 个经典轨道要素来描述，如图 1－3 所示。其中前 5 个要素与弹道与轨道基础课程所学的轨道要素一致。历元时刻的赤经是从春分点向东量度至月球位置矢量在赤道面上的投影之角度。

对于月球轨道，由于受到太阳的扰动影响，轨道要素随着时间而不断变化，但这些要素在任何特定时刻的数值均可以在诸如《天文年鉴》公布的月球星历表中查到。

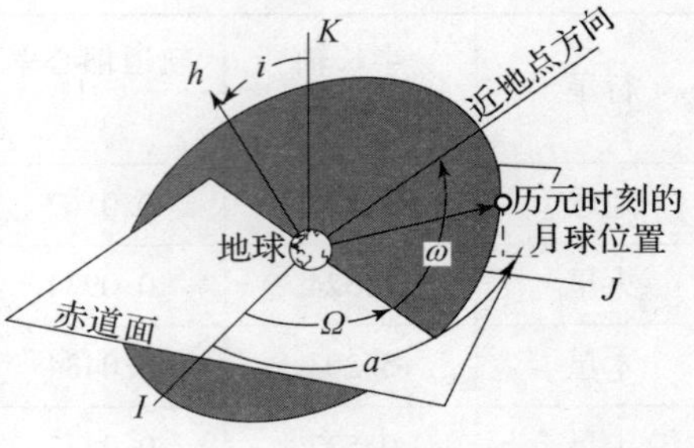

图 1-3 月球的轨道要素

为了说明月球运动的复杂性，我们简要介绍一下月球运动的主要扰动。

月球轨道半长轴的平均值是 384400km。相对于恒星，月球绕地球旋转一整圈的平均时间是 27.31661 天。由于太阳的扰动，恒星时周期的变化可达 7h。

月球轨道的平均偏心率是 0.054900489。每隔 31.8 天，轨道偏心率就出现小的周期变化。在 2000 多年前，希帕克斯（Hipparchus）就发现了这种“出差”现象。

月球轨道与黄道面（地球轨道平面）间的倾角约为 5°8′。月球轨道与黄道面的交线称为交点线，它向西转动，旋转一周为 18.6 年。

月球从南至北穿过黄道面的交点称为升交点，从北至南穿过黄道面的交点称为降交点。仅当月球在这两个交点上时才有可能发生日食或月食，因为只有在这时，太阳、地球和月球才能在同一直线上。月球沿轨道从一个交点转回同一交点的平均时间为 27.21222 天，称为“交点周期”，这个名称与龙在日全食时吞下太阳的迷信思想有关。

月球轨道与黄道面的倾角平均值为 5°8′，实际值在 4°59′~5°18′之间变动。地球赤道面与黄道面的倾角为 23°27′，除了地球旋转轴以 26，000 年为周期缓慢进动外，赤道平面是比较稳定的。

从图 1-4 可以看出，由于月球交点线的旋转，赤道面和月球轨道平面间的夹角在变化。当月球升交点与春分方向一致时，月球轨道面与赤道面间的倾角达到最大值，是 5°8′与 23°27′（或 28°35′）之和。当降交点处在春分点方向时，月球轨道面与赤道面间的倾角是 23°27′-5°8′=18°19′。因此，月球轨道面与赤道面间的倾角在 18°19′~28°35′之间变化，变化周期是 18.6 年。

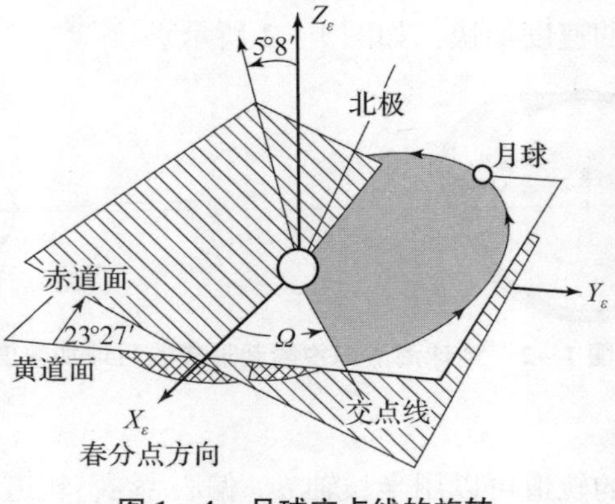

图 1-4 月球交点线的旋转

月球轨道面与黄道面间倾角的微小变化和交点线的进动，是佛兰斯蒂德（Flamsteed）于 1670 年首先观察到的。

拱点线（远地点和近地点的连线）在月球轨道运动的方向上旋转，致使 ω 在约 8.9 年中变化 360°。牛顿在《原理》一书中曾试图解释这一现象，但他的推算仅为观测到的拱点线转动周期的一半。1749 年，法国数学家克莱罗（Clairaut）从理论上推导出了正确的结果。但在一个多世纪后的 1872 年，在牛顿未发表的论文中也发现了正确的计算结果。这说明牛顿后来发现了自己的错误，但他一直没有对已发表的错误结果进行修正。

2. 月球的天平动

月球绕地球转动的周期正好等于月球自转的周期，所以月球总是以同一面向着地球。若月球的轨道是正圆，且其自转轴垂直于轨道平面，那么我们就只能看到月球表面的一半。

事实上，由于“月球的天平动”现象，我们能够看到月球整个表面的 59%。月球的天平动，或者说月球的“摇动运动”主要由两个原因所致。第一个原因是月球赤道面与其轨道面有 6.5°的倾角，因此出现月球纬度的几何天平动。另一个原因是，在一个月内，有半个月时间月球的北极倾向地球，另半个月则是月球南极倾向地球，因此，我们先后可以略多看到月球南、北极周围的一些地方。

月球经度的几何天平动是由月球轨道的偏心率造成的。月球的自转速率是均匀的，但它沿轨道运动的角速度却是不均匀的，在近地点附近运动快一些，在远地点附近运动慢一些。这样就使我们能看到其两边缘外侧约 7.75°的区域。

除了上述的视在摇动外，还有一种实际的摇动运动，称为“物理天平动”，它是由地球作用在椭球状月球的长轴上的引力所造成的。

1.1.4　正则单位

天文学家在确定空间物体精确的距离和质量方面已取得很大进步。一些基本量，如地球至太阳的平均距离，月球的质量和月球到地球的平均距离，以及太阳的质量，均已精确知晓。然而，为理解关键变量之间的关系，假设太阳的质量为一个“质量单位”，把地球至太阳的平均距离作为距离单位，称为一个天文单位。虽然无法精确知晓太阳的质量和太阳与地球的距离的绝对值（以千克和千米为单位），但其他所有天体的质量和距离都可以根据这些假设的单位给出。天文学家将这一规范化单位制称为“正则单位”。

虽然正则单位的使用不是很普遍，但以下内容保留了正则单位，以展示使用正则单位简化概念及计算的例子，供教学使用。一些例题和章节练习也保留了正则单位的使用，这有助于阐明基本概念。

正则单位制将基于一个假设的圆形参考轨道。在以太阳为中心体的二体问题中，参考轨道将是半径为一个天文单位（AU）的圆形轨道。在以地球、月球或其他行星为中心体的问题中，参考轨道将是最小高度的圆形轨道，刚好掠过行星表面。

将距离单位（DU）定义为参考轨道的半径。现在定义时间单位（TU），使得在假设参考轨道上卫星速度为 1DU/TU，则引力参数 μ 将为 $1\mathrm{DU}^3/\mathrm{TU}^2$。

除非非常清楚所研究问题使用的单位是基于哪个参考轨道，否则必须使用在 DU 和 TU 上加下标的方式表示清楚。这很简单，只需把天文学家使用的太阳、地球或其他行星的符号作下标即可。最常用的符号如图 1-5 所示。

☉	太阳	♂	火星
☾	月球	♃	木星
☿	水星	♄	土星
♀	金星	⛢	天王星
⊕	地球	♆	海王星

图 1-5　天体符号

参考轨道的概念如图 1－6 所示。常用航天动力学常数及其与正则单位的关系均在附录中列出。

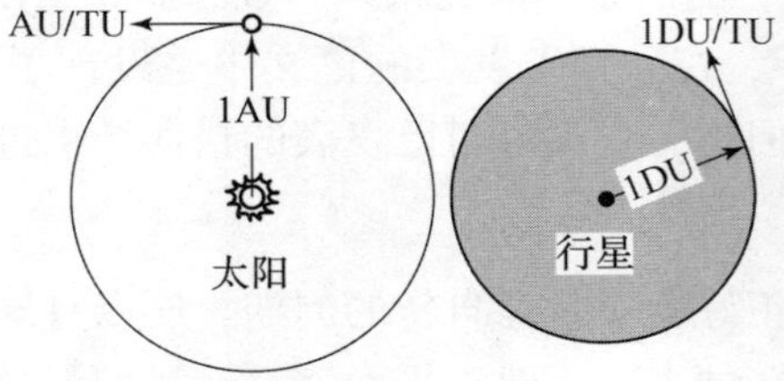

图 1－6　圆形参考轨道

1.2　天体力学的发展历程

轨道力学是天体力学的延伸，讲述轨道力学的发展历程，需要从天体力学说起。

1.2.1　萌芽期

这一时期学者们的主要工作是从天体观测数据中探寻天体的运动规律，并尝试解释天体运动的原因。

1. 地心说

亚里士多德（Aristotle，公元前 384 年—322 年，如图 1－7 所示），古代先哲，古希腊人，世界古代史上伟大的哲学家、科学家和教育家之一，堪称希腊哲学的集大成者。亚里士多德首创了地心说，认为宇宙是一个有限的球体，分为天地两层，地球是球形的，位于宇宙中心，所以日月围绕地球运行，物体总是落向地面。地球之外有 9 个等距天层，由里到外的排列次序是：月球天、水星天、金星天、太阳天、火星天、木星天、土星天、恒星天和原动力天，此外空无一物。上帝推动了恒星天层，才带动了所有天层的运动。人类居住的地球，则静静地屹立在宇宙中心。地球和天体由不同的物质组成，地球上的物质是由水、气、火、土 4 种元素组成，天体由第五种元素“以太”构成。

图 1－7　亚里士多德

托勒密（Ptolemaeus，约公元 90 年—168 年），是希腊数学家、天文学家、地理学家和占星家。托勒密全面继承了亚里士多德的地心说，并利用前人积累和他自己长期观测得到的数据，写成了 8 卷本的《天文集》。在书中，他把亚里士多德的 9 层天扩大为 11 层，把原动力天改为晶莹天，又往外添加了最高天和净火天。托勒密设想，各行星都绕着一个较小的圆周运动，而每个圆的圆心则在以地球为中心的圆周上运动。他把绕地球的那个圆称为“均轮”，每个小圆称为“本轮”。同时假设地球并不恰好在均轮的中心，而偏开一定的距离，均轮是一些偏心圆；日月行星除做上述轨道运行外，还与众恒星一起，每天绕地球转动一周。托勒密这个不反映宇宙实际结构的数学图景，却较为完满地解释了当时观测到的行星运动情况，并取得了航海上的实用价值，从而被人们广为信奉。

2. 地心说

哥白尼（Copernicus，公元 1473 年—1543 年，如图 1－8 所示），伟大的波兰天文学家，日心说的创立者，近代天文学的奠基人。他提出的日心说，改变了人类对自然、对自身的看法。当时，罗马天主教廷认为他的日心说违反《圣经》，哥白尼仍坚信日心说，并认为日心说与其并无矛盾，并经过长年的观察和计算完成了他的伟大著作《天体运行论》。哥白尼曾十分勤奋地钻研过托勒密的著作。他看出了托勒密的错误结论与科学方法之间的矛盾。哥白尼正是发现了托勒密的错误的根源，才找到了真理。哥白尼是欧洲文艺复兴时期的一位巨人，他用毕生的精力研究天文学，为后世留下了宝贵的遗产。哥白尼的“日心说”沉重地打击了在亚里士多德之前就已开始并被天主教会接受的宇宙观，这是现代科学淘汰陈旧科学观的伟大胜利。因此使天文学从陈旧科学观和宗教错误神学的束缚下解放出来，自然科学从此获得了新生，这在近代科学的发展上具有划时代的意义。

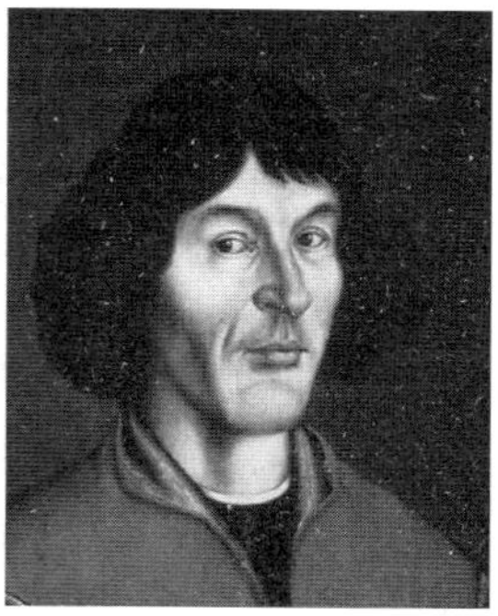
图 1－8　哥白尼

恩格斯在《自然辩证法》中对哥白尼的《天体运行论》给予了高度的评价。他说：“自然科学借以宣布其独立并且好像是重演路德焚烧教谕的革命行动，便是哥白尼那本不朽著作的出版，他用这本书（胆怯地，而且可以说是只在临终时）来向自然事物方面的教会权威发起挑战，从此自然科学便开始从神学中解放出来。”

第谷（Tycho，公元 1564 年—1601 年），丹麦天文学家，他的工作主要在实测天文学方面。第谷对自己的观测精度很有信心，因此拒绝了托勒密的地心说和哥白尼的日心说，提出了一种后来被称作第谷体系的太阳系模型：地球仍是宇宙的中心，五大行星围绕太阳旋转，太阳和月亮围绕地球旋转。

开普勒（Kepler，1571 年—1630 年，如图 1－9 所示），德国天文学家、数学家与占星家。开普勒发现了行星运动三大定律，分别是轨道定律、面积定律和周期定律。这三大定律可分别描述为：所有行星分别是在大小不同的椭圆轨道上运行；在同样的时间里行星向径在轨道平面上所扫过的面积相等；行星公转周期的平方与它同太阳距离的立方成正比。这三大定律最终使他赢得了“天空立法者”的美名。同时他对光学、数学也做出了重要的贡献，他是现代实验光学的奠基人。

图 1－9　开普勒

伽利略（Galileo，1564 年—1642 年），意大利天文学家、物理学家和工程师、欧洲近代自然科学的创始人。伽利略被称为“观测天文学之父”“现代物理学之父”“科学方法之父”“现代科学之父”。伽利略是利用望远镜观测天体取得大量成果的第一位科学家。1609 年，伽利略在知道荷兰人已有了望远镜后，创制了天文望远镜（后被称为伽利略望远镜），并用来观测天体，发现许多前所未知的天文现象。他发现：所见恒星的数目随着望远镜倍率的增大而增加；银河是由无数单个恒星组成的；月球表面崎岖不平（亲手绘制了第一幅月面图），金星的盈亏现象；木星有 4 个卫星（其实是众多木卫中最大的 4 个，现称伽利略卫星）。他还发现太阳黑子，并且认为黑子是日面上的现象。由黑子在日面上的自转周期，他得出太阳的自转周期为 28 天（实际上是 27.35 天）。1637 年，在视力很差的情况下，他还发现了月亮的周日和周月天平动。这些发现开辟了天文学的新时代。

1.2.2 奠基期

这一阶段自 17 世纪牛顿创立天体力学到 19 世纪后期，是天体力学的奠基过程。天体力学在这个过程中逐步形成了自己的学科体系，称为经典天体力学。它的研究对象主要是太阳系内的大行星和月球，研究方法主要是经典数学分析方法，即摄动理论。

1. 牛顿初创

牛顿（Newton，1643 年—1727 年，如图 1-10 所示），英国皇家学会会长，英国著名的物理学家、数学家，百科全书式的“全才”，著有《自然哲学之数学原理》《光学》。他在 1687 年发表的论文《自然定律》里，对万有引力和三大运动定律进行了描述。这些描述奠定了此后 3 个世纪里物理世界的科学观点，并成为现代工程学的基础。他通过论证开普勒行星运动定律与他的引力理论间的一致性，展示了地面物体与天体的运动都遵循着相同的自然定律，为太阳中心说提供了强有力的理论支持，并推动了科学革命。

图 1-10　牛顿及其代表作

一个普通的小孩，体弱、孤僻、贪玩、学业不好，最后却成了世界上最伟大的科学家，依靠什么？是勤奋！勤奋出智慧！勤奋出天才！天文学家哈雷曾问牛顿：“你用什么方法造成这些大发现的呢？”他回答说：“我并没有什么方法，只是对于一件事情长时间地热心地去思考罢了。”牛顿自己说道：所有这些都来自于瘟疫肆虐的 1665 年和 1666 年，那段日子是我发明生涯的全盛时期，我在那时对于数学和哲学（科学）的思考超过之后的任何时候。

恩格斯曾给予牛顿极高的评价：“牛顿由于发明了万有引力定律而创立了科学的天文学，由于进行了光的分解而创立了科学的光学，由于创立了二项式定理和无限理论而创立了科学的数学，由于认识了力的本性而创立了科学的力学。”可以说，他是现代天文学、现代光学、高等数学和现代物理学的奠基人。任何一个科学家只要在这其中的一方面开创一门现代科学，就足以称得上是杰出的科学家，而牛顿集四项成就于一身，当然堪称世界上最伟大的科学家。

2. 数学推动

在《自然哲学之数学原理》一书中，牛顿是通过几何学语言来叙述和论证其学说的。欧拉（Euler，1707 年—1783 年）、达朗贝尔（D'Alembert，1717 年—1783 年）、拉格朗日（Lagrange，1736 年—1813 年）、拉普拉斯（Laplace，1749 年—1827 年）、泊松（Poisson，

1781 年—1840 年）等则在研究中将其发展为代数形式。

瑞士的欧拉首创了轨道根数变分法，开创了摄动理论的分析方法，分析了木星、土星以及天王星的轨道摄动问题。欧拉把代数方法全面引入天体力学，完善了月球运动的精确理论，同时在轨道计算、轨道确定、分析力学、变分法等方面建树颇多。

法国数学家达朗贝尔是数学分析和力学的开拓者与奠基人之一，他深入研究了月球的运动原理，在月球的近地点移动、地球自转理论、岁差和章动理论等方面做出重要贡献。

拉格朗日是大行星运动理论的创始人，他的研究成果在使天文学力学化、力学分析化中起到了决定性作用。拉格朗日发展了牛顿的摄动理论，研究了两个大质量天体和一个小质量天体的轨道问题，发现在两个大质量天体的引力共振下存在 5 个平动点。拉格朗日还研究了太阳系的长期稳定性问题。当时天文观测发现了土星的加速和木星的减速现象，月球也存在长期加速现象，人们担心这样持续下去木星会沿螺线进入太阳，而土星则会逐渐离开太阳，太阳系将会发生巨变乃至瓦解。拉格朗日证明，在一阶近似下，行星的轨道倾角和节线的空间指向存在周期性振荡，周期长达几千年。拉普拉斯在此基础上，发现土星和木星运动变化的周期依赖于两者与太阳之间的位置关系，并找到了月球长期加速运动的原因。

1799 年—1825 年，拉普拉斯集前人之大成，出版了 5 卷 16 册的巨著《天体力学》。这部著作的内容涉及潮汐、岁差、章动、行星和月球摄动理论、卫星和彗星运动、三体问题的特解、地球的自转与形状、太阳系稳定性等问题，并首次提出了天体力学这一名称，成为经典天体力学的代表作。拉普拉斯还首次提出了太阳系的星云起源学说。

1.2.3　发展期

自 19 世纪后期到 20 世纪 50 年代，是天体力学的发展期。在研究对象方面，增加了太阳系内大量的小天体，如小行星、彗星和行星、卫星等；在研究方法方面，除继续改进分析方法外，增加了定性方法和数值方法，但它们主要作为分析方法的补充。这段时期可以称为近代天体力学时期。

1. 数值方法

德国数学家高斯（Gauss，1777 年—1855 年）是天体力学数值方法的开创者。高斯在数学上极具天赋，有“数学王子”的美誉。18 岁的高斯就发明了最小二乘法，并以此为基础，解算出人类发现的第一颗小行星“谷神星”的轨道。在 1809 年出版的《天体沿圆锥截线绕日运动的理沦》一书中，高斯对确定行星和彗星轨道的方法做了详尽讨论，并制定了许多天体力学数值计算的基本原则。在 19 世纪末提出的科威耳方法（Cowell，1870 年—1949 年）和亚当斯方法，至今仍是天体力学的基本数值方法。

2. 定性方法

天体力学定性分析方法的主要贡献来自法国数学家庞加莱（Poincare，1854 年—1912 年）和俄罗斯数学家李雅普诺夫（Lyapunov，1857 年—1918 年）。庞加莱在三体问题和运动的稳定性分析方面做出了突出贡献，他引入了相图理论，发现了混沌现象，证明了以轨道要素作为变量的 N 体问题只能得到 10 个独立的代数积分，因此，不再去追求微分方程的精确解，转而通过定性分析的方法了解性质。李雅普诺夫在常微分方程稳定性分析方面的开创性工作为天体力学定性方法提供了重要手段。

1.3 从天体力学到轨道力学

1.3.1 天体力学与轨道力学的异同

天体力学以自然天体为研究对象，轨道力学则以人造天体即航天器为研究对象。虽然轨道力学也采用天体力学的研究方法，但它已经超出了传统天体力学的研究范围。一方面，绝大多数航天器运行在近地空间，受力环境复杂、轨道角速度大，因此摄动分析与精确轨道计算更加困难；另一方面，由于能够根据需要设计和改变航天器的飞行轨道，轨道设计、轨道控制成为重要的研究内容。

归纳起来，虽然轨道力学的基本理论与研究方法与天体力学相同，但之所以称为轨道力学，其与天体力学的差别主要体现在 3 个方面。首先是研究对象方面，天体力学是研究自然天体，而轨道力学主要是研究人造天体。其次是受力环境方面，相比自然天体，人造天体受力更为复杂，需考虑地球非球形引力、大气阻力、太阳光压等的影响，特别是要考虑航天器自身控制力的作用。最后是研究内容方面，轨道设计、轨道控制和轨道应用是轨道力学的重要研究内容。

人造天体的诞生离不开运载火箭技术的发展，航天器和运载器均属于航天技术的范畴，航天器轨道力学和运载火箭飞行力学均为航天动力学的重要内容。以 1957 年发射第一颗人造地球卫星为界，航天技术的发展大致可以分为两个阶段。

1.3.2 火箭推进技术探索时代

航天技术的早期发展阶段主要是对火箭推进技术的探索。

俄国科学家齐奥尔科夫斯基（Tsiolkovsky，1857 年—1935 年）是现代航天学和火箭理论的奠基人。1898 年，他完成了著名论文《用于空间研究的反作用飞行器》，推导了理想情况下计算火箭速度增量的齐奥尔科夫斯基公式，并建议使用液氢/液氧的液体推进剂和多级火箭。

美国科学家戈达德（Goddard，1882 年—1945 年）是火箭理论与技术的先驱。1919 年，戈达德在史密森学会发表了名为《一种达到极大高度的方法》的论文，详细叙述了火箭飞行的数学理论，并论证了空间飞行与飞向月球的可能性。戈达德更大的贡献是在火箭试验方面，他于 1926 年成功试射了世界上第一枚用液体化学燃料作动力的火箭，并设计了多级火箭，每级火箭都将载荷推到更高的高度，直至飞出大气层，这种设计思想一直沿用到今天。

德国火箭专家奥伯特（Oberth，1894 年—1989 年）奠定了液体火箭的理论基础，被誉为欧洲火箭之父。奥伯特的主要贡献是理论上的，他在 1923 年发表了经典著作《飞往星际空间的火箭》，为早期火箭技术的发展奠定了理论基础。1929 年，奥伯特成立了一个火箭制造小组，柏林工大的学生冯·布劳恩（Von Braun，1912 年—1977 年）参与了这个小组。后来，奥伯特和冯·布劳恩参加了纳粹德国的火箭计划，冯·布劳恩被任命为技术总负责人，研制出了以乙醇/液氧为推进剂的 V－2 火箭，射程达 320km，最大马赫数为 6，使用的 A－

4 火箭发动机完全是以奥伯特的理论框架为基础的。

第二次世界大战结束后，冯·布劳恩被招募到美国，成为冷战期间美国火箭设计的领军人物。为完成“阿波罗”登月计划，在冯·布劳恩的领导下美国研制成功了巨型运载火箭“土星 V 号”，起飞推力达 3400t，获得了当时火箭技术的最高成就。

1.3.3 航天时代

1957 年 10 月，苏联的第一颗人造地球卫星 Sputnik 发射升空，开启了人类探索太空的序幕。1958 年 1 月，美国的第一颗卫星“探索者” 1 号成功进入地球轨道。1970 年 4 月 24 日我国发射的第一颗人造卫星“东方红一号”。

数量众多的近地航天器的发射和运行，带来了轨道摄动分析、轨道设计、轨道机动、相对运动控制等一系列崭新的课题，为轨道力学的发展提供了广阔的空间。了解宇宙的起源与演变、探究生命存在的意义，一直是人类最感兴趣的话题。早期人们只能借助天文望远镜观测地外天体，太空飞行技术提供了新的研究手段。月球作为地球唯一的天然卫星，也是离地球最近的天体，自然成为深空探测的第一个目标。行星和行星际探测器加深了人类对太阳系的认识。

1.3.4 轨道力学的地位作用

航天器是一类有控飞行器，它与自然天体的重要区别是运行轨道可以人为选择，而且运行过程中可以通过施加控制力加以改变。因此，根据特定的航天任务，选择最有利的运行轨道、制定最优的控制策略是航天任务中最重要的设计内容之一，轨道力学正是解决这一问题的。轨道力学在航天器任务分析、总体设计、分系统设计、发射与运营管理、应用效果评估等全寿命周期内的各个环节都有非常重要的应用。

从航天技术总体上看，轨道力学是航天器型号设计的理论基础，是论证部门、工程总体部门和使用部门的主要专业之一，是决定飞行器飞行性能和使用条件的关键，与飞行器总体设计、载荷设计、制导与控制系统设计、测控系统设计有密切的关系，是飞行器飞行仿真和飞行试验的理论基础，是研究飞行器作战使用问题的理论基础。从知识体系上看，轨道力学是航天动力学与控制的重要内容，也是航天发射测控、航天任务规划、态势感知、深空探测等专业领域的基础课程。

习　　题

1. 天文单位和正则单位的概念。
2. 天体力学创立的标志和研究方法。
3. 轨道力学和天体力学的异同。
4. 轨道力学的地位作用。

参考文献

[1] 杨嘉墀，等. 航天器轨道动力学与控制 [M]. 北京：中国宇航出版社，1995.

[2] 钮卫星．天文学史［M］．上海：上海交通大学出版社，2011.
[3] McCutcheon C. 太空与天文学［M］．邝剑菁，译．上海：上海科学技术文献出版社，2007.
[4] 余明．简明天文学教程［M］．2 版．北京：科学出版社，2007.
[5] Cleick J. 牛顿传［M］．吴铮，译．北京：高等教育出版社，2010.
[6] Sellers J，等．理解航天［M］．张海云，李俊峰，译．北京：清华大学出版社，2007.
[7] 肖峰．球面天文学与天体力学基础［M］．长沙：国防科技大学出版社，1989.
[8] 张洪波．航天器轨道力学理论与方法［M］．北京：国防工业出版社，2015.

第 2 章　基础知识

轨道力学中一般将航天器视为质点，航天器轨道则为其质心在一定时空背景下的运动轨迹，故轨道力学基础知识包括空间系统、时间系统和质点动力学基础三部分。“往古来今谓之宙，四方上下谓之宇”，在古人朴素的宇宙观中，就包含了时间和空间两个基本概念。关于时间和空间基本属性的探讨自古以来一直是哲学和物理学的重要内容。古希腊的亚里士多德建立了人类第一个相对完整的时空观，认为时间是使运动成为可以计数的东西，而空间的位置是绝对的，每个物体都有自己的天然位置。牛顿提出了绝对时间和绝对空间的概念，认为时间和空间是脱离物质运动而独立存在的。《自然哲学之数学原理》中讲道，绝对空间“其自身特性与一切外在事物无关，处处均匀，永不移动”。绝对时间等速流逝，与外界事物无关，与物质运动无关，与空间坐标无关。绝对时空观实际上隐含了一个假定，即信号传播的速度可以无限大。爱因斯坦的学说则认为真空中的光速是信号传播的极限速度，时间的测量与观测者的运动速度、空间位置都有不可分的联系，由此得到了时间、空间都是和物质及其运动有关的相对时空观。

2.1　常用直角坐标系

要想描述轨道，首先要做的是找一个合适的惯性参考系。描述环绕太阳的轨道，如行星、小行星、彗星和某些深空探测器的运行轨道，使用日心黄道坐标系更为方便。对于地球卫星轨道，我们将使用地心惯性坐标系。为了描述这些坐标系，需要给出原点的位置、基准面的方向（即 $X-Y$ 平面）、主方向（即 X 轴的方向）以及 Z 轴的方向。由于 Z 轴必须垂直于基准面，所以只需要说明哪个方向为正即可，加上 Y 轴就形成一个右手系。

2.1.1　地心惯性坐标系

地心惯性坐标系亦称为地心赤道坐标系，简称地惯系，原点位于地心，基准面是赤道面，X 轴正方向指向春分点方向，Z 轴指向北极方向，如图 2-1 所示。需要注意的是：XYZ 坐标系并非固定在地球上（随地球转动）；地心赤道坐标系相对于恒星（除春分点进动以外）是非转动的，而地球相对于该坐标系转动。图 2-1 所示的单位矢量 $\boldsymbol{I}$，$\boldsymbol{J}$ 和 $\boldsymbol{K}$ 分别处于 X、Y 和 Z 轴上，有助于描述地心赤道坐标系中的矢量。在轨道力学中，我们将非旋转的地心赤道坐标系视为惯性坐标系，但它并不是一个严格意义上的惯性坐标系，因为地心始终向着第三体（太阳）加速运动（更不用说月球了），而在二体问题中我们忽略了这一事实，未予以考虑。该坐标系可用于描述射程比较长的弹道（如洲际导弹）和运载火箭、地球卫星、飞船等的轨道。

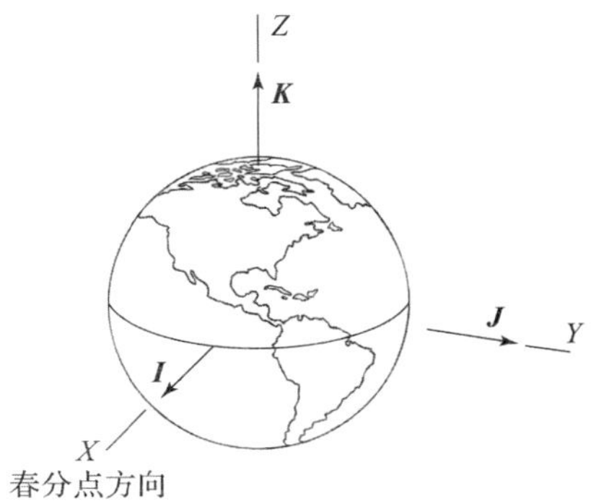

图 2-1　地心赤道坐标系

2.1.2 地心固连坐标系

地心固连坐标系（earth - centered，earth - fixed，ECEF）简称地心坐标系或地固系（图 2 - 2），是一种以地心为原点的地固坐标系（也称地球坐标系），称为笛卡儿坐标系。原点 O 为地球质心，z 轴与地轴平行指向北极点，x 轴指向本初子午线与赤道的交点，y 轴垂直于 xOz 平面（即东经 90°与赤道的交点）构成右手坐标系。

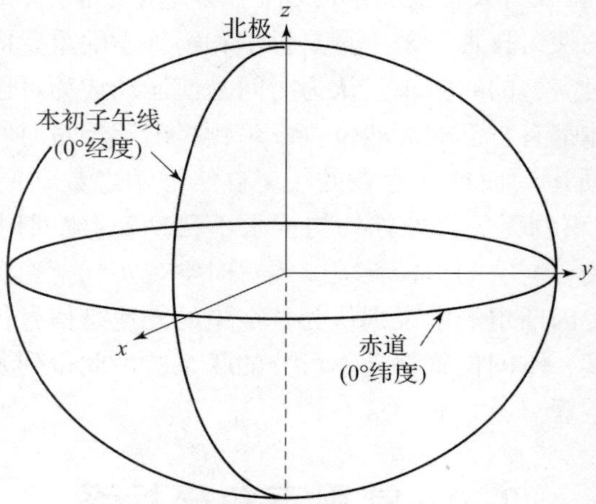

图 2 - 2 地心固连坐标系

2.1.3 测站坐标系

测站坐标系的原点是地球表面上的某点（称为“站心”），即观测站所处位置。其基准面是地平面，x 轴向东，y 轴向北，z 轴向天，如图 2 - 3 所示。由于测站坐标系与地球一起旋转，不难看出它是非惯性参考系。利用该坐标系可以计算出卫星相对于观测站的位置。根据实际需要，测站坐标系的 3 个坐标轴方向可以分别从天地、南北、东西 3 组中各选一个方向，然后按照右手直角准则即可组成测站坐标系，例如天东北、北天东、南东天等测站坐标系，只要满足右手直角坐标系准则即可。

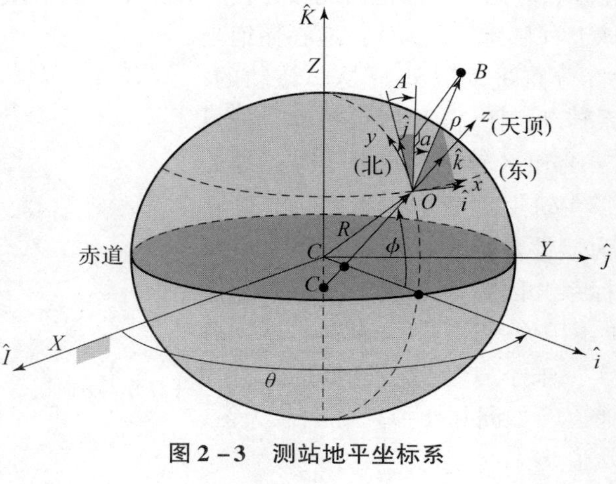

图 2 - 3 测站地平坐标系

2.1.4　近焦点坐标系

描述卫星运动最方便的坐标系之一是近焦点坐标系，亦称为地心轨道坐标系，如图 2 – 4 所示。其基准面指的是卫星的轨道平面。x 轴指向近拱点；在轨道面内按轨道运动方向从 x 轴旋转 90°就是 y 轴；z 轴沿 $\boldsymbol{h}$ 方向，构成右手系近焦点坐标系。x、y 和 z 轴方向的单位矢量分别为 $\boldsymbol{P}$，$\boldsymbol{Q}$ 和 $\boldsymbol{W}$。

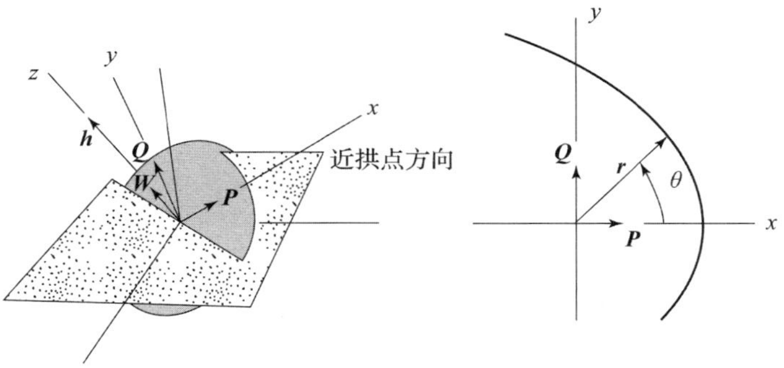

图 2 – 4　近焦点坐标系

2.1.5　质心轨道坐标系

质心轨道坐标系原点位于航天器质心，坐标系主轴 $\boldsymbol{R}$ 方向沿着瞬时矢径 $\boldsymbol{r}$。从 $\boldsymbol{R}$ 开始沿真近点角增加的方向转 90°即可得 $\boldsymbol{S}$ 轴，第三轴 $\boldsymbol{W}$ 垂直于 $\boldsymbol{R}$ 和 $\boldsymbol{S}$，三轴的单位矢量分别为 $\boldsymbol{R}$、$\boldsymbol{S}$、$\boldsymbol{W}$，如图 2 – 5 所示。

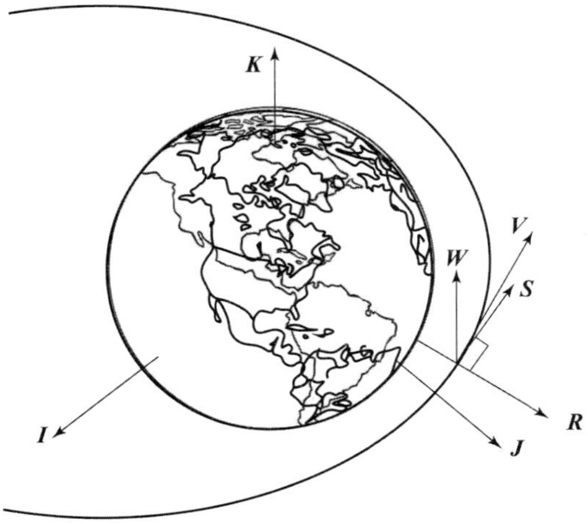

图 2 – 5　质心轨道坐标系

2.2　天球和天球坐标系

在万里无云的晴朗日子里，当人们举目仰望无际的天空时，总觉得苍茫的天穹是一个坚实无比的半球，日、月、星辰都位于这个巨大圆球的内壁上。而且不管人们走到哪里，总觉得自己始终处于这个半球的中心。根据上述自然印象，天文学家引入了“天球”和“天球坐标系”的概念。

2.2.1 天球的定义

实际上，人们在晴朗的夜晚仰望星空直观感觉到的圆球并不存在，人们所以产生这种感觉是因为人的双眼不过相距六七厘米，根本无法区别遥远天体的实际距离，以为所有天体都分布在以自己为中心的球面上。

虽然，现在已经知道各个天体并不在同一个球面上，而且与地球上的观测者之间的距离很大，但由于利用球面确定天体相对观测者的位置和运动比在一般的直角坐标系中要简单得多，为此，在天文学中仍保留这个假想的圆球，并引入天球的概念：以空间任一点为中心，以任意长为半径（或把半径看成数学上的无穷大）的圆球称为天球。

需要明确的几点是：

（1）天体在天球上的投影，即天球中心和天体的连线与天球相交之点，称为天体在天球上的位置，或称为天体的视位置。

（2）天体在天球上的视位置是天体沿视线方向在天球上的投影，因而天球的半径完全可以自由选取，而不影响研究问题的实质。

（3）天球上任意两个天体之间的距离一般都是指它们之间的角距离，亦即它们对于观测者的张角，在天球上，线距离是没有意义的。

（4）一般说来，天体离地球的距离都可以看作是数学上的“无穷大”。因此，在地面上不同地方看同一天体的视线方向可以认为是互相平行的。或者也可以反过来说，一个天体发射到地球上不同地方的光互相平行。因此，所有平行的方向将与天球交于一点。

（5）一般情况下，天球的中心就是观测者的眼睛，但有时为了研究问题的方便，需要把球心移到地球中心或者太阳中心。这样的天球则分别称为“地心天球”和“日心天球”，以示与一般天球的区别。

以天球作为辅助工具可以帮助人们建立空间的概念。因此，人们不仅保留了天球的概念，并在此基础上发展了一整套的数学公式，而且还出现了与此有关的天球模型——天球仪，以及表示星空的天象仪。

2.2.2 天球上的点和圈

确定天体在天球上的坐标，还必须首先认识天球上的基本点和圈。

1. 天顶和天底

通过天球中心 O（观测者的眼睛）作铅垂线（即观测者的重力方向），延长线与天球相交于两点 Z 和 Z'，如图 2－6 所示。Z 正好位于观测者的头顶上，好像是天球的最高点，故称为天顶。与 Z 相对的另一个交点 Z'，必然位于观测者的脚下，所以 Z'称为天底。因此，观测者是始终见不到天底的。

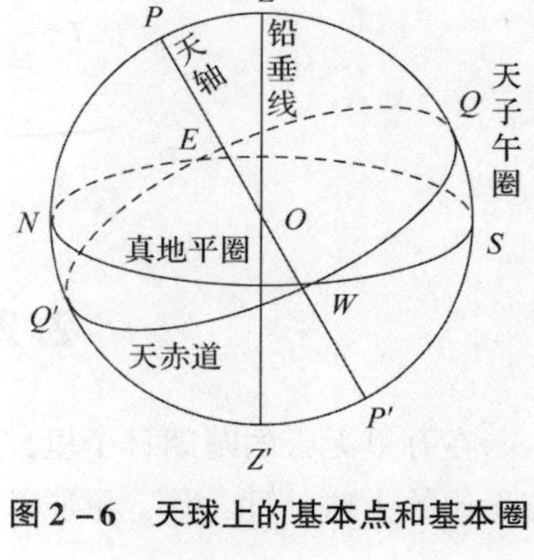

图 2－6 天球上的基本点和基本圈

2. 地平圈

通过天球中心 O 作与直线 ZOZ' 相垂直的平面。显然，它与天球的交线是一个大圆，称为地平圈，如图 2－6 所示。

与地平圈垂直的大圆称为地平经圈，也称垂直圈；与地平圈平行的小圆称为地平纬圈，也称等高圈。

3. 天极和天赤道

如图 2－6 所示，通过天球的中心 O（即球心）作一条与地球自转轴平行的直线 POP'，这条直线为天轴。天轴与天球相交于两点 P 和 P'，称为天极。P 与地球上的北极相对应，称为北天极；P' 与地球上的南极相对应，称为南天极。

通过天球中心 O 作一个与天轴垂直的平面 QQ'，称为天赤道面。显然，它与天球的交线也是一个大圆，称为天赤道，它实际上是地球赤道面的延伸。

与天赤道垂直的大圆称为赤经圈，也称时圈；与天赤道平行的小圆称为赤纬圈。

4. 子午圈、四方点和卯酉圈

在天球上通过天顶 Z、北天极 P 和天底 Z' 作一个平面，其与天球的交线也是一个大圆，称为子午圈 ZPZ'，南天极 P' 也在子午圈上，如图 2－6 所示。

子午圈与地平圈相交于点 S 和点 N。靠近北天极 P 的 N 点为北点，与南天极 P' 较近的 S 点称为南点。实际上，ON 正是观测者所在地的正北方向，而 OS 即为正南方向。天赤道 QQ' 与地平相交于 E 和 W 点，分别称为东点和西点。同样，OE、OW 也正是观测者所在地的正东和正西方向。E、N、W、S 合称为四方点。

通过天顶 Z、东点 E 和西点 W 作一平面与天球的交线也是一个大圆，称为卯酉圈。天底 Z' 也在该大圆上。

地平圈、天子午面和卯酉圈是 3 个两两互相垂直的大圆。

必须指出，天球的周日旋转对于观测者所在地的天顶 Z 和地平圈没有影响，即天顶和地平圈不随天球作周日视运动，子午圈、四方点和卯酉圈也不随天球作周日视运动。但是，由于地面上不同观测地点的铅垂线方向是不同的，各地都有自己的天顶。因此，各地都有自己的地平圈、子午圈、四方点、卯酉圈，即天顶、地平圈、子午圈、四方点、卯酉圈具有“地方性”。

5. 黄道和黄极

通过天球中心 O 作一平面与地球公转轨道面平行，这一平面称为黄道面。黄道面与天球的交线是一个大圆，称为黄道，如图 2－7 所示。与黄道垂直的大圆称为黄经圈，与黄道平行的小圆称为黄纬圈。

通过天球中心 O 作一垂直于黄道面的直线 KOK'，与天球交于 K、K' 两点，K 与北天极 P 靠近，称为北黄极；K' 与南天极 P' 靠近，称为南黄极。黄道与赤道斜交，其交角称为黄赤交角，用 ε 表示。黄赤交角是个变值，平均值等于 23.5°。

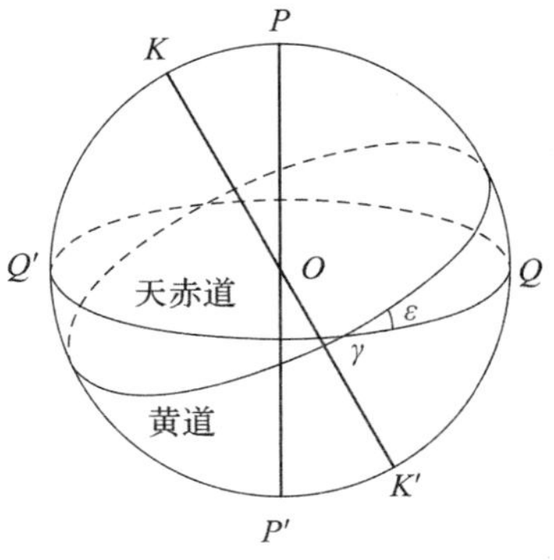

图 2－7　黄道、黄极与分点、至点

地球绕太阳公转，地球上观测者见到的是太阳在一年内沿着黄道自西向东（从北黄极 K 看逆时针方向）旋转一周，我们称太阳的这一运动为周年视运动，太阳周年视运动轨迹在天球上的投影也可用来定义黄道。太阳沿着黄道周年视运动，由赤道以南穿过赤道所经过的黄道与赤道的交点称为春分点，用符号 γ 表示；而由赤道以北穿过黄道与赤道的交点称为秋分点；黄道上和春分点相距 90°并在赤道以北的点称为夏至点；在赤道以南的点称为冬至点。通过天极和二分点的大圆称为二分圈，通过天极和二至点的大圆称为二至圈。

由于天球周日旋转，黄极 K 绕天极 P 也作周日视运动，天球周日旋转使得黄道面在天球上也不断地摆动。二分点和二至点像天体一样在天球上作周日视运动。分点的周日平行圈是天赤道，至点的周日平行圈距天赤道 23.5°。

在天文学的实际工作中，春分点的周日视运动具有重要作用。下面给出春分点周日视运动的两个特殊位置：一个是春分点和西点 W 重合，如图 2-8 所示；另一个是春分点和东点 E 重合，如图 2-9 所示。读者可结合这两幅图分析黄极、二至点在天球上的变化情况。

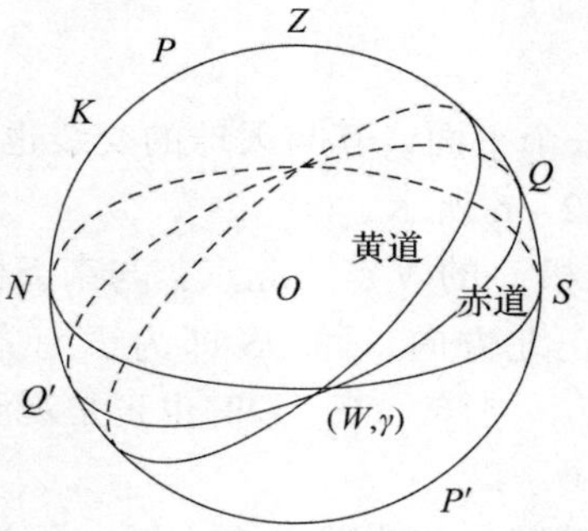

图 2-8　春分点和西点重合的天球图

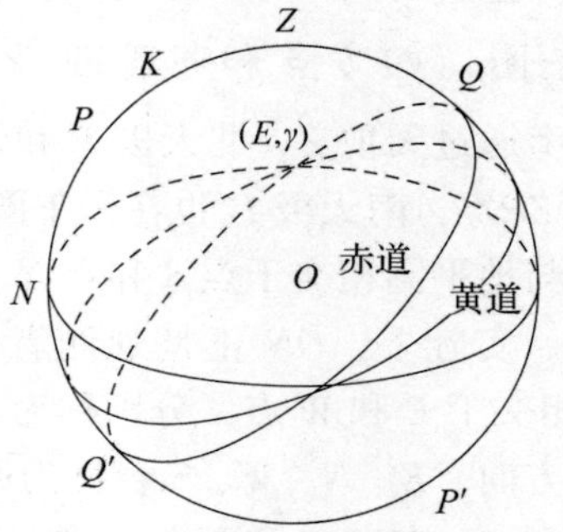

图 2-9　春分点和东点重合的天球图

2.2.3　天球坐标系

利用上述某些点和圈，就可以在天球上建立坐标系。因研究的对象和方法不同而选取不同的天球坐标系。其实，各种天球坐标系并没有本质的区别，不同的只是选用的基圈、主点或者第二坐标的度量方法不同而已。下面介绍常用的 4 种天球坐标系：地平坐标系、时角坐标系、赤道坐标系和黄道坐标系。

1. 地平坐标系

地平坐标系的基圈是地平圈，主点为南点 S，如图 2-10 所示。显然天顶是地平坐标系的极，子午圈为主圈。通过 σ 点的地平经圈为副圈，其交地平圈于 D。

地平坐标系的纬角 $\widehat{D\sigma}$ 称为地平纬度，又称为地平高度，简称高度，常记为 h，从地平圈分别向天顶、天底两个方向度量，范围为 0° ~ ±90°，地平圈到天顶为正、地平圈到天底为负。极距称为天顶距，记为 z，从天顶向天底方向度量，范围为 0° ~ 180°。

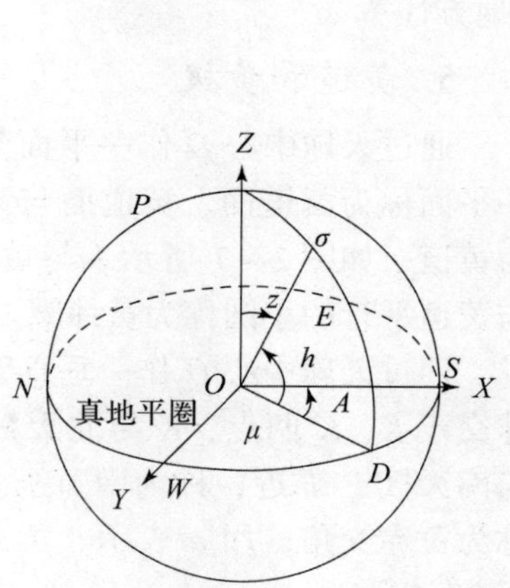

图 2-10　地平坐标系

地平坐标系的经角 $\widehat{SD}$ 称为方位角，常记为 A，从南点

S（从天球以外向天顶看）按顺时针方向度量，范围为 $0° \sim 360°$，也有的由 S 分别向西、东方向度量，范围为 $0° \sim \pm 180°$，向西为正、向东为负。

注意，有时为了应用方便，方位角不从南点 S 而是从北点 N 开始度量。设 A_S 和 A_N 分别表示为自南点 S 和自北点 N 开始度量的方位角，则 $A_N = A_S + 180°$。地平坐标系是左手坐标系。

在地平坐标系中，天体方向的单位矢量为

$$\hat{\boldsymbol{r}}(A,z) = \begin{bmatrix} \cos A \cos h \\ \sin A \cos h \\ \sin h \end{bmatrix} = \begin{bmatrix} \cos A \sin z \\ \sin A \sin z \\ \cos z \end{bmatrix} \tag{2-1}$$

地平坐标系简便、直观，便于实现，易于进行直接观测。但也有许多局限和不便，它有强烈的“地方性”，所以存在两个缺陷：一是对不同的观测者，因彼此的天顶不同，恒星的地平坐标也是不同的；二是恒星的地平坐标随着周日运动而变化，并且是非线性的。这种随测站和时间而异的性质使记录天体位置的各种星表不能采用地平坐标系。

2. 时角坐标系

针对地平坐标系的缺陷，引入了以天赤道为基圈的时角坐标系，亦称为第一赤道坐标系。时角坐标系的基圈是天赤道 QQ'，主点是天赤道最高点 Q（即天赤道与子午圈靠近南点 S 的交点），如图 2-11 所示。显然北天极 P 是时角坐标系的极，子午圈为主圈。通过 σ 点的赤经圈为副圈，其交天赤道于 D。

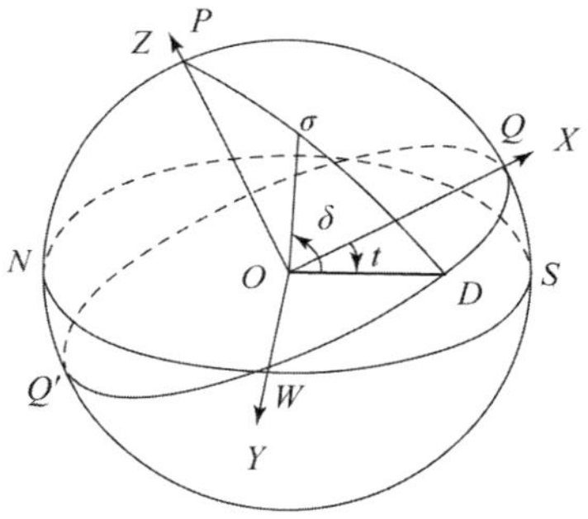

图 2-11　时角坐标系

在时角坐标系中，天体方向的单位矢量为

$$\hat{\boldsymbol{r}}(t,\delta) = \begin{bmatrix} \cos t \cos \delta \\ \sin t \cos \delta \\ \sin \delta \end{bmatrix} \tag{2-2}$$

在时角坐标系中，任何天体的赤纬 δ 不因观测的时间、地点而改变。与地平坐标系相比，这有明显的方便之处。但是，因为各地的子午圈各不相同，基点 Q 也是随地而异的，所以同一天体的时角 t 仍随地点不同而不同。并且，对于同一子午圈的观测者而言，一个天体的时角随时间而同步增大。

3. 赤道坐标系

为了进一步消除时角坐标系的缺陷，重新选取了主点，即把主点选在春分点 γ 上，基圈仍然是天赤道 QQ'，建立赤道坐标系，过去亦称第二赤道坐标系，如图 2-12 所示。显然北天极 P 仍然是时角坐标系的极，通过春分点的赤经圈为主圈，通过 σ 点的赤经圈为副圈，其交天赤道于 D。因为春分点本身也在作周日运动，它相对于天体而言，基本上是静止不动的。当然，在度量方法上也作了相应的改变。

赤道坐标系的纬角 $\widehat{D\sigma}$ 与时角坐标系一样仍称为赤纬，仍记为 δ。

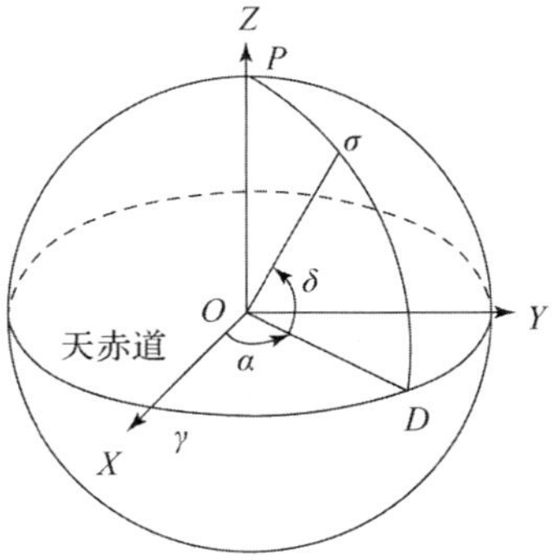

图 2-12　赤道坐标系

赤道坐标系的经角$\widehat{\gamma D}$称为赤经，记为α，由春分点γ开始（从天球以外向北黄极看）按逆时针方向（即与周日运动相反方向）度量，范围为0°～360°（或0^h～24^h）。特别要指出的是，赤经没有负值。赤道坐标系是右手坐标系。

在赤道坐标系中，天体方向的单位矢量为

$$\hat{\boldsymbol{r}}(\alpha,\delta)=\begin{bmatrix}\cos\alpha\cos\delta\\ \sin\alpha\cos\delta\\ \sin\delta\end{bmatrix} \tag{2-3}$$

如上所述，因为春分点本身在作周日视运动，所以在赤道坐标系中任何天体的坐标（α，δ）都是固定的，不会因观测者在不同地点，或在不同时间观测而变化。需要注意的是，严格意义上春分点在天球上并不固定，它每年都有微小的变化（岁差），说它不变仅是指有限的时间间隔及一定的精度范围内。赤道坐标系是最重要的天球坐标系。在各种星表和天文历表中通常列出的都是天体在赤道坐标系中的坐标，以供全球各地观测者使用。

4. 黄道坐标系

由于太阳和众行星以及月球始终在黄道上或黄道附近运行，因此引入以黄道为基圈的黄道坐标系。

黄道坐标系的基圈为黄道，主点仍然为春分点，如图2-13所示。显然，北黄极K为黄道坐标系的极，通过春分点的黄经圈为主圈。通过σ点的黄经圈为副圈，其交黄道于D。

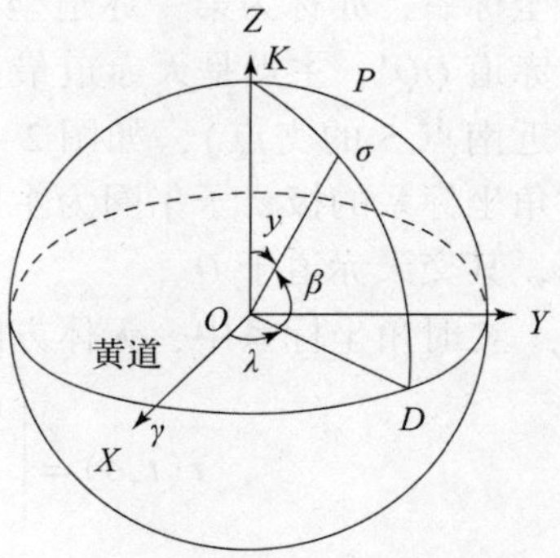

图2-13 黄道坐标系

黄道坐标系的纬角$\widehat{D\sigma}$称为黄纬，常记为β，从天赤道分别向南、北黄极两个方向度量，范围为0°～±90°，向北黄极为正、向南黄极为负。极距称为黄极距，记为γ，从北黄极向南黄极方向度量，范围为0°～180°。

黄道坐标系的经角$\widehat{\gamma D}$称为黄经，记为λ，由春分点γ开始沿逆时针方向（即太阳周年视运动的方向）度量，范围为0°～360°。黄道坐标系是右手坐标系。在黄道坐标系中，天体方向的单位矢量为

$$\hat{\boldsymbol{r}}(\lambda,\beta)=\begin{bmatrix}\cos\lambda\cos\beta\\ \sin\lambda\cos\beta\\ \sin\beta\end{bmatrix} \tag{2-4}$$

天体的黄道坐标和赤道坐标一样，均不随观测时间和观测地点而变。

2.3 时间系统

时间是物质存在的基本形式之一。既然时间是离不开物质的运动，因此测量时间的基本原理就是通过某种选定的物质运动过程计量时间。把其他一切物质的运动过程与这个选定的过程进行比较，判别和排列事情发生的先后顺序和运动的快慢程度，从而对它进行观察、分析和研究。在天文学领域中，最早建立的时间计量系统是以地球自转为依据的。天体的周日旋转是地球自转的直接反映，因而可以以天球上某一特定点的周日视运动为依据来建立时间

系统。下面首先介绍天体的周日视运动。

2.3.1 天体视运动

天体视运动是指地面观测者直观观测到的天体的运动，主要是由地球自转引起的。对太阳系内的天体来说，地球绕太阳公转和这些天体本身的空间运动也是形成天体视运动的重要原因。天体视运动分为周日视运动和周年视运动两种，其中周日视运动是地球自转运动的反映，周年视运动是地球绕太阳公转的反映。

天体沿着天球上平行于天赤道的小圆即周日平行圈运动，且经过测站所在子午圈的瞬间称为天体的中天，如图 2 – 14 所示。

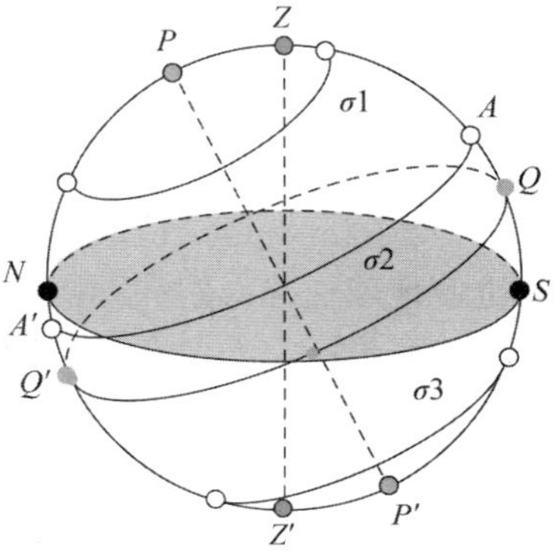

图 2 – 14 天体的中天

所有天体的周日平行圈与子午圈都有两个交点，经过包括天极和天顶的那半个子午圈时，天体到达最高位置，称为上中天；经过天极和天底的那半个子午圈时，天体到达最低位置，称为下中天。天体 σ_2 的上中天为 A，下中天为 A'。当天体的上中天和下中天都位于地平面以上时，称该天体为不落的星或拱极星，如图 2 – 14 中的天体 σ_1。当天体的上中天和下中天都位于地平面以下时，称该天体为不升的星或恒隐星，如图 2 – 14 中的天体 σ_3。当天体的周日平行圈一部分在地平圈以上，一部分在地平圈以下时，称为天体的东升西落现象，也称为天体的出没，如图 2 – 14 中的天体 σ_2。

显然，天体的周日视运动与观测者所处的位置有关。当天体的赤纬 δ 与观测者所处的地心纬度 φ 满足以下关系时，会出现不同的现象。

（1）当 $\delta > 90° - \varphi$ 时，天体的周日平行圈全部在地平圈以上；

（2）当 $90° - \varphi > \delta > -(90° - \varphi)$ 时，天体有东升西落现象，即天体的出没；

（3）当 $\delta < -(90° - \varphi)$ 时，天体的周日平行圈全部在地平圈以下；

（4）当 $\delta = 90° - \varphi$ 时，天体的周日平行圈为恒显圈；

（5）当 $\delta = -(90° - \varphi)$ 时，天体的周日平行圈为恒隐圈。

2.3.2 时间计量原则

通常所说的时间计量，实际上包含着既有差别又有联系的两个内容：一个是计量时间间隔，即客观物质运动的两种不同状态经历了多长时间；另一个是确定时刻，即客观物质运动时某种运动状态发生在哪一瞬间。

时间计量所包含的两个方面只有通过满足下述 3 点要求的物质运动才能体现出来：

（1）物质的运动规律应当是已知的，并且它的运动状态是可观测的；

（2）物质运动中的某一过程（即某一段运动），可以作为时间计量基本单位；

（3）物质运动的某一状态可作为计量时间的起算点。

适当选取满足这 3 条基本要求的某种物质运动，就可以建立时间的计量系统。

地球上的观测者借助天球上的某些特定点的周日视运动就可以得到地球的自转运动，利用这些特定点中天的状态作为计量时间系统的起点就可以建立世界时系统。由于所选取的特定点不同，从而引入了几种时间系统。

2.3.3 太阳时

1. 真太阳时

太阳视圆面中心称为真太阳。以真太阳作参考点，由它的周日视运动所确定的时间称为真太阳时，简称真时或视时，记为 $m_\odot$。真太阳连续两次上中天的时间间隔称为真太阳日。同样，每一个真太阳日等分成 24 个真太阳小时，每一个真太阳小时再等分为 60 个真太阳分，每一个真太阳分又等分为 60 个真太阳秒，所有这些单位称为计量时间生活的习惯，实际上把真太阳时定义为 $m_\odot = t_\odot + 12^h$（其中 $t_\odot$ 为真太阳的时角，若 $t_\odot > 12$，则应从 $m_\odot$ 减去 24^h），亦可理解为起点定在真太阳的下中天时刻。

与地球的自转运动造成了天球旋转和天体的周日视运动同样的道理，地球绕太阳的公转运动也使地球上的人们在不同日子里看到的星空景象不相同。反映在天球上，那就是太阳不同于一般恒星，它除了有顺时针方向（自东向西）的周日视运动外，还同时在沿黄道作逆时针方向（自西向东）的运动。这种恒星所没有的运动是一种周年运动，如图 2－15（a）所示。太阳每年沿着黄道从春分点出发再回到春分点，如图 2－15（b）所示。所以太阳的周年运动方向与周日运动方向相反，但是真太阳日是长短不一的。

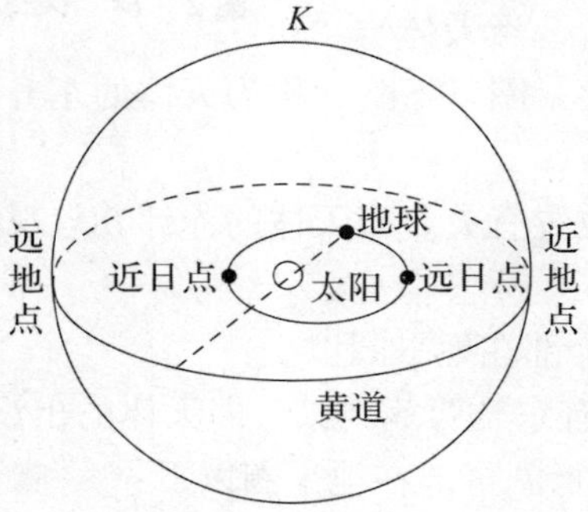

(a) 地球绕太阳的公转运动

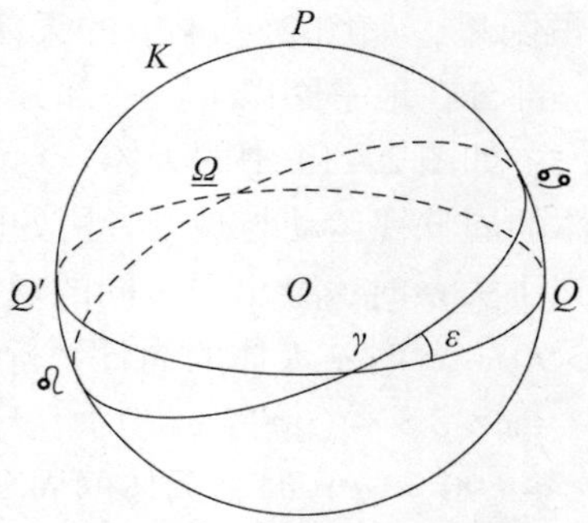

(b) 太阳在天球上的周年运动

图 2－15 太阳周年视运动

1）太阳在黄道上运行的速度是不均匀的

由开普勒第二定律可知，在相等的时间间隔内，如果太阳在黄道上不同的位置，则其位移是不相等的。若用恒星日这个时间间隔来比较地球在黄道上两个不同的位置（例如近日点和远日点）的真太阳日，就可以发现这两个真太阳日不同。

在图 2－16 中，O_1O_2 和 $O_1'O_2'$分别表示在近日点和远日点附近一个恒星日内地球在黄道上的位移，θ_1 和 θ_2 是相应的角位移。根据开普勒第二定律可知 $O_1O_2 > O_1'O_2'$，也就是 $\theta_1 > \theta_2$；由于地球公转的同时还有自转，对于地球上某测站 A 来说，假设在近日点附近，地球从 O_1 运行到 O_2，若地球自转以春分点为基准，则刚好过了一个恒星日。但对于真太阳来说，地球还需继续转过一个 θ_1 角才是一个真太阳日。同样在远日点附近，经过一个恒星日，地球从 O_1'运行到 O_2'，但地球需继续转过一个 θ_2 角才是一个真太阳日。因 $\theta_1 > \theta_2$，所以在近日点附近的真太阳日要大于在远日点附近的真太阳日。

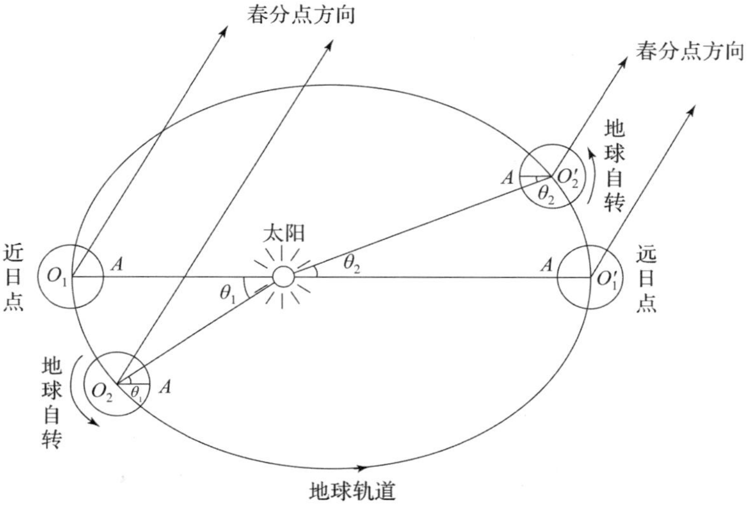

图 2－16　真太阳日与恒星日

实际上由于地球公转的速度是不断变化的，所以不仅在近日点和远日点的真太阳日长短不一，而且在地球公转轨道上任何位置的真太阳日彼此也都不相等。

2）太阳的周年视运动不是沿着天赤道而是沿着黄道运行的

真太阳时是以真太阳时角表示，而时角是沿着天赤道的弧长量度的，所以由于黄赤交角，即使太阳周年视运动的速度是均匀的，反映在天赤道上时角变化也是不均匀的。

假设太阳在黄道上作匀速的周年视运动，在图 2－17 中，令 $\widehat{\gamma A}$ $\widehat{\gamma A}$ 、$\widehat{AB}$ 、$\widehat{BC}$ 、$\widehat{CD}$ 表示太阳在相同时间间隔内所走过的黄道弧长，它们是相等的。这些等弧长在天赤道上的投影分别为 $\widehat{\gamma a}$ 、$\widehat{ab}$ 、$\widehat{bc}$ 、$\widehat{cd}$ 。从图 2－17 可看出，在春分点 γ 附近，天赤道上的弧段分别小于黄道弧段；而在夏至点附近，天赤道弧段反而大于黄道弧段（秋分点附近与春分点 γ 的情况相似，冬至点附近与夏至点的情况相似）。所以春分、秋分附近的真太阳日要比夏至、冬至附近的真太阳日短些。

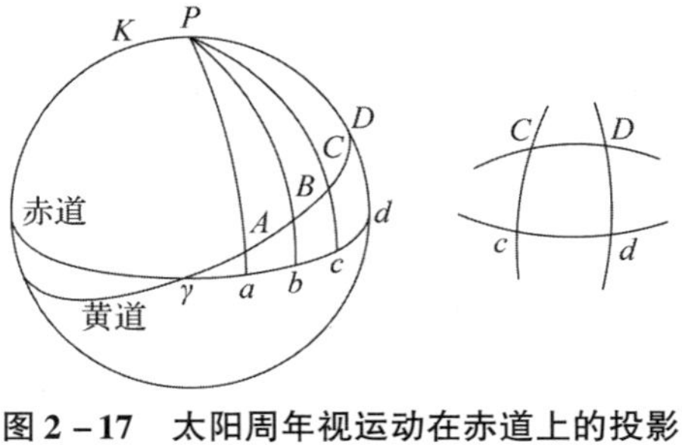

图 2－17　太阳周年视运动在赤道上的投影

通过观测发现，最长的和最短的真太阳日相差 51s 之多，显然它不宜作为计量时间的单位。

2. 平太阳时

为了弥补真太阳时的缺陷，人们假想了一个参考点——平太阳。首先设想在黄道上有一个做等速运动的假想点，其运动速度等于太阳周年视运动的平均速度，因此这个假想点在黄道上的运动速度是均匀的，并且与真太阳同时经过近地点和远地点。再引入一个在赤道上做等速运动的第二个假想点，它的运动速度和黄道上的假想点相同，并且应同时通过春分点。这个在天赤道上的第二假想点称为平太阳。平太阳在天赤道上的周日视运动速度是均匀的。

以平太阳作为参考点，由它的周日视运动所确定的时间称为平太阳时，平太阳时简称平时，记为 m。平太阳上中天的时刻称为平正午，中天的时刻称为平子夜。平太阳连续两次下中天的时间间隔为一个平太阳日。一个平太阳日分为 24 个平太阳时，一个平太阳时再分为 60 个平太阳分，一个平太阳分又再分为 60 个平太阳秒。1960 年国际单位制（SI）的时间单位秒定义为平太阳秒，即一个平太阳日的 1/86400。

由于平太阳时是从下中天计量的，因此平太阳时 m 等于平太阳时角 t_m 加上 12h，即

$$m = t_m + 12^{\mathrm{h}} \quad (\text{若 } t_m > 12^{\mathrm{h}}, \text{则应减去}24^{\mathrm{h}}) \tag{2-5}$$

平太阳时与日常生活中使用的时间系统（即民用时）是一致的，通常钟表所指示的时刻正是平太阳时。以后本书中的时间若不加特殊说明都是平太阳系统。如前所述，平太阳时虽然是均匀的，但平太阳是天球上的一个假想点，无法观测。因此不能直接得到平太阳时 m。平太阳时是通过观测得到的恒星时，然后再换算为平太阳日。所以，平太阳时与恒星时并不是互相独立的时间计量单位。

2.3.4 恒星时

以春分点 γ 作为参考点，由它的周日视运动所确定的时间称为恒星时，记为 s。春分点连续两次上中天的时间间隔称为一个恒星日。每一个恒星日等分成 24 个恒星小时，每一个恒星时再等分为 60 个恒星分，每一个恒星分又等分为 60 个恒星秒，所有这些单位称为计量时间的恒星时单位。

恒星时的起点是春分点 γ 刚好在测站上中天的时刻，所以恒星时在数值上等于春分点 γ 的时角 t_γ，即

$$s = t_\gamma \tag{2-6}$$

由于春分点 γ 不是一个实在的天体，而只是天球上一个看不见的想像点，因此需要通过观测恒星来推求春分点所在的位置。由图 2-18 所示，春分点的时角 t_γ 等于任一颗恒星的时角与其赤经 α 之和，即

$$s = t_\gamma = \alpha + t \tag{2-7}$$

若已知某一恒星 σ 的赤经为 α，则只要测定它在某一瞬间的时角 t，则可用式（2-7）求出观测瞬间的恒星时 s。当恒星 σ 上中天时，$t = 0^{\mathrm{h}}$，则

$$s = \alpha \tag{2-8}$$

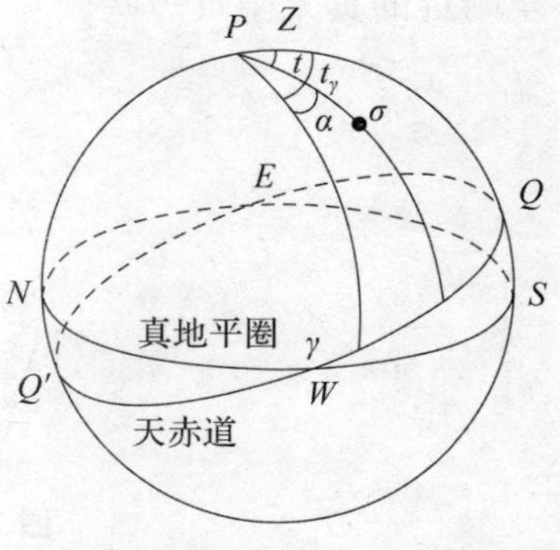

图 2-18 恒星时与春分点的时角

由此可知，任何瞬间的恒星时正好等于该瞬间上中天恒星的赤经。

若春分点在天球上的位置保持不变，则一恒星日自然是地球的真实自转周期。在过去很长的时期内，人们都以为地球的自转是十分均匀而稳定的运动。事实上，由于岁差和章动的影响，春分点 γ 在天球上的位置也有缓慢的变化。

2.3.5　地方时、世界时和区时

1. 地方时

真太阳时、平太阳时、恒星时都与天体的时角有关，而时角是以测站的子午圈起算的。各地的子午圈不同，因此这些计时系统具有“地方性”，即同一天体过两地的子午圈不在同一瞬间，各地所得的时间也不一样，形成了各自的计时系统——地方时系统，因此分别称为地方真太阳时、地方平太阳时、地方恒星时。

2. 世界时

历史上规定地球上天文经度起算点是格林尼治天文台的子午线（或称为本初子午线），它所对应的天文经度 $\lambda = 0°$，这样一来，格林尼治地方时在时间计量中就具有重要作用。故格林尼治地方时常用特定符号表示，用大写字母 S 表示格林尼治地方恒星时，格林尼治地方平时用大写字母 M 表示。另外，将格林尼治地方平时称为世界时，记为 UT（universal time）。

天文经度为 λ 的地方时与格林尼治的地方时关系可写成：

$$s - S = \lambda \tag{2-9}$$

$$m - M = \lambda \tag{2-10}$$

3. 区时

随着长途铁路运输和远洋航海事业的日益发达，各地采用地方时带来了很多不便。为此，将全世界按统一的标准分区，实行分区计时，建立了区时。

时区的划分是以格林尼治子午线为标准的，从西经 7.5°到东经 7.5°（经度间隔为 15°）为零时区，从零时区的边界线分别向东和向西每隔经度 15°为一个时区，各划出 12 个时区，东十二时区与西十二时区相重合，全球共划为 24 个时区，各时区都采用中间位置的子午线的地方平时为本区的区时。设 N 表示时区的顺序号，东时区为正、西时区为负，则世界时 M 和区时 T_N 的关系为

$$T_N = M + N \tag{2-11}$$

我国各地一律采用东八时区的区时，就是通常所说的北京时间，它是 120°经线的地方平时，并不是北京的地方平时（北京的经度为 116°21′30″或 $7^h 45^m 26^s$），因而北京时间与北京地方平时相差约14.5^m。显然，北京时 = 世界时 + 8 小时。

事实上，时区的划分并不严格按子午线划分。为了方便起见，常常利用一些天然的河流、山脉，并同时考虑国界、省界等，即按照地理、政治、经济等情况，人为地划分时区的分界线。

2.3.6　儒略日

要确定地球上某点在某给定时刻相对于地心赤道坐标系的位置，需要知道其当地恒星时。某地的当地恒星时可通过下述方法求得：先确定出格林尼治恒星时 θ_G，然后再加上当地的东经或减去西经。确定恒星时需用到儒略日（JD）这一概念。

儒略日是指公元前 4713 年 1 月 1 日正午（UT）之后的天数。将此时间系统原点放置于古代不仅方便了历史事件的记载，也使得我们不需要去处理日期的正和负。儒略日是均匀

的、连续的计数法，且不涉及闰年或不同月份里不同天数的问题。两次事件间的时间间隔只需从一个儒略日中减去另一个即可得到。儒略日的起点为正午而不是夜晚，所以天文学家在夜晚观测到天象时，在观测期间不必做出相应的日期变换。

不要将儒略历和阳历相混淆。阳历为公元前46年罗马大帝恺撒所提出的。1583年的格里高利历（公历）已经基本替代了阳历，现今为世界上大部分地区所使用。

我们将世界时0时刻的儒略日记作 J_0。其他任意世界时的儒略日为

$$\mathrm{JD} = J_0 + \frac{\mathrm{UT}}{24} \tag{2-12}$$

J_0 与年（y）、月（m）和日（d）之间的关系可以通过下式求解

$$J_0 = 367y - \mathrm{INT}\left\{\frac{7\left[y + \mathrm{INT}\left(\frac{\mathrm{m}+9}{12}\right)\right]}{4}\right\} + \mathrm{INT}\left(\frac{275\mathrm{m}}{9}\right) + \mathrm{d} + 1721013.5 \tag{2-13}$$

式中：y、m 和 d 为位于下列范围内的整数：

$$1901 \leqslant y \leqslant 2099$$

$$1 \leqslant m \leqslant 12$$

$$1 \leqslant d \leqslant 31$$

INT(x)意味着只保留 x 的整数部分（即向零取整），如 INT(−3.9) = −3，INT(3.9) = 3。

例 2.1 计算出世界时为2004年5月12日14时45分30秒时的儒略日。

此例中 y = 2004，m = 5，d = 12。由式（2−13）可知世界时为0时的儒略日。

$$\begin{aligned} J_0 &= 367 \times 2004 - \mathrm{INT}\left\{\frac{7\left[2004 + \mathrm{INT}\left(\frac{5+9}{12}\right)\right]}{4}\right\} + \mathrm{INT}\left(\frac{275 \times 5}{9}\right) + 12 + 1721013.5 \\ &= 735468 - \mathrm{INT}\left\{\frac{7[2004+1]}{4}\right\} + 152 + 12 + 1721013.5 \\ &= 735468 - 3508 + 152 + 12 + 1721013.5 \end{aligned}$$

或

$$J_0 = 2453137.5\mathrm{d}$$

将世界时换算成小时

$$\mathrm{UT} = 14 + \frac{45}{60} + \frac{30}{3600} = 14.758(\mathrm{h})$$

因此，根据式（2−12）可知题设世界时的儒略日为

$$\mathrm{JD} = 2453137.5 + \frac{14.758}{24} = 2453138.115(\mathrm{d})$$

例 2.2 计算出1957年10月4日世界时19：26：24与例5.4中的日期之间的时间差。

同例2.1，先计算出给定时刻（第一颗人造卫星 Sputnik I 的发射时间）的儒略日

$$\mathrm{JD}_1 = 2436116.3100\mathrm{d}$$

而上例中的儒略日为

$$\mathrm{JD}_2 = 2453138.1149\mathrm{d}$$

因此，所求的时间差为

$$\Delta\mathrm{JD} = 2453138.1149 - 2436116.3100 = 17021.805(\mathrm{d})\ (46\text{ 年 }220\text{ 日})$$

现今的儒略历元为2000年1月1日正午，记作 J2000。其儒略日正好为2451545.0d。一

个儒略年为 365.25d，因此一个儒略世纪为 36525d。则儒略 J_0 和 J2000 之间的儒略世纪 T_0 为

$$T_0 = \frac{J_0 - 2451545}{36525} \tag{2-14}$$

格林尼治世界时零时的恒星时 θ_{G_0}，可通过无量纲的时间来表示，即由下述级数给出（单位为度）

$$\theta_{G_0} = 100.4606184 + 36000.77004T_0 + 0.000387933T_0^2 - 2.583(10^{-8})T_0^3(°) \tag{2-15}$$

此方程得出的值可能会在 $0 \leqslant \theta_{G_0} \leqslant 360°$ 之外。当在范围之外时，应将所得值适当地加上或减去 360°的整数倍，使得 θ_{G_0} 位于 $0 \leqslant \theta_{G_0} \leqslant 360°$。

若 θ_{G_0} 已确定，则其他任意世界时时刻的格林尼治恒星时 θ_G 均可由下式求出：

$$\beta = \arccos\left(\frac{1}{e}\right) \tag{2-16}$$

式中：UT 的单位为小时。等式右边第二项的系数为 24h（太阳时）内地球所转过的角度。最后，将某地的东经 Λ 与格林尼治恒星时相加，就可得到当地恒星时 θ。

$$\theta = \theta_G + \Lambda \tag{2-17}$$

此处所得的 θ 值也可能超过 360°。若超过时，则应适当地加减 360°的整数倍，使得 θ 位于 360°范围之内。图 2-19 说明了 θ_{G_0}、θ_G、Λ、θ 的关系。

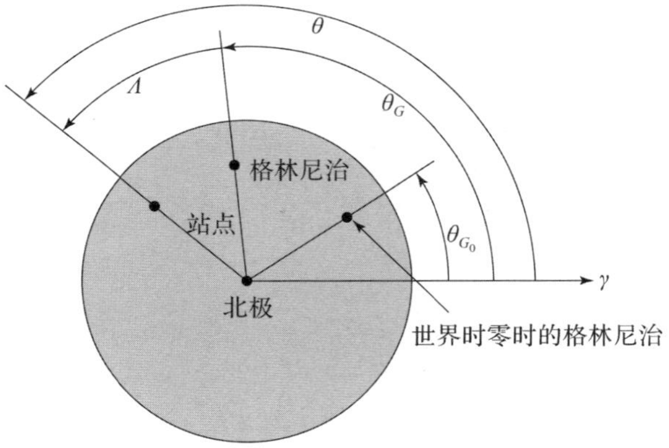

图 2-19 θ_{G_0}、θ_G、Λ、θ 的关系图

2.4 质点动力学基础

本节主要内容为质点运动学和动力学及一些基本矢量运算，所涉及的符号和概念将在后续章节中使用。对于熟悉基于矢量的质点动力学的读者可以简要地浏览，然后在必要时再回顾参考。对于需要补充这一知识的读者来说，则会发现本节包含了他们在后续的章节中所需的质点动力学基础知识。

2.4.1 运动学

为了描述质点 P 在欧几里得空间中的运动情况，需要建立一个坐标系，包括一个时钟和一个非旋转的直角（笛卡儿）坐标系。时钟记录时间 t，直角坐标系的 xyz 轴用于定位质

点 P 的空间位置。在非相对论力学中，一个单独的统一时钟可用于所有直角坐标系。所以当涉及一个坐标系时，仅需要考虑直角坐标系。

给定一个坐标系，质点 P 在时刻 t 的位置由原点 O 出发指向 P 的位置矢量 $\boldsymbol{r}(t)$ 表示，如图 2－20 所示，$\boldsymbol{r}(t)$ 在 x、y 和 z 方向的分量为

$$\boldsymbol{r}(t)=x(t)\hat{\boldsymbol{i}}+y(t)\hat{\boldsymbol{j}}+z(t)\hat{\boldsymbol{k}} \tag{2-18}$$

式中：$\hat{\boldsymbol{i}}$、$\hat{\boldsymbol{j}}$ 和 $\hat{\boldsymbol{k}}$ 分别为指向 x 轴、y 轴和 z 轴正向的单位矢量。任何具有“ˆ”的矢量（如 $\hat{\boldsymbol{a}}$）均可看成是单位矢量。

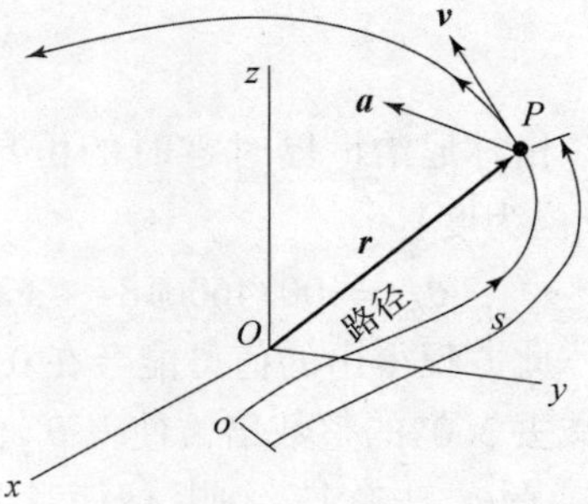

图 2－20　位置、速度和加速度矢量

从原点到质点 P 的距离为 $\boldsymbol{r}$ 的模或长度，记作 $\|\boldsymbol{r}\|$ 或简记为 r

$$\|\boldsymbol{r}\|=r=\sqrt{x^2+y^2+z^2} \tag{2-19}$$

$\boldsymbol{r}$ 的模，或其他任何矢量 $\boldsymbol{A}$ 的模均可通过点乘运算来得到

$$r=\sqrt{\boldsymbol{r}\cdot\boldsymbol{r}},\ \|\boldsymbol{A}\|=\sqrt{\boldsymbol{A}\cdot\boldsymbol{A}} \tag{2-20}$$

质点的速度 $\boldsymbol{v}$ 和加速度 $\boldsymbol{a}$ 分别为位置矢量的一次和二次时间导数

$$\boldsymbol{v}(t)=\frac{\mathrm{d}x(t)}{\mathrm{d}t}\hat{\boldsymbol{i}}+\frac{\mathrm{d}y(t)}{\mathrm{d}t}\hat{\boldsymbol{j}}+\frac{\mathrm{d}z(t)}{\mathrm{d}t}\hat{z}=v_x(t)\hat{\boldsymbol{i}}+v_y(t)\hat{\boldsymbol{j}}+v_z(t)\hat{\boldsymbol{k}} \tag{2-21}$$

$$\boldsymbol{a}(t)=\frac{\mathrm{d}v_x(t)}{\mathrm{d}t}\hat{\boldsymbol{i}}+\frac{\mathrm{d}v_y(t)}{\mathrm{d}t}\hat{\boldsymbol{j}}+\frac{\mathrm{d}v_z(t)}{\mathrm{d}t}\hat{z}=a_x(t)\hat{\boldsymbol{i}}+a_y(t)\hat{\boldsymbol{j}}+a_z(t)\hat{\boldsymbol{k}} \tag{2-22}$$

简便起见，通常用上方加点来表示时间导数。用此方法，假设（$\boldsymbol{A}$）为任意量，则

$$(\dot{\boldsymbol{A}})\equiv\frac{\mathrm{d}(\boldsymbol{A})}{\mathrm{d}t},(\ddot{\boldsymbol{A}})\equiv\frac{\mathrm{d}^2(\boldsymbol{A})}{\mathrm{d}t^2},(\dddot{\boldsymbol{A}})\equiv\frac{\mathrm{d}^3(\boldsymbol{A})}{\mathrm{d}t^3} \tag{2-23}$$

例如

$$\boldsymbol{v}=\dot{\boldsymbol{r}}$$
$$\boldsymbol{a}=\dot{\boldsymbol{v}}=\ddot{\boldsymbol{r}}$$
$$v_x=\dot{x},v_y=\dot{y},v_z=\dot{z}$$
$$a_x=\dot{v}_x=\ddot{x},a_y=\dot{v}_y=\ddot{y},a_z=\dot{v}_z=\ddot{z}$$

质点在空间运动时，其所处空间位置点发生变化而形成的轨迹称之为路径或轨迹。如果路径为一条直线，则为直线运动；否则为曲线运动。速度矢量 $\boldsymbol{v}$ 与路径相切。设 $\hat{\boldsymbol{u}}_t$ 为单位矢量并与轨迹相切，则

$$\boldsymbol{v}=v\hat{\boldsymbol{u}}_t \tag{2-24}$$

式中：速率 v 为速度 $\boldsymbol{v}$ 的大小。在 $\mathrm{d}t$ 时间间隔内，质点 P 沿其路径所通过的距离 $\mathrm{d}s$ 可由速率得出

$$\mathrm{d}s=v\mathrm{d}t \tag{2-25}$$

即

$$v=\dot{s} \tag{2-26}$$

式中：距离 s 为从某一起点沿路径所测的距离。如将其形象地比作汽车里程表的话，那么速率 $\dot{s}$ 即为速率计上所显示的数值。

注意：$v \neq \dot{r}$，即 $\boldsymbol{r}$ 导数的模不等于 $\boldsymbol{r}$ 模的导数。

例 2.3　位置矢量（m）与时间（s）之间的函数关系为

$$\boldsymbol{r}=(8t^2+7t+6)\hat{\boldsymbol{i}}+(5t^3+4)\hat{\boldsymbol{j}}+(0.3t^4+2t^2+1)\hat{\boldsymbol{k}}(\mathrm{m})$$

当 $t=10\mathrm{s}$ 时，求出 v（$\boldsymbol{r}$ 导数的模）和 $\dot{r}$（$\boldsymbol{r}$ 模的导数）。

将已知位置矢量对时间微分可得速度矢量如下：

$$\boldsymbol{v}=\frac{\mathrm{d}\boldsymbol{r}}{\mathrm{d}t}=(16t+7)\hat{\boldsymbol{i}}+15t^2\hat{\boldsymbol{j}}+(1.2t^3+4t)\hat{\boldsymbol{k}}$$

矢量的模为其各分量平方和的开放根

$$\|\boldsymbol{v}\|=\sqrt{1.44t^6+234.6t^4+272t^2+224t+49}$$

将 $t=10\mathrm{s}$ 代入，可得

$$v=1953.3\mathrm{m/s}$$

计算 $\boldsymbol{r}$ 的模为

$$\|\boldsymbol{r}\|=\sqrt{0.09t^8+26.2t^6+68.6t^4+152t^3+149t^2+84t+53}$$

将此表达式对时间微分，可得

$$\dot{r}=\frac{\mathrm{d}r}{\mathrm{d}t}=\frac{0.36t^7+78.6t^5+137.2t^3+228t^2+149t+42}{(0.09t^8+26.2t^6+68.6t^4+152t^3+149t^2+84t+53)^{\frac{1}{2}}}$$

将 $t=10\mathrm{s}$ 代入，可得

$$\dot{r}=1935.5\mathrm{m/s}$$

如果 v 已知，则可以求出笛卡儿坐标系下单位向量 $\hat{\boldsymbol{u}}_t$ 的各分向量

$$\hat{\boldsymbol{u}}_t=\frac{v}{\|v\|}=\frac{v_x}{v}\hat{\boldsymbol{i}}+\frac{v_y}{v}\hat{\boldsymbol{j}}+\frac{v_z}{v}\hat{\boldsymbol{k}},v=\sqrt{v_x^2+v_y^2+v_z^2} \tag{2-27}$$

加速度可表示为

$$\boldsymbol{a}=a_t\hat{\boldsymbol{u}}_t+a_n\hat{\boldsymbol{u}}_n \tag{2-28}$$

式中：a_t 和 a_n 分别为加速度的切向分量和法向分量。

$$a_t=\dot{v}(=\ddot{s}),a_n=\frac{v^2}{\rho} \tag{2-29}$$

式中：ρ 为曲率半径，即质点 P 到曲线路径中心的距离。单位法向矢量 $\hat{\boldsymbol{u}}_n$ 垂直于 $\hat{\boldsymbol{u}}_t$ 并指向曲率中心 C，如图 2-21 所示。因此，点 C 相对于质点 P 的位置即为

$$r_{C/P}=\rho\hat{\boldsymbol{u}}_n \tag{2-30}$$

相互垂直的单位矢量 $\hat{\boldsymbol{u}}_n$ 和 $\hat{\boldsymbol{u}}_t$ 所形成的平面称之为密切平面。与密切平面相垂直的单位矢量为 $\hat{\boldsymbol{u}}_b$，其为 $\hat{\boldsymbol{u}}_n$ 与 $\hat{\boldsymbol{u}}_t$ 的叉乘

$$\hat{\boldsymbol{u}}_b=\hat{\boldsymbol{u}}_t\times\hat{\boldsymbol{u}}_n \tag{2-31}$$

曲率中心位于密切平面中。当质点 P 移动一微小距离 $\mathrm{d}s$ 时，连接曲率中心与路径的半径则在密切平面内扫过一小角度 $\mathrm{d}\phi$，两者间的关系为

$$\mathrm{d}s=\rho\mathrm{d}\phi \tag{2-32}$$

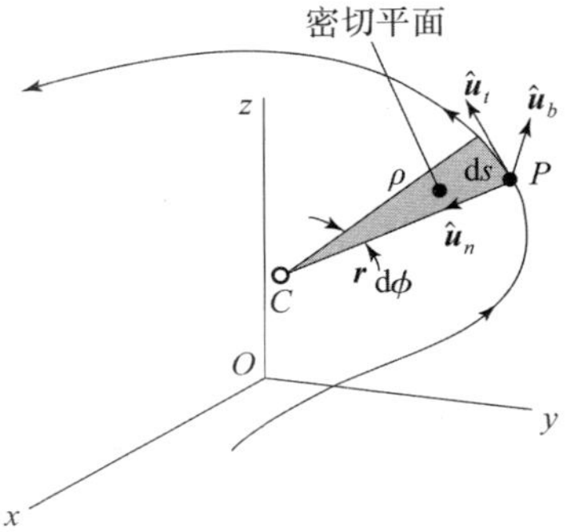

图 2-21　与运动点 P 相连的正交单位矢量组

由此可得 $\dot{s}=\rho\dot{\phi}$，或表示为

$$\dot{\phi}=\frac{v}{\rho} \tag{2-33}$$

例 2.4 笛卡儿坐标系下，在某一给定时刻，质点 P 的位置、速度及加速度矢量分别为

$$\boldsymbol{r}=250\hat{\boldsymbol{i}}+630\hat{\boldsymbol{j}}+430\hat{\boldsymbol{k}}(\mathrm{m})$$

$$\boldsymbol{v}=90\hat{\boldsymbol{i}}+125\hat{\boldsymbol{j}}+170\hat{\boldsymbol{k}}(\mathrm{m/s})$$

$$\boldsymbol{a}=16\hat{\boldsymbol{i}}+125\hat{\boldsymbol{j}}+30\hat{\boldsymbol{k}}(\mathrm{m/s^2})$$

求出此刻曲率中心坐标。

首先，计算出速率

$$v=\|\boldsymbol{v}\|=\sqrt{90^2+125^2+170^2}=229.4(\mathrm{m/s})$$

单位切矢量为

$$\hat{\boldsymbol{u}}_t=\frac{\boldsymbol{v}}{v}=\frac{90\hat{\boldsymbol{i}}+125\hat{\boldsymbol{j}}+170\hat{\boldsymbol{k}}}{229.4}=0.3923\hat{\boldsymbol{i}}+0.5449\hat{\boldsymbol{j}}+0.7411\hat{\boldsymbol{k}}$$

将加速度在其切向上进行投影得到切向分量 a_t

$$a_t=\boldsymbol{a}\cdot\hat{\boldsymbol{u}}_t=(16\hat{\boldsymbol{i}}+125\hat{\boldsymbol{j}}+30\hat{\boldsymbol{k}})\cdot(0.3923\hat{\boldsymbol{i}}+0.5449\hat{\boldsymbol{j}}+0.7411\hat{\boldsymbol{k}})=96.62(\mathrm{m/s^2})$$

加速度 $\boldsymbol{a}$ 的模为

$$a=\sqrt{16^2+125^2+30^2}=129.5(\mathrm{m/s^2})$$

因为 $\boldsymbol{a}=a_t\hat{\boldsymbol{u}}_t+a_n\hat{\boldsymbol{u}}_n$，且 $\hat{\boldsymbol{u}}_t$ 与 $\hat{\boldsymbol{u}}_n$ 相互垂直，可得 $a^2=a_t^2+a_n^2$，即

$$a_n=\sqrt{a^2-a_t^2}=\sqrt{129.5^2-96.62^2}=86.29(\mathrm{m/s^2})$$

因此

$$\begin{aligned}\hat{\boldsymbol{u}}_n&=\frac{1}{a_n}(\boldsymbol{a}-a_t\hat{\boldsymbol{u}}_t)=\frac{1}{86.29}[(16\hat{\boldsymbol{i}}+125\hat{\boldsymbol{j}}+30\hat{\boldsymbol{k}})-96.62(0.3923\hat{\boldsymbol{i}}+0.5449\hat{\boldsymbol{j}}+0.7411\hat{\boldsymbol{k}})]\\&=-0.2539\hat{\boldsymbol{i}}+0.8385\hat{\boldsymbol{j}}-0.4821\hat{\boldsymbol{k}}\end{aligned}$$

从方程 $a_n=\dfrac{v^2}{\rho}$ 可得

$$\rho=\frac{v^2}{a_n}=\frac{229.4^2}{86.29}=609.9(\mathrm{m})$$

设 $\boldsymbol{r}_C$ 为曲率中心 C 的位置矢量，则

$$\begin{aligned}\boldsymbol{r}_C&=\boldsymbol{r}+\boldsymbol{r}_{C/P}=\boldsymbol{r}+\rho\hat{\boldsymbol{u}}_n\\&=250\hat{\boldsymbol{i}}+630\hat{\boldsymbol{j}}+430\hat{\boldsymbol{k}}+609.9(-0.2539\hat{\boldsymbol{i}}+0.8385\hat{\boldsymbol{j}}-0.4821\hat{\boldsymbol{k}})\\&=95.16\hat{\boldsymbol{i}}+1141\hat{\boldsymbol{j}}+136.0\hat{\boldsymbol{k}}(\mathrm{m})\end{aligned}$$

即 C 点的坐标为

$$x=95.16\mathrm{m},y=1141\mathrm{m},z=136.0\mathrm{m}$$

2.4.2 牛顿定律

与质量不同，力并不是一个基本物理量，它与运动和惯性两者紧密相连。事实上，改变物体运动状态的唯一方法便是对其施加作用力。运动状态改变的程度反映了力的大小。牛顿第二运动定律给予了定量说明。设一质量为 m 的物体所受合力为 $\boldsymbol{F}_{合}$，则

$$\boldsymbol{F}_{合}=m\boldsymbol{a} \tag{2-34}$$

式中：$\boldsymbol{a}$ 为质心的绝对加速度。绝对加速度为在绝对或惯性坐标系下所测得的加速度。所谓绝对或惯性坐标系就是相对于某一固定的恒星既无平动加速度又无转动加速度的坐标系。

通过牛顿第二运动定律，力便与基本物理量——质量、长度和时间相联系起来。力的单位为牛顿（N），即让质量为 1kg 的物体获得 $1m/s^2$ 加速度所要施加的力。在地球表面，1kg 质量的物体其重量约为 9.81N。千克并不是力的单位。

亦可用力的单位来表示质量，此时便容易产生混淆。1 磅（lb）= 0.4536kg。在标准海平面引力加速度条件下（$g_0=9.807m/s^2$），1lb 质量所受重力为 1lb（力），运用牛顿第二定律可将 1lb（力）转化为牛顿

$$1\text{lb}(力)=0.4536\text{kg}\times 9.807\text{m/s}^2=4.448\text{N}$$

例 2.5 在一次太空计划中，航天飞机发射前的质量为 239225lb。当处于高度为 350km 的轨道上时，航天器的质量为 2369001b。（1）分别求出航天器在发射时与进入轨道时的质量，以千克为单位。（2）如果航天器在发射时与进入轨道时没有质量损耗，求出航天器的质量，以磅表示。

（1）已知数据中以常用的磅作为质量单位，题中所给出的重量实为以磅为单位的质量，为此在发射前

$$m_{发射前}=239225\text{lb}(质量)\times\frac{0.4536\text{kg}}{1\text{lb}(质量)}=108500\text{kg}$$

在轨时

$$m_{轨道器}=236900\text{lb}(质量)\times\frac{0.4536\text{kg}}{1\text{lb}(质量)}=107500\text{kg}$$

质量的减少是由于轨道器进行轨道机动和反作用控制火箭燃料的消耗。

（2）若航天飞机发射平台与海平面高度一致，所以此航天飞机以磅（力）为单位时的重量与以磅（质量）为单位时的质量在数值上相等。由引力加速度公式可得，当质量不变时，在距离地面 350km 处，其重量为

$$w=239255\text{lb}(力)\times\left(\frac{1}{1+\frac{350}{6378}}\right)^2=215000\text{lb}(力)$$

在一定的时间段内对力 $\boldsymbol{F}$ 进行积分便得到此力的冲量 $\boldsymbol{I}$

$$I=\int_{t_1}^{t_2}\boldsymbol{F}\mathrm{d}t \tag{2-35}$$

当质量为一定值时，由式（2-34）可得

$$\boldsymbol{I}_{合}=\int_{t_1}^{t_2}m\frac{\mathrm{d}v}{\mathrm{d}t}\mathrm{d}t=mv_2-mv_1 \tag{2-36}$$

即作用在一个物体上的合冲量将使其线动量改变 $m\Delta v$

$$\Delta v=\frac{\boldsymbol{I}_{合}}{m} \tag{2-37}$$

若 $\boldsymbol{F}_{合}$ 为常量，则 $\boldsymbol{I}_{合}=\boldsymbol{F}_{合}\Delta t$，上式可表示为

$$\Delta v=\frac{\boldsymbol{F}_{合}}{m}\Delta t(\boldsymbol{F}_{合}为常量) \tag{2-38}$$

此节中引入角动量的概念。图 2-22 中原点 O 处的合力矩为

$$\boldsymbol{M}_{O合} = \boldsymbol{r} \times \boldsymbol{F}_{合}$$

将式（2-34）代入上式可得

$$\boldsymbol{M}_{O合} = \boldsymbol{r} \times m\boldsymbol{a} = \boldsymbol{r} \times m\frac{\mathrm{d}\boldsymbol{v}}{\mathrm{d}t} \tag{2-39}$$

考虑到质量为定值这一条件

$$\boldsymbol{r} \times m\frac{\mathrm{d}\boldsymbol{v}}{\mathrm{d}t} = \frac{\mathrm{d}}{\mathrm{d}t}(\boldsymbol{r} \times m\boldsymbol{v}) - \left(\frac{\mathrm{d}\boldsymbol{r}}{\mathrm{d}t} \times m\boldsymbol{v}\right) = \frac{\mathrm{d}}{\mathrm{d}t}(\boldsymbol{r} \times m\boldsymbol{v}) - (\boldsymbol{v} \times m\boldsymbol{v})$$

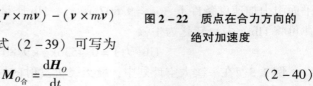

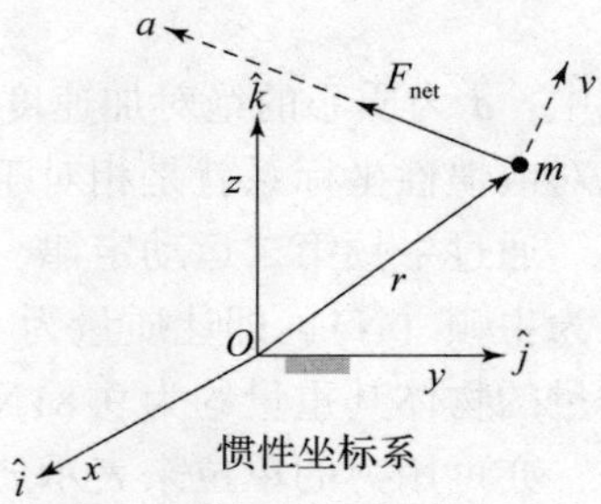

图 2-22　质点在合力方向的绝对加速度

因为$(\boldsymbol{v} \times m\boldsymbol{v}) = m(\boldsymbol{v} \times \boldsymbol{v}) = 0$，所以式（2-39）可写为

$$\boldsymbol{M}_{O合} = \frac{\mathrm{d}\boldsymbol{H}_O}{\mathrm{d}t} \tag{2-40}$$

式中：$\boldsymbol{H}_O$ 为相对于原点 O 的角动量

$$\boldsymbol{H}_O = \boldsymbol{r} \times m\boldsymbol{v} \tag{2-41}$$

因此，当作用于物体的合力改变其线动量 $m\boldsymbol{v}$ 时，其力矩亦使其线动量矩发生改变。对式（2-40）积分，可得

$$\int_{t_1}^{t_2} \boldsymbol{M}_{O合}\mathrm{d}t = \boldsymbol{H}_{O_2} - \boldsymbol{H}_{O_1} \tag{2-42}$$

等式左边的积分表达式为合角冲量。该角冲量-动量方程与式（2-38）的线冲量-动量方程的转动情况相类似。

2.4.3　运动矢量的时间导数

如图 2-23（a）所示，刚体 B 相对于一惯性坐标系处于运动状态，$\boldsymbol{A}$ 为刚体上一矢量。$\boldsymbol{A}$ 的模是固定的。图中给出了 B 分别处于 t 和 $t+\mathrm{d}t$ 两时刻的状态。在时刻 $t+\mathrm{d}t$，矢量 $\boldsymbol{A}$ 的方向与时刻 t 时的方向有些不同，但两者模相等。根据 18 世纪瑞士数学家欧拉所提出的众多理论之一，$\boldsymbol{A}$ 绕 B 旋转的旋转轴是唯一的。如果将两矢量 $\boldsymbol{A}(t)$ 和 $\boldsymbol{A}(t+\mathrm{d}t)$ 平移至旋转轴的同一点，则两矢量的末端相连，如图 2-23（b）所示，便可得到由于微小转动而造成的差别 $\mathrm{d}\boldsymbol{A}$。记住，平移一矢量并不改变其本身。刚体 B 的旋转是在垂直于瞬时旋转轴的平面内测量的。在垂直于旋转轴方向上取一线元，在时间 $\mathrm{d}t$ 内其旋转角度为 $\mathrm{d}\theta$。在图 2-23（b）中，所取线元为垂直于能转轴 $\boldsymbol{A}$ 矢量的分量。$\mathrm{d}\boldsymbol{A}$ 可表达成下述形式：

$$\mathrm{d}\boldsymbol{A} = [(\|\boldsymbol{A}\|\sin\phi)\mathrm{d}\theta]\hat{\boldsymbol{n}} \tag{2-43}$$

式中：$\hat{\boldsymbol{n}}$ 为由 $\boldsymbol{A}$ 及旋转轴所确定的平面的法矢量，方向为旋转方向。角度 ϕ 为矢量 $\boldsymbol{A}$ 相对于旋转轴的倾角，由定义可得

$$\mathrm{d}\theta = \|\boldsymbol{\omega}\|\mathrm{d}t \tag{2-44}$$

式中：$\boldsymbol{\omega}$ 为角速度矢量，指向沿瞬时旋转轴，由右手法则可判定其具体方向，即右手环握旋转轴，四指与 $\mathrm{d}\theta$ 绕向相一致，则大拇指所指向的方向即为 $\boldsymbol{\omega}$ 的方向。应当指出 $\boldsymbol{\omega}$ 的导数为角加速度，记为 $\boldsymbol{\alpha}$

$$\boldsymbol{\alpha} = \frac{\mathrm{d}\boldsymbol{\omega}}{\mathrm{d}t} \tag{2-45}$$

将式（2-44）代入式（2-43），可得

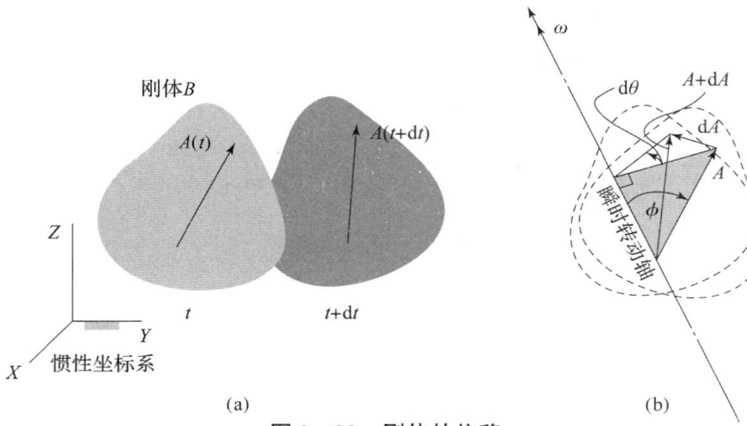

图 2-23　刚体的位移

（a）嵌入矢量 $\boldsymbol{A}$ 的方向变化；（b）$\boldsymbol{A}$ 围绕瞬时转动轴的差动旋转。

$$\mathrm{d}\boldsymbol{A} = \|\boldsymbol{A}\| \cdot \sin\phi \, \|\boldsymbol{\omega}\| \, \mathrm{d}t \cdot \hat{\boldsymbol{n}} = (\|\boldsymbol{\omega}\| \cdot \|A\| \cdot \sin\phi)\hat{\boldsymbol{n}}\mathrm{d}t \tag{2-46}$$

由叉乘定义知，$\boldsymbol{\omega}\times\boldsymbol{A}$ 为 $\boldsymbol{\omega}$ 的模、$\boldsymbol{A}$ 的模、$\boldsymbol{\omega}$ 与 $\boldsymbol{A}$ 夹角的正弦值和垂直于由 $\boldsymbol{A}$ 与 $\boldsymbol{\omega}$ 所形成平面的单位法矢量四者的乘积，并且沿转动方向，即

$$\boldsymbol{\omega}\times\boldsymbol{A} = \|\boldsymbol{\omega}\| \cdot \|\boldsymbol{A}\| \cdot \sin\phi \cdot \hat{\boldsymbol{n}} \tag{2-47}$$

将式（2-47）代入式（2-46）可得

$$\mathrm{d}\boldsymbol{A} = \boldsymbol{\omega}\times\boldsymbol{A}\mathrm{d}t$$

同除以 $\mathrm{d}t$

$$\frac{\mathrm{d}\boldsymbol{A}}{\mathrm{d}t} = \boldsymbol{\omega}\times\boldsymbol{A} \tag{2-48}$$

利用式（2-48），可以计算出任何模为常量的矢量的时间导数。

例 2.6　计算模为定值的矢量 $\boldsymbol{A}$ 对时间的二次导数，并将其用 $\boldsymbol{\omega}$ 及其导数，以及 $\boldsymbol{A}$ 来表示。

对式（2-48）关于时间进行微分，可得

$$\frac{\mathrm{d}^2\boldsymbol{A}}{\mathrm{d}t^2} = \frac{\mathrm{d}}{\mathrm{d}t}\left(\frac{\mathrm{d}\boldsymbol{A}}{\mathrm{d}t}\right) = \frac{\mathrm{d}}{\mathrm{d}t}(\boldsymbol{\omega}\times\boldsymbol{A}) = \frac{\mathrm{d}\boldsymbol{\omega}}{\mathrm{d}t}\times\boldsymbol{A} + \boldsymbol{\omega}\times\frac{\mathrm{d}\boldsymbol{A}}{\mathrm{d}t}$$

利用式（2-45）和式（2-48），可得

$$\frac{\mathrm{d}^2\boldsymbol{A}}{\mathrm{d}t^2} = \boldsymbol{\alpha}\times\boldsymbol{A} + \boldsymbol{\omega}\times(\boldsymbol{\omega}\times\boldsymbol{A})$$

例 2.7　计算模为定值的矢量 $\boldsymbol{A}$ 对时间的三次导数，并将其用 $\boldsymbol{\omega}$ 及其导数，以及 $\boldsymbol{A}$ 来表示。

$$\begin{aligned}
\frac{\mathrm{d}^3\boldsymbol{A}}{\mathrm{d}t^3} &= \frac{\mathrm{d}}{\mathrm{d}t}\left(\frac{\mathrm{d}^2\boldsymbol{A}}{\mathrm{d}t^2}\right) = \frac{\mathrm{d}}{\mathrm{d}t}[\boldsymbol{\alpha}\times\boldsymbol{A} + \boldsymbol{\omega}\times(\boldsymbol{\omega}\times\boldsymbol{A})] \\
&= \frac{\mathrm{d}}{\mathrm{d}t}(\boldsymbol{\alpha}\times\boldsymbol{A}) + \frac{\mathrm{d}}{\mathrm{d}t}[\boldsymbol{\omega}\times(\boldsymbol{\omega}\times\boldsymbol{A})] \\
&= \left(\frac{\mathrm{d}\boldsymbol{\alpha}}{\mathrm{d}t}\times\boldsymbol{A} + \boldsymbol{\alpha}\times\frac{\mathrm{d}\boldsymbol{A}}{\mathrm{d}t}\right) + \left[\frac{\mathrm{d}\boldsymbol{\omega}}{\mathrm{d}t}\times(\boldsymbol{\omega}\times\boldsymbol{A}) + \boldsymbol{\omega}\times\frac{\mathrm{d}}{\mathrm{d}t}(\boldsymbol{\omega}\times\boldsymbol{A})\right] \\
&= \left[\frac{\mathrm{d}\boldsymbol{\alpha}}{\mathrm{d}t}\times\boldsymbol{A} + \boldsymbol{\alpha}\times(\boldsymbol{\omega}\times\boldsymbol{A})\right] + \left[\boldsymbol{\alpha}\times(\boldsymbol{\omega}\times\boldsymbol{A}) + \boldsymbol{\omega}\times\left(\frac{\mathrm{d}\boldsymbol{\omega}}{\mathrm{d}t}\times\boldsymbol{A} + \boldsymbol{\omega}\times\frac{\mathrm{d}\boldsymbol{A}}{\mathrm{d}t}\right)\right] \\
&= \left[\frac{\mathrm{d}\boldsymbol{\alpha}}{\mathrm{d}t}\times\boldsymbol{A} + \boldsymbol{\alpha}\times(\boldsymbol{\omega}\times\boldsymbol{A})\right] + \{\boldsymbol{\alpha}\times(\boldsymbol{\omega}\times\boldsymbol{A}) + \boldsymbol{\omega}\times[\boldsymbol{\alpha}\times\boldsymbol{A} + \boldsymbol{\omega}\times(\boldsymbol{\omega}\times\boldsymbol{A})]\}
\end{aligned}$$

$$= \frac{\mathrm{d}\boldsymbol{\alpha}}{\mathrm{d}t} \times \boldsymbol{A} + \boldsymbol{\alpha} \times (\boldsymbol{\omega} \times \boldsymbol{A}) + \boldsymbol{\alpha} \times (\boldsymbol{\omega} \times \boldsymbol{A}) + \boldsymbol{\omega} \times (\boldsymbol{\alpha} \times \boldsymbol{A}) + \boldsymbol{\omega} \times [\boldsymbol{\omega} \times (\boldsymbol{\omega} \times \boldsymbol{A})]$$

$$= \frac{\mathrm{d}\boldsymbol{\alpha}}{\mathrm{d}t} \times \boldsymbol{A} + 2\boldsymbol{\alpha} \times (\boldsymbol{\omega} \times \boldsymbol{A}) + \boldsymbol{\omega} \times (\boldsymbol{\alpha} \times \boldsymbol{A}) + \boldsymbol{\omega} \times [\boldsymbol{\omega} \times (\boldsymbol{\omega} \times \boldsymbol{A})]$$

$$\frac{\mathrm{d}^3\boldsymbol{A}}{\mathrm{d}t^3} = \frac{\mathrm{d}\boldsymbol{\alpha}}{\mathrm{d}t} \times \boldsymbol{A} + 2\boldsymbol{\alpha} \times (\boldsymbol{\omega} \times \boldsymbol{A}) + \boldsymbol{\omega} \times [\boldsymbol{\alpha} \times \boldsymbol{A} + \boldsymbol{\omega} \times (\boldsymbol{\omega} \times \boldsymbol{A})]$$

如图 2 – 24 所示，XYZ 为惯性坐标系，xyz 为运动坐标系。运动坐标系可根据需要自由运动（平移或旋转），也可附着于航天器等物体上。相对于惯性坐标系所测得的运动量称为绝对量（如绝对加速度），相对于运动坐标系所测得的运动量称为相对量（如相对加速度）。

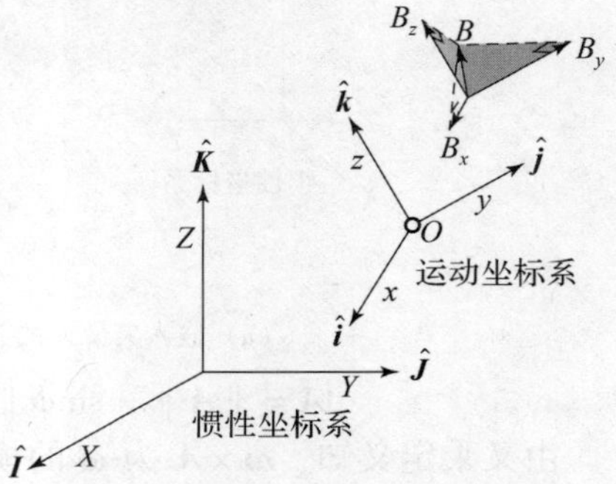

图 2 – 24　惯性和运动坐标系

惯性坐标系中 XYZ 的单位矢量为 $\hat{\boldsymbol{I}}$、$\hat{\boldsymbol{J}}$ 和 $\hat{\boldsymbol{K}}$，而运动坐标系 xyz 中，其单位矢量分别为 $\hat{\boldsymbol{i}}$、$\hat{\boldsymbol{j}}$ 和 $\hat{\boldsymbol{k}}$。运动坐标系的运动是任意的，其绝对角速度为 $\boldsymbol{\Omega}$。然而，若运动坐标系刚性附着于一物体上，此时运动坐标系可能既有平移运动又有旋转运动，称此时的坐标系为本体坐标系，坐标轴称之为体轴。显而易见，本体坐标系与其相固连的物体具有相同的角速度。

设 $\boldsymbol{Q}$ 为任一时变矢量，将其在惯性坐标系中分解，可解析表达为

$$\boldsymbol{Q} = Q_X\hat{\boldsymbol{I}} + Q_Y\hat{\boldsymbol{J}} + Q_Z\hat{\boldsymbol{K}} \tag{2-49}$$

式中：Q_X、Q_Y、Q_Z 均为时间的函数。因为 $\hat{\boldsymbol{I}}$、$\hat{\boldsymbol{J}}$、$\hat{\boldsymbol{K}}$ 均固定，所以 Q 的导数为

$$\frac{\mathrm{d}\boldsymbol{Q}}{\mathrm{d}t} = \frac{\mathrm{d}Q_X}{\mathrm{d}t}\hat{\boldsymbol{I}} + \frac{\mathrm{d}Q_Y}{\mathrm{d}t}\hat{\boldsymbol{J}} + \frac{\mathrm{d}Q_Z}{\mathrm{d}t}\hat{\boldsymbol{K}} \tag{2-50}$$

式中：$\mathrm{d}Q_X/\mathrm{d}t$、$\mathrm{d}Q_Y/\mathrm{d}t$、$\mathrm{d}Q_Z/\mathrm{d}t$ 均为 $\boldsymbol{Q}$ 时间导数的绝对分量。$\boldsymbol{Q}$ 也可以在运动坐标系中分解，在任一时刻

$$\boldsymbol{Q} = Q_x\hat{\boldsymbol{i}} + Q_y\hat{\boldsymbol{j}} + Q_z\hat{\boldsymbol{k}} \tag{2-51}$$

用此式计算出 $\boldsymbol{Q}$ 的导数表达式为

$$\frac{\mathrm{d}\boldsymbol{Q}}{\mathrm{d}t} = \frac{\mathrm{d}Q_x}{\mathrm{d}t}\hat{\boldsymbol{i}} + \frac{\mathrm{d}Q_y}{\mathrm{d}t}\hat{\boldsymbol{j}} + \frac{\mathrm{d}Q_z}{\mathrm{d}t}\hat{\boldsymbol{k}} + Q_x\frac{\mathrm{d}\hat{\boldsymbol{i}}}{\mathrm{d}t} + Q_y\frac{\mathrm{d}\hat{\boldsymbol{j}}}{\mathrm{d}t} + Q_z\frac{\mathrm{d}\hat{\boldsymbol{k}}}{\mathrm{d}t} \tag{2-52}$$

单位矢量 $\hat{\boldsymbol{i}}$、$\hat{\boldsymbol{j}}$、$\hat{\boldsymbol{k}}$ 在空间中并不是固定的，它们的方向连续变化，因此，它们的导数均不为零。显而易见，它们的模相等（均为 1），由于固连在 xyz 坐标系上，它们具有相同的角速度 $\boldsymbol{\Omega}$。由式（2 – 48）可得

$$\frac{\mathrm{d}\hat{\boldsymbol{i}}}{\mathrm{d}t} = \boldsymbol{\Omega} \times \hat{\boldsymbol{i}}, \frac{\mathrm{d}\hat{\boldsymbol{j}}}{\mathrm{d}t} = \boldsymbol{\Omega} \times \hat{\boldsymbol{j}}, \frac{\mathrm{d}\hat{\boldsymbol{k}}}{\mathrm{d}t} = \boldsymbol{\Omega} \times \hat{\boldsymbol{k}}$$

将上式代入式（2 – 52)）右边，可得

$$\frac{\mathrm{d}\boldsymbol{Q}}{\mathrm{d}t} = \frac{\mathrm{d}Q_x}{\mathrm{d}t}\hat{\boldsymbol{i}} + \frac{\mathrm{d}Q_y}{\mathrm{d}t}\hat{\boldsymbol{j}} + \frac{\mathrm{d}Q_z}{\mathrm{d}t}\hat{\boldsymbol{k}} + Q_x(\boldsymbol{\Omega} \times \hat{\boldsymbol{i}}) + Q_y(\boldsymbol{\Omega} \times \hat{\boldsymbol{j}}) + Q_z(\boldsymbol{\Omega} \times \hat{\boldsymbol{k}})$$

$$= \frac{\mathrm{d}Q_x}{\mathrm{d}t}\hat{\boldsymbol{i}} + \frac{\mathrm{d}Q_y}{\mathrm{d}t}\hat{\boldsymbol{j}} + \frac{\mathrm{d}Q_z}{\mathrm{d}t}\hat{\boldsymbol{k}} + (\boldsymbol{\Omega} \times Q_x\hat{\boldsymbol{i}}) + (\boldsymbol{\Omega} \times Q_y\hat{\boldsymbol{j}}) + (\boldsymbol{\Omega} \times Q_z\hat{\boldsymbol{k}})$$

$$=\frac{\mathrm{d}Q_x}{\mathrm{d}t}\hat{\boldsymbol{i}}+\frac{\mathrm{d}Q_y}{\mathrm{d}t}\hat{\boldsymbol{j}}+\frac{\mathrm{d}Q_z}{\mathrm{d}t}\hat{\boldsymbol{k}}+\boldsymbol{\Omega}\times(Q_x\hat{\boldsymbol{i}}+Q_y\hat{\boldsymbol{j}}+Q_z\hat{\boldsymbol{k}})$$

根据式（2 – 60），此式可写为

$$\frac{\mathrm{d}\boldsymbol{Q}}{\mathrm{d}t}=\left.\frac{\mathrm{d}\boldsymbol{Q}}{\mathrm{d}t}\right)_{相对}+\boldsymbol{\Omega}\times\boldsymbol{Q} \tag{2-53}$$

式中

$$\left.\frac{\mathrm{d}\boldsymbol{Q}}{\mathrm{d}t}\right)_{相对}=\frac{\mathrm{d}\boldsymbol{Q}_x}{\mathrm{d}t}\hat{\boldsymbol{i}}+\frac{\mathrm{d}\boldsymbol{Q}_y}{\mathrm{d}t}\hat{\boldsymbol{j}}+\frac{\mathrm{d}\boldsymbol{Q}_z}{\mathrm{d}t}\hat{\boldsymbol{k}} \tag{2-54}$$

$\mathrm{d}\boldsymbol{Q}/\mathrm{d}t)_{相对}$为 $\boldsymbol{Q}$ 相对于运动坐标系的时间导数。式（2 – 53）表明了如何通过相对时间导数来求绝对时间导数。显然，当运动坐标系为纯粹的平移运动时（$\boldsymbol{\Omega}=0$），$\frac{\mathrm{d}\boldsymbol{Q}}{\mathrm{d}t}=\left.\frac{\mathrm{d}\boldsymbol{Q}}{\mathrm{d}t}\right)_{相对}$才成立。

由式（2 – 53）递推可求得更高阶的导数表达式，对式（2 – 53）进行关于时间 t 的微分，可得

$$\frac{\mathrm{d}^2\boldsymbol{Q}}{\mathrm{d}t^2}=\frac{\mathrm{d}}{\mathrm{d}t}\left.\frac{\mathrm{d}\boldsymbol{Q}}{\mathrm{d}t}\right)_{相对}+\frac{\mathrm{d}\boldsymbol{\Omega}}{\mathrm{d}t}\times\boldsymbol{Q}+\boldsymbol{\Omega}\times\frac{\mathrm{d}\boldsymbol{Q}}{\mathrm{d}t}$$

将式（2 – 53）代入最后一项，可得

$$\frac{\mathrm{d}^2\boldsymbol{Q}}{\mathrm{d}t^2}=\frac{\mathrm{d}}{\mathrm{d}t}\left.\frac{\mathrm{d}\boldsymbol{Q}}{\mathrm{d}t}\right)_{相对}+\frac{\mathrm{d}\boldsymbol{\Omega}}{\mathrm{d}t}\times\boldsymbol{Q}+\boldsymbol{\Omega}\times\left[\left.\frac{\mathrm{d}\boldsymbol{Q}}{\mathrm{d}t}\right)_{相对}+\boldsymbol{\Omega}\times\boldsymbol{Q}\right] \tag{2-55}$$

由式（2 – 53）亦可得到

$$\frac{\mathrm{d}}{\mathrm{d}t}\left.\frac{\mathrm{d}\boldsymbol{Q}}{\mathrm{d}t}\right)_{相对}=\left.\frac{\mathrm{d}^2\boldsymbol{Q}}{\mathrm{d}t^2}\right)_{相对}+\boldsymbol{\Omega}\times\left.\frac{\mathrm{d}\boldsymbol{Q}}{\mathrm{d}t}\right)_{相对} \tag{2-56}$$

式中

$$\left.\frac{\mathrm{d}^2\boldsymbol{Q}}{\mathrm{d}t^2}\right)_{相对}=\frac{\mathrm{d}^2\boldsymbol{Q}_x}{\mathrm{d}t^2}\hat{\boldsymbol{i}}+\frac{\mathrm{d}^2\boldsymbol{Q}_y}{\mathrm{d}t^2}\hat{\boldsymbol{j}}+\frac{\mathrm{d}^2\boldsymbol{Q}_z}{\mathrm{d}t^2}\hat{\boldsymbol{k}} \tag{2-57}$$

将式（2 – 56）代入式（2 – 55），可得

$$\frac{\mathrm{d}^2\boldsymbol{Q}}{\mathrm{d}t^2}=\left[\left.\frac{\mathrm{d}^2\boldsymbol{Q}}{\mathrm{d}t^2}\right)_{相对}+\boldsymbol{\Omega}\times\left.\frac{\mathrm{d}\boldsymbol{Q}}{\mathrm{d}t}\right)_{相对}\right]+\frac{\mathrm{d}\boldsymbol{\Omega}}{\mathrm{d}t}\times\boldsymbol{Q}+\boldsymbol{\Omega}\times\left[\left.\frac{\mathrm{d}\boldsymbol{Q}}{\mathrm{d}t}\right)_{相对}+\boldsymbol{\Omega}\times\boldsymbol{Q}\right] \tag{2-58}$$

合并同类项后

$$\frac{\mathrm{d}^2\boldsymbol{Q}}{\mathrm{d}t^2}=\left.\frac{\mathrm{d}^2\boldsymbol{Q}}{\mathrm{d}t^2}\right)_{相对}+\dot{\boldsymbol{\Omega}}\times\boldsymbol{Q}+\boldsymbol{\Omega}\times(\boldsymbol{\Omega}\times\boldsymbol{Q})+2\boldsymbol{\Omega}\times\left.\frac{\mathrm{d}\boldsymbol{Q}}{\mathrm{d}t}\right)_{相对} \tag{2-59}$$

式中：$\dot{\boldsymbol{\Omega}}\equiv\mathrm{d}\boldsymbol{\Omega}/\mathrm{d}t$ 为 xyz 坐标系的绝对加速度。依此类推，可得到更高阶的时间导数。

2.4.4　相对运动

设 P 为一个做自由运动的质点。其绝对位置矢量为 $\boldsymbol{r}$，相对于运动坐标系的位置矢量为 $\boldsymbol{r}_{相对}$。若 $\boldsymbol{r}_O$ 为运动坐标系原点的绝对位置矢量，由图 2 – 25 可知

$$\boldsymbol{r}=\boldsymbol{r}_O+\boldsymbol{r}_{相对} \tag{2-60}$$

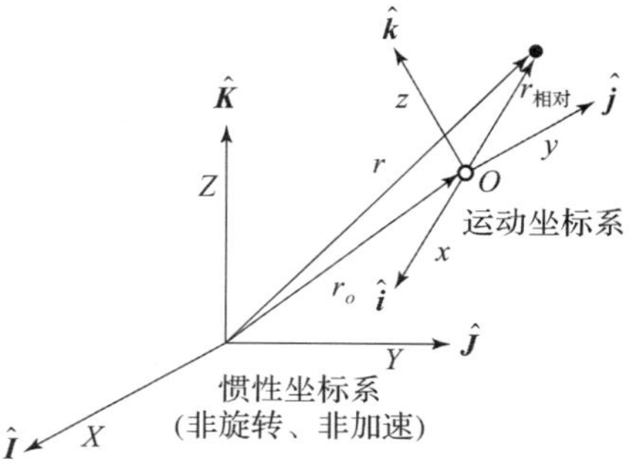

图 2 – 25　绝对和相对位置矢量

$\boldsymbol{r}_{相对}$在运动坐标系中可表示为

$$\boldsymbol{r}_{相对}=x\hat{\boldsymbol{i}}+y\hat{\boldsymbol{j}}+z\hat{\boldsymbol{k}} \tag{2-61}$$

式中：x、y、z 为 P 相对于运动坐标系的坐标。P 的绝对速度 $\boldsymbol{v}$ 为 $\mathrm{d}\boldsymbol{r}/\mathrm{d}t$，由式（2－60）可得

$$\boldsymbol{v}=\boldsymbol{v}_O+\frac{\mathrm{d}\boldsymbol{r}_{相对}}{\mathrm{d}t} \tag{2-62}$$

式中：$\boldsymbol{v}_O=\mathrm{d}\boldsymbol{r}_O/\mathrm{d}t$ 为 xyz 运动坐标系原点的（绝对）速度。由式（2－53）可得

$$\frac{\mathrm{d}\boldsymbol{r}_{相对}}{\mathrm{d}t}=\boldsymbol{v}_{相对}+\boldsymbol{\Omega}\times\boldsymbol{r}_{相对} \tag{2-63}$$

式中：$\boldsymbol{v}_{相对}$ 为 P 相对于 xyz 运动坐标系的速度

$$\boldsymbol{v}_{相对}=\left.\frac{\mathrm{d}\boldsymbol{r}_{相对}}{\mathrm{d}t}\right)_{相对}=\frac{\mathrm{d}x}{\mathrm{d}t}\hat{\boldsymbol{i}}+\frac{\mathrm{d}y}{\mathrm{d}t}\hat{\boldsymbol{j}}+\frac{\mathrm{d}z}{\mathrm{d}t}\hat{\boldsymbol{k}} \tag{2-64}$$

将式（2－63）代入式（2－62），可得

$$\boldsymbol{v}=\boldsymbol{v}_O+\boldsymbol{\Omega}\times\boldsymbol{r}_{相对}+\boldsymbol{v}_{相对} \tag{2-65}$$

P 点的绝对加速度 $\boldsymbol{a}$ 为 $\mathrm{d}\boldsymbol{v}/\mathrm{d}t$，所以由式（2－62）可得

$$\boldsymbol{a}=\boldsymbol{a}_O+\frac{\mathrm{d}^2\boldsymbol{r}_{相对}}{\mathrm{d}t} \tag{2-66}$$

式中：$\boldsymbol{a}_O=\mathrm{d}\boldsymbol{v}_O/\mathrm{d}t$ 为 xyz 运动坐标系原点的绝对加速度。利用式（2－58）将上式右边第二项展开，可得

$$\frac{\mathrm{d}^2\boldsymbol{r}_{相对}}{\mathrm{d}t^2}=\left.\frac{\mathrm{d}^2\boldsymbol{r}_{相对}}{\mathrm{d}t^2}\right)_{相对}+\dot{\boldsymbol{\Omega}}\times\boldsymbol{r}_{相对}+\boldsymbol{\Omega}\times(\boldsymbol{\Omega}\times\boldsymbol{r}_{相对})+2\boldsymbol{\Omega}\times\left.\frac{\mathrm{d}\boldsymbol{r}_{相对}}{\mathrm{d}t}\right)_{相对} \tag{2-67}$$

因为 $\boldsymbol{v}_{相对}=\mathrm{d}\boldsymbol{r}_{相对}/\mathrm{d}t)_{相对}$，$\boldsymbol{a}_{相对}=\mathrm{d}^2\boldsymbol{r}_{相对}/\mathrm{d}t^2)_{相对}$，所以上式可写为

$$\frac{\mathrm{d}^2\boldsymbol{r}_{相对}}{\mathrm{d}t^2}=\boldsymbol{a}_{相对}+\dot{\boldsymbol{\Omega}}\times\boldsymbol{r}_{相对}+\boldsymbol{\Omega}\times(\boldsymbol{\Omega}\times\boldsymbol{r}_{相对})+2\boldsymbol{\Omega}\times v_{相对} \tag{2-68}$$

将此式代入式（2－66），可得

$$\boldsymbol{a}=\boldsymbol{a}_O+\dot{\boldsymbol{\Omega}}\times\boldsymbol{r}_{相对}+\boldsymbol{\Omega}\times(\boldsymbol{\Omega}\times\boldsymbol{r}_{相对})+2\boldsymbol{\Omega}\times v_{相对}+\boldsymbol{a}_{相对} \tag{2-69}$$

式中：叉乘积 $2\boldsymbol{\Omega}\times v_{相对}$ 称为科里奥利加速度，以第一次引入此项的法国数学家科里奥利（Coriolis）的名字命名。式（2－69）又称为五项加速度公式。

例 2.8 在一给定时刻，运动坐标系坐标原点 O 的绝对位置、速度、加速度矢量如下：

$$\boldsymbol{r}_O=100\hat{\boldsymbol{I}}+200\hat{\boldsymbol{J}}+300\hat{\boldsymbol{K}}(\mathrm{m})$$

$$\boldsymbol{v}_O=-50\hat{\boldsymbol{I}}+30\hat{\boldsymbol{J}}-10\hat{\boldsymbol{K}}(\mathrm{m/s})$$

$$\boldsymbol{a}_O=-15\hat{\boldsymbol{I}}+40\hat{\boldsymbol{J}}+25\hat{\boldsymbol{K}}(\mathrm{m/s^2}) \tag{a}$$

运动坐标系的角速度、角加速度为

$$\boldsymbol{\Omega}=1.0\hat{\boldsymbol{I}}-0.4\hat{\boldsymbol{J}}+0.6\hat{\boldsymbol{K}}(\mathrm{rad/s})$$

$$\dot{\boldsymbol{\Omega}}=-1.0\hat{\boldsymbol{I}}+0.3\hat{\boldsymbol{J}}-0.4\hat{\boldsymbol{K}}(\mathrm{rad/s^2}) \tag{b}$$

运动坐标系的单位矢量为

$$\hat{\boldsymbol{i}}=0.5571\hat{\boldsymbol{I}}+0.7428\hat{\boldsymbol{J}}+0.3714\hat{\boldsymbol{K}}$$

$$\hat{\boldsymbol{j}}=-0.06331\hat{\boldsymbol{I}}+0.4839\hat{\boldsymbol{J}}-0.8728\hat{\boldsymbol{K}}$$

$$\hat{\boldsymbol{k}} = -0.8280\hat{\boldsymbol{I}} + 0.4627\hat{\boldsymbol{J}} + 0.3166\hat{\boldsymbol{K}} \tag{c}$$

质点 P 的绝对位置、速度和加速度矢量为

$$\boldsymbol{r} = 300\hat{\boldsymbol{I}} - 100\hat{\boldsymbol{J}} + 150\hat{\boldsymbol{K}}\,(\mathrm{m})$$

$$\boldsymbol{v} = 70\hat{\boldsymbol{I}} + 25\hat{\boldsymbol{J}} - 20\hat{\boldsymbol{K}}\,(\mathrm{m/s})$$

$$\boldsymbol{a} = 7.5\hat{\boldsymbol{I}} - 8.5\hat{\boldsymbol{J}} + 6.0\hat{\boldsymbol{K}}\,(\mathrm{m/s^2}) \tag{d}$$

求质点 P 相对于运动坐标系的速度 $\boldsymbol{v}_{相对}$ 和加速度 $\boldsymbol{a}_{相对}$。

首先从式（c）（3 个方程、3 个未知数）中解出 $\hat{\boldsymbol{I}}$、$\hat{\boldsymbol{J}}$、$\hat{\boldsymbol{K}}$

$$\hat{\boldsymbol{I}} = 0.5571\hat{\boldsymbol{i}} - 0.06331\hat{\boldsymbol{j}} - 0.8280\hat{\boldsymbol{k}}$$

$$\hat{\boldsymbol{J}} = 0.7428\hat{\boldsymbol{i}} + 0.4839\hat{\boldsymbol{j}} + 0.4627\hat{\boldsymbol{k}}$$

$$\hat{\boldsymbol{K}} = 0.3714\hat{\boldsymbol{i}} - 0.8728\hat{\boldsymbol{j}} + 0.3166\hat{\boldsymbol{k}} \tag{e}$$

相对位置矢量为

$$\begin{aligned}\boldsymbol{r}_{相对} &= \boldsymbol{r} - \boldsymbol{r}_O = (300\hat{\boldsymbol{I}} - 100\hat{\boldsymbol{J}} + 150\hat{\boldsymbol{K}}) - (100\hat{\boldsymbol{I}} + 200\hat{\boldsymbol{J}} + 300\hat{\boldsymbol{K}}) \\ &= 200\hat{\boldsymbol{I}} - 300\hat{\boldsymbol{J}} - 150\hat{\boldsymbol{K}}\,(\mathrm{m})\end{aligned} \tag{f}$$

由式（2-65）可得相对速度矢量为

$$\begin{aligned}\boldsymbol{v}_{相对} &= \boldsymbol{v} - \boldsymbol{v}_O - \boldsymbol{\Omega} \times \boldsymbol{r}_{相对} \\ &= (70\hat{\boldsymbol{I}} + 25\hat{\boldsymbol{J}} - 20\hat{\boldsymbol{K}}) - (-50\hat{\boldsymbol{I}} + 30\hat{\boldsymbol{J}} - 10\hat{\boldsymbol{K}}) - \begin{vmatrix} \hat{\boldsymbol{I}} & \hat{\boldsymbol{J}} & \hat{\boldsymbol{K}} \\ 1.0 & -0.4 & 0.6 \\ 200 & -300 & -150 \end{vmatrix} \\ &= (70\hat{\boldsymbol{I}} + 25\hat{\boldsymbol{J}} - 20\hat{\boldsymbol{K}}) - (-50\hat{\boldsymbol{I}} + 30\hat{\boldsymbol{J}} - 10\hat{\boldsymbol{K}}) - (240\hat{\boldsymbol{I}} + 270\hat{\boldsymbol{J}} - 220\hat{\boldsymbol{K}})\end{aligned}$$

即

$$\boldsymbol{v}_{相对} = -120\hat{\boldsymbol{I}} - 275\hat{\boldsymbol{J}} + 210\hat{\boldsymbol{K}}\,(\mathrm{m/s}) \tag{g}$$

将式（e）代入式（g）便得到相对速度在运动坐标系中的分量

$$\boldsymbol{v}_{相对} = -120(0.5571\hat{\boldsymbol{i}} - 0.06331\hat{\boldsymbol{j}} - 0.8280\hat{\boldsymbol{k}}) - 275(0.7428\hat{\boldsymbol{i}} - 0.4839\hat{\boldsymbol{j}} + 0.4627\hat{\boldsymbol{k}}) + 210(0.3714\hat{\boldsymbol{i}} - 0.8728\hat{\boldsymbol{j}} + 0.3166\hat{\boldsymbol{k}})$$

简化后

$$\boldsymbol{v}_{相对} = -193.1\hat{\boldsymbol{i}} - 308.8\hat{\boldsymbol{j}} + 38.60\hat{\boldsymbol{k}}\,(\mathrm{m/s}) \tag{h}$$

或记为

$$\boldsymbol{v}_{相对} = 366.2\hat{\boldsymbol{u}}_v\,(\mathrm{m/s}),\ \hat{\boldsymbol{u}}_v = -0.5272\hat{\boldsymbol{i}} - 0.8432\hat{\boldsymbol{j}} + 0.1005\hat{\boldsymbol{k}} \tag{i}$$

要求出相对加速度，需使用五项加速度表达式，即式（2-69）

$$\begin{aligned}\boldsymbol{a}_{相对} &= \boldsymbol{a} - \boldsymbol{a}_O - \dot{\boldsymbol{\Omega}} \times \boldsymbol{r}_{相对} + \boldsymbol{\Omega} \times (\boldsymbol{\Omega} \times \boldsymbol{r}_{相对}) + 2(\boldsymbol{\Omega} \times v_{相对}) \\ &= \boldsymbol{a} - \boldsymbol{a}_O - \begin{vmatrix} \hat{\boldsymbol{I}} & \hat{\boldsymbol{J}} & \hat{\boldsymbol{K}} \\ 1.0 & 0.3 & -0.4 \\ 200 & -300 & -150 \end{vmatrix} - \boldsymbol{\Omega} \times \begin{vmatrix} \hat{\boldsymbol{I}} & \hat{\boldsymbol{J}} & \hat{\boldsymbol{K}} \\ 1.0 & -0.4 & 0.6 \\ 200 & -300 & -150 \end{vmatrix} - 2 \begin{vmatrix} \hat{\boldsymbol{I}} & \hat{\boldsymbol{J}} & \hat{\boldsymbol{K}} \\ 1.0 & -0.4 & 0.6 \\ -120 & -275 & 210 \end{vmatrix}\end{aligned}$$

$$=\boldsymbol{a}-\boldsymbol{a}_O-(-165\hat{\boldsymbol{I}}-230\hat{\boldsymbol{J}}+240\hat{\boldsymbol{K}})-\begin{vmatrix}\hat{\boldsymbol{I}} & \hat{\boldsymbol{J}} & \hat{\boldsymbol{K}}\\ 1.0 & -0.4 & 0.6\\ 240 & 270 & -220\end{vmatrix}-(162\hat{\boldsymbol{I}}-564\hat{\boldsymbol{J}}-646\hat{\boldsymbol{K}})$$

$$=99.5\hat{\boldsymbol{I}}+381.5\hat{\boldsymbol{J}}+21.0\hat{\boldsymbol{K}}(\text{m/s}^2) \tag{j}$$

将式（e）代入式（j）得到相对加速度在运动坐标系中的各分量

$$\boldsymbol{a}_{相对}=99.5(0.5571\hat{\boldsymbol{i}}-0.06331\hat{\boldsymbol{j}}-0.8280\hat{\boldsymbol{k}})+381.5(0.7428\hat{\boldsymbol{i}}+0.4839\hat{\boldsymbol{j}}+0.4627\hat{\boldsymbol{k}})+$$
$$21.0(0.3714\hat{\boldsymbol{i}}-0.8728\hat{\boldsymbol{j}}+0.3166\hat{\boldsymbol{k}})=346.6\hat{\boldsymbol{i}}+160.0\hat{\boldsymbol{j}}+100.8\hat{\boldsymbol{k}}(\text{m/s}^2) \tag{k}$$

或记为

$$\boldsymbol{a}_{相对}=394.8\hat{\boldsymbol{u}}_a(\text{m/s}^2) \tag{l}$$

式中

$$\hat{\boldsymbol{u}}_a=0.8778\hat{\boldsymbol{i}}+0.4052\hat{\boldsymbol{j}}+0.2553\hat{\boldsymbol{k}} \tag{m}$$

图 2－26 给出了以地心为原点的惯性坐标系 XYZ，此处假设地球为标准球形。嵌于球体内部并与地球一起旋转的正交坐标系 $x'y'z'$，其原点亦为 C 且 z' 轴与地球的自转轴 Z 相平行。x' 与赤道相交于本初子午线（0 度经线），该线通过英国伦敦的格林尼治。X 和 x' 间的夹角为 θ_g，θ_g 的增加速度即为地球的角速度 Ω。P 为地球上空做任意运动的一质点（如飞机、航天器等）。$\boldsymbol{r}_{相对}$ 为在旋转坐标系 $x'y'z'$ 中，P 相对于 C 的位置矢量。在一给定时刻，P 恰好位于 O 点上方，其中 O 点的经度为 Λ，纬度为 ϕ。当点 O 作为坐标原点时，便形成了熟知的测站地平坐标系 xyz。x 和 y 分别沿当地纬线与子午线指向正东和正北。过 O 点处地球表面的切平面为当地的地平面。z 轴垂直于此切平面且方向为沿径向由地心指向外。如图 2－26 所示，xyz 坐标系的单位矢量为 $\hat{\boldsymbol{i}}$、$\hat{\boldsymbol{j}}$、$\hat{\boldsymbol{k}}$。注意 O 点位于 P 点的正下方，所以当 P 移动时，xyz 轴均应做相应移动。因此，当 P 的位置发生变化时，作为球面坐标系统单位矢量的三轴 $\hat{\boldsymbol{i}}$、$\hat{\boldsymbol{j}}$、$\hat{\boldsymbol{k}}$ 的方向亦随之发生变化。

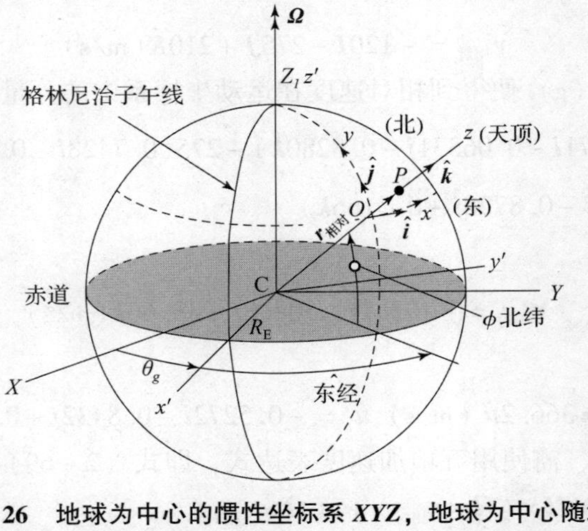

图 2－26　地球为中心的惯性坐标系 XYZ，地球为中心随地球转动的非惯性坐标系 $x'y'z'$ 和固连在地球表面的测站地平坐标系 xyz

计算 P 点的绝对速度和绝对加速度的步骤如下：先计算出 P 点相对于非旋转地球的速度和加速度，然后利用式（2－65）和式（2－69）算出其绝对速度和加速度。相对位置矢量为

$$\boldsymbol{r}_{相对} = (R_E + z)\hat{\boldsymbol{k}} \tag{2-70}$$

式中：R_E 为地球半径；z 为 P 点距离海平面高度（即海拔）。对$\boldsymbol{r}_{相对}$求导可得其速度矢量

$$\boldsymbol{v}_{相对} = \frac{\mathrm{d}\boldsymbol{r}_{相对}}{\mathrm{d}t} = \dot{z}\hat{\boldsymbol{k}} + (R_E + z)\frac{\mathrm{d}\hat{\boldsymbol{k}}}{\mathrm{d}t} \tag{2-71}$$

想要算出 $\mathrm{d}\hat{\boldsymbol{k}}/\mathrm{d}t$，要用到式（2－48）。$xyz$ 坐标系相对于非旋转地球的角速度 ω 可用经度 Λ 和纬度 ϕ 的变化率表示出来

$$\boldsymbol{\omega} = -\dot{\boldsymbol{\phi}}\hat{\boldsymbol{i}} + \dot{\Lambda}\cos\phi\hat{\boldsymbol{j}} + \dot{\Lambda}\sin\phi\hat{\boldsymbol{k}} \tag{2-72}$$

因此

$$\frac{\mathrm{d}\hat{\boldsymbol{k}}}{\mathrm{d}t} = \boldsymbol{\omega} \times \hat{\boldsymbol{k}} = \dot{\Lambda}\cos\phi\hat{\boldsymbol{i}} + \dot{\phi}\hat{\boldsymbol{j}} \tag{2-73}$$

为以后使用方便，给出下述两式：

$$\frac{\mathrm{d}\hat{\boldsymbol{j}}}{\mathrm{d}t} = \boldsymbol{\omega} \times \hat{\boldsymbol{j}} = -\dot{\Lambda}\sin\phi\hat{\boldsymbol{j}} - \dot{\phi}\hat{\boldsymbol{k}} \tag{2-74}$$

$$\frac{\mathrm{d}\hat{\boldsymbol{i}}}{\mathrm{d}t} = \boldsymbol{\omega} \times \hat{\boldsymbol{i}} = \dot{\Lambda}\sin\phi\hat{\boldsymbol{j}} - \dot{\Lambda}\cos\phi\hat{\boldsymbol{k}} \tag{2-75}$$

将式（2－73）代入式（2－71），可得

$$\boldsymbol{v}_{相对} = \dot{x}\hat{\boldsymbol{i}} + \dot{y}\hat{\boldsymbol{j}} + \dot{z}\hat{\boldsymbol{k}} \tag{2-76}$$

式中

$$\dot{x} = (R_E + z)\dot{\Lambda}\cos\phi, \dot{y} = (R_E + z)\dot{\phi} \tag{2-77}$$

利用式（2－77）可以很方便地用地球表面相对速度的分量来表示出纬度和经度的变化率

$$\dot{\phi} = \frac{\dot{y}}{R_E + z}, \dot{\Lambda} = \frac{\dot{x}}{(R_E + z)\cos\phi} \tag{2-78}$$

再对这两个表达式求导，可得

$$\ddot{\phi} = \frac{(R_E + z)\ddot{y} - \dot{y}\dot{z}}{(R_E + z)^2}, \ddot{\Lambda} = \frac{(R_E + z)\ddot{x}\cos\phi - (\dot{z}\cos\phi - \dot{y}\sin\phi)\dot{x}}{(R_E + z)^2\cos^2\phi} \tag{2-79}$$

对 $\boldsymbol{v}_{相对}$求导可得 P 相对于非旋转地球的加速度

$$\begin{aligned}
\boldsymbol{a}_{相对} &= \ddot{x}\hat{\boldsymbol{i}} + \ddot{y}\hat{\boldsymbol{j}} + \ddot{z}\hat{\boldsymbol{k}} + \dot{x}\frac{\mathrm{d}\hat{\boldsymbol{i}}}{\mathrm{d}t} + \dot{y}\frac{\mathrm{d}\hat{\boldsymbol{j}}}{\mathrm{d}t} + \dot{z}\frac{\mathrm{d}\hat{\boldsymbol{k}}}{\mathrm{d}t} \\
&= [\dot{z}\dot{\Lambda}\cos\phi + (R_E + z)\ddot{\Lambda}\cos\phi - (R_E + z)\dot{\phi}\dot{\Lambda}\sin\phi]\hat{\boldsymbol{i}} + \\
&\quad [\dot{z}\dot{\phi} + (R_E + z)\ddot{\phi}]\hat{\boldsymbol{j}} + \ddot{z}\hat{\boldsymbol{k}} + (R_E + z)\dot{\Lambda}\cos\phi(\omega \times \hat{\boldsymbol{i}}) + \\
&\quad (R_E + z)\dot{\phi}(\omega \times \hat{\boldsymbol{j}}) + \dot{z}(\omega \times \hat{\boldsymbol{k}})
\end{aligned}$$

将式（2－73）代入式（2－75）后再与式（2－78）和式（2－79）共同代入上式，可得

$$\boldsymbol{a}_{相对} = \left[\ddot{x} + \frac{\dot{x}(\dot{z} - \dot{y}\tan\phi)}{R_E + z}\right]\hat{\boldsymbol{i}} + \left(\ddot{y} + \frac{\dot{y}\dot{z} + \dot{x}^2\tan\phi}{R_E + z}\right)\hat{\boldsymbol{j}} + \left(\ddot{z} - \frac{\dot{x}^2 + \dot{y}^2}{R_E + z}\right)\hat{\boldsymbol{k}} \tag{2-80}$$

当 $R_E + z$ 为无穷大时，地球表面的曲率可以忽略不计，此时

$$\boldsymbol{a}_{相对})_{忽略地球曲率} = \ddot{x}\hat{\boldsymbol{i}} + \ddot{y}\hat{\boldsymbol{j}} + \ddot{z}\hat{\boldsymbol{k}}$$

也就是说，对于一个“平直的地球”，相对加速度矢量的各分量即为相对速度矢量各分量的导数。

根据式（2-65），我们可以得到绝对速度

$$\boldsymbol{v}=v_o+\boldsymbol{\Omega}\times\boldsymbol{r}_{相对}+\boldsymbol{v}_{相对} \tag{2-81}$$

由图2-25可知，$\hat{\boldsymbol{K}}=\cos\phi\hat{\boldsymbol{j}}+\sin\phi\hat{\boldsymbol{k}}$，即地球的角速度为

$$\boldsymbol{\Omega}=\boldsymbol{\Omega}\hat{\boldsymbol{K}}=\Omega\cos\phi\hat{\boldsymbol{j}}+\Omega\sin\phi\hat{\boldsymbol{k}} \tag{2-82}$$

将式（2-82）与式（2-70）、式（2-76）一同代入式（2-80），注意到 $\boldsymbol{v}_o=0$，可得

$$\boldsymbol{v}=[\dot{x}+\Omega(R_{\mathrm{E}}+z)\cos\phi]\hat{\boldsymbol{i}}+\dot{y}\hat{\boldsymbol{j}}+\dot{z}\hat{\boldsymbol{k}} \tag{2-83}$$

由式（2-69）可知 P 的绝对加速度为

$$\boldsymbol{a}=\boldsymbol{a}_o+\dot{\boldsymbol{\Omega}}\times\boldsymbol{r}_{相对}+\boldsymbol{\Omega}\times(\boldsymbol{\Omega}\times\boldsymbol{r}_{相对})+2\boldsymbol{\Omega}\times\boldsymbol{v}_{相对}+\boldsymbol{a}_{相对} \tag{2-84}$$

因为 $\boldsymbol{a}_o=\dot{\boldsymbol{\Omega}}=\boldsymbol{0}$，代入式（2-71）、式（2-76）、式（2-80）和式（2-82），可得

$$\begin{aligned}\boldsymbol{a}=&\left[\ddot{x}+\frac{\dot{x}(\dot{z}-\dot{y}\tan\phi)}{R_{\mathrm{E}}+z}+2\Omega(\dot{z}\cos\phi-\dot{y}\sin\phi)\right]\hat{\boldsymbol{i}}+\\&\left\{\ddot{y}+\frac{\dot{y}\dot{z}+\dot{x}^2\tan\phi}{R_{\mathrm{E}}+z}+\Omega\sin\phi[\Omega(R_{\mathrm{E}}+z)\cos\phi+2\dot{x}]\right\}\hat{\boldsymbol{j}}+\\&\left\{\ddot{z}+\frac{\dot{x}^2+\dot{y}^2}{R_{\mathrm{E}}+z}-\Omega\cos\phi[\Omega(R_{\mathrm{E}}+z)\cos\phi+2\dot{x}]\right\}\hat{\boldsymbol{k}}\end{aligned} \tag{2-85}$$

式（2-83）和式（2-85）存在一些特例。

当直线水平无加速度飞行时：$\dot{z}=\ddot{z}=\ddot{x}=\ddot{y}=0$。

$$\boldsymbol{v}=[\dot{x}+\Omega(R_{\mathrm{E}}+z)\cos\phi]\hat{\boldsymbol{i}}+y\hat{\boldsymbol{j}} \tag{2-86}$$

$$\begin{aligned}\boldsymbol{a}=&-\left[\frac{\dot{x}\dot{y}\tan\phi}{R_{\mathrm{E}}+z}+2\Omega\dot{y}\sin\phi\right]\hat{\boldsymbol{i}}+\\&\left\{\frac{\dot{x}^2\tan\phi}{R_{\mathrm{E}}+z}+\Omega\sin\phi[\Omega(R_{\mathrm{E}}+z)\cos\phi+2\dot{x}]\right\}\hat{\boldsymbol{j}}-\\&\left\{\frac{\dot{x}^2+\dot{y}^2}{R_{\mathrm{E}}+z}+\Omega\cos\phi[\Omega(R_{\mathrm{E}}+z)\cos\phi+2\dot{x}]\right\}\hat{\boldsymbol{k}}\end{aligned} \tag{2-87}$$

当匀速、等高度向正北（y）飞行时：$\dot{z}=\ddot{z}=\dot{x}=\ddot{x}=\ddot{y}=0$

$$\boldsymbol{v}=\Omega(R_{\mathrm{E}}+z)\cos\phi\hat{\boldsymbol{i}}+\dot{y}\hat{\boldsymbol{j}} \tag{2-88}$$

$$\boldsymbol{a}=-2\Omega y\sin\phi\hat{\boldsymbol{i}}+\Omega^2(R_{\mathrm{E}}+z)\sin\phi\cos\phi\hat{\boldsymbol{j}}+\left[\frac{\dot{y}^2}{R_{\mathrm{E}}+z}+\Omega^2(R_{\mathrm{E}}+z)\cos^2\phi\right]\hat{\boldsymbol{k}} \tag{2-89}$$

当匀速，等高度向正东（x）飞行时：$\dot{z}=\ddot{z}=\ddot{x}=\dot{y}=\ddot{y}=0$。

$$\boldsymbol{v}=[\dot{x}+\Omega(R_{\mathrm{E}}+z)\cos\phi]\hat{\boldsymbol{i}} \tag{2-90}$$

$$\begin{aligned}\boldsymbol{a}=&\left\{\frac{\dot{x}^2\tan\phi}{R_{\mathrm{E}}+z}+\Omega\sin\phi[\Omega(R_{\mathrm{E}}+z)\cos\phi+2\dot{x}]\right\}\hat{\boldsymbol{j}}-\\&\left\{\frac{\dot{x}^2}{R_{\mathrm{E}}+z}+\Omega\cos\phi[\Omega(R_{\mathrm{E}}+z)\cos\phi+2\dot{x}]\right\}\hat{\boldsymbol{k}}\end{aligned} \tag{2-91}$$

当沿 z 轴飞行时：$\dot{x}=\ddot{x}=\dot{y}=\ddot{y}=0$。

$$\boldsymbol{v}=\Omega(R_{\mathrm{E}}+z)\cos\phi:\hat{\boldsymbol{i}}+\dot{z}\hat{\boldsymbol{k}} \tag{2-92}$$

$$\boldsymbol{a}=2\Omega(\dot{z}\cos\phi)\hat{\boldsymbol{i}}+\Omega^{2}(R_{\mathrm{E}}+z)\sin\phi\cos\phi:\hat{\boldsymbol{j}}+[\ddot{z}+\Omega^{2}(R_{\mathrm{E}}+z)\cos^{2}\phi]\hat{\boldsymbol{k}} \tag{2-93}$$

当静止时：$\ddot{x}=\dot{x}=\dot{y}=\ddot{y}=\dot{z}=\ddot{z}=0$。

$$\boldsymbol{v}=\Omega(R_{\mathrm{E}}+z)\cos\phi:\hat{\boldsymbol{i}} \tag{2-94}$$

$$\boldsymbol{a}=\Omega^{2}(R_{\mathrm{E}}+z)\sin\phi\cos\phi:\hat{\boldsymbol{j}}-+\Omega^{2}(R_{\mathrm{E}}+z)\cos^{2}\phi:\hat{\boldsymbol{k}} \tag{2-95}$$

习　　题

1. 常用坐标系的概念和用途。

2. 比较恒星时、真太阳时、平太阳时之间的关系。

3. 某测站位于北纬 52°30′，当太阳上中天后经过 3 小时 40 分，观测到太阳的地平纬度为 33°8′。试求太阳的方位角以及太阳的赤纬？

4. 相对于一当地恒星时为 117°，纬度为 +51°的地面跟踪站而言，一卫星的方位角和高度角分别为 27.5156°和 67.5556°，求此卫星的测站赤经和赤纬。

5. 求从你的出生日期的 UT12：00 到今天的 UT12：00 的天数。

6. O 点的绝对位置、速度和加速度分别为

$$\boldsymbol{r}_O=300\hat{\boldsymbol{I}}+200\hat{\boldsymbol{J}}+100\hat{\boldsymbol{K}}(\mathrm{m})$$

$$\boldsymbol{v}_O=-10\hat{\boldsymbol{I}}+30\hat{\boldsymbol{J}}-50\hat{\boldsymbol{K}}(\mathrm{m/s})$$

$$\boldsymbol{a}_O=25\hat{\boldsymbol{I}}+40\hat{\boldsymbol{J}}-15\hat{\boldsymbol{K}}(\mathrm{m/s^2})$$

运动坐标系的角速度和角加速度分别为

$$\Omega=0.6\hat{\boldsymbol{I}}-0.4\hat{\boldsymbol{J}}+1.0\hat{\boldsymbol{K}}(\mathrm{rad/s})$$

$$\dot{\Omega}=-0.4\hat{\boldsymbol{I}}+0.3\hat{\boldsymbol{J}}-1.0\hat{\boldsymbol{K}}(\mathrm{rad/s^2})$$

运动坐标系的单位矢量为

$$\hat{\boldsymbol{i}}=0.57735\hat{\boldsymbol{I}}+0.57735\hat{\boldsymbol{J}}+0.57735\hat{\boldsymbol{K}}$$

$$\hat{\boldsymbol{j}}=-0.74296\hat{\boldsymbol{I}}+0.66475\hat{\boldsymbol{J}}+0.078206\hat{\boldsymbol{K}}$$

$$\hat{\boldsymbol{k}}=-0.33864\hat{\boldsymbol{I}}-0.47410\hat{\boldsymbol{J}}+0.81274\hat{\boldsymbol{K}}$$

P 点的绝对位置矢量为

$$\boldsymbol{r}=150\hat{\boldsymbol{I}}-200\hat{\boldsymbol{J}}+300\hat{\boldsymbol{K}}(\mathrm{m})$$

P 点相对于运动坐标系的速度和加速度分别为

$$\boldsymbol{v}_{\text{相对}}=-20\hat{\boldsymbol{i}}+25\hat{\boldsymbol{j}}+70\hat{\boldsymbol{k}}(\mathrm{m/s})$$

$$\boldsymbol{a}_{\text{相对}}=7.5\hat{\boldsymbol{i}}-8.5\hat{\boldsymbol{j}}+6.0\hat{\boldsymbol{k}}(\mathrm{m/s^2})$$

求出 P 点的绝对速度 $\boldsymbol{v}_p$ 和绝对加速度 $\boldsymbol{a}_p$。

参考文献

[1] 洪韵芳. 天文爱好者手册 [M]. 成都：四川辞书出版社，1999.

[2] 杨嘉墀，等. 航天器轨道动力学与控制 [M]. 北京：中国宇航出版社，1995.
[3] 钮卫星. 天文学史 [M]. 上海：上海交通大学出版社，2011.
[4] 郗晓宁，王威. 近地航天器轨道基础 [M]. 长沙：国防科技大学出版社，2003.
[5] 余明. 简明天文学教程 [M]. 2 版. 北京：科学出版社，2007.
[6] 漆贯荣. 时间科学基础 [M]. 北京：高等教育出版社，2006.
[7] 肖峰. 球面天文学与天体力学基础 [M]. 长沙：国防科技大学出版社，1989.
[8] 张洪波. 航天器轨道力学理论与方法 [M]. 北京：国防工业出版社，2015.
[9] 解永春. 航天器动力学与控制 [M]. 北京：北京理工大学出版社，2015.
[10] Howard D Curtis. Orbital Mechanics for Engineering Students (Fourth Edition) [M]. UK：Butterworth Heinemann，2020.
[11] Roger R Bate，Donald D Mueller，Jerry E White，et al. Fundamentals of Astrodynamics (Second Edition) [M]. New York：Dover Publications，2020.

第 3 章　二体轨道

1609 年开普勒发表了行星运动的第一和第二定律，10 年后发表了第三定律，开普勒三大定律在数学史上具有划时代的意义。牛顿在 1687 年出版的《自然哲学之数学原理》中，除了发表三大运动定律外，还阐述了万有引力定律，即任何两个物体都存在相互吸引的力，该引力大小与它们质量的乘积成正比，与它们距离的平方成反比。二体轨道即以开普勒定律、牛顿运动定律和万有引力定律为基础，描述两物体在引力的作用下的运动，是研究天体或者航天器运动的基础知识。

3.1　二体运动方程

3.1.1　二体问题

二体问题作为天体运动中最为简单的一种模型，满足两个假设：

（1）物体为球对称形状，这样就能认为物体质量集中在其中心。

（2）除了作用在两个物体中心连线上的引力外，没有其他任何力作用于系统。

应用牛顿第二定律求出两个物体的相对运动方程之前，我们必须找到一个惯性（非加速和非转动的）参考系，用于测量物体的运动或确定物体处于静止状态。牛顿描述惯性参考系时说，它固定在绝对空间中，“就其本质而言，与任何外部事物无关，总是保持相似且不可移动。”然而，他没有指出如何找到这样绝对静止的参考系。现在，假设已经找到一个惯性参考系，以继续研究相对运动。在现实中，只能找到一个“近似”惯性参考系，之后我们再讨论这一事实的影响。

如图 3 - 1 所示，质量为 M 和 m 的两个物体构成一个系统，设（X'，Y'，Z'）为惯性直角坐标系，（X，Y，Z）为平行于（X'，Y'，Z'）的非转动坐标系，其原点与质量为 M 的物体的质心重合。物体 M 和 m 在（X'，Y'，Z'）中的位置矢量分别是 $\boldsymbol{r}_M$ 和 $\boldsymbol{r}_m$。

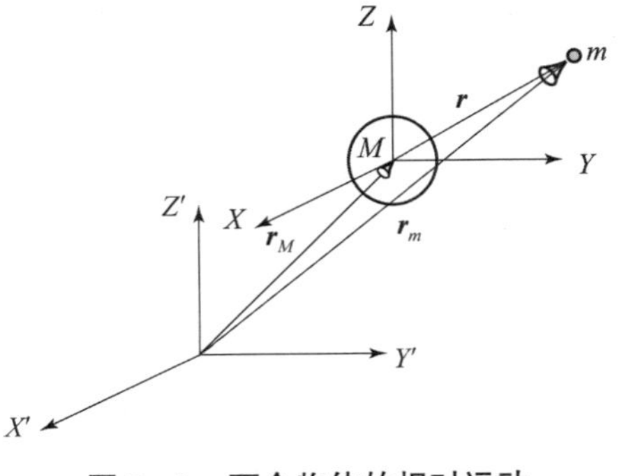

图 3 - 1　两个物体的相对运动

定义

$$\boldsymbol{r} = \boldsymbol{r}_m - \boldsymbol{r}_M \tag{3-1}$$

现在将牛顿定律应用于惯性参考系（X'，Y'，Z'），得出

$$m\ddot{\boldsymbol{r}}_m = -\frac{GMm}{r^2}\frac{\boldsymbol{r}}{r} \tag{3-2}$$

$$M\ddot{\boldsymbol{r}}_M = \frac{GMm}{r^2}\frac{\boldsymbol{r}}{r} \tag{3-3}$$

上述方程式可以写为

$$\ddot{\boldsymbol{r}}_m = -\frac{GM}{r^3}\boldsymbol{r} \tag{3-4}$$

和

$$\ddot{\boldsymbol{r}}_M = \frac{Gm}{r^3}\boldsymbol{r} \tag{3-5}$$

式（3-4）减去式（3-5）可得

$$\ddot{\boldsymbol{r}} = -\frac{G(M+m)}{r^3}\boldsymbol{r} \tag{3-6}$$

式（3-6）是二体问题相对运动的矢量微分方程。

就坐标系（X'，Y'，Z'）而言，由于（X，Y，Z）为非转动坐标系，所以在坐标系（X，Y，Z）中测得 r 和 $\ddot{r}$ 的大小和方向与在惯性坐标系（X，Y，Z）中测得的一致。因此，为了导出式（3-6），假设惯性坐标系已经存在，现在我们可以将其搁置一边，而在一个非转动、非惯性坐标系内测量相对位置、速度和加速度，如原点在中心物体上的（X，Y，Z）坐标系。

由于本书主要研究航天器绕行星、月亮或太阳的运动，所以轨道物体的质量 m 将比中心物体的质量 M 小得多，因此得出

$$G(M+m) \cong GM \tag{3-7}$$

为方便起见，定义引力参数 μ 为

$$\mu \cong GM \tag{3-8}$$

式（3-6）变成

$$\ddot{\boldsymbol{r}} + \frac{\mu}{r^3}\boldsymbol{r} = 0 \tag{3-9}$$

式（3-9）就是本书其余部分要使用的二体运动方程。需要注意的是，式（3-9）只有在假设（1）和（2）成立且 $M \gg m$ 时才精确。如果 M 与 m 的比值小于 1×10^6，则必须使用 $G(M+m)$ 代替 μ，以使得大多数应用保持足够精确度。对不同引力体，μ 值不同。地球和太阳的 μ 值在附录中可查。

3.1.2 运动常数

在求解运动方程以得出卫星轨道之前，我们将先导出一些关于轨道运动特征的有用常数。回想一下我们建立的模型，即一个小质量物体，在一个作用力总是指向质量较大物体中心的引力场内运动，接下来我们将通过严谨的数学证明来证实。从物理学和力学知识中可知引力场是“保守的”。也就是说，一个仅在引力作用下运动的物体，不会减少或增加机械能，只会将动能转化为势能。此外，为了改变系统绕某个旋转中心运动的角动量，需要一个切向分量的力。由于引力总是沿径向指向大质量的质心，因此，

可以预知卫星绕参考系中心（大质量）的角动量不会改变。在接下来的两节中，将证明这些结论。

1. 机械能守恒

按照如下方法可以推导出运动的能量常数：

（1）用 $\dot{\boldsymbol{r}}$ 与式（3-9）作点积，得出 $\dot{\boldsymbol{r}}\cdot\ddot{\boldsymbol{r}}+\dot{\boldsymbol{r}}\cdot\frac{\mu}{r^3}\boldsymbol{r}=0$；

（2）由于通常有 $\boldsymbol{a}\cdot\dot{\boldsymbol{a}}=a\dot{a}$，$\boldsymbol{v}=\dot{\boldsymbol{r}}$ 和 $\dot{\boldsymbol{v}}=\ddot{\boldsymbol{r}}$，则 $\boldsymbol{v}\cdot\dot{\boldsymbol{v}}+\frac{\mu}{r^3}\boldsymbol{r}\cdot\dot{\boldsymbol{r}}=0$，所以 $v\dot{v}+\frac{\mu}{r^3}r\dot{r}=0$；

（3）注意 $\frac{\mathrm{d}}{\mathrm{d}t}\left(\frac{v^2}{2}\right)=v\dot{v}$ 和 $\frac{\mathrm{d}}{\mathrm{d}t}\left(-\frac{\mu}{r}\right)=\frac{\mu}{r^2}\dot{r}$，得出 $\frac{\mathrm{d}}{\mathrm{d}t}\left(\frac{v^2}{2}\right)+\frac{\mathrm{d}}{\mathrm{d}t}\left(-\frac{\mu}{r}\right)=0$ 或 $\frac{\mathrm{d}}{\mathrm{d}t}\left(\frac{v^2}{2}-\frac{\mu}{r}\right)=0$；

（4）为了使第三步具有最大的一般性，将其表示为 $\frac{\mathrm{d}}{\mathrm{d}t}\left(\frac{v^2}{2}+c-\frac{\mu}{r}\right)=0$；

这里由于任意常数对时间的导数为零，所以 c 可为任意常数。

（5）若一个表达式对时间的导数为零，那么该表达式一定是常数，将其称为 E。因此，$E=\frac{v^2}{2}+\left(c-\frac{\mu}{r}\right)=$ 常数（称作比机械能）。

E 的第一项显然是卫星单位质量的动能，第二项为单位质量的势能，它等于卫星从空间一点运动至另一点克服重力所做的功。但是，出现在势能项中的任意常数 c 呢？该常数的值将取决于势能的零值参考点。换句话说，r 在何处时势能为零？显然这具有任意性。在基础物理课程中，为方便起见，选择地面作为势能的零值点，在这种情况下，处于深井底部的物体存在负势能。若仍把大质量体（如地球）的表面作为零值参考点，应选择 $c=\mu/r_{\oplus}$，这里 $r_{\oplus}$ 为地球的半径。这是完全合理的，但既然 c 是任意的，为何不将其设为零呢？将 c 设为零，就相当于选择无穷远处作为势能的零值参考点。这样的简化所付出的代价是，卫星的势能（现简称为 $-\mu/r$）总是负的。

因此，我们的结论是，卫星的比机械能 E 是其单位质量动能与单位质量势能之和，卫星沿其轨道运动时 E 保持不变，既不增加也不减少。E 的表达式为

$$E=\frac{v^2}{2}-\frac{\mu}{r} \tag{3-10}$$

2. 角动量守恒

得出运动角动量常数的方法如下所示：

（1）用 $\boldsymbol{r}$ 叉乘式（3-9）得出 $\boldsymbol{r}\times\ddot{\boldsymbol{r}}+\boldsymbol{r}\times\frac{\mu}{r^3}\boldsymbol{r}=0$；

（2）因为通常 $a\times a=0$，所以第二项为零，得 $\boldsymbol{r}\times\ddot{\boldsymbol{r}}=0$；

（3）因为 $\frac{\mathrm{d}}{\mathrm{d}t}(\boldsymbol{r}\times\dot{\boldsymbol{r}})=\dot{\boldsymbol{r}}\times\dot{\boldsymbol{r}}+\boldsymbol{r}\times\ddot{\boldsymbol{r}}$，于是上面的式变成 $\frac{\mathrm{d}}{\mathrm{d}t}(\boldsymbol{r}\times\dot{\boldsymbol{r}})=0$ 或 $\frac{\mathrm{d}}{\mathrm{d}t}(\boldsymbol{r}\times\boldsymbol{v})=0$。

矢量 $\boldsymbol{r}\times\boldsymbol{v}$ 必定是运动常数，简记为 $\boldsymbol{h}$，称为比角动量。至此，我们已证明卫星的比角动量 $\boldsymbol{h}$ 沿其轨道为一常数，$\boldsymbol{h}$ 的表达式为

$$\boldsymbol{h}=\boldsymbol{r}\times\boldsymbol{v} \tag{3-11}$$

由于 $\boldsymbol{h}$ 是 $\boldsymbol{r}$ 和 $\boldsymbol{v}$ 的矢量叉积，所以它必定与包含 $\boldsymbol{r}$ 和 $\boldsymbol{v}$ 的平面正交。但因为 $\boldsymbol{h}$ 是常数矢量，所以 $\boldsymbol{r}$ 和 $\boldsymbol{v}$ 必定总是保持在同一平面。因此，我们得出结论，卫星的运动必定受制于一

个在空间固定的平面，我们将此称作轨道平面。

通过观察轨道平面中的矢量 $\boldsymbol{r}$ 和 $\boldsymbol{v}$ 以及它们之间的夹角（图3-2），可以推导出关于矢量 $\boldsymbol{h}$ 大小的另一个有用的表达式。

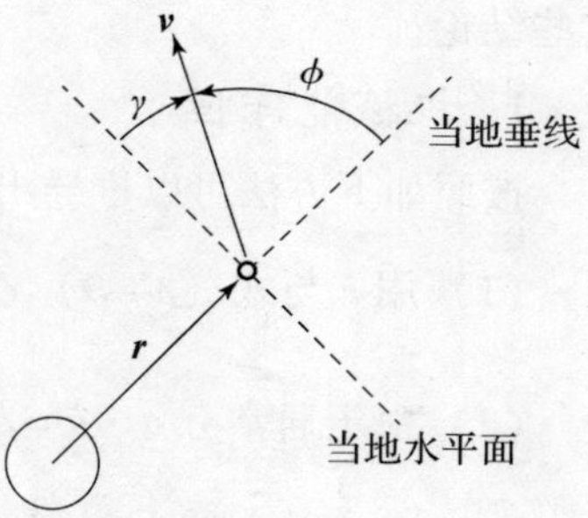

图3-2 航迹角 γ

无论卫星位于空间什么位置，总可以定义“上和下”以及“水平”。“上”指的是远离地心，“下”指的是朝向地心。所以卫星所处位置的当地垂线与矢量 $\boldsymbol{r}$ 的方向一致，当地水平面必定垂直于当地垂线。当地垂线与速度矢量 $\boldsymbol{v}$ 的夹角 ϕ，称作天顶角，通过天顶角可以定义速度矢量 $\boldsymbol{v}$ 的方向。速度矢量与当地水平面之间的夹角为 γ，称作航迹仰角，简称航迹角。由叉积的定义可得

$$\boldsymbol{h} = \boldsymbol{r}\boldsymbol{v}\sin\phi \tag{3-12}$$

然而，用航迹角 γ 来表达 $\boldsymbol{h}$ 更为方便。因为 γ 和 ϕ 显然为互补角

$$\boldsymbol{h} = \boldsymbol{r}\boldsymbol{v}\cos\gamma \tag{3-13}$$

γ 的符号与 $\boldsymbol{r}\times\boldsymbol{v}$ 的符号相同。

3.1.3 轨道方程

前面给出了小质量物体围绕大质量物体中心运行的运动方程。虽然式（3-4）比较简单，可解出轨道大小和形状。但卫星在轨道上的运动与时间的函数关系这一问题将在第4章中讲解。

1. 运动方程的积分

回想二体问题的运动方程

$$\ddot{\boldsymbol{r}} = -\frac{\mu}{r^3}\boldsymbol{r} \tag{3-14}$$

将此式与 $\boldsymbol{h}$ 作叉积，得到一个可积分的形式：

$$\ddot{\boldsymbol{r}}\times\boldsymbol{h} = \frac{\mu}{r^3}(\boldsymbol{h}\times\boldsymbol{r}) \tag{3-15}$$

式（3-15）的等号左边显然为 $\mathrm{d}/\mathrm{d}t(\dot{\boldsymbol{r}}\times\boldsymbol{h})$，等号右边是某一矢量的时间变化率，因为

$$\frac{\mu}{r^3}(\boldsymbol{h}\times\boldsymbol{r}) = \frac{\mu}{r^3}(\boldsymbol{r}\times\boldsymbol{v})\times\boldsymbol{r} = \frac{\mu}{r^3}[v(\boldsymbol{r}\cdot\boldsymbol{r}) - r(\boldsymbol{r}\cdot\boldsymbol{v})] = \frac{\mu}{r}\boldsymbol{v} - \frac{\mu\dot{r}}{r^2}\boldsymbol{r} \tag{3-16}$$

因为 $\boldsymbol{r}\cdot\dot{\boldsymbol{r}} = r\dot{r}$，而 μ 乘单位矢量的导数为

$$\mu\frac{\mathrm{d}}{\mathrm{d}t}\left(\frac{\boldsymbol{r}}{r}\right) = \frac{\mu}{r}\boldsymbol{v} - \frac{\mu\dot{r}}{r^2}\boldsymbol{r} \tag{3-17}$$

于是可以将式（3-15）改写为

$$\frac{\mathrm{d}}{\mathrm{d}t}(\dot{\boldsymbol{r}}\times\boldsymbol{h}) = \mu\frac{\mathrm{d}}{\mathrm{d}t}\left(\frac{\boldsymbol{r}}{r}\right) \tag{3-18}$$

两边积分可得

$$\dot{\boldsymbol{r}}\times\boldsymbol{h} = \mu\frac{\boldsymbol{r}}{r} + \boldsymbol{B} \tag{3-19}$$

式中：$\boldsymbol{B}$ 为积分矢量常数。用 $\boldsymbol{r}$ 点乘该式，可得到标量方程

$$\boldsymbol{r}\cdot\dot{\boldsymbol{r}}\times\boldsymbol{h}=\boldsymbol{r}\cdot\mu\frac{\boldsymbol{r}}{r}+\boldsymbol{r}\cdot\boldsymbol{B} \tag{3-20}$$

由于 $\boldsymbol{a}\cdot\boldsymbol{b}\times\boldsymbol{c}=\boldsymbol{a}\times\boldsymbol{b}\cdot\boldsymbol{c}$，且 $\boldsymbol{a}\cdot\boldsymbol{a}=a^2$ 总是成立，所以得到

$$h^2=\mu\boldsymbol{r}+\boldsymbol{rB}\cos\theta \tag{3-21}$$

这里 θ 为常数矢量 $\boldsymbol{B}$ 与矢径 $\boldsymbol{r}$ 之间的夹角，称为真近点角。求出 $\boldsymbol{r}$

$$\boldsymbol{r}=\frac{h^2/\mu}{1+(\boldsymbol{B}/\mu)\cos\theta} \tag{3-22}$$

2. 圆锥曲线的极坐标方程

式（3－22）是用极坐标表示的轨道方程，极角（真近点角）θ 由固定矢量 $\boldsymbol{B}$ 至 $\boldsymbol{r}$ 测得。为确定它表示哪种曲线类型，只需将其与用极坐标表示的圆锥曲线一般方程做比较即可，极坐标的原点位于焦点处，其中极角 θ 是 $\boldsymbol{r}$ 与圆锥曲线上距离焦点最近的点之间的夹角

$$r=\frac{p}{1+e\cos\theta} \tag{3-23}$$

该式与轨道方程的数学形式相同，p 为圆锥曲线的几何常数，称作“半通径”，如图 3－3 中所示。常数 e 称作“偏心率”，它决定式（3－23）所示极坐标中圆锥曲线的类型。

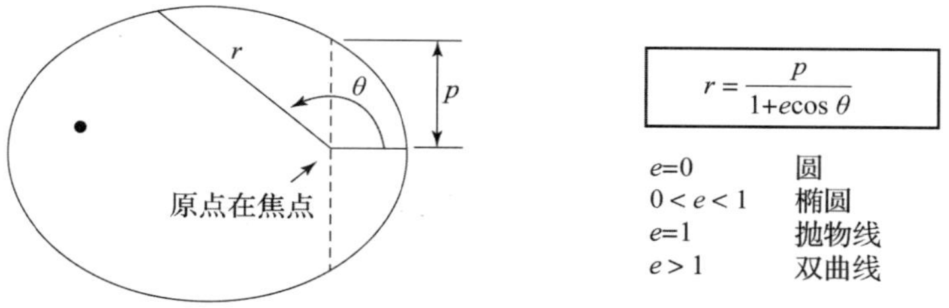

图 3－3 极坐标中任意圆锥曲线的一般方程

轨道方程（3－22）与圆锥曲线方程（3－23）在形式上的相似性不仅证实了开普勒第一定律，而且还将这一定律扩展到沿任何圆锥曲线（而不仅仅是椭圆）轨道的运动。

目前为止，我们对轨道运动的认识可以总结如下：

（1）圆锥曲线族（圆、椭圆、抛物线和双曲线）是二体问题中绕轨道运行物体唯一可能的运动轨道。

（2）中心物体的中心必定处于圆锥曲线轨道的焦点。

（3）卫星的机械能（动能和势能之和）不随其沿圆锥曲线轨道的运动而改变。不过，动能和势能之间存在能量转换，这意味着卫星高度上升（$\boldsymbol{r}$ 增加）时，其速度必定减慢；$\boldsymbol{r}$ 降低时，其速度必定加快，如此，E 保持不变。

（4）轨道运动发生在惯性空间中固定的平面上。

（5）卫星绕中心引力体的比角动量保持不变。随着 $\boldsymbol{r}$ 和 θ 沿轨道运动发生变化，航迹角 γ 也相应变化，以使 $\boldsymbol{h}$ 保持不变。（见图 3－3 和式（3－13））。

3. 圆锥曲线共同的几何特征

虽然图 3－3 只绘制了一个椭圆，但椭圆只是圆锥曲线族中的一种。在讨论卫星沿哪个

圆锥曲线运动之前，我们需了解一些关于圆锥曲线的基本知识。

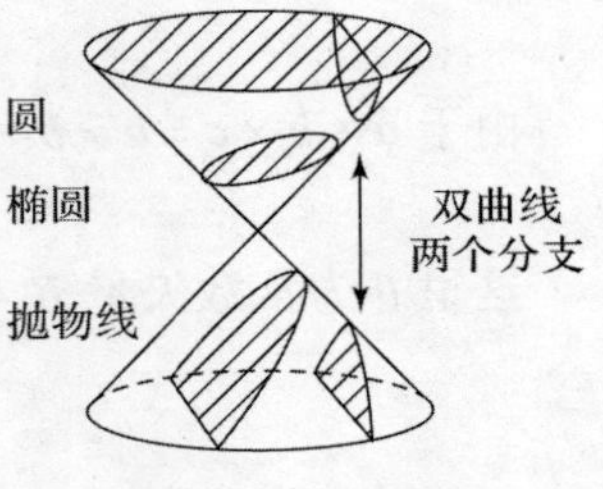

图 3-4 圆锥曲线

对于圆锥曲线，人们已经认识并研究了几个世纪。它的许多性质是由早期希腊人发现的，该名称源于圆锥曲线可以被定义为平面和直圆锥的交叉曲线，如图 3-4 所示。如果平面与其中的一叶（半锥）相交，则截线就是椭圆。圆是椭圆的特例，即平面平行于圆锥底。除了平面与圆锥的一叶相交外，若平面还平行于锥面上一直线，那么截线为抛物线。若平面与圆锥的两叶相交，那么截线为双曲线，含有两个分支。也有由一至两条直线或一个点组成的退化二次曲线，它们是由平面穿过圆锥顶点得到的。

圆锥曲线还有另外一种定义，在数学上相等于上述定义的几何定义：圆锥曲线是圆或动点的轨迹，动点至一定点（焦点）的距离与动点至一定直线（准线）的距离之比为常数 e（偏心率）。

就轨道而言，虽然准线没有什么物理意义，但焦点和偏心率是理解轨道运动不可或缺的概念。图 3-5 所示为圆锥曲线共同的一些几何参数和关系。

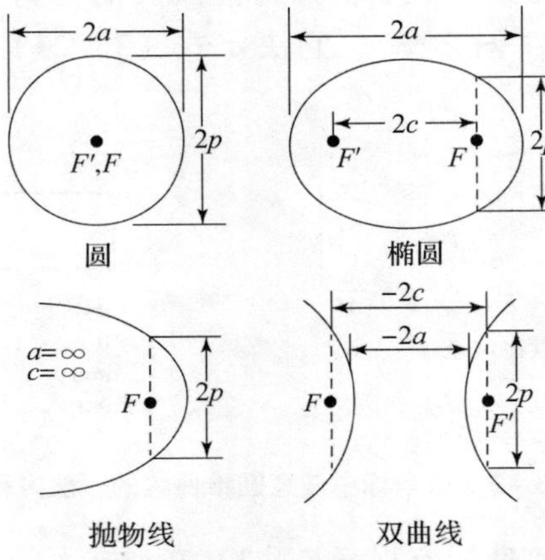

图 3-5 圆锥曲线共同的几何参数

因其对称性，所有圆锥曲线均有两个焦点，即 F 和 F'。主焦点 F 标志着轨道上中心引力体的位置，第二焦点（或称虚焦点）F' 在轨道力学中没有什么意义。抛物线为开轨道和闭轨道之间的分界线，假定第二焦点位于 F 左侧无穷远处，曲线在焦点处的宽度为一正值，称为正焦弦（通径），在图 3-5 中表示为 $2p$。通过焦点的弦的长度称作圆锥曲线的长轴，以 $2a$ 表示，参数 a 称作半长轴。对于圆，$2a$ 表示直径。对于抛物线，$2a$ 为无穷大，而对于双曲线，$2a$ 取负值。两个焦点间的距离以 $2c$ 表示。对于圆，两个焦点重合，所以 $2c$ 为零。对于抛物线，$2c$ 为无穷大，而对于双曲线，$2c$ 取负值。根据上面给出的圆锥曲线的定义，可以得出，除抛物线以外的任何圆锥曲线均有

$$e = \frac{c}{a} \tag{3-24}$$

和

$$p = a(1 - e^2) \tag{3-25}$$

轨道长轴的两个端点称为“拱点”。距离主焦点最近的称为“近拱点”，距离主焦点最

远的称为“远拱点”。在轨道研究中，根据中心引力体是什么天体，两个拱点也可以称为“近地点”或“远地点”，“近日点”或“远日点”，“近月点”或“远月点”等。请注意，对于圆轨道，这些点不是唯一确定的，而对于开放曲线（抛物线和双曲线），远拱点没有物理意义。

求主焦点至近拱点或远拱点（若存在的话）的距离，只需在极坐标圆锥曲线的一般方程式（3－23）中代入 $\theta=0°$ 或 $\theta=180°$ 即可。因此，对于任何圆锥曲线均有

$$r_{\min}=r_{近拱点}=\frac{p}{1+e\cos 0°} \tag{3-26}$$

将式（3－25）代入式（3－26）可得

$$r_p=\frac{p}{1+e}=a(1-e) \tag{3-27}$$

类似地有 $r_{\max}=r_{远拱点}=\dfrac{p}{1+e\cos 180°}$，以及

$$r_a=\frac{p}{1-e}=a(1+e) \tag{3-28}$$

4. 偏心率矢量

在推导轨道式（3－22）时，遇到了积分矢量常数 $\boldsymbol{B}$，它指向近拱点。通过比较式（3－22）和式（3－23），可以推断出 $\boldsymbol{B}=\mu\boldsymbol{e}$。显然，因为 $\boldsymbol{e}$ 也是一个指向近拱点的常数矢量，所以

$$\boldsymbol{e}=\boldsymbol{B}/\mu \tag{3-29}$$

对二体运动方程进行积分，可以得出

$$\dot{\boldsymbol{r}}\times\boldsymbol{h}=\mu\frac{\boldsymbol{r}}{r}+\boldsymbol{B} \tag{3-30}$$

解得 $\boldsymbol{B}=\boldsymbol{v}\times\boldsymbol{h}-\mu\dfrac{\boldsymbol{r}}{r}$。即

$$\boldsymbol{e}=\frac{\boldsymbol{v}\times\boldsymbol{h}}{\mu}-\frac{\boldsymbol{r}}{r} \tag{3-31}$$

代入 $\boldsymbol{h}=\boldsymbol{r}\times\boldsymbol{v}$，消去 $\boldsymbol{h}$，有

$$\mu\boldsymbol{e}=\boldsymbol{v}\times(\boldsymbol{r}\times\boldsymbol{v})-\mu\frac{\boldsymbol{r}}{r} \tag{3-32}$$

展开矢量三重积，可得 $\mu\boldsymbol{e}=(\boldsymbol{v}\cdot\boldsymbol{v})\boldsymbol{r}-(\boldsymbol{r}\cdot\boldsymbol{v})\boldsymbol{v}-\mu\dfrac{\boldsymbol{r}}{r}$，由于 $(\boldsymbol{v}\cdot\boldsymbol{v})=v^2$，合并同类项得出

$$\mu\boldsymbol{e}=\left(v^2-\frac{\mu}{r}\right)\boldsymbol{r}-(\boldsymbol{r}\cdot\boldsymbol{v})\boldsymbol{v} \tag{3-33}$$

5. E 和 h 与轨道几何参数的关系

通过比较式（3－22）和式（3－23），仅用卫星的比角动量 h，就可以得出轨道的参数和半通径 p。通过观察，任何轨道均有

$$p=h^2/\mu \tag{3-34}$$

以下论证可以帮助读者更直观地理解为何 h 增大会导致 p 的值更大：

假设在高山山顶上设置一门大炮，该山顶高于可感大气层（这样就可以忽略大气阻

力)。如果炮口水平瞄准并开炮，由式（3－13）得出 $h = rv$，因为航迹角 γ 为零。因此，逐渐增加炮口初速 v 就相当于增加 h，图 3－6 显示了“炮弹卫星”的角动量逐渐增加时，代表炮弹轨迹或轨道的曲线族。请注意，每条轨道都是焦点位于地心的圆锥曲线，且 h 增加时，如式（3－32）所预示的那样，轨道参数 p 也随之增加。

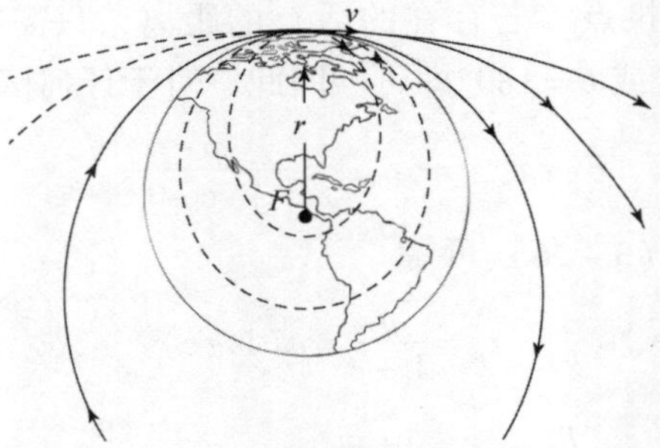

图 3－6 “炮弹卫星”

由该例子还可以看出，任何圆锥曲线轨道近拱点和远拱点处的速度矢量（它总是与轨道相切）为水平方向，且航迹角 γ 为零。作为式（3－13）的推论，可以得出

$$h = r_p v_p = r_a v_a \tag{3-35}$$

如果对于近拱点写出能量方程（3－10），并用式（3－35）代入，可以得到

$$E = \frac{v^2}{2} - \frac{\mu}{r} = \frac{h^2}{2r_p^2} - \frac{\mu}{r_p} \tag{3-36}$$

但根据式（3－27）可得

$$r_p = a(1-e) \tag{3-37}$$

且根据式（3－25）和式（3－34）可得

$$h^2 = \mu a(1-e^2) \tag{3-38}$$

因此

$$E = \frac{\mu a(1-e^2)}{2a^2(1-e)^2} - \frac{\mu}{a(1-e)} \tag{3-39}$$

将其化简为

$$E = -\frac{\mu}{2a} \tag{3-40}$$

这一简单的关系式适用于任何圆锥曲线，表示轨道的半长轴 a 仅取决于卫星的比机械能 E（而 E 仅取决于轨道上任一点的 $\boldsymbol{r}$ 和 $\boldsymbol{v}$ 的大小）。图 3－6 直观地解释了这一基本关系，因为炮口初速逐渐增加，会导致 E 也相应增加。

很多读者认为式（3－40）具有误导性，应该将其与图 3－5 结合起来研究，如图 3－5 所示，对于圆和椭圆 a 是正值，对于抛物线 a 是无限大的，而对于双曲线 a 是负值。这意味着在闭轨道（圆或椭圆）上的卫星，比机械能为负值，而在抛物线轨道上的卫星，比机械能为零，在双曲线轨道上的卫星，比机械能为正值。如此，仅用卫星的比机械能（负值、零或正值）就能解出卫星所在圆锥曲线轨道的类型。

由于 h 单独决定 p，E 单独决定 a，两者一起决定了 e（它确定了圆锥曲线轨道的确切形状）。这可证明如下：

$$p=a(1-e^2)\text{，因此 }e=\sqrt{1-\frac{p}{a}}$$

$$p=h^2/\mu\text{ 和 }a=-\mu/2E$$

所以，对于任何圆锥曲线都有

$$e=\sqrt{1+\frac{2Eh^2}{\mu^2}} \tag{3-41}$$

请注意，若 E 为负值，则 e 为正值且小于 1（若 $e=0$，则为椭圆或圆）；若 E 为零，e 正好为 1（抛物线）；若 E 为正值，e 大于 1（双曲线）。如果不考虑 E 的值，h 为零，那么是什么轨道呢？这时离心率正好为 1，但轨道不是抛物线，而是退化二次曲线（一个点或一条直线）。读者应注意这一易犯的错误。也就是说，所有抛物线的离心率均为 1，但离心率为 1 时，轨道不一定是抛物线，也可能是退化二次曲线。

结合式（3-40）和式（3-10）可得活力公式

$$v^2=\mu\left(\frac{2}{r}-\frac{1}{a}\right) \tag{3-42}$$

例 3.1　雷达跟踪站观察到某衰退的气象卫星，其 $e=0.1$，近地点高度为 400km。试求其远地点高度、比机械能和比角动量。

$$r_p=r_\oplus+400=6,778.14\text{km}$$

$$p=r_p(1+e)=7,455.96\text{km}$$

$$r_a=\frac{p}{1-e}=8,284.40\text{km}$$

远地点高度 $=r_a-r_\oplus=1.906.25\text{km}$

$$h=\sqrt{p\mu}=545,200\text{km}^2/\text{s}^2$$

$$2a-r_a+r_p=15,060\text{km}$$

$$E=-\frac{\mu}{2a}=-26.4631\text{km}^2/\text{s}^2$$

3.2　轨道圆锥曲线

3.2.1　椭圆轨道

太阳系中所有行星的轨道如所有地球卫星的轨道一样，都是椭圆。由于椭圆是闭曲线，椭圆轨道上的物体总是沿同一路径来回运行。卫星绕轨道一周所用的时间称作周期。我们先讨论一下仅适用于椭圆轨道的某些几何特性，然后再推导出椭圆轨道周期的表达式。

1. 椭圆的几何特性

用两个大头针和一圈线就可以作一个椭圆，图 3-7 展示了这一方法。每个大头针的位置标志着一个焦点，且由于线的长度不变，所以从椭圆上任一点至每个焦点（$r+r'$）的距离之和为常数。铅笔无论处于近拱点 r_p 还是远拱点 r_a，都很容易得出

$$r+r'=2a \tag{3-43}$$

通过观察可知，近拱点的半径和远拱点的半径都与椭圆的长轴有关

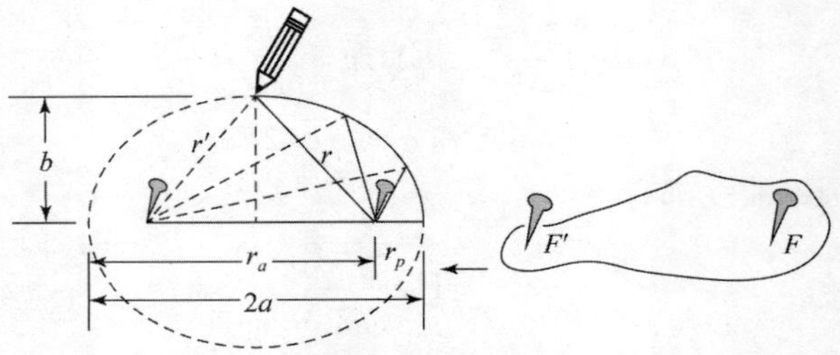

图 3-7 作椭圆的简单方法

$$r_p + r_a = 2a \tag{3-44}$$

同样可知两个焦点间的距离为

$$r_a - r_p = 2c \tag{3-45}$$

因为通常把 e 定义为 c/a，所以将式（3-44）和式（3-45）合并可得

$$e = \frac{r_a - r_p}{r_a + r_p} \tag{3-46}$$

椭圆中心的宽度称为短轴 $2b$。在短轴的端点处，r 和 r' 相等，如图 3-7 的左图所示。由于 $r + r' = 2a$，r 和 r' 必须都等于 a。画一条线（图 3-7 中的虚线）垂直于长轴，可以形成一个直角三角形，由此可以总结出

$$a^2 + b^2 = c^2 \tag{3-47}$$

2. 椭圆轨道的周期

观察图 3-8，可以看到卫星速度的水平分量为 $v\cos\phi$，它也可表示为 $r\dot{\theta}$。用式（3-13）可以将卫星的比角动量表示为

$$h = \frac{r^2 \mathrm{d}\theta}{\mathrm{d}t} \tag{3-48}$$

将其整理后，变成

$$\mathrm{d}t = \frac{r^2}{h}\mathrm{d}\theta \tag{3-49}$$

根据初等微积分可知，矢径转动一个角度 $\mathrm{d}\theta$ 时，所扫过的面积微元 $\mathrm{d}A$，由下式给出

$$\mathrm{d}A = \frac{1}{2}r^2\mathrm{d}\theta \tag{3-50}$$

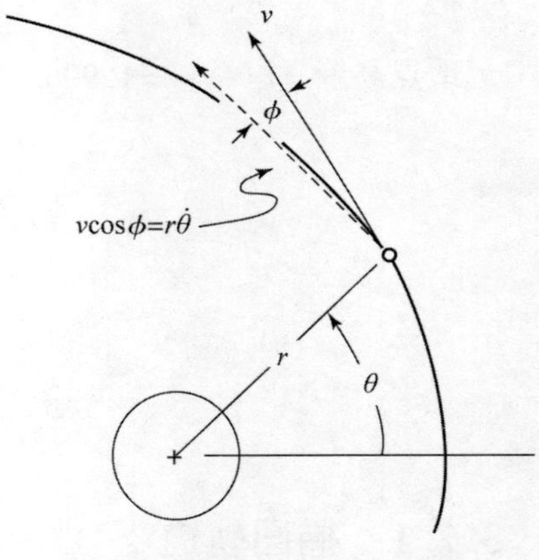

图 3-8 v 的水平分量

所以可以把式（3-49）改写为

$$\mathrm{d}t = \frac{2}{h}\mathrm{d}A \tag{3-51}$$

因为 h 是轨道常数，所以式（3-51）证明了开普勒第二定律，即“相同时间间隔内，矢径所扫过的面积相等”。

一个轨道周期内，矢径可以扫过整个椭圆。对式（3-51）在一个周期内进行积分可得

$$TP = \frac{2\pi ab}{h} \tag{3-52}$$

这里 πab 为椭圆的总面积，TP 为周期。根据式（3-45）、式（3-24）和式（3-25）得到

$$b=\sqrt{a^2-c^2}=\sqrt{a^2(1-e^2)}=\sqrt{ap} \tag{3-53}$$

且由于 $h=\sqrt{\mu p}$，有

$$TP=\frac{2\pi}{\sqrt{\mu}}a^{\frac{3}{2}} \tag{3-54}$$

因此，椭圆轨道绕给定物体的周期仅取决于半长轴 a 的大小。式（3－54）也附带证明了开普勒第三定律，即“周期的平方与平均距离的立方成正比”。因为 a 是近拱点和远拱点半径的平均值，所以它是主焦点至卫星的“平均距离”。

3.2.2 圆轨道

圆是椭圆的特例，所以我们已推导出的所有椭圆轨道的关系式（包括周期）均适用于圆轨道。当然，圆轨道的半长轴为其半径，所以式（3－54）可写为

$$TP=\frac{2\pi}{\sqrt{\mu}}r_{cs}^{\frac{3}{2}} \tag{3-55}$$

卫星在圆形轨道上运行所必需的速度称为圆周速度。当然，卫星必须在所需高度以水平方向发射，才能实现圆形轨道。第二个条件是圆周速度，这意味着需要同时保证方向和速度正确。根据能量方程，可以计算出半径为 r_{cs} 的圆形轨道所需的速度。

由能量方程：

$$E=\frac{v^2}{2}-\frac{\mu}{r}=-\frac{\mu}{2a} \tag{3-56}$$

因为 $r_{cs}=a$，得出

$$\frac{v_{cs}^2}{2}-\frac{\mu}{r_{cs}}=-\frac{\mu}{2r_{cs}=a} \tag{3-57}$$

将其化简为

$$v_{cs}=\sqrt{\frac{\mu}{r_{cs}}} \tag{3-58}$$

请注意，为使卫星保持在轨道上运行，圆形轨道半径越大，所需速度越小。对于低规卫星圆周速度大约为7.6km/s，而月球保持在其轨道上绕地球运行，所需的圆周速度大约只有1.022km/s。

3.2.3 抛物线轨道

虽然某些彗星轨道近似于抛物线，但在自然界中抛物线轨道是很罕见的。抛物线吸引人们的兴趣，是因为它代表了开轨道和闭轨道之间的分界状况。沿抛物线运行的物体单向运行至无穷远处，且永远不会再沿同一路径折回。

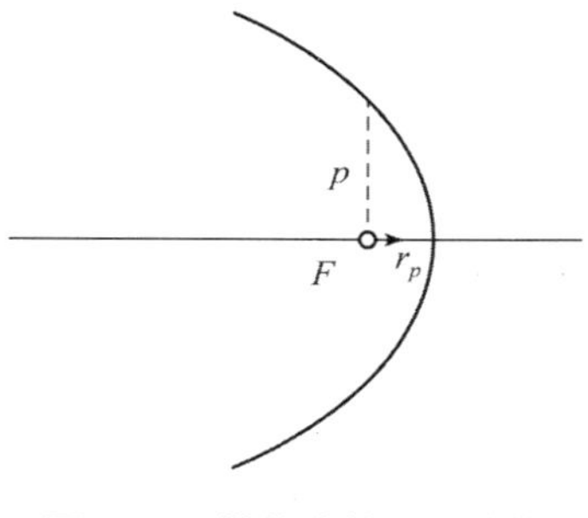

图 3－9　抛物线的几何特性

1. 抛物线的几何特性

对抛物线特有的几何特性只需了解其中的一些即可。

（1）如图 3－9 所示，随着抛物线延伸得越来越远直至焦点左侧，其上下两支抛物线越来越趋于平行。

（2）由于抛物线的离心率正好为 1，所以近拱点半径为

$$r_p = \frac{p}{2} \tag{3-59}$$

它由式（3－27）可以得出。当然，抛物线没有远拱点，可以将它视为一个“无限长的椭圆”。

2. 逃逸速度

尽管理论上太阳或行星的引力场无限延伸，但随着距离变远其强度迅速减弱，所以仅需有限的动能就能克服引力的影响，物体可轻易飞向无穷远处且不再回落。使物体刚刚好逃脱星球引力的这一速度称作逃逸速度。在任何方向上，具有逃逸速度的空间探测器将沿抛物线逃逸轨道运动。理论上，当它离中心物体的距离接近无穷大时，其速度接近于零。由逃逸轨道上两点的能量方程就可以计算出所需的逃逸速度：首先，对离中心距离为 r 的某点写出能量方程，该点的“当地逃逸速度”为 v_{esc}，然后对无穷远处的某点写出能量方程，该点速度为零，由此可得

$$E = \frac{v_{\text{esc}}^2}{2} - \frac{\mu}{2} = \frac{v_\infty^{2\ 0}}{2} - \frac{\mu}{r_\infty}^{0} = 0 \tag{3-60}$$

从中可以得出

$$v_{\text{esc}} = \sqrt{\frac{2\mu}{r}} \tag{3-61}$$

若探测器想要在无穷远处速度为零，其比机械能 E 必须为零，又因为 $E = -\mu / 2a$，所以逃逸轨道的半长轴 a 必须为无穷大，这就证实了逃逸轨道是抛物线。请注意，对于同一高度 $v_{\text{esc}} = \sqrt{2} v_{\text{cs}}$。

正如预期的那样，距中心物体越远（r 的值越大），逃离剩余引力场所需的速度就越小。地球表面的逃逸速度大约为 11.179km/s，而地表以上 7000km 处的逃逸速度仅需 7.719km/s。

例 3.2 在图 3－10 中，从圆停泊轨道上（距离地球 200km 上空）把空间探测器发射到逃逸轨道上，试求从停泊轨道高度逃离所需的最小逃逸速度，（忽略太阳和其他行星的引力）并绘制出逃逸轨道和圆停泊轨道草图。

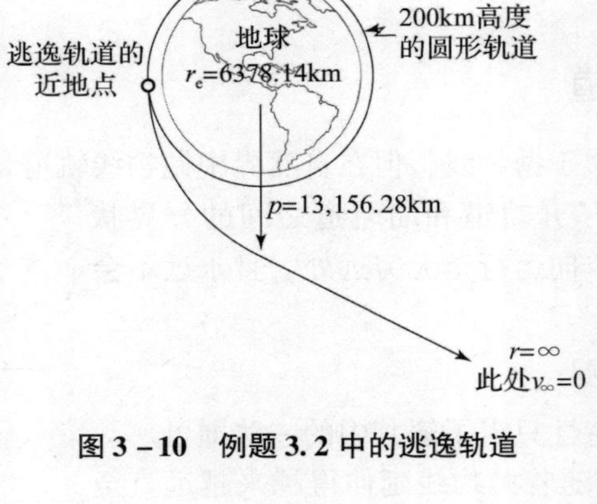

图 3－10 例题 3.2 中的逃逸轨道

①逃逸速度。

地球的引力参数为

$$\mu = 398,600.4418\text{km}^3/\text{s}^2 \tag{3-62}$$

圆形轨道的半径为

$$r = r_{\text{地球}} + \text{圆形轨道高度} = 6578.14\text{km} \tag{3-63}$$

由式（3-61）可得

$$v_{\text{esc}} = \sqrt{\frac{2\mu}{r}} = 11.0086\text{km/s} \tag{3-64}$$

②逃逸轨道和圆形停泊轨道的草图：

根据逃逸速度的定义，逃逸轨道的能量常数为零，因此逃逸轨道为抛物线。因为逃逸轨道的离心率为 1，所以可用式（3-27）求出参数 p。

$$p = r_p(1+e) = 6,578.14 \times 2 = 13,156.28\text{km} \tag{3-65}$$

3.2.4　双曲线轨道

撞击地球的流星和从地球发射的行星探测器，相对于地球均以双曲线轨道运行。若想要探测器脱离地球引力场后仍保留一定速度，则必须以双曲线轨道运行。双曲线有两个分支，是一种不寻常的圆锥曲线，其几何特性值得研究。

1. 双曲线的几何特性

双曲线的两个分支渐近于两条相交直线（渐近线）。把左边的焦点 F 视为主焦点（引力体中心所在处），则抛物线的左分支代表可能的轨道。相反，若假设卫星和位于 F 处物体间存在斥力（如两个带相同电荷的电粒子之间的力），则右分支代表轨道。图 3-11 标出了参数 a，b 和 c。显然，对于双曲线

$$c^2 = a^2 + b^2 \tag{3-66}$$

在图 3-11 中，两条渐近线间的夹角标为 δ，表示空间探测器与行星相遇时，其轨道应转过的角度。转折角 δ 与双曲线的几何特性关系如下：

$$\sin\frac{\delta}{2} = \frac{a}{c} \tag{3-67}$$

因为 $e = c/a$，式（3-67）变为

$$\sin\frac{\delta}{2} = \frac{1}{e} \tag{3-68}$$

双曲线的离心率越大，转折角 δ 就越小。

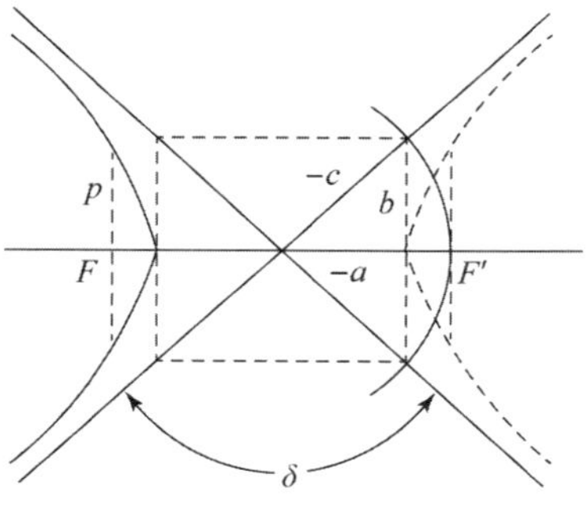

图 3-11　双曲线的几何特性

2. 双曲线剩余速度

若空间探测器的速度刚好为逃逸速度，它将勉强能够脱离引力场，这意味着当它从引力中心接近无穷远处时，它的速度将接近于零。不过，若在靠近地球的某点处，探测器的速度大于逃逸速度，那么可以预料到，在离地球很远处，其速度将接近某一有限常数。探测器在无穷远处仍保留的这一速度称作“双曲线剩余速度”。写出双曲线逃逸轨道上两点的能量方程，就可以求出双曲线剩余速度。其中一点是靠近地球的某点，称作“熄火点”。另一点在离地球无穷远处，该处的速度为双曲线剩余速度 v_∞。

因为比机械能沿轨道保持不变，所以可以令熄火点处和无穷远处的比机械能 E 相等：

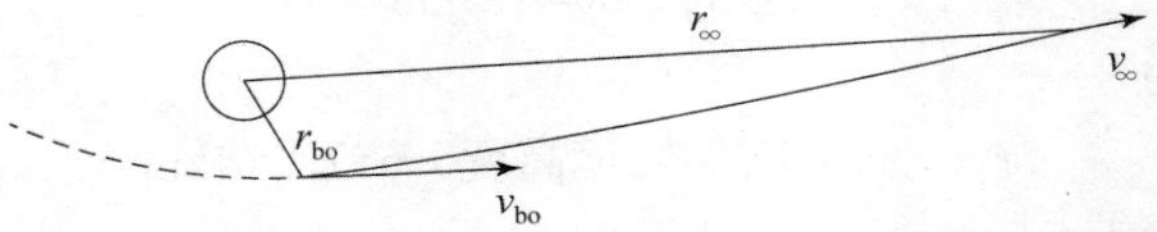

图 3-12 双曲线剩余速度

$$E = \frac{v_{bo}^2}{2} - \frac{\mu}{r_{bo}} = \frac{v_\infty^2}{2} - \frac{\mu}{r_\infty}^0 \tag{3-69}$$

可以得出：

$$v_\infty^2 = v_{bo}^2 - \frac{2\mu}{r_{bo}} = v_{bo}^2 - v_{esc}^2 \tag{3-70}$$

可见，若 v_∞ 为零（当它处于抛物线轨道），则 v_{bo} 变成逃逸速度。

3. 作用范围

关于空间探测器到达无穷远处的讨论当然不尽合理，在这种情况下，讨论完全脱离引力场也毫无意义。然而，一旦空间探测器处于离地球很远处（比如 100 万千米），事实上它已经脱离了地球引力场。换句话说，它的速度已降低至极其接近双曲线剩余速度。为方便起见，围绕每一引力体定义一个范围，那么当探测器跨越该“作用范围”的边界时，就认为它脱离了引力场。尽管使两个人就作用范围的边界达成一致都很难，但利用这一概念还是十分方便的。它已被广泛使用，尤其是在月球轨道和行星际轨道研究方面。

3.3 轨道要素与状态向量

3.3.1 经典轨道要素

5 个独立的轨道要素就足以确定轨道的大小、形状和方向。但需要第 6 个轨道要素精确指出卫星沿轨道运行在某特定时刻的位置。借助图 3-13，6 个经典轨道要素的定义如下：

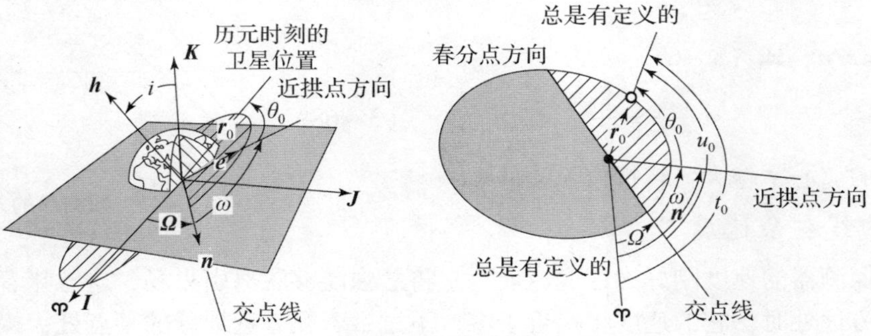

图 3-13 轨道要素

a——半长轴，确定圆锥曲线轨道大小的常数。

e——偏心率，确定圆锥曲线轨道形状的常数。

i——轨道倾角，单位矢量 $\boldsymbol{K}$ 和角动量矢量 $\boldsymbol{h}$ 之间的夹角。

$\boldsymbol{\Omega}$——升交点经度，在基准面内，单位矢量 $\boldsymbol{I}$ 与卫星朝北穿过基准面的点（升交点）之间的夹角，从基准面的北侧观察时，按逆时针方向量度此角。

ω——近点幅角，卫星轨道平面上升交点和近拱点之间的夹角，按卫星的运动方向量度。严格来讲，对于地球轨道上的卫星，准确的说法是近地点角。

T——过近拱点时刻，即卫星处于近拱点时的时刻。

下面讨论这 6 个轨道要素的其他替代选项。

无论是描述地心赤道坐标系中的地球卫星轨道，还是描述日心黄道坐标系中的行星轨道，以上定义均适用，只是单位矢量和基准面不同而已。提及地球卫星，ω 通常表示“近地点角”。相似的，对于日心轨道，ω 表示近日点角。本章剩余部分，我们将默认所描述的为地心赤道坐标系中的地球卫星轨道，使用的单位矢量为 $\boldsymbol{I}$、$\boldsymbol{J}$、$\boldsymbol{K}$。

以上列出的 6 个轨道要素的定义并不详尽。通常，半通径 p 可以替代上述的 a。显然，若知道 a 和 e，就可以计算出 p。

有时也用下面的要素代替近地点角：

Π——近地点黄经，它是 $\boldsymbol{I}$ 和近地点间的夹角，先从 $\boldsymbol{I}$ 向东量至升交点（若存在的话），然后再在轨道平面内量至近地点。若 $\boldsymbol{\Omega}$ 和 ω 均有定义，则

$$\Pi = \boldsymbol{\Omega} + \omega \tag{3-71}$$

若近地点不存在（如圆轨道），则 ω 和 Π 均无定义。

以下任一要素均可代替过近拱点的时刻，且足以确定卫星在时刻 t_0 的位置：

θ_0——历元时刻的真近点角，它在卫星轨道平面内，是近地点与卫星在某特定时刻 t_0（称为历元时刻）的位置之间的夹角。

u_0——历元时刻的升交角距，它在轨道平面内，是升交点（若存在的话）与卫星在 t_0 时刻的半径矢量之间的夹角。若 ω 和 θ_0 均有定义，则

$$u_0 = \omega + \theta_0 \tag{3-72}$$

若升交点不存在（如赤道轨道），则 ω 和 u_0 均无定义。

l_0——历元时刻的真黄经，它是 $\boldsymbol{I}$ 和 $\boldsymbol{r}_0$（卫星在 t_0 时刻的半径矢量）之间的夹角，先向东量至升交点（若存在的话），然后再量至轨道平面 $\boldsymbol{r}_0$。若 $\boldsymbol{\Omega}$，ω 和 θ_0 均有定义，则

$$l_0 = \Omega + \omega + \theta_0 = \Pi + \theta_0 = \Omega + u_0 \tag{3-73}$$

若升交点不存在（如赤道轨道），则 $l_0 = \Pi + \theta_0$。若近拱点不存在（如圆轨道），则 $l_0 = \Omega + \mu_0$。若轨道既为圆轨道又是赤道轨道，则 l_0 就是从 $\boldsymbol{I}$ 至 $\boldsymbol{r}_0$ 的真角，而 $\boldsymbol{I}$ 和 $\boldsymbol{r}_0$ 总是有定义的。

另外两个经常用来描述轨道运动的术语为“顺行”和“逆行”。顺行指向东运动，这是太阳、地球、大多数行星及它们的卫星绕自转轴旋转的方向，以及除金星外所有行星绕太阳旋转的方向。逆行与顺行相反，由图 3-13 可见，轨道倾角为 0°~90°是顺行轨道，轨道倾角为 90°~180°为逆行轨道。

3.3.2　已知状态向量求解轨道要素

假设某地面雷达站点能提供卫星在某特定时刻 t_0 相对于地心赤道参考系的位置和速度矢量 $\boldsymbol{r}$ 和 $\boldsymbol{v}$。如何找到描述卫星运动的 6 个轨道要素？首先是确定 3 个矢量，即 $\boldsymbol{h}$，$\boldsymbol{n}$ 和 $\boldsymbol{e}$。

1. 3 个基本矢量——$\boldsymbol{h}$，$\boldsymbol{n}$ 和 $\boldsymbol{e}$

已知角动量矢量

$$\boldsymbol{h}=\boldsymbol{r}\times\boldsymbol{v} \tag{3-74}$$

因此

$$\boldsymbol{h}=\begin{vmatrix}\boldsymbol{I} & \boldsymbol{J} & \boldsymbol{K}\\ r_I & r_J & r_K\\ v_I & v_J & v_K\end{vmatrix}=h_I\boldsymbol{I}+h_J\boldsymbol{J}+h_K\boldsymbol{K} \tag{3-75}$$

需要注意 $\boldsymbol{h}$ 是垂直于轨道平面的矢量，这一点很重要。

定义升交点矢量 $\boldsymbol{n}$ 为

$$\boldsymbol{n}\equiv\boldsymbol{K}\times\boldsymbol{h} \tag{3-76}$$

因此

$$\boldsymbol{n}=\begin{vmatrix}\boldsymbol{I} & \boldsymbol{J} & \boldsymbol{K}\\ 0 & 0 & 1\\ h_I & h_J & h_K\end{vmatrix}=n_I\boldsymbol{I}+n_J\boldsymbol{J}+n_K\boldsymbol{K}=-h_I\boldsymbol{I}+h_J\boldsymbol{J} \tag{3-77}$$

根据矢量叉积的定义可知，$\boldsymbol{n}$ 必定同时垂直于 $\boldsymbol{k}$ 和 $\boldsymbol{h}$，要使 $\boldsymbol{n}$ 垂直于 $\boldsymbol{k}$，则 $\boldsymbol{n}$ 必须处于赤道面内。要使 $\boldsymbol{n}$ 垂直于 $\boldsymbol{h}$，则 $\boldsymbol{n}$ 必须处于轨道平面内。因此，$\boldsymbol{n}$ 必须同时在赤道面和轨道平面内，由此 $\boldsymbol{n}$ 位于这两个平面的交点，称为“交点线”。确切地说，$\boldsymbol{n}$ 是沿着交点线指向升交点方向的矢量。$\boldsymbol{n}$ 的大小无关紧要，我们只需了解其方向。

矢量 $\boldsymbol{e}$ 由下述方程得到

$$\boldsymbol{e}=\frac{1}{\mu}\left[\left(v^2-\frac{\mu}{r}\right)\boldsymbol{r}-(r\cdot v)\boldsymbol{v}\right] \tag{3-78}$$

矢量 $\boldsymbol{e}$ 由地心（轨道焦点）指向近地点，其大小正好与轨道偏心率相等。

$\boldsymbol{h}$，$\boldsymbol{n}$ 和 $\boldsymbol{e}$ 这 3 个矢量均表示在图 3-13 内。

2. 轨道要素的求解

已知 $\boldsymbol{h}$，$\boldsymbol{n}$ 和 $\boldsymbol{e}$，可以很容易地得出轨道要素。参数和偏心率可直接由 $\boldsymbol{h}$ 和 $\boldsymbol{e}$ 得出，而其余轨道要素只是两个矢量间的夹角，矢量的分量现为已知的。若知道如何求出矢量间的夹角，问题就解决了。一般来说，用两个矢量的点积除以矢量大小的乘积，就可求出矢量 $\boldsymbol{a}$ 和 $\boldsymbol{b}$ 间夹角 α 的余弦。因为 $\boldsymbol{a}\cdot\boldsymbol{b}=ab\cos\alpha$，则

$$\cos\alpha=\frac{\boldsymbol{a}\cdot\boldsymbol{b}}{ab} \tag{3-79}$$

当然，求出夹角的余弦并不能确定该夹角，还需确定该角是大于还是小于 180°。象限的确定还需其他信息的辅助。

轨道要素求解的方法概述如下。

（1） $p=h^2/\mu$

（2） $e=|\boldsymbol{e}|$

（3） 因为轨道倾角 i 是 $\boldsymbol{K}$ 和 $\boldsymbol{h}$ 间的夹角，所以

$$\cos i=\frac{h_K}{h}\text{（倾角范围为 }0^\circ\sim180^\circ\text{）} \tag{3-80}$$

（4） 因为 Ω 是 $\boldsymbol{I}$ 和 $\boldsymbol{n}$ 间的夹角，所以

$$\cos\Omega=\frac{n_1}{n}\text{（若 }n_J>0\text{，则 }\Omega<180^\circ\text{）} \tag{3-81}$$

（5）因为 ω 是 $\boldsymbol{n}$ 和 $\boldsymbol{e}$ 间的夹角，所以

$$\cos\omega = \frac{\boldsymbol{n}\cdot\boldsymbol{e}}{ne}(\text{若 } e_K > 0, \text{则 } \omega < 180^\circ) \tag{3-82}$$

（6）因为 θ_0 是 $\boldsymbol{e}$ 和 $\boldsymbol{r}$ 间的夹角，所以

$$\cos\theta_0 = \frac{\boldsymbol{e}\cdot\boldsymbol{r}}{er}(\text{若 } r\cdot v > 0, \text{则 } \theta_0 < 180^\circ) \tag{3-83}$$

（7）因为 u_0 是 $\boldsymbol{n}$ 和 $\boldsymbol{r}$ 间的夹角，所以

$$\cos u_0 = \frac{\boldsymbol{n}\cdot\boldsymbol{r}}{nr}(\text{若 } r_K > 0, \text{则 } u_0 < \text{于 } 180^\circ)$$

$$l_0 = \Omega + \omega + v_0 = \Omega + u_0 \tag{3-84}$$

所有括号中的象限检查准则都有物理意义。若不理解其意义，应认真研究图 3-14 所示的几何图形。θ_0 的象限检查只不过是确定卫星位于近拱点和远拱点之间（此时航迹角总是正的），还是远拱点和近拱点之间（此时航迹角总是负的）。

下面例题中的 3 个轨道图形，有助于形象化理解我们到目前为止所讨论的内容。

例 3.3　求出图 3-15 ~ 图 3-17 所示的 3 个轨道的轨道要素。

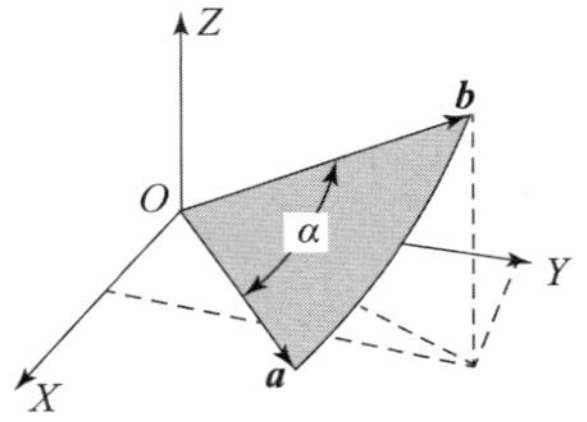

图 3-14　矢量间的夹角

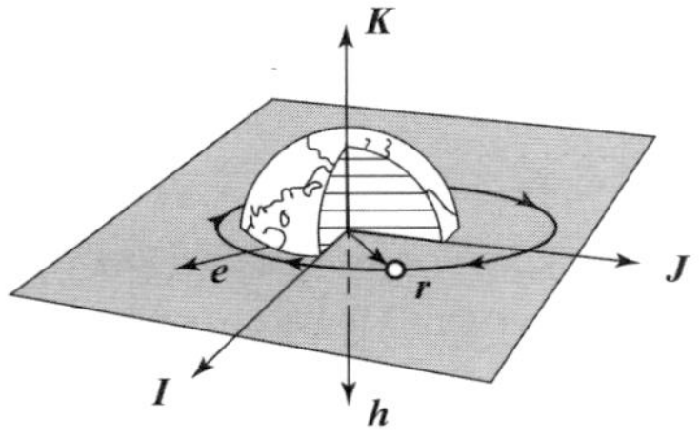

图 3-15　逆行赤道轨道

$p = 9,567\text{km}$　$\Pi = 45^\circ$

$e = 0.2$　$\theta_0 = 270^\circ$

$i = 180^\circ$　$u_0 =$ 无定义

$\Omega =$ 无定义　$l_0 = 315^\circ$

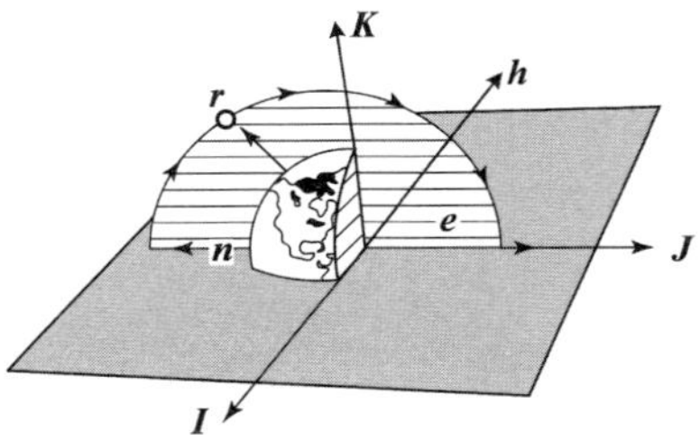

图 3-16　极轨道

$p = 9,567\text{km}$　$\omega = 180^\circ$

$e = 0.2$　$\theta_0 = 225^\circ$

$i = 90^\circ$　$u_0 = 45^\circ$

$\Omega = 270^\circ$　$l_0 = 315^\circ$

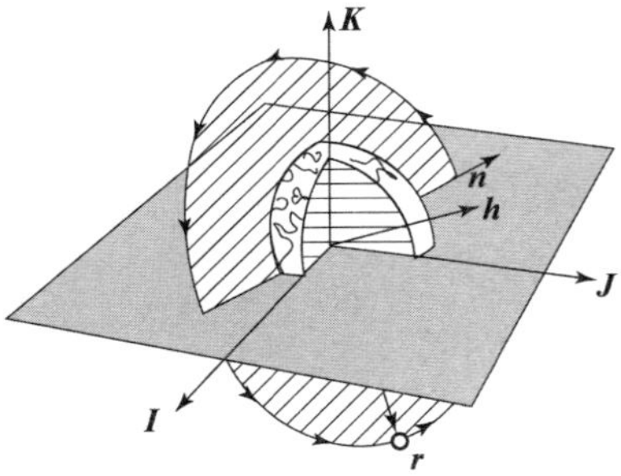

图 3-17　顺行圆轨道

$p = 9,567\text{km}$　$\omega =$ 无定义

$e = 0$　$\theta_0 =$ 无定义

$i = 60^\circ$　$u_0 = 270^\circ$

$\Omega = 270^\circ$　$l_0 = 420^\circ$

3.3.3 坐标转换

在讨论如何将 $\boldsymbol{r}$ 和 $\boldsymbol{v}$ 变换到地心赤道坐标系之前，我们先复习一下一般的坐标变换。

矢量可以在任意坐标系内表示出来。在航天动力学上，虽然有时应用球极坐标系更为方便，但通常使用直角坐标系。直角坐标系一般是通过指定原点、基本（$x-y$）平面、z 轴为正方向，以及基准面中的主方向（x）来定义。为此，定义 3 个单位矢量来指出相互垂直的 3 个轴的方向，其他任意矢量均可用这 3 个单位矢量的线性组合来表示。3 个单位矢量的集合通常称为“坐标基”。

1. 坐标变换的作用

坐标变换仅仅只是改变了矢量的坐标基。坐标变换后矢量的长度和方向不变，仍表示同一物理量。例如，假设已知“某卫星相对于站心地平坐标系的速度”的南、东和天顶分量。引号中的内容就是矢量所代表的物理量，矢量的“坐标基”显然是向南、向东和向上的一组单位矢量。

假设想要用不同的坐标基表示这一矢量，例如以地心赤道坐标系的 $\boldsymbol{IJK}$ 单位矢量来表示（假设是因为想要增加一个矢量，而该矢量用 $\boldsymbol{IJK}$ 分量表示），只要进行简单的坐标变换即可达到目的。坐标变换后，矢量的大小和方向与之前相同，仍表示同一物理量。也就是说，“该卫星相对于站心地平坐标系的速度”现在可用地心赤道坐标系表示出来。换言之，矢量坐标基的变换不会改变其大小、方向或所代表的物理量。

矢量只有两个能在数学上表示的性质，那就是大小和方向。某些矢量，如位置矢量，具有明确的起点，但该点不能在数学上表示出来，且在坐标变换中不会改变。例如，假设已知“地表某雷达站点到卫星的矢量”的向南、向东和天顶分量，进行简单的坐标基变换便能以 $\boldsymbol{IJK}$ 分量表示该矢量：

$$\boldsymbol{\rho} = \rho_I \boldsymbol{I} + \rho_J \boldsymbol{J} + \rho_K \boldsymbol{K} \tag{3-85}$$

变换不会改变矢量所代表的物理量，因此该矢量仍是“雷达站点到卫星的矢量”。换言之，在某特定坐标系内表示一个矢量并不意味着矢量终点与坐标系原点一致。

2. 用矩阵变换坐标基

使用矩阵法可以简化坐标基的变换。假设有两个坐标系 XYZ 和 $X'Y'Z'$，后者通过前者绕 Z 轴旋转一正 α 角而得到，图 3-18 表明了这两个坐标系的关系。使用“右手法则”可以定义绕任意轴旋转的正方向，即若右手拇指指向坐标轴的正方向，则其余手指弯曲的方向为旋转的正方向。

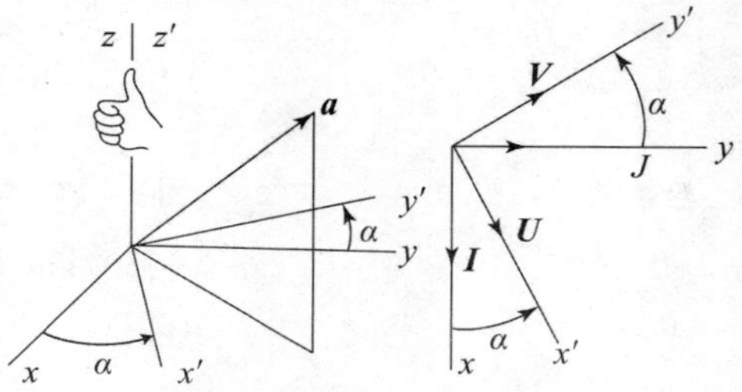

图 3-18 绕 Z 轴旋转

设想 $\boldsymbol{I}$，$\boldsymbol{J}$ 和 $\boldsymbol{K}$ 三个单位矢量分别沿 X，Y 和 Z 轴延伸，另一组单位矢量 $\boldsymbol{U}$，$\boldsymbol{V}$ 和 $\boldsymbol{W}$ 沿 X'，Y'和 Z'轴延伸。现假设矢量 $\boldsymbol{a}$ 可以用 IJK 坐标基表示为

$$\boldsymbol{a}=a_I\boldsymbol{I}=a_J\boldsymbol{J}=a_K\boldsymbol{K} \tag{3-86}$$

或用 UVW 坐标基表示为

$$\boldsymbol{a}=a_U\boldsymbol{U}=a_V\boldsymbol{V}=a_W\boldsymbol{W} \tag{3-87}$$

由图 3-18 可见，单位矢量 $\boldsymbol{U}$，$\boldsymbol{V}$ 和 $\boldsymbol{W}$ 与 $\boldsymbol{I}$，$\boldsymbol{J}$ 和 $\boldsymbol{K}$ 间的关系如下列方程所示：

$$\boldsymbol{U}=\boldsymbol{I}(\cos\alpha)+\boldsymbol{J}(\sin\alpha)+\boldsymbol{K}(0) \tag{3-88}$$

$$\boldsymbol{V}=\boldsymbol{I}(-\sin\alpha)+\boldsymbol{J}(\cos\alpha)+\boldsymbol{K}(0) \tag{3-89}$$

$$\boldsymbol{W}=\boldsymbol{I}(0)+\boldsymbol{J}(0)+\boldsymbol{K}(1) \tag{3-90}$$

将这些方程代入式（3-87），并使其与式（3-86）相等，可得

$$\boldsymbol{a}=a_I(\cos\alpha)+a_J(\sin\alpha)+a_K(0) \tag{3-91}$$

$$\boldsymbol{a}=a_I(-\sin\alpha)+a_J(\cos\alpha)+a_K(0) \tag{3-92}$$

$$\boldsymbol{a}=a_I(0)+a_J(0)+a_K(1) \tag{3-93}$$

若将矢量 $\boldsymbol{a}$ 视为代表列矩阵的三元组，并使用矩阵符号，则可以非常简洁地把最后一组方程表示出来。用下标表明坐标基，因此有

$$\boldsymbol{a}_{IJK}=\begin{bmatrix}a_I\\a_J\\a_K\end{bmatrix},\boldsymbol{a}_{UVW}=\begin{bmatrix}a_U\\a_V\\a_W\end{bmatrix} \tag{3-94}$$

将式（3-91），式（3-92）和式（3-93）中 a_I，a_J 和 a_K 的系数看作是一个 3×3 “变换矩阵” $\tilde{\boldsymbol{A}}$ 的元素：

$$\tilde{\boldsymbol{A}}=\begin{bmatrix}\cos\alpha & \sin\alpha & 0\\-\sin\alpha & \cos\alpha & 0\\0 & 0 & 1\end{bmatrix} \tag{3-95}$$

则式（3-91）至式（3-93）可表示为

$$\boldsymbol{a}_{UVW}=\tilde{\boldsymbol{A}}\boldsymbol{a}_{IJK} \tag{3-96}$$

式（3-96）实际上是下列矩阵形式的简写

$$\begin{bmatrix}a_U\\a_V\\a_W\end{bmatrix}=\begin{bmatrix}\cos\alpha & \sin\alpha & 0\\-\sin\alpha & \cos\alpha & 0\\0 & 0 & 1\end{bmatrix}\begin{bmatrix}a_I\\a_J\\a_K\end{bmatrix} \tag{3-97}$$

将矩阵乘法法则应用于式（3-97），即得出上述式（3-91）至式（3-93）。

3. 坐标系单轴旋转的变换矩阵小结

用与上述内容相似的参数可以推导出表示坐标系绕 X 轴或 Y 轴旋转的变换矩阵。即绕 X 轴旋转。与坐标系绕正 X 轴转一个正 α 角的单轴旋转对应的变换矩阵 $\tilde{\boldsymbol{A}}$ 为

$$\begin{bmatrix}a_U\\a_V\\a_W\end{bmatrix}=\begin{bmatrix}\cos\alpha & \sin\alpha & 0\\-\sin\alpha & \cos\alpha & 0\\0 & 0 & 1\end{bmatrix}\begin{bmatrix}a_I\\a_J\\a_K\end{bmatrix} \tag{3-98}$$

绕 Y 轴旋转。与坐标系绕正 Y 轴转一个正 β 角的单轴旋转对应的变换矩阵 $\tilde{\boldsymbol{B}}$ 为

$$\begin{bmatrix} a_U \\ a_V \\ a_W \end{bmatrix} = \begin{bmatrix} \cos\alpha & \sin\alpha & 0 \\ -\sin\alpha & \cos\alpha & 0 \\ 0 & 0 & 1 \end{bmatrix} \begin{bmatrix} a_I \\ a_J \\ a_K \end{bmatrix} \tag{3-99}$$

绕 Z 轴旋转。与坐标系绕正 Z 轴转一个正 γ 角的单轴旋转对应的变换矩阵 $\tilde{\boldsymbol{C}}$ 为

$$\begin{bmatrix} a_U \\ a_V \\ a_W \end{bmatrix} = \begin{bmatrix} \cos\alpha & \sin\alpha & 0 \\ -\sin\alpha & \cos\alpha & 0 \\ 0 & 0 & 1 \end{bmatrix} \begin{bmatrix} a_I \\ a_J \\ a_K \end{bmatrix} \tag{3-100}$$

4. 绕多轴的相继旋转

前面我们已学习了如何用矩阵进行简单的坐标基变换，其中原始的单位矢量绕坐标轴之一旋转，可得出一组新的单位矢量，接下来我们讨论涉及更复杂的多次旋转坐标基变换。

假设已知某一般矢量 $\boldsymbol{a}$ 在地心赤道坐标系内的 IJK 分量，试求其在站心地平坐标系内的 SEZ 分量。

从 IJK 坐标系开始，先绕 Z（K）轴转一个正 θ 角，然后再绕 Y 轴转一个正角（$90° - L$），以便它的轴线与 SEZ 坐标系的轴线角度对齐。

经第一次旋转后 $\boldsymbol{a}$ 的 3 个分量可从下式中得出

$$\begin{bmatrix} \cos\theta & \sin\theta & 0 \\ -\sin\theta & \cos\theta & 0 \\ 0 & 0 & 1 \end{bmatrix} \begin{bmatrix} a_I \\ a_J \\ a_K \end{bmatrix} \tag{3-101}$$

上述表达式实际上是一个列矩阵，表示第一次旋转后达到的中间坐标系内 $\boldsymbol{a}$ 的 3 个分量。再将该列矩阵与第二次旋转相对应的矩阵相乘，得出

$$\begin{bmatrix} a_S \\ a_E \\ a_Z \end{bmatrix} = \begin{bmatrix} \sin L & 0 & -\cos L \\ 0 & 1 & 0 \\ \cos L & 0 & \sin L \end{bmatrix} \begin{bmatrix} \cos\theta & \sin\theta & 0 \\ -\sin\theta & \cos\theta & 0 \\ 0 & 0 & 1 \end{bmatrix} \begin{bmatrix} a_I \\ a_J \\ a_K \end{bmatrix} \tag{3-102}$$

因为矩阵乘法是符合结合律的，所以可以将两个旋转矩阵相乘，得到一个单一变换矩阵，有

$$\begin{bmatrix} a_S \\ a_E \\ a_Z \end{bmatrix} = \begin{bmatrix} \sin L\cos\theta & \sin L\sin\theta & -\cos L \\ -\sin\theta & \cos\theta & 0 \\ \cos L\cos\theta & \cos L\sin\theta & \sin L \end{bmatrix} \begin{bmatrix} a_I \\ a_J \\ a_K \end{bmatrix} \tag{3-103}$$

因为矩阵乘法不符合交换律（即 $\tilde{\boldsymbol{A}}\tilde{\boldsymbol{B}} \neq \tilde{\boldsymbol{B}}\tilde{\boldsymbol{A}}$），所以两个旋转矩阵相乘时要注意顺序，这一点很重要。既然矩阵乘法可以表示坐标轴的旋转，由此可推断出，坐标轴旋转的顺序并非无关紧要。例如，如果驾驶一架飞机，先将机头上仰 45°，然后向右旋转 90°，与先向右旋转 90°，再将机头上仰 45°所导致的姿态是不一样的。

式（3 - 103）表示从地心赤道坐标到站心坐标的变换，可将其化简为

$$\boldsymbol{a}_{SEZ}=\tilde{\boldsymbol{D}}\boldsymbol{a}_{IJK} \tag{3-104}$$

式中：$\tilde{\boldsymbol{D}}$ 为总变换矩阵。

若想要进行逆变换（即从站心地平坐标系变换到地心赤道坐标系），则需要求出矩阵 $\tilde{\boldsymbol{D}}$ 的逆矩阵 $\tilde{\boldsymbol{D}}^{-1}$

$$\boldsymbol{a}_{IJK}=\tilde{\boldsymbol{D}}^{-1}\boldsymbol{a}_{SEZ} \tag{3-105}$$

通常，矩阵求逆是比较困难的。幸好直角坐标系间的所有矩阵变换均有一特性，即它们是正交矩阵变换。

一个 3×3 的矩阵，若其行与列是相互垂直的单位矢量的标量分量，则称为正交矩阵，任何正交矩阵的逆矩阵都等于其转置矩阵。矩阵 $\tilde{\boldsymbol{D}}$ 的转置矩阵表示为 $\tilde{\boldsymbol{D}}^{\mathrm{T}}$，它是一个新矩阵，其行是原矩阵的列，其列是原矩阵的行（但顺序不变）。因此

$$\begin{bmatrix}a_I\\a_J\\a_K\end{bmatrix}=\begin{bmatrix}\sin L\cos\theta & -\sin\theta\cos L & \cos\theta\\ \sin L\sin\theta & \cos\theta\cos L & \sin\theta\\ -\cos L & 0 & \sin L\end{bmatrix}\begin{bmatrix}a_S\\a_E\\a_Z\end{bmatrix} \tag{3-106}$$

一个坐标系，为了使其坐标轴与另一坐标系的坐标轴一致，而必须旋转的角度通常称为“欧拉角”。最多需要进行 3 次欧拉角旋转，即可使任意两个坐标系达到一致。

只要记住这 3 个基本的旋转矩阵和矩阵乘法规则，就可以进行任何所需的坐标基变换，无论变换多么复杂。

5. 从近焦点坐标系变换到地心赤道坐标系

如图 3－19 所示，近焦点坐标系与 *IJK* 坐标系在几何上通过角 Ω，i 和 ω 建立起相互联系。

PQW 坐标系和 *IJK* 坐标系间的坐标变换可以用旋转矩阵 $\tilde{\boldsymbol{R}}$ 来完成。

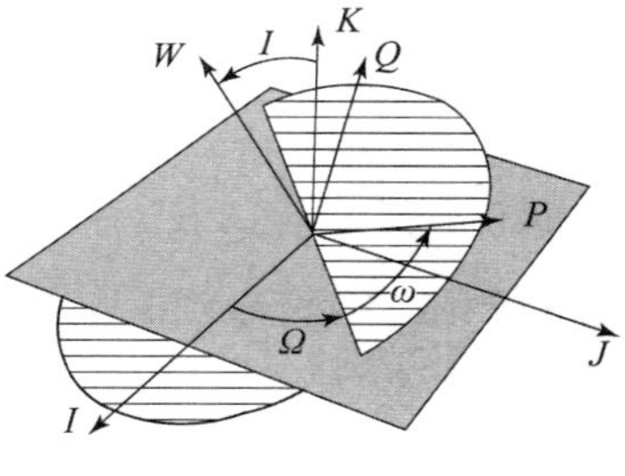

图 3－19　*PQW* 和 *IJK* 间的关系

若 a_I，a_J，a_K 和 a_P，a_Q，a_W 分别是矢量 $\boldsymbol{a}$ 在两个坐标系中的分量，则有

$$\begin{bmatrix}a_I\\a_J\\a_K\end{bmatrix}=\tilde{\boldsymbol{R}}\begin{bmatrix}a_P\\a_Q\\a_W\end{bmatrix} \tag{3-107}$$

由于轨道要素通常是已知的，因此在变换到 *IJK* 坐标系中使用这些轨道要素角是较为方便的。

为此，可以使用方向余弦，它可以通过球面三角的余弦定理求出来。例如，由图 3－20 可知，$\boldsymbol{I}$ 和 $\boldsymbol{P}$ 间夹角的余弦可以通过点积 $\boldsymbol{I}\cdot\boldsymbol{P}$ 计算出来。由矢量理论可知，矢量的点积只不过是一个矢量在另一矢量上的投影。通过取 $\boldsymbol{P}$ 与 $\boldsymbol{I}$，$\boldsymbol{J}$ 和 $\boldsymbol{K}$ 的点积，可以将 $\boldsymbol{P}$ 投影到 *IJK* 坐标系内。因此有

$$\tilde{\boldsymbol{R}}=\begin{bmatrix}I\cdot P & I\cdot Q & I\cdot W\\ J\cdot P & J\cdot Q & J\cdot W\\ K\cdot P & K\cdot Q & KV\end{bmatrix}=\begin{bmatrix}R_{11} & R_{12} & R_{13}\\ R_{21} & R_{22} & R_{23}\\ R_{31} & R_{32} & R_{33}\end{bmatrix} \tag{3-108}$$

在图 3－20 中，$\boldsymbol{I}$ 和 $\boldsymbol{P}$ 间的夹角形成了球面三角形的一边，它的另外两边为 Ω 和 ω，它们之间的夹角为 $\pi - i$。球面三角形的余弦定理是 $\cos a = \cos b\cos c + \sin b\sin c\cos A$。其中，$A$，$B$ 和 C 是 3 个夹角，a，b 和 c 是角所对应的边。于是有

$$\begin{aligned} R_{11} &= \boldsymbol{I}\cdot\boldsymbol{P} = \cos\Omega\cos\omega + \sin\Omega\sin\omega\cos(\pi - i) \\ &= \cos\Omega\cos\omega - \sin\Omega\sin\omega\cos i \end{aligned} \tag{3-109}$$

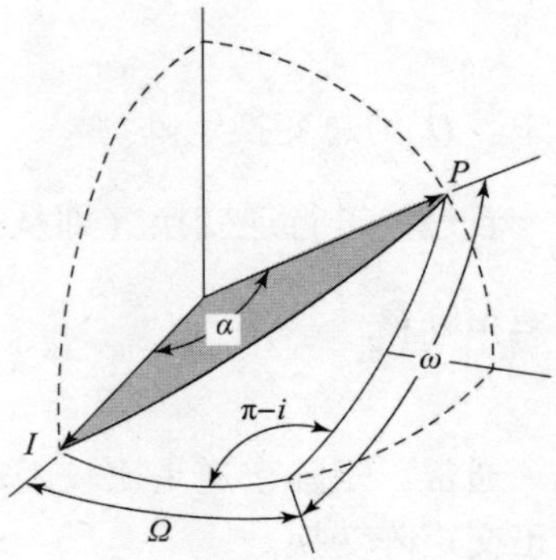

图 3－20　$\boldsymbol{I}$ 和 $\boldsymbol{P}$ 间的夹角

同样地，$\tilde{\boldsymbol{R}}$ 的元素为

$$\begin{cases} R_{11} = \cos\Omega\cos\omega - \sin\Omega\sin\omega\cos i \\ R_{12} = -\cos\Omega\sin\omega - \sin\Omega\cos\omega\cos i \\ R_{13} = \sin\Omega\sin i \\ R_{21} = \sin\Omega\cos\omega + \cos\Omega\sin\omega\cos i \\ R_{22} = -\sin\Omega\sin\omega + \cos\Omega\cos\omega\cos i \\ R_{23} = -\cos\Omega\sin i \\ R_{31} = \sin\omega\sin i \\ R_{32} = \cos\omega\sin i \\ R_{33} = \cos i \end{cases} \tag{3-110}$$

现已求出旋转矩阵的各元素，接下来只需求出 $\boldsymbol{r}$ 和 $\boldsymbol{v}$ 在 IJK 坐标系中的分量。因此

$$\begin{bmatrix} r_I \\ r_J \\ r_K \end{bmatrix} = \tilde{R}\begin{bmatrix} r_P \\ r_Q \\ r_W \end{bmatrix},\quad \begin{bmatrix} v_I \\ v_J \\ v_K \end{bmatrix} = \tilde{R}\begin{bmatrix} v_P \\ v_Q \\ v_W \end{bmatrix} \tag{3-111}$$

其他变换方法可行的情况下，不推荐使用该方法。当轨道为赤道轨道或圆形轨道或两者兼具时，要特别注意。这种情况下，Ω 或 ω 或两者同时无定义。在圆形轨道的情况下，θ 也是无定义的，因此有必要从某个任意参考点（如升交点）或从单位矢量 $\boldsymbol{I}$（若该轨道同时也是赤道轨道）开始测量真近点角。通过经典轨道要素来求得任一时刻的 $\boldsymbol{r}$ 和 $\boldsymbol{v}$ 的方法仍有很多不足。在第 4 章中，将介绍一些更具一般性的求任一时刻 $\boldsymbol{r}$ 和 $\boldsymbol{v}$ 的方法，这些方法不存在上述缺陷。

习　题

1. 两质量均为 m 的质子仅受两者间的引力作用，若质子之间的距离 d 为常量，则连接两者的线的角速度是多少？

（答：$\omega = \sqrt{2Gm/d^3}$）

2. 确定一地球轨道的半长轴和轨道倾角，已知其位置矢量和速度矢量如下：

$\boldsymbol{r} = 1\boldsymbol{K}\mathrm{DU}$

$\boldsymbol{v} = 1\boldsymbol{I}\mathrm{DU/TU}$

（部分答案：$a = 1\mathrm{DU}$，$i = 90°$）

3. 相对于以地心 O 为原点的非旋转直角坐标系，当直线轨迹上的航天器与 O 的距离为

10000km 时，其速度为 $\boldsymbol{v}=2\boldsymbol{I}+3\boldsymbol{J}+4\boldsymbol{K}$。求航天器静止时的位置矢量 $\boldsymbol{r}$。

（答：$\boldsymbol{r}=5837.4\boldsymbol{I}+8756.1\boldsymbol{J}+11675\boldsymbol{K}$（km））

4. 一颗卫星在圆地球轨道上的比角动量为 60000km^2/s。求其周期。

（答：2.372h）

5. 一颗流星接近地球，首次观察到时，其距离地心 402000km，真近点角为 150°。若此时流星的速度为 2.23km/s，求轨道的偏心率、最近点处的高度、最近点处的速度。

（答：1.086、5088km、8.516km/s）

参考文献

[1] Howard D Curtis. Orbital Mechanics for Engineering Students. Fourth Edition [M]. UK：Butterworth Heinemann，2020.

[2] Roger R Bate，Donald D Mueller，Jerry E White，et al. Fundamentals of Astrodynamics. Second Edition [M]. New York：Dover Publications，2020.

[3] 张洪波. 航天器轨道力学理论与方法 [M]. 北京：国防工业出版社，2015.

[4] 肖峰. 球面天文学与天体力学基础 [M]. 长沙：国防科技大学出版社，1989.

[5] 郗晓宁，王威，等. 近地航天器轨道基础 [M]. 长沙：国防科技大学出版社，2003.

[6] Cornelisse J W，Schöyer，H F R，Wakker K F. 火箭推进与航天动力学 [M]. 杨炳尉，冯振兴，译. 北京：中国宇航出版社，1986.

[7] Broucke R A，Cefola P J. On the Equinoctial Othit Elements [J]. Celestial Mechanics and Dynamical Astronomy，1972，5(3)：303－310.

[8] 解永春. 航天器动力学与控制 [M]. 北京：北京理工大学出版社，2015.

[9] Hahn B D. Essential MATLAB for Scientists and Engineers. Fouth Edlition. [M]. Oxford：Butterworth－Heinemann，2009.

第4章　轨道递推

上一章我们构建了二体问题的位置和真近点角之间的关系，时间变量首次出现在椭圆周期的表达式中。在建立轨道动力学方程后，依据给定的初始状态，求解之后任意时刻的航天器运动状态，即为轨道递推。对于圆轨道，构建运动状态与时间的函数很简单。对于椭圆、抛物线和双曲线轨道，我们会利用开普勒方程中与运动状态和时间有关的多种形式，通过引入普适变量，将开普勒方程的不同形式合并为单一的普适方程。

4.1　飞行时间与偏近点角的关系

开普勒提出的许多概念和他用于描述这些概念的名词一直沿用到今天。大家已了解过"真近点角"这一术语，它是指从近拱点沿运动方向测量到轨道物体的角度。这一节里，将涉及一个新术语"偏近点角"，这是由开普勒提出的与椭圆轨道相关的术语。虽然他不知道还存在着抛物线和双曲线轨道，但我们将看到，偏近点角这一概念也可以推广到这些轨道。

用解析方法导出飞行时间方程只需要应用动力学方程和积分运算即可，但本节将采用一种篇幅较长，且更具启发性的推导方法。用这种方法在几何论证中引出偏近点角十分顺理成章。这种推导更着重于表现它的历史价值，而非实际使用价值。我们大力推荐普适变量法，这是一般应用的较好方法。

4.1.1　椭圆轨道的飞行时间

我们已经知道，在一个轨道周期内，矢径扫过的面积等于一椭圆的总面积；如图4－1所示，在绕轨道飞行中，例如从近拱点到某个一般点 P，该点的真近点角为 θ，这时矢径扫过的面积为 A_1（图4－1中阴影部分）。因为是以恒定速率在轨道内扫过面积（开普勒第二定律），所以有

$$\frac{t-T}{A_1}=\frac{TP}{\pi ab} \tag{4-1}$$

式中：T 为通过近拱点时间；TP 为运动周期。

式（4－1）中唯一的未知数是 A_1，根据图4－2所示的几何关系，可以写出 A_1 的表达式。

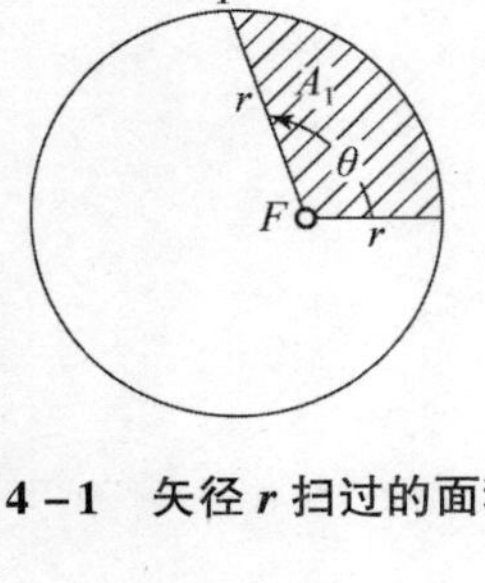

图4－1　矢径 r 扫过的面积

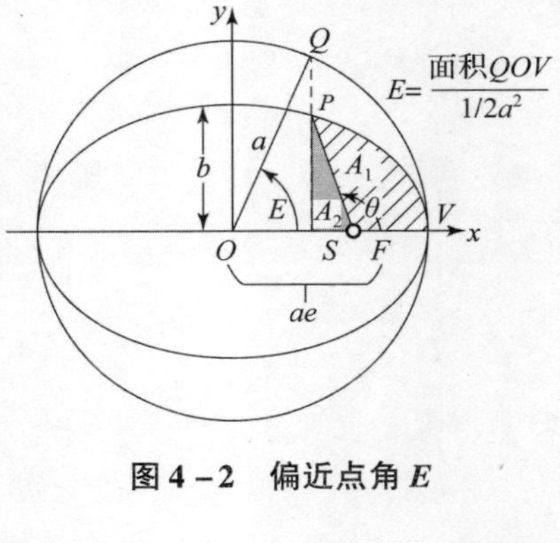

图4－2　偏近点角 E

半径为 a 的圆外切于椭圆。把过 P 点的椭圆长轴的垂线（图中虚线）延长至与辅助圆相交于 Q 点，角 E 称为偏近点角。

在做进一步的推导之前，必须导出椭圆与辅助圆间的简单关系式。由解析几何可知，在笛卡儿坐标系中，这两种曲线的方程是

$$\frac{x^2}{a^2}+\frac{y^2}{b^2}=1\text{，圆：}\frac{x^2}{a^2}+\frac{y^2}{a^2}=1 \tag{4-2}$$

由这两个关系式可得

$$y_{\text{椭圆}}=\sqrt{\frac{a^2b^2-b^2x^2}{a^2}}=\frac{b}{a}\sqrt{a^2-x^2} \tag{4-3}$$

因此

$$y_{\text{圆}}=\sqrt{a^2-x^2} \tag{4-4}$$

这两种曲线的 y 坐标间的关系式，在之后面积和长度的比较中将起关键作用。

由图 4-2 可知，矢径扫过的面积等于面积 PSV 减去图中打圆点的面积 A_2，因为 A_2 是一个三角形，其底为 $ae-a\cos E$，高为 $b/a(a\sin E)$，所以

$$A_2=\frac{ab}{2}(e\sin E-\cos E\sin E) \tag{4-5}$$

面积 PSV 是由图中虚线和长轴围定的一块椭圆面积。面积 QSV 是与之相应的辅助圆内的一块面积。由式（4-4）可直接得到

$$\text{面积 } PSV=\frac{b}{a}(\text{面积 } QSV) \tag{4-6}$$

如图 4-3 所示，面积 QSV 等于扇形面积 QOV（该面积是 $(1/2)a^2E$，这里 E 以弧度表示）减去三角形的面积，该三角形的底为 $a\cos E$，高为 $a\sin E$。因此得到

$$\text{面积 } PSV=\frac{ab}{2}(E-\cos E\sin E) \tag{4-7}$$

将其代入面积 A_1 的表达式，得到

$$A_1=\frac{ab}{2}[E-e\sin E] \tag{4-8}$$

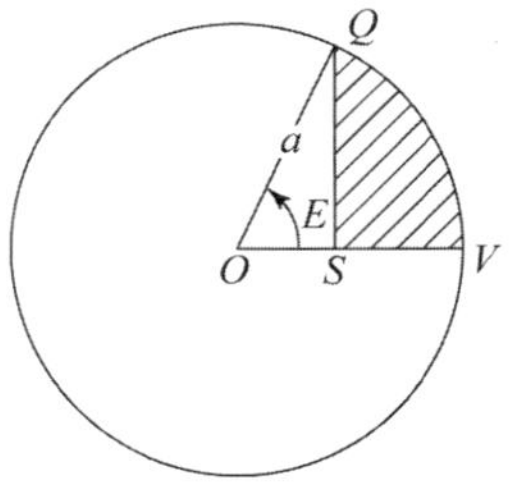

图 4-3　面积 QSV

最后，把上式代入式（4-1），周期用 $2\pi\sqrt{a^3/\mu}$ 表示，得到

$$t-T=\sqrt{\frac{a^3}{\mu}}(E-e\sin E) \tag{4-9}$$

开普勒提出了下述定义

$$M=E-e\sin E \tag{4-10}$$

式中：M 称为“平近点角”。若定义

$$n\equiv\sqrt{\mu/a^3} \tag{4-11}$$

这里 n 称为“平均运动”，则平近点角可写成

$$M=n(t-T)=E-e\sin E \tag{4-12}$$

通常把这个式子称为开普勒方程。

显然，要想使用式（4-9），必须在偏近点角 E 和与之相应的真近点角 θ 之间建立起关

系。由图 4－2 得

$$\cos E=\frac{ae+r\cos\theta}{a} \tag{4-13}$$

因为 $r=\dfrac{a(1-e^2)}{1+e\cos\theta}$，式（4－12）可化简为

$$\cos E=\frac{e+\cos\theta}{1+e\cos\theta} \tag{4-14a}$$

通过三角函数变化，真近点角和偏近点之间的转换关系用正切函数可表述为

$$\tan\frac{E}{2}=\sqrt{\frac{1-e}{1+e}}\tan\frac{\theta}{2} \tag{4-14b}$$

由式（4－13）可求出偏近点角。θ 和 E 总是位于同一半平面内，当 θ 在 0 和 π 之间时，E 也一样，由此可知 E 所在的象限。

假设当起始点不是近拱点时，求由 θ_0 定义的点到 θ 定义的一般点之间的飞行时间。假定物体从 θ_0 飞到 θ 并不通过近拱点（图 4－4 左图），则可以写出 $t-t_0=(t-T)-(t_0-T)$。

如果物体通过近拱点（只要 θ_0 大于 θ 就会出现这种情况），则由图 4－4 右图可得

$$t-t_0=TP+(t-T)-(t_0-T_0) \tag{4-15}$$

一般情况下，有

$$t-t_0=\sqrt{a^3/\mu}\left[2k\pi+(E-e\sin E)-(E_0-e\sin E_0)\right] \tag{4-16}$$

式中：k 为物体从 θ_0 到 θ 的过程中通过近拱点的次数。

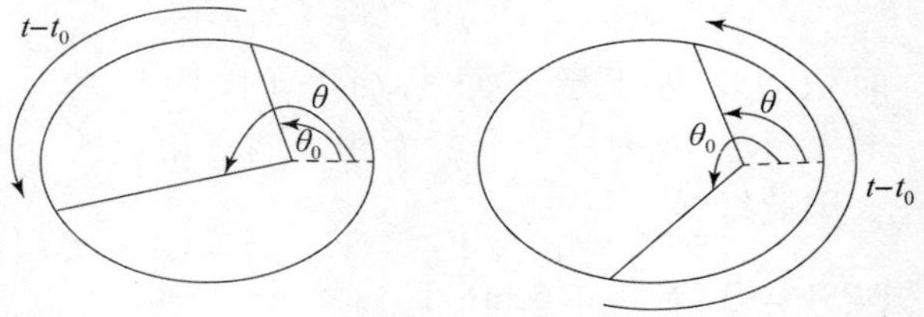

图 4－4　任意两点间的飞行时间

应当指出，用解析法也可以推导出同样的结论。在解析推导时，偏近点角作为一个积分变量出现，这里只给出推导的梗概。

由椭圆轨道周期得到

$$\int_T^t h\mathrm{d}t=\int_0^\theta r^2\mathrm{d}\theta \tag{4-17}$$

或者

$$h(t-T)=\int_0^\theta\frac{p^2\mathrm{d}\theta}{(1+e\cos\theta)^2} \tag{4-18}$$

现在引入偏近点角作为变量，以便式（4－17）易于积分。由式（4－13）和几何图形可导出下列关系式：

$$\cos\theta=\frac{e-\cos E}{e\cos E-1} \tag{4-19}$$

$$\sin\theta=\frac{a\sqrt{1-e^2}}{r}\sin E \tag{4-20}$$

$$r = a(1 - e\cos E) \tag{4-21}$$

对式（4-18）进行微分，得

$$\mathrm{d}\theta = \frac{\sin E(1 + e\cos\theta)}{\sin\theta(1 - e\cos E)}\mathrm{d}E = \frac{\sin E(p/r)}{\sin\theta(r/a)} = \frac{a\sqrt{1-e^2}}{r}\mathrm{d}E \tag{4-22}$$

于是

$$h(t-T) = \frac{p}{\sqrt{1-e^2}}\int_0^E r\mathrm{d}E = \frac{pa}{\sqrt{1-e^2}}\int_0^E (1 - e\cos E)\mathrm{d}E = \frac{pa}{\sqrt{1-e^2}}(E - e\sin E) \tag{4-23}$$

因为 $h = \sqrt{\mu p}$，所以有

$$(t-T) = \sqrt{a^3/\mu}(E - e\sin E) \tag{4-24}$$

上式与由几何推导得出的结果一致。

4.1.2　抛物线和双曲线轨道的飞行时间

类似地，用解析法可推导出抛物线轨道上的飞行时间为

$$t - T = \frac{1}{2\sqrt{\mu}}\left[pD + \frac{1}{3}D^3\right] \tag{4-25}$$

或者

$$t - t_0 = \frac{1}{2\sqrt{\mu}}\left[\left(pD + \frac{1}{3}D^3\right) - \left(pD_0 + \frac{1}{3}D_0^3\right)\right] \tag{4-26}$$

式中：$D = \sqrt{p}\tan\dfrac{\theta}{2}$，为抛物线“偏近点角”。

不管是用几何方法还是用解析方法，利用双曲线偏近点角 F，即可推导出双曲线轨道上的飞行时间为

$$t - T = \sqrt{\frac{(-a)^3}{\mu}}(e\sinh F - F) \tag{4-27}$$

或者

$$t - t_0 \sqrt{\frac{(a)^3}{\mu}}[(e\sinh F - F) - (e\sinh F_0 - F_0)] \tag{4-28}$$

式中

$$\cosh F = \frac{e + \cos\theta}{1 + e\cos\theta} \tag{4-29}$$

或者

$$F = \ln[y + \sqrt{y^2 - 1}] \tag{4-30}$$

式中：$y = \cosh F$。当 θ 在 0 和 π 之间，F 应取正值；当 θ 在 π 和 2π 之间，F 应取负值。图 4-5 说明了双曲线变量。

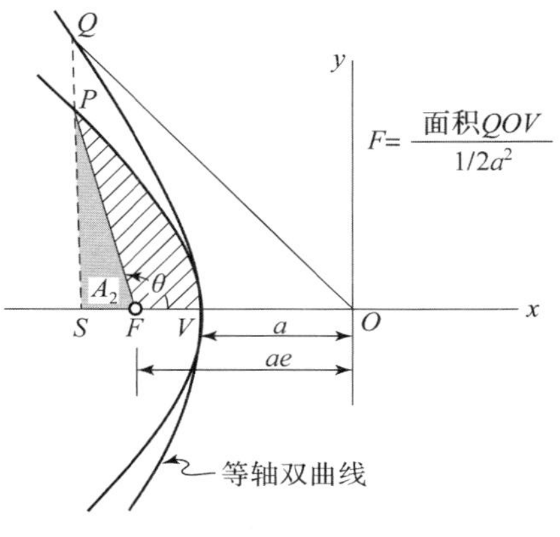

图 4-5　双曲线偏近点角 F

例 4.1　一空间探测器在绕太阳的椭圆轨道上运行，近日点距离 r_p 为 0.5AU，远日点距离 r_a 为 2.5AU。试求在一个轨道周期内，探测器离太阳的距离小于 1AU 的天数有多少？

已知条件为

$$r_p = 0.5\text{AU}, r_a = 2.5\text{AU}$$
$$r_1 = 1\text{AU}, r_2 = 1\text{AU}$$

因为问题中涉及的那部分轨道是关于近日点对称的，设距离太阳为 1AU 的两点分别为点 1 和点 2，飞行器从点 1 到点 2 的时间即为所求，所以可以先计算出从近日点到点 2 的飞行时间，然后乘以 2 即可。

由椭圆的性质得

$$e = \frac{r_a - r_p}{r_a + r_p} = \frac{2}{3}$$

进一步得

$$a = \frac{r_p + r_a}{2} = \frac{3}{2}$$

由 $r_2 = \dfrac{a(1-e^2)}{1+e\cos\theta_2}$，得

$$\cos\theta_2 = \frac{a(1-e^2) - r_2}{er_2} = -\frac{1}{4}$$

$$\cos E_2 = \frac{e + \cos\theta_2}{1 + e\cos\theta_2} = \frac{1}{2}$$

$$E_2 = 60° = 1.048\text{rad}, \sin E_2 = 0.866$$

由式（4-15）得

$$t_2 - T = \sqrt{\frac{(1.5)^3}{1}}\left[1.048 - \frac{2}{3}(0.866)\right] = 0.862\text{TU}\odot$$

$$\text{飞行时间} = 1.724\text{TU}\odot\left(58.133\ \frac{\text{天}}{\text{TU}\odot}\right) = 100\ \text{天}$$

4.1.3 近似抛物线轨道时的精度降低

当 e 接近于 1 时，开普勒飞行时间方程的计算精度会大大降低，在此，可用一个数值例子来说明。

假定要计算在 $a = 100\text{DU}$，$e = 0.999$ 的椭圆轨道上从近拱点到 $\theta = 60°$ 的点之间的飞行时间，第一步是计算偏近点角。由式（4-13）得

$$\cos E = \frac{0.999 + 0.5}{1 + 0.999(0.5)} = 0.99967 \tag{4-31}$$

进而得

$$E = 0.02559, \sin E = 0.02560 \text{ 和} (e\sin E) = 0.02557 \tag{4-32}$$

将这些值代入式（4-9）得

$$t - T = \sqrt{\frac{100^3}{1}}(0.02559 - 0.02557) = 1{,}000(0.00002) = 0.02\text{TU} \tag{4-33}$$

当 E 接近于零时，根据 $\cos E$ 来算出 E，就会丢失许多位有效数字。在最后一步，当两个几乎相等的数字相减时，又会进一步丢失有效数字，结果会使解完全不可靠。

当 e 接近于 1 时，计算精度的降低，以及对于不同的圆锥曲线要用不同的公式计算会带

来不便，这两者促使我们在 4.3 节中对计算飞行时间的普适公式展开研究。

4.1.4　与 D、E、F 有关的一些恒等式

前面已经推导出了抛物线、椭圆和双曲线的飞行时间方程，它们都含有辅助变量 D、E 和 F，且知道了这些偏近点角和真近点角 θ 的关系。下面对这些辅助变量和其他轨道物理参数间的关系进行研究。

依次取各偏近点角，导出用 D、E 或 F 表示的 x，y 和 r 的表达式，然后将偏心近点角与点积 $\boldsymbol{r}\cdot\boldsymbol{v}$ 联系起来，最后再研究 E 和 F 之间的基本关系。

为了简化巴克（Barker）方程式（4－25），引入抛物线偏近点角 D

$$D=\sqrt{p}\tan\frac{\theta}{2} \tag{4-34}$$

由图 4－6 可以看到 $x=r\cos\theta$，但对于抛物线，因为 $e=1$，所以有

$$r=\frac{p}{1+\cos\theta} \tag{4-35}$$

因此

$$x=\frac{p\cos\theta}{1+\cos\theta} \tag{4-36}$$

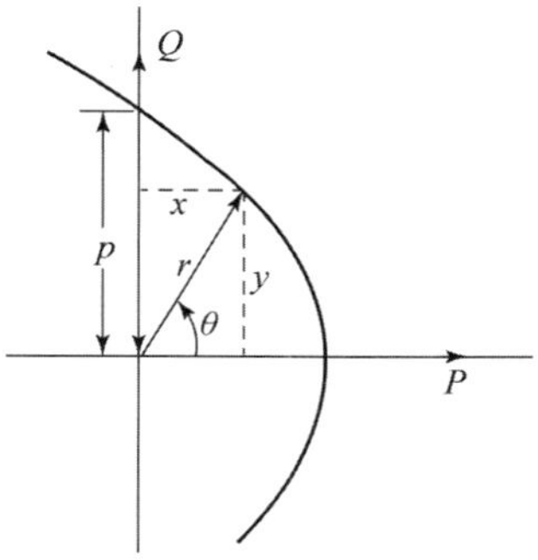

图 4－6　$\boldsymbol{r}$ 的近焦点坐标系分量

现在将 $\cos\theta=\cos\frac{2\theta}{2}-\sin^2\frac{\theta}{2}$代入式（4－35）的分子，将 $\cos\theta=2\cos^2\frac{\theta}{2}$代入分母，得到 $x=\frac{p}{2}\left(1-\tan^2\frac{\theta}{2}\right)$。

若将式（4－34）代入，则 x 的表达式化简为

$$x=\frac{1}{2}(p-D^2) \tag{4-37}$$

y 的表达式更为简单

$$y=r\sin\theta=\frac{p\sin\theta}{1+\cos\theta}=p\tan\frac{\theta}{2}$$

$$y=\sqrt{p}D \tag{4-38}$$

由于 x 和 y 是矢量 r 在近焦点坐标系中的直角坐标分量，所以

$$r^2=x^2+y^2$$

$$r=\frac{1}{2}(p+D^2) \tag{4-39}$$

现在我们来求点积 $r\cdot v$ 的表达式。对于抛物线轨道，由式（4－35）得

$$\dot{r}=\frac{p\dot{\theta}\sin\theta}{(1+\cos\theta)^2} \tag{4-40}$$

由（3－11）得角动量大小为

$$h=rv_{\perp} \tag{4-41}$$

式中：$v_{\perp}$ 为垂直于位置矢量的速度分量，其可以由角速度表示

$$v_{\perp}=r\dot{\theta} \tag{4-42}$$

由式（4-41）和式（4-42）得

$$\dot{\theta}=\frac{h}{r^2} \tag{4-43}$$

由式（4-43）带入式（4-40）得

$$v=\dot{r}=\sqrt{\frac{\mu}{p}}\sin\theta \tag{4-44}$$

由于 $\boldsymbol{r}\cdot\dot{\boldsymbol{r}}=r\dot{r}$，于是得到

$$\boldsymbol{r}\cdot\dot{\boldsymbol{r}}=\boldsymbol{r}\cdot\boldsymbol{v}=\frac{p}{1+\cos\theta}\sqrt{\frac{\mu}{p}}\sin\theta=\sqrt{\mu p}\tan\frac{\theta}{2} \tag{4-45}$$

若将式（4-34）代入，整理后得

$$D=\frac{\boldsymbol{r}\cdot\boldsymbol{v}}{\sqrt{\mu}} \tag{4-46}$$

当已知 $\boldsymbol{r}$ 和 $\boldsymbol{v}$ 时，此式有助于计算 D。

关于偏近点角，在图4-7中，我们在近焦点坐标系内作了一椭圆及其辅助圆。近焦点坐标系的原点在椭圆的焦点上，焦点和中心（O）的距离正好是 $c=ae$，如图4-7所示。

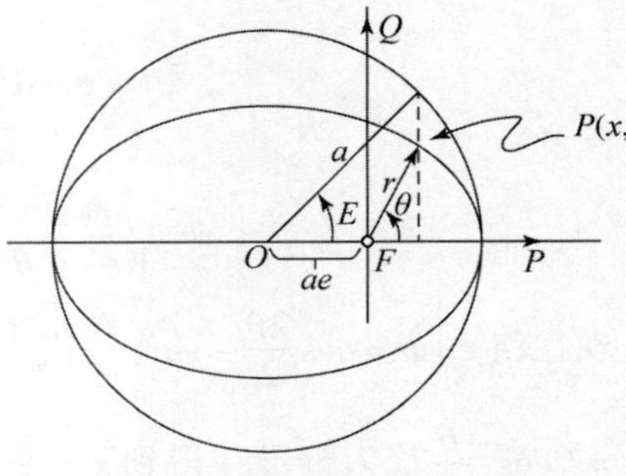

图4-7　$\boldsymbol{r}$ 的近焦点坐标系分量

由图4-7可以看到

$$x=a\cos E-ae \text{ 或 } x=a(\cos E-e) \tag{4-47}$$

根据图上所示的几何关系和椭圆与圆的 y 坐标之间的关系，可得到

$$y=\frac{b}{a}(a\sin E) \tag{4-48}$$

但对于椭圆有 $b^2=a^2-c^2$，$c=ae$，所以

$$y=a\sqrt{1-e^2}\sin E \tag{4-49}$$

与抛物线轨道一样，可以写成 $r^2=x^2+y^2$，将式（4-47）和式（4-49）代入此式，化简后得到

$$r=a(1-e\cos E) \tag{4-50}$$

由式（4-50）解出 $e\cos E$，即得到另一个有用的表达式

$$e\cos E=1-\frac{r}{a} \tag{4-51}$$

如果还能给出 $e\sin E$ 的表达式，会更加方便。为此，将式（4-50）求导，得到

$$\dot{r}=(ae\sin E)\dot{E} \tag{4-52}$$

为求得 $\dot{E}$，列出开普勒飞行时间方程

$$t-T=\sqrt{\frac{a^3}{\mu}}(E-e\sin E) \tag{4-53}$$

对式（4-53）进行微分，即可得到 $1=\sqrt{\frac{a^3}{\mu}}(1-e\cos E)\dot{E}$，从这个方程中解出 $\dot{E}$，将式（4-51）代入 $e\cos E$，得到

$$\dot{E} = \frac{1}{r}\sqrt{\frac{\mu}{a}} \tag{4-54}$$

所以，有 $\dot{r} = \sqrt{\mu a}\,\frac{e\sin E}{r}$。最后，从这个方程中解出 $e\sin E$，并注意到 $r\dot{r} = \boldsymbol{r}\cdot\boldsymbol{v}$，得

$$e\sin E = \frac{\boldsymbol{r}\cdot\boldsymbol{v}}{\sqrt{\mu a}} \tag{4-55}$$

因为开普勒飞行时间方程中包含 $e\sin E$ 这一项，所以该表达式非常有用。

下面研究双曲线轨道的情况。对于双曲线偏近点角，我们将分析 E 和 F 间的关系，以得到一系列含有 F 的恒等式，这些恒等式类似于那些含有 E 的恒等式。

偏近点角和真近点角 θ 之间的关系为

$$\cos E = \frac{e+\cos\theta}{1+e\cos\theta} \tag{4-56}$$

$$\cosh F = \frac{e+\cos\theta}{1+e\cos\theta} \tag{4-57}$$

由此可以看出 $\cosh F = \cos E$，应用恒等式 $\cosh\theta = \cos\mathrm{i}\theta$，就有

$$E = \pm \mathrm{i}F \tag{4-58}$$

换言之，当 E 是实数时，F 是虚数；当 F 是实数时，E 是虚数。加上 ± 号的原因是，E 定义为 0 到 2π 时，F 在负无穷到正无穷内，根据物理意义可以确定正确的符号。

由式（4-47）可以写出 $x = a(\cos E - e) = a(\cos\mathrm{i}F - e)$，但因为 $\cos\mathrm{i}F = \cosh F$，所以

$$x = a(\cosh F - e) \tag{4-59}$$

类似地有，$y = a\sqrt{1-e^2}\sin E = a\mathrm{i}\sqrt{e^2-1}\sin\mathrm{i}F$，由于 $\mathrm{i}\sin\mathrm{i}F = -\sinh F$，所以

$$y = -a\sqrt{e^2-1}\sinh F \tag{4-60}$$

用类似的方法可以得到下列恒等式：

$$r = a(1 - e\cosh F) \tag{4-61}$$

$$e\cosh F = 1 - \frac{r}{a} \tag{4-62}$$

$$e\sinh F = \frac{\boldsymbol{r}\cdot\boldsymbol{v}}{\sqrt{-\mu a}} \tag{4-63}$$

因为在双曲线轨道的飞行时间方程中包含 $e\sinh F$ 这一项，所以式（4-62）十分有用。

4.2 拉格朗日系数

4.2.1 近焦点坐标系中的运动状态

近焦点坐标系是一个轨道的“自然”坐标系。其在空间的笛卡儿坐标系中，以轨道的焦点为原点。xy 平面为轨道平面，x 轴从焦点指向近地点，如图 4-8 所示。x 轴（拱线）的单位矢量记为 $\hat{\boldsymbol{p}}$。y 轴与 x 轴成 90°真近点角，单位矢量记为 $\hat{\boldsymbol{q}}$。z 轴与角动量矢量 $\boldsymbol{h}$ 的方向一致，垂直于轨道平面，其单位矢量记为 $\hat{\boldsymbol{w}}$，

$$\hat{\boldsymbol{w}} = \frac{\boldsymbol{h}}{h} \tag{4-64}$$

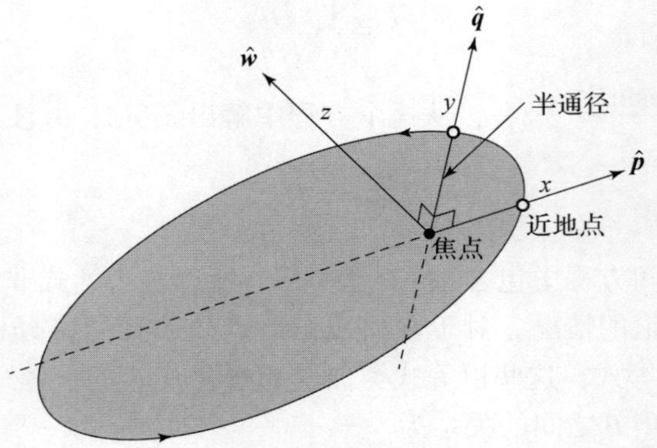

图 4－8　近焦点坐标系 $\hat{p}\hat{q}\hat{w}$

在近焦点坐标系的位置矢量 $\boldsymbol{r}$ 可写为（图 4－9）

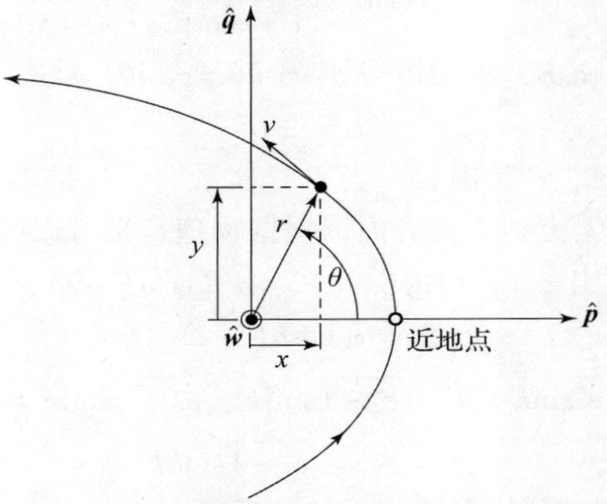

图 4－9　相对于近焦点坐标系的位置和速度

$$\boldsymbol{r} = x\hat{\boldsymbol{p}} + y\hat{\boldsymbol{q}} \tag{4-65}$$

式中：

$$x = r\cos\theta, y = r\sin\theta \tag{4-66}$$

位置矢量 $\boldsymbol{r}$ 的模 r 由轨道方程可得

$$r = \frac{h^2}{\mu}\frac{1}{1 + e\cos\theta} \tag{4-67}$$

$$\boldsymbol{r} = \frac{h^2}{\mu}\frac{1}{1 + e\cos\theta}(\cos\theta\hat{\boldsymbol{p}} + \sin\theta\hat{\boldsymbol{q}}) \tag{4-68}$$

因此，可将式（4－65）写为

对 $\boldsymbol{r}$ 求导，可得速度矢量为

$$\boldsymbol{v} = \dot{\boldsymbol{r}} = \dot{x}\hat{\boldsymbol{p}} + \dot{y}\hat{\boldsymbol{q}} \tag{4-69}$$

由式（4－66）可得

$$\begin{cases}\dot{x} = \dot{r}\cos\theta - r\dot{\theta}\sin\theta \\ \dot{y} = \dot{r}\sin\theta + r\dot{\theta}\cos\theta\end{cases} \tag{4-70}$$

式中：$\dot{r}$ 为速度的径向分量，即 v_r。

下面分别计算速度的垂向分量 $v_\perp$ 和径向分量 v_r。

联合式（4－67）、式（4－41）和式（4－42）可得

$$v_{\perp}=r\dot{\theta}=\frac{\mu}{h}(1+e\cos\theta) \tag{4-71}$$

对式（4－67）求导得

$$v_r=\dot{r}=\frac{h^2}{\mu}\frac{\dot{\theta}e\sin\theta}{(1+e\cos\theta)^2} \tag{4-72}$$

联合式（4－73）和式（4－75）得

$$v_r=\dot{r}=\frac{\mu}{h}e\sin\theta \tag{4-73}$$

将式（4－73）和式（4－71）代入式（4－70），并将其化简可得

$$\dot{x}=-\frac{\mu}{h}\sin\theta$$

$$\dot{y}=\frac{\mu}{h}(e+\cos\theta) \tag{4-74}$$

因此，式（4－69）可写为

$$\boldsymbol{v}=\frac{\mu}{h}[-\sin\theta\hat{\boldsymbol{p}}+(e+\cos\theta)\hat{\boldsymbol{q}}] \tag{4-75}$$

例 4.2 某地球轨道的倾心率为 0.3，角动量为 60,000km²/s，其近点角为 120°。求在近地参照系中的位置矢量 $\boldsymbol{r}$ 和速度矢量 $\boldsymbol{v}$。

解：

由式（4－67）可得

$$\boldsymbol{r}=\frac{h^2}{\mu}\frac{1}{1+e\cos\theta}(\cos\theta\hat{\boldsymbol{p}}+\sin\theta\hat{\boldsymbol{q}})=\frac{60,000^2}{398,600}\frac{1}{1+0.3\cos 120°}(\cos120°\hat{\boldsymbol{p}}+\sin120°\hat{\boldsymbol{q}})$$

$$\boldsymbol{r}=-5312.7\hat{\boldsymbol{p}}+9201.9\hat{\boldsymbol{q}}(\text{km})$$

将已知数值代入式（4－78），可得

$$\boldsymbol{v}=\frac{\mu}{h}[-\sin\theta\hat{\boldsymbol{p}}+(e+\cos\theta)\dot{\boldsymbol{q}}]=\frac{398,600}{60,000}[-\sin120°\hat{\boldsymbol{p}}+(0.3+\cos120°)\hat{\boldsymbol{q}}]$$

$$\boldsymbol{v}=-5.7533\hat{\boldsymbol{p}}-1.3287\hat{\boldsymbol{q}}(\text{km/s})$$

4.2.2 拉格朗日系数的一般方程

本节中我们将推导出一个结论：若一个运动物体在某时刻的位置矢量和速度矢量已知，则可通过初始值表示之后任何时刻的位置矢量和速度矢量。先从式（4－65）和式（4－69）开始

$$\boldsymbol{r}=x\hat{\boldsymbol{p}}+y\hat{\boldsymbol{q}} \tag{4-76}$$

$$\boldsymbol{v}=\dot{\boldsymbol{r}}=\dot{x}\hat{\boldsymbol{p}}+\dot{y}\hat{\boldsymbol{q}} \tag{4-77}$$

在 $t=t_0$ 时刻的值引入下标“0”。那么，$\boldsymbol{r}$ 和 $\boldsymbol{v}$ 在 $t=t_0$ 时刻的方程为

$$\boldsymbol{r}_0=x_0\hat{\boldsymbol{p}}+y_0\hat{\boldsymbol{q}} \tag{4-78}$$

$$\boldsymbol{v}_0=\dot{x}_0\hat{\boldsymbol{p}}+\dot{y}_0\hat{\boldsymbol{q}} \tag{4-79}$$

角动量 $\boldsymbol{h}$ 为常量，可用初始条件求得。将式（4－78）和式（4－79）代入式（3－11），可得

$$\boldsymbol{h}=\boldsymbol{r}_0\times\boldsymbol{v}_0=\begin{vmatrix}\hat{\boldsymbol{p}} & \hat{\boldsymbol{q}} & \hat{\boldsymbol{w}}\\ \bar{x}_0 & \bar{y}_0 & 0\\ \dot{x}_0 & \dot{y}_0 & 0\end{vmatrix}=\hat{\boldsymbol{w}}(x_0\dot{y}_0-y_0\dot{x}_0) \tag{4-80}$$

已知 $\hat{\boldsymbol{w}}$ 为 $\boldsymbol{h}$ 方向的单位矢量（式4－64）。因此，式（4－80）右边的 $\hat{\boldsymbol{w}}$ 的系数即为角动量的模，即

$$h=x_0\dot{y}_0-y_0\dot{x}_0 \tag{4-81}$$

现在可用 $\boldsymbol{r}_0$ 和 $\boldsymbol{v}_0$ 来求解式（4－78）和式（4－79）中的单位矢量 $\hat{\boldsymbol{p}}$ 和 $\hat{\boldsymbol{q}}$。由式（4－78）可得

$$\hat{\boldsymbol{q}}=\frac{1}{y_0}\boldsymbol{r}_0-\frac{x_0}{y_0}\hat{\boldsymbol{p}} \tag{4-82}$$

将其代入式（4－79），合并同类项，并利用式（4－81），可得

$$\boldsymbol{v}_0=\dot{x}_0\hat{\boldsymbol{p}}+\dot{y}_0\left(\frac{1}{\dot{y}_0}\boldsymbol{r}_0-\frac{x_0}{y_0}\hat{\boldsymbol{p}}\right)=\frac{y_0\dot{x}_0-x_0\dot{y}_0}{y_0}\hat{\boldsymbol{p}}+\frac{\dot{y}_0}{y_0}\boldsymbol{r}_0=-\frac{h}{y_0}\hat{\boldsymbol{p}}+\frac{\dot{y}}{\dot{y}_0}\boldsymbol{r}_0 \tag{4-83}$$

对 $\hat{\boldsymbol{p}}$ 进行求解，可得

$$\hat{\boldsymbol{p}}=\frac{\dot{y}_0}{h}\boldsymbol{r}_0-\frac{y_0}{h}\boldsymbol{v}_0 \tag{4-84}$$

将此解代回式（4－82），可得

$$\hat{\boldsymbol{q}}=\frac{1}{y_0}\boldsymbol{r}_0-\frac{x_0}{y_0}\left(\frac{\dot{y}_0}{h}\boldsymbol{r}_0-\frac{y_0}{h}\boldsymbol{v}_0\right)=\frac{h-x_0\dot{y}_0}{y_0}\boldsymbol{r}_0+\frac{x_0}{h}\boldsymbol{v}_0 \tag{4-85}$$

将 h 代入式（4－81）的右侧，可得

$$\hat{\boldsymbol{q}}=-\frac{\dot{x}_0}{h}\boldsymbol{r}_0+\frac{\dot{x}_0}{h}\boldsymbol{v}_0 \tag{4-86}$$

由式（4－84）和式（4－86）可得初始状态矢量的 $\hat{\boldsymbol{p}}$ 和 $\hat{\boldsymbol{q}}$。将两方程代回式（4－76）和式（4－77），分别可得

$$\boldsymbol{r}=x\left(\frac{h}{}\boldsymbol{r}_0-\frac{y_0}{h}\boldsymbol{v}_0\right)+y\left(-\frac{\dot{x}_0}{h}\boldsymbol{r}_0+\frac{x_0}{h}\boldsymbol{v}_0\right)=\frac{x\dot{y}_0-y\dot{x}_0}{h}\boldsymbol{r}_0+\frac{-xy_0+yx_0}{h}\boldsymbol{v}_0 \tag{4-87}$$

$$\boldsymbol{v}=\dot{x}\left(\frac{h}{}\boldsymbol{r}_0-\frac{y_0}{h}\boldsymbol{v}_0\right)+\dot{y}\left(-\frac{\dot{x}_0}{h}\boldsymbol{r}_0+\frac{x_0}{h}\boldsymbol{v}_0\right)=\frac{\dot{x}\dot{y}_0-\dot{y}\dot{x}_0}{h}\boldsymbol{r}_0+\frac{-\dot{x}y_0+\dot{y}x_0}{h}\boldsymbol{v}_0 \tag{4-88}$$

因此

$$\boldsymbol{r}=f\boldsymbol{r}_0+g\boldsymbol{v}_0 \tag{4-89}$$

$$\boldsymbol{v}=\dot{f}\boldsymbol{r}_0+\dot{g}\boldsymbol{v}_0 \tag{4-90}$$

式中：f 和 g 由以下公式给出

$$f=\frac{x\dot{y}_0-y\dot{x}_0}{h} \tag{4-91}$$

$$g=\frac{-xy_0+yx_0}{h} \tag{4-92}$$

它们的导数分别为

$$\dot{f}=\frac{\dot{x}\dot{y}_0-\dot{y}\dot{x}_0}{h} \tag{4-93}$$

$$\dot{g}=\frac{-\dot{x}y_0+\dot{y}x_0}{h} \tag{4-94}$$

f 和 g 函数称为拉格朗日系数，以约瑟夫·拉格朗日（1736—1813）的名字命名，他是一位意大利数学家、物理学家，对计算行星运动做出了许多贡献。

4.2.3　真近点角表示的拉格朗日系数

在图 4-10 中，画了一个近焦点坐标系中的轨道。虽然画的是一椭圆，但事实上任何圆锥曲线均成立。

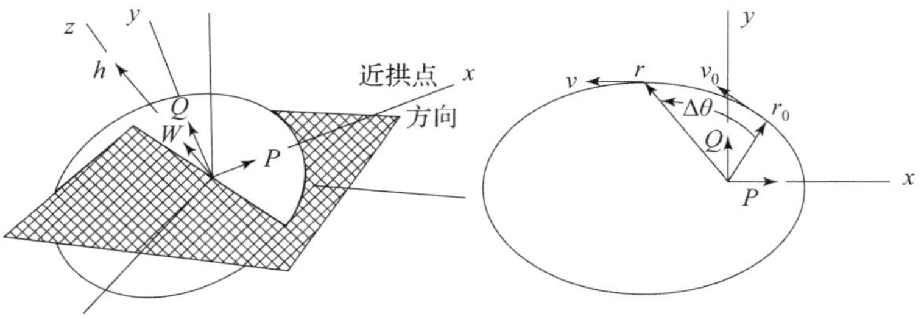

图 4-10　近焦点坐标系的位置和速度分量

一般位置矢量 $\boldsymbol{r}$ 的直角坐标分量可写为

$$x=\boldsymbol{r}\cos\theta \tag{4-95}$$

$$y=\boldsymbol{r}\sin\theta \tag{4-96}$$

由式（4-75）可知，速度矢量 $\boldsymbol{v}$ 的直角坐标分量为

$$\dot{x}=-\sqrt{\frac{\mu}{p}}\sin\theta \tag{4-97}$$

$$\dot{y}=\sqrt{\frac{\mu}{p}}(e+\cos\theta) \tag{4-98}$$

若将这些表达式代入 f 和 g 的表达式，并注意到 $h=\sqrt{\mu p}$，得到

$$f=\frac{(r\cos\theta)\sqrt{\frac{\mu}{p}}(e+\cos\theta_0)+\sqrt{\frac{\mu}{p}}\sin\theta_0(r\sin\theta)}{\sqrt{\mu p}} \tag{4-99}$$

但因为 $\cos\theta\cos\theta_0+\sin\theta\sin\theta_0=\cos\Delta\theta$，所以

$$f=1-\frac{r}{p}(1-\cos\Delta\theta) \tag{4-100}$$

式中：$\Delta\theta=\theta-\theta_0$。类似地，可得

$$g=\frac{rr_0\sin\Delta\theta}{\sqrt{\mu p}} \tag{4-101}$$

$$\dot{g}=1-\frac{r_0}{p}(1-\cos\Delta\theta) \tag{4-102}$$

和

$$\dot{f}=\sqrt{\frac{\mu}{p}}\tan\frac{\Delta\theta}{2}\left(\frac{1-\cos\Delta\theta}{p}-\frac{1}{r}-\frac{1}{r_0}\right) \tag{4-103}$$

4.2.4 偏近点角表示的拉格朗日系数

将式（4-47）和式（4-49）求导，可直接得到速度的直角坐标分量，即

$$\dot{x} = -a\dot{E}\sin E \tag{4-104}$$

但应用式（4-54）得出

$$\dot{x} = -\frac{1}{r}\sqrt{\mu a}\sin E \tag{4-105}$$

对上述 y 的表达式求导，得到

$$\dot{y} = a\sqrt{1-e^2}\dot{E}\cos E \tag{4-106}$$

因此有

$$\dot{y} = \frac{1}{r}\sqrt{\mu a(1-e^2)}\cos E \tag{4-107}$$

若将这些式子代入 f 和 g 的表达式，注意到 $h=\sqrt{\mu a(1-e^2)}$，可得

$$f = \frac{a(\cos E - e)\sqrt{\mu a(1-e^2)}\cos E_0}{r_0\sqrt{\mu a(1-e^2)}} + \frac{\sqrt{\mu a}\sin E_0 a\sqrt{(1-e^2)}\sin E}{r_0\sqrt{\mu a(1-e^2)}}$$

$$= \frac{a}{r_0}(\cos E\cos E_0 + \sin E\sin E_0 - e\cos E_0) \tag{4-108}$$

考虑到 $\cos E\cos E_0 + \sin E\sin E_0 = \cos\Delta E$，联立式（4-51），得到

$$f = 1 - \frac{a}{r_0}(1-\cos\Delta E) \tag{4-109}$$

类似地有

$$g = (t-t_0) - \sqrt{\frac{a^3}{\mu}}(\Delta E - \sin\Delta E) \tag{4-110}$$

$$\dot{f} = -\frac{\sqrt{\mu a}\sin\Delta E}{rr_0} \tag{4-111}$$

和

$$\dot{g} = 1 - \frac{a}{r}(1-\cos\Delta E) \tag{4-112}$$

如同前面一样，我们应用 $\Delta E = i\Delta F$ 以及圆和双曲线函数相关恒等式，就可以由包含 ΔE 的公式直接导出双曲线轨道的有关表达式。

由式（4-107）可得

$$f = 1 - \frac{a}{r_0}(1-\cos i\Delta F) \tag{4-113}$$

但由于 $\cos i\Delta F = \cosh\Delta F$，所以

$$f = 1 - \frac{a}{r_0}(1-\cosh\Delta F) \tag{4-114}$$

用同样的方法可得到

$$g = (t-t_0) - \sqrt{\frac{(-a)^3}{\mu}}(\sinh\Delta F - \Delta F) \tag{4-115}$$

$$\dot{f} = \frac{-\sqrt{-\mu a}\sinh\Delta F}{rr_0} \tag{4-116}$$

和

$$\dot{g} = 1 - \frac{a}{r}(1 - \cosh\Delta F) \tag{4-117}$$

4.3 飞行时间的普适公式

4.3.1 开普勒问题

若已知 a、e、θ_0 和 θ，用开普勒飞行时间方程很容易算出飞行时间 $t-t_0$。但其逆问题，即已知 a，e，θ_0 和 $t-t_0$ 来求出 θ，却并不简单，这将在后面看到。在《开普勒的天文发现》一书中，斯莫尔（Small）写道："从开普勒那时起，这个问题就不断地考验着那些最有能力的几何学家的创造性，但从未得到过一个严格精确的解，也没有更多的依据说这一困难可以被克服……"该问题涉及开普勒方程的解，故常常将其称为开普勒问题。

按经典轨道力学的说法，开普勒问题的本质是求解下述方程：

$$M = E - e\sin E \tag{4-118}$$

式中：M 为 $n(t-T)$，可由下式求出

$$M = \sqrt{\frac{\mu}{a^3}}(t-t_0) - 2k\pi + M_0 \tag{4-119}$$

虽然式（4-118）只含有一个未知数，但它是 E 的超越方程，无法由方程等号左边的量直接算出 E 来，开普勒本人也意识到这一点。斯莫尔曾写道："然而，关于这个问题的直接解，即根据给定的平近点角求真近点角，（开普勒）曾说过，他觉得这是不现实的，并且他认为没有任何几何的或是严格的解法。"

E 的第一个近似解法是由开普勒本人给出的，第二个近似解法是牛顿在《自然哲学的数学原理》一书中给出的，从有关摆线的图解法，他能找到偏近点角的一个近似解。此后，出现了大量的解析法和图解法，这是因为自牛顿以来，差不多每个著名的数学家都关注过这个问题。这里，我们将再次采用牛顿迭代法。

可以像图 4-11 那样，做出开普勒方程的曲线图，然后由曲线图确定已知的 M 值所对应的 E 值，但这是不太精确的。由于我们可以求出 M 随 E 变化的曲线斜率的解析表达式，所以可采用如下的牛顿迭代法过程；先选择一个 E 的试探值，称为 E_n，然后由它算出平近点角 M_n：

$$M_n = E_n - e\sin E_n \tag{4-120}$$

由下式得到新的 E_{n+1}

$$E_{n+1} = E_n + \frac{M - M_n}{\mathrm{d}M/\mathrm{d}E|_{E=E_n}} \tag{4-121}$$

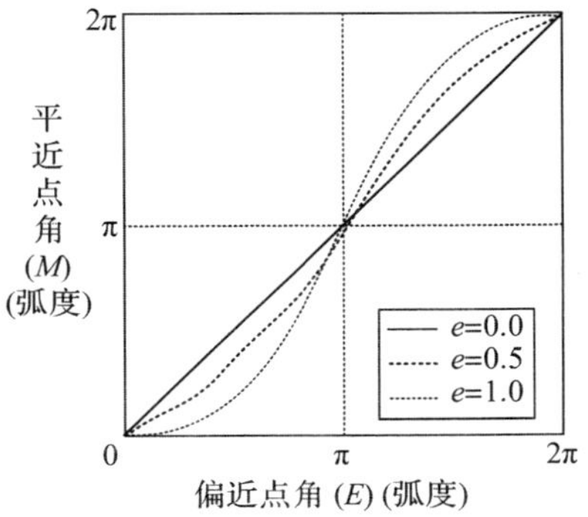

图 4-11　M 随 E 变化的曲线图

式中：$\mathrm{d}M/\mathrm{d}E|_{E=E_n}$ 为 M 随 E 变化的曲线在试探值 E_n 处

的斜率。

通过对开普勒方程求导可得到斜率表达式：

$$\frac{\mathrm{d}M}{\mathrm{d}E}=1-e\cos E \tag{4-122}$$

因此，式（4－120）可写为

$$E_{n+1}=E_n+\frac{M-M_n}{1-e\cos E_n} \tag{4-123}$$

当 $M-M_n$ 小到可以接受时停止迭代。当 e 接近1时，M 随 E 变化曲线的斜率在 $E=0$ 或 2π 时趋于零。所以可以预见到，近抛物线轨道的收敛具有一定难度。然而，若取初值 $E_1=\pi$，则即使 e 接近于1也能保证收敛。

不管用什么方法求得 E 后，就可以由式（4－19）求得真近点角。对于双曲线轨道，在已知 a，e，θ_0和飞行时间 $t-t_0$后，即可用完全类似的方法求出 θ。

解开普勒问题的算法如下所述，此算法也可用于求解 Δv 或 ΔE：

（1）由 r_0和 v_0确定 a，e，p 和 θ_0。

（2）给定 $t-t_0$，用逐次逼近法，例如牛顿迭代法，解开普勒飞行时间方程，求得 E 或 F，若需要的话求出 θ。

（3）由圆锥曲线的极坐标方程，或式（4－21），或双曲线轨道的类似表达式求得 r。

（4）用 r，r_0，p 和 $\Delta\theta$（ΔE 或 ΔF）计算上面的 f 和 g 的表达式。

（5）由式（4－76）和式（4－77）确定 r 和 v。

应用 $\Delta E(\Delta F)$的算法比用 Δv 的算法更简短，因为前者既不需要计算 p，也不需要计算 θ。

4.3.2 普适变量

角动量和能量与几何参数 p 和 a 的关系由下列熟知的公式给出

$$h=r^2\dot{v}=\sqrt{\mu p} \tag{4-124}$$

$$E=\frac{1}{2}v^2-\frac{\mu}{r}=\frac{-\mu}{2a} \tag{4-125}$$

如图4－12所示，若将 v 分解成径向分量 $\dot{r}$ 和横向分量 $r\dot{\theta}$，则能量方程可写为

$$\frac{1}{2}\dot{r}+\frac{1}{2}(r\dot{\theta})^2-\frac{\mu}{r}=\frac{-\mu}{2a} \tag{4-126}$$

从上式解出 $\dot{r}^2$，并将$(r\dot{v})^2=\frac{\mu p}{r^2}$代入，得出

$$\dot{r}^2=-\frac{\mu p}{r^2}+\frac{2\mu}{r}-\frac{\mu}{a} \tag{4-127}$$

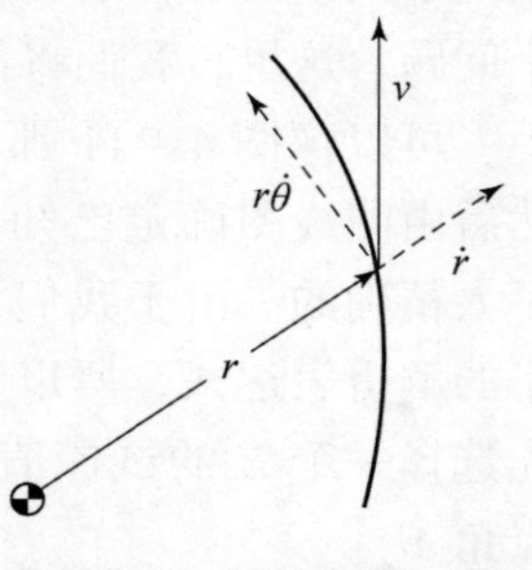

图4－12 速度矢量 v 的径向分量和横向分量

为得到该方程的解，我们引入一个新的独立变量χ，其导数定义为

$$\dot{\chi}=\frac{\sqrt{\mu}}{r} \tag{4-128}$$

首先，我们要求出以 χ 表示的 r 的一般表达式，若用式（4－127）的平方除以式

(4－128)，则得

$$\left(\frac{\mathrm{d}r}{\mathrm{d}\chi}\right)^2 = -p + 2r - \frac{r^2}{a} \tag{4-129}$$

分离变量，得出

$$\mathrm{d}\chi = \frac{\mathrm{d}r}{\sqrt{-p + 2r - r^2/a}} \tag{4-130}$$

若 $e \neq 1$，上式的不定积分为

$$\chi + c_0 = \sqrt{a}\arcsin\frac{(r/a - 1)}{e = \sqrt{1 - p/a}} \tag{4-131}$$

这里 c_0 为积分常数。但由于 $p = a(1 - e^2)$，所以 $e = \sqrt{1 - p/a}$，由此得出

$$\chi + c_0 = \sqrt{a}\arcsin\frac{(r/a - 1)}{e} \tag{4-132}$$

最后，由此方程求出 r，得到

$$r = a\left(1 + e\sin\frac{\chi + c_0}{\sqrt{a}}\right) \tag{4-133}$$

将式（4－133）代入普适变量的定义，即式（4－128），得到

$$\sqrt{\mu}\mathrm{d}t = a\left(1 + e\sin\frac{\chi + c_0}{\sqrt{a}}\right)\mathrm{d}\chi$$

$$\sqrt{\mu}t = a\chi - ae\sqrt{a}\left(\cos\frac{\chi + c_0}{\sqrt{a}} - \cos\frac{c_0}{\sqrt{a}}\right) \tag{4-134}$$

这里假设当 $t = 0$ 时，$\chi = 0$。

至此我们已经得到以 χ 表示的 r 和 t 的表达式，但积分常数 c_0 尚未确定，现在要将这些公式应用于特定类型的问题。

4.3.3　普适开普勒方程

预测问题可表述为（图 4－13）

已知：r_0，v_0，$t_0 = 0$

求：时刻 t 的 r 和 v

假设 $t = 0$ 时，$\chi = 0$。由式（4－133）可得

$$e\sin\frac{c_0}{\sqrt{a}} = \frac{r_0}{a} - 1 \tag{4-135}$$

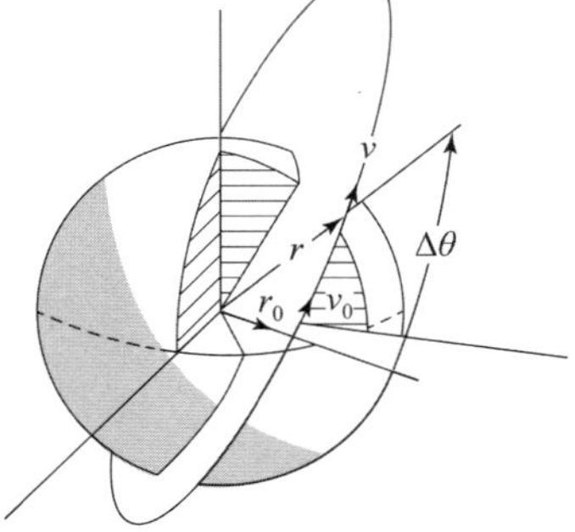

图 4－13　开普勒问题

把式（4－133）对时间微分，有

$$\dot{r} = \frac{ae}{\sqrt{a}}\cos\left[\frac{\chi + c_0}{\sqrt{a}}\right]\frac{\sqrt{\mu}}{r} \tag{4-136}$$

将初始条件代入式（4－136），并使用恒等式 $\boldsymbol{r} \cdot \dot{\boldsymbol{r}} = r\dot{r}$，得到

$$e\cos\frac{c_0}{\sqrt{a}} = \frac{\boldsymbol{r}_0 \cdot \boldsymbol{v}_0}{\sqrt{\mu a}} \tag{4-137}$$

利用表示两角之和余弦的三角恒等式，可将式（4－134）写为

$$\sqrt{\mu}t = a\chi - ae\sqrt{a}\left(\cos\frac{\chi}{\sqrt{a}}\cos\frac{c_0}{\sqrt{a}} - \sin\frac{\chi}{\sqrt{a}}\sin\frac{c_0}{\sqrt{a}} - \cos\frac{c_0}{\sqrt{a}}\right) \tag{4-138}$$

然后代入式（4-135）和式（4-137），经整理后得到

$$\sqrt{\mu}t = a\left(\chi - \sqrt{a}\sin\frac{\chi}{\sqrt{a}}\right) + \frac{\boldsymbol{r}_0 \cdot \boldsymbol{v}_0}{\sqrt{\mu}}a\left(1 - \cos\frac{\chi}{\sqrt{a}}\right) + r_0\sqrt{a}\sin\frac{\chi}{\sqrt{a}} \tag{4-139}$$

类似地，利用表示两角之和正弦的三角恒等式，可将式（4-133）改写为

$$r = a + ae\left(\sin\frac{\chi}{\sqrt{a}}\cos\frac{c_0}{\sqrt{a}} + \cos\frac{\chi}{\sqrt{a}}\sin\frac{c_0}{\sqrt{a}}\right) \tag{4-140}$$

代入式（4-135）和式（4-137），得到

$$r = a + a\left[\frac{\boldsymbol{r}_0 \cdot \boldsymbol{v}_0}{\sqrt{\mu a}}\sin\frac{\chi}{\sqrt{a}} + \left(\frac{r_0}{a} - 1\right)\cos\frac{\chi}{\sqrt{a}}\right] \tag{4-141}$$

这里引入另一个新变量

$$z = \frac{\chi^2}{a} \tag{4-142}$$

则有

$$a = \frac{\chi^2}{z} \tag{4-143}$$

则式（4-139）变为

$$\sqrt{\mu}t = \frac{\chi^2}{z}\left(\chi - \frac{\chi}{\sqrt{z}}\sin\sqrt{z}\right) + \frac{\boldsymbol{r}_0 \cdot \boldsymbol{v}_0}{\sqrt{\mu}}\frac{\chi^2}{z}(1 - \cos\sqrt{z}) + r_0\frac{\chi}{\sqrt{z}}\sin\sqrt{z} \tag{4-144}$$

整理后得

$$\sqrt{\mu}t = \left[\frac{\sqrt{z} - \sin\sqrt{z}}{\sqrt{z^3}}\right]x^3 + \frac{\boldsymbol{r}_0 \cdot \boldsymbol{v}_0}{\sqrt{\mu}}\chi^2\frac{1 - \cos\sqrt{z}}{z} + r_0\frac{\chi}{\sqrt{z}}\sin\sqrt{z} \tag{4-145}$$

类似地，式（4-141）变成

$$r = \frac{\chi^2}{z} + \frac{\boldsymbol{r}_0 \cdot \boldsymbol{v}_0}{\sqrt{\mu}}\frac{\chi}{\sqrt{z}}\sin\sqrt{z} + r_0\cos\sqrt{z} - \frac{\chi^2}{z}\cos\sqrt{z} \tag{4-146}$$

$z=0$ 时，式（4-144）~式（4-146）为不定方程。为了解决这个问题，引入两个用级数表示的非常有用的函数，它们是

$$\begin{aligned} C(z) &= \frac{1 - \cos\sqrt{z}}{z} = \frac{1 - \cosh\sqrt{-z}}{z} = \frac{1}{2!} - \frac{z}{4!} + \frac{z^2}{6!} - \frac{z^3}{8!} + \cdots \\ &= \sum_{k=0}^{\infty}\frac{(-z)^k}{(2k+2)!} \end{aligned} \tag{4-147}$$

$$\begin{aligned} S(z) &= \frac{\sqrt{z} - \sin\sqrt{z}}{\sqrt{z^3}} = \frac{\sinh\sqrt{-z} - \sqrt{-z}}{\sqrt{(-z)^3}} = \frac{1}{3!} - \frac{z}{5!} + \frac{z^2}{7!} - \frac{z^3}{9!} + \cdots \\ &= \sum_{k=0}^{\infty}\frac{(-z)^k}{(2k+3)!} \end{aligned} \tag{4-148}$$

这些函数的性质将在下一节讨论。利用这些函数，式（4-145）和式（4-146）可变为

$$\sqrt{\mu}t = \chi^3 S + \frac{r_0 \cdot v_0}{\sqrt{\mu}}\chi^2 C + r_0\chi(1 - zS) \tag{4-149}$$

$$r = \sqrt{\mu}\frac{\mathrm{d}t}{\mathrm{d}\chi} = \chi^3 C + \frac{r_0 \cdot v_0}{\sqrt{\mu}}\chi(1 - zS) + r_0(1 - zC) \tag{4-150}$$

式（4－149）为普适变量表示的飞行时间普适公式，即普适开普勒方程，式（4－150）为普适变量表示的轨道方程。

习　题

1. 某地球轨道飞行物的运动方程为

$$r = \frac{1.5}{1 + 0.5\cos v}\text{DU}$$

试计算从短轴的一个端点到远地点的飞行时间。

（答案：飞行时间 = 5.85TU）

2. 在熄火点，一空间探测器的位置和速度如下：

$$r_{b0} = 1.1\boldsymbol{J}\text{DU}$$

$$v_{b0} = \sqrt{2}\boldsymbol{I}\text{DU/TU}$$

探测器穿过 x 轴所需的时间？

（答案：飞行时间 = 2.22TU）

3. 在极地轨道运行的一颗卫星，其近地点在北极上空。$r_p = 1.5$DU，$r_a = 2.5$DU。求从北纬 30°上空的一点到南纬 30°上空的一点所需的时间。

（答案：2.73TU）

4. 给定 $r_0 = \boldsymbol{I} + \boldsymbol{J}$DU 和 $v_0 = 2\boldsymbol{K}$DU/TU，求 $\Delta v = 60°$ 时的 v。

（答案：$v = -0.348\boldsymbol{I} - 0.348\boldsymbol{J} + 1.5\boldsymbol{K}$DU/TU2.73TU）

5. 某雷达船在西经 150°的赤道上探测到一在头顶上方的目标。由回波信号测得目标的位置和速度为

$$r_0 = 1.2\boldsymbol{I}\ \text{DU}_{\oplus}$$

$$v_0 = 0.1\boldsymbol{I} + \boldsymbol{J}\ \text{DU}_{\oplus}/\text{TU}_{\oplus}$$

4 小时后，另一艘在西经 120°的赤道上的雷达船探测到同一目标正在头顶上方。试求可用于计算第二次探测到时目标位置 $\dot{f}$ 的值。

（部分答案：$\dot{f} = -0.625$）

参考文献

[1] Howard D Curtis. Orbital Mechanics for Engineering Students (Fourth Edition) [M]. UK: Butterworth Heinemann, 2020.

[2] Roger R Bate, Donald D Mueller, Jerry E White, et al. Fundamentals of Astrodynamics (Second Edition) [M]. New York: Dover Publications, 2020.

[3] 张洪波. 航天器轨道力学理论与方法 [M]. 北京：国防工业出版社，2015.

[4] Battin, Richard H. Astronautical Guidance [M]. New York: McGraw－Hill Book Company, 1964.

[5] Curtis H D. Orbit Mechanics for Engineering Students [M]. Elsevier: Butteoorth－Heinemann, 2005.

[6] 张玉祥. 人造卫星测轨方法 [M]. 北京：国防工业出版社，2007.

[7] 吴连大. 人造卫星与空间碎片的轨道与探测 [M]. 北京：中国科学技术出版社，2011.

[8] 掌静，马静远，陆本魁，等. 单站单圈测距资料初轨计算的单位矢量法 [J]. 天文学报，2005，46 (4)：426 - 432.

[9] Tapley B D，Schutz B E，Born G H. Statistical Orbit Determination Theory [M]. New York Elsevier Academic Press，2004.

[10] 解永春. 航天器动力学与控制 [M]. 北京：北京理工大学出版社，2015.

第 5 章　初始轨道确定

本章将介绍根据地面观测来确定卫星初始轨道的几种经典定轨方法，所述方法均以二体轨道运动方程为基础，均为初始轨道的确定方法。实际的轨道随着时间推移会受到摄动力（将在第 6 章阐述）的影响，需要根据一系列初始观测值来精确外推轨道，此外，还要考虑包括仪器自身误差在内的各种干扰，这些则属于精密轨道确定的范畴。

5.1　轨道确定的内涵

轨道确定的理论源自天体力学。第一种根据三个观测数据确定天体轨道的方法，由牛顿提出并阐述于《自然哲学之数学原理》中。牛顿用观测数据确定抛物线轨道的方法依赖于作图法，连续渐进地得出轨道要素。应用牛顿确定轨道的方法取得最广为人知的成就的人是埃德蒙·哈雷，“哈雷”彗星即由此得名。1780 年，拉普拉斯发表了一种全新的基于光学测角资料的轨道确定方法，这一方法的基本思想今天仍在使用。后来通过高斯的努力，轨道确定的理论最终成熟，高斯的成果帮助人们在谷神星长期失踪后于 1801 年重新发现它。高斯还发明了最小二乘法，用来处理根据大量观测数据拟合最佳轨道的问题。

5.1.1　轨道确定的概念

轨道确定是指利用观测数据确定航天器（自然天体）轨道的过程，一般包括观测数据获取和预处理、初始轨道确定（简称初轨确定）和精密轨道确定。数据获取和预处理是指利用测控设备对航天器进行跟踪观测，获取用于航天器轨道计算的各种数据，这些数据必须加以预先处理，剔除野值、修正偏差、整理和压缩。初始轨道确定是指在轨道确定的初期，基于二体轨道理论，利用少量的观测数据粗略确定轨道要素的过程。初轨确定的主要目的是粗略确定航天器的轨道，预报航天器下次过境的时间，以获取后续的观测数据，同时为轨道改进和精密星历计算提供初值，一般不考虑轨道摄动的影响。精密轨道确定是在初轨计算的基础上，充分利用大量的观测数据，考虑轨道摄动影响，运用统计与数据处理理论，获得航天器精密轨道的过程。

5.1.2　测站坐标

获取观测数据依赖于测站的观测设备，根据观测数据确定轨道参数，首先需要知道测站自身所在的位置坐标。“测站坐标”指的就是地面跟踪站或发射场的位置。若地球完全为球形，则经纬度可视为球坐标，这个球面的半径刚好是地球半径加上海拔高度。然而，地球并不完全是几何球体，所以，为了提高计算的精确度，必须使用几何形状地球模型。因此我们采用扁球体作为近似模型。研究表明地球呈微梨形，但它与扁球体的差异很小，所以扁球体仍是极佳的近似模型。

在扁球体模型中，纬度不能再作为球坐标值，地球半径是纬度的函数，利用两个直角坐标和经度表示某点的站坐标最为方便。(经度在扁形地球和球形地球模型中是一致的)

现在采用的地球模型中，地球沿子午线的横截面是一个椭圆，其半长轴 a_e 正好是赤道半径，半短轴 b_e 正好是地球的极半径。当然，平行于赤道面的截面为圆形。椭圆横截面的半径和相应的偏心率分别为：赤道半径（a_e）=6,378.136km、极半径（b_e）=6,356.752km、偏心率（e）=0.08182。

参考椭球是通常所说的“平均海平面”的良好近似模型。实际的平均海平面称作“大地水准面”，由于地球内部的物质分布不均，它与参考椭球略有偏差。大地水准面是真正的等势面，在大地水准面的任一点悬挂铅锤，其垂线都将垂直于大地水准面。

赤道隆起是由于行星旋转的向心力，造成的赤道直径和极直径间的差异。旋转的天体更易形成扁球体而非球体。扁球体的定义是具有扁平的两极的球体。按照惯例，将半径定义为行星的实际半径（包括赤道隆起)，其扁率即球体的扁平度。虽然扁地球并没有给地面经度的定义和测量带来特殊问题，但它确实使得纬度的概念复杂化。图 5-1 所示为最常用的两种纬度定义。

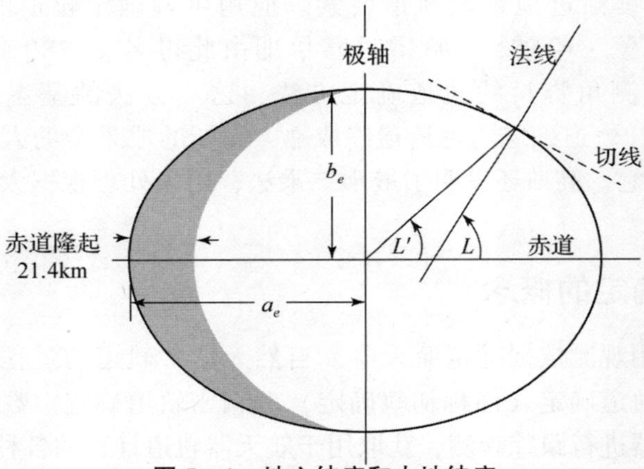

图 5-1　地心纬度和大地纬度

角 L' 称为“地心纬度”，其定义为赤道面和地心引出的半径之间的夹角。

角 L 称为“大地纬度”，其定义为赤道面与椭球面的法线之间的夹角。“纬度”一词通常指的是大地纬度，它是我们所用的大多数地图和航图的基础。如果地球重力场无局部异常，则曲面法线就是悬挂铅锤所指的方向。

存在重力异常时，赤道面和实际“铅垂线”间的夹角称作天文纬度 L_a。由于真正的大地基准面和参考椭球间的差异极小，所以 L 和 L_a 间的差异通常可忽略不计。

除非另有说明，否则一般说的纬度是指大地纬度 L。

现在要研究的是，已知参考椭球上某点的大地纬度、经度以及平均海拔高度（我们将取其为参考椭球高度），如何计算该点的站坐标。

以一个椭圆和一个直角坐标系展开探讨，如图 5-2 所示，该椭圆为我们所采用的地球模型的一部分。

假设已知某点的大地纬度 L，首先求出椭圆上该点的 x 坐标和 z 坐标。之后，对于在椭球表面的法线方向上的一个已知高度的点，调整其坐标就比较容易了。

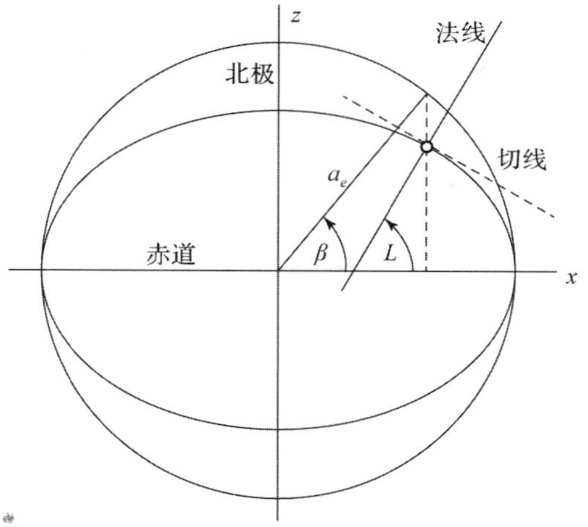

图 5-2 测站坐标

引入“归化纬度”角 β 会更为方便，如图 5-2 所示。若注意到椭圆上某点的纵坐标 z 与椭圆外切圆上某点的纵坐标 z 之比正好是 b_e/a_e，则 x 坐标和 z 坐标立即可以用 β 表示出来。由此可得

$$x = a_e\cos\beta, z = \frac{b_e}{a_e}a_e\sin\beta \tag{5-1}$$

但对于任一椭圆，$a^2 = b^2 + c^2$ 和 $e = c/a$ 均成立，所以

$$b_e = a_e\sqrt{1-e^2} \tag{5-2}$$

且

$$z = a_e\sqrt{1-e^2}\sin\beta \tag{5-3}$$

用大地纬度 L 和常数 a_e 和 b_e 来表示 $\sin\beta$。由初等微积分可知，椭圆切线的斜率是 $\mathrm{d}z/\mathrm{d}x$，法线的斜率是 $-\mathrm{d}z/\mathrm{d}x$。

由于法线的斜率正好为 $\tan L$，所以有

$$\tan L = -\frac{\mathrm{d}x}{\mathrm{d}z} \tag{5-4}$$

通过对上面 x 和 z 的表达式进行微分，可得到 $\mathrm{d}x$ 和 $\mathrm{d}z$，于是有

$$\mathrm{d}x = -a_e\sin\beta\mathrm{d}\beta \tag{5-5}$$

$$\mathrm{d}z = a_e\sqrt{1-e^2}\cos\beta\mathrm{d}\beta \tag{5-6}$$

和

$$\tan L = \frac{\tan\beta}{\sqrt{1-e^2}} \tag{5-7}$$

或

$$\tan\beta = \sqrt{1-e^2}\tan L = \frac{\sqrt{1-e^2}\sin L}{\cos L} \tag{5-8}$$

假设把式（5-8）看作是

$$\tan\beta = \frac{A}{B} \tag{5-9}$$

这里 $A=\sqrt{1-e^2}\sin L$，$B=\cos L$，则有

$$\sin\beta=\frac{A}{\sqrt{A^2+B^2}}=\frac{\sqrt{1-e^2}\sin L}{\sqrt{1-e^2\sin^2 L}}$$

$$\cos\beta=\frac{B}{\sqrt{A^2+B^2}}=\frac{\cos L}{\sqrt{1-e^2\sin^2 L}} \tag{5-10}$$

现可写出椭圆上一点的 x 坐标和 z 坐标

$$x=\frac{a_e\cos L}{\sqrt{1-e^2\sin^2 L}},z=\frac{a_e(1-e^2)\sin L}{\sqrt{1-e^2\sin^2 L}} \tag{5-11}$$

若某点距离椭球表面（即平均海平面）的高度为 H，H 在 x 方向和 z 方向的分量为

$$\Delta x=H\cos L,\Delta z=H\sin L \tag{5-12}$$

将 Δx、Δy 引入式（5－11），得出测站站点 $x.z$ 坐标，它们以大地纬度、海拔高度、地球赤道半径和偏心率的函数：

$$x=\left[\frac{a_e}{\sqrt{1-e^2\sin^2 L}}+H\right]\cos L,z=\left[\frac{a_e(1-e^2)}{\sqrt{1-e^2\sin^2 L}}+H\right]\sin L \tag{5-13}$$

测站站点的第三个坐标为该点的经度。若已知格林尼治恒星时 θ_g，则可以结合经度求出地方恒星时 θ。x、z 坐标再加上角 θ 即可定位地心赤道坐标系中观察者或发射场的位置，如图 5－3 所示。

从图 5－3 可以明显看出，从地心至扁地球上发射场的矢量 $\boldsymbol{r}$ 可表示为

$$\boldsymbol{r}=x\cos\theta\boldsymbol{i}+x\sin\theta\boldsymbol{j}+z\boldsymbol{k} \tag{5-14}$$

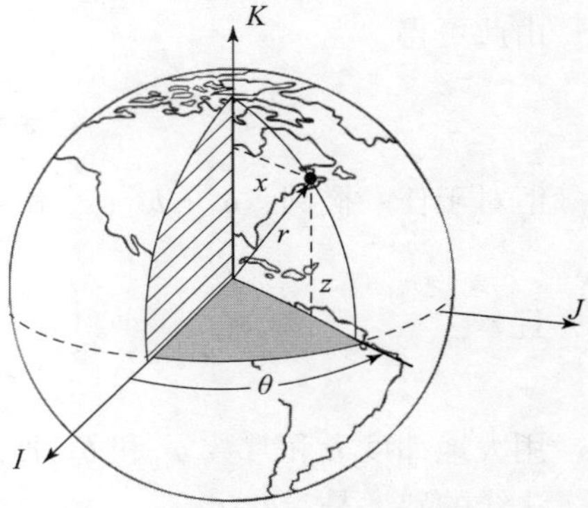

图 5－3　从地心至发射场的矢量

5.1.3　观测数据的来源

地基太空观测设备通常包括雷达和光学望远镜两类，其中雷达根据工作原理又分为单脉冲雷达和多普勒雷达。观测设备的类型不同，获取的观测数据也存在区别。

单脉冲雷达不断向外发射电磁波，并通过检测目标回波计算目标与雷达站间的相对距离 ρ，同时通过安装雷达天线的万向支架可以获得目标的仰角 E 和方位角 A。当雷达天线跟踪飞越上空的航天器时，装在万向支架上的角速度敏感器可以测得仰角和方位角的变化率 $\dot{E}$ 和 $\dot{A}$。多普勒雷达能从回波中探测到频移，根据多普勒效应可以解算出距离的变化率 $\dot{\rho}$。因此，若地面测量站同时配备这两种雷达，通过单时间点测量就可以获得 6 个独立的测量值，从而能够一次确定出航天器的轨道，即单站雷达单点定轨。若雷达站没有配备测量多普勒频移和万向支架转动角速度的设备，一次测量就只能获得一个距离信息 ρ 和两个角度信息 E、A，若测量 3 次，则可通过吉布斯三位置矢量实现轨道确定。

光学观测能够提供高精度的测角信息，是现代航天定轨和天体测量的重要技术手段。描述航天器的运动需要 6 个独立的参数，一次光学观测可以获得仰角 E、方位角 A（或赤经 α、赤纬 δ 两个观测量，因此至少需要 3 次光学观测才能确定轨道。

5.2 单站单点定轨法

地面雷达装置可以测量卫星相对于雷达站点的位置和速度。但由于雷达站点并不处于地心，所以测得的位置矢量不是我们所需要的矢量 $\boldsymbol{r}$。此外，因为地球一直在旋转，所以卫星相对于雷达站点的速度与相对于 **IJK** 坐标系中心的速度 $\boldsymbol{v}$ 不一致，因此我们需要计算进行坐标系的转换。

5.2.1 相对于测站系位置和速度的表示

雷达站点测量卫星的距离和方向。距离就是图 5-4 中矢量 ρ 的大小，卫星的方向由两个角确定，这两个角可以从安装雷达天线的万向轴上拾取。方位角 A_Z 是从北以顺时针方向测量；仰角 EI 是从水平线量至雷达视线。若雷达能够探测到回波中的频率漂移（多普勒效应），则也能测量出距离的变化率 $\dot{\rho}$。当雷达天线在跟踪飞越天空的卫星时，万向轴上的传感器能够测量方位角和仰角的变化率，即 $\dot{A}_Z$ 和 $\dot{E}I$。由此，得出表示卫星相对于雷达的位置和速度的 6 个测量值：$(\rho, A_Z, EI, \dot{\rho}, \dot{A}_Z, \dot{E}I)$。

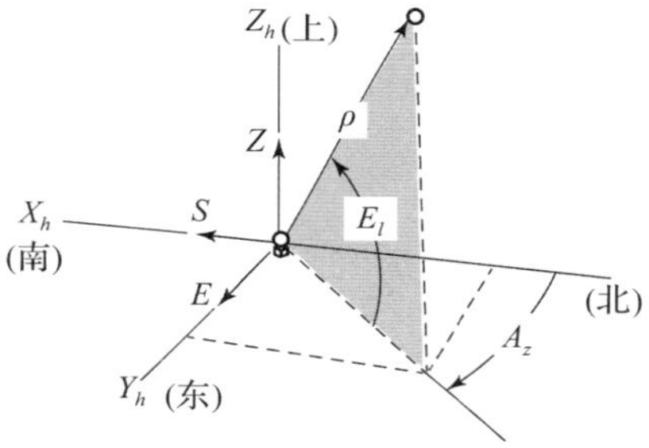

图 5-4 测站坐标系

将位置矢量表示为

$$\rho = \rho_S S + \rho_E E + \rho_Z Z \tag{5-15}$$

这里，由图 5-4 的几何图形可知

$$\begin{cases} \rho_S = -\rho\cos E_l\cos A_z \\ \rho_E = \rho\cos E_l\sin A_z \\ \rho_Z = \rho\sin E_l \end{cases} \tag{5-16}$$

相对于雷达站点的速度为

$$\dot{\rho} = \dot{\rho}_S S + \dot{\rho}_E E + \dot{\rho}_Z Z \tag{5-17}$$

求式（5-16）的微分，得出 $\dot{\rho}$ 的 3 个分量

$$\begin{aligned} \dot{\rho}_S &= -\dot{\rho}\cos E_l\cos Az + \dot{\rho}\sin E_l(\dot{E}_l)\cos Az + \rho\cos E_l\sin Az(\dot{A}z) \\ \dot{\rho}_E &= \dot{\rho}\cos E_l\sin Az - \rho\sin E_l(\dot{E}_l)\sin Az + \rho\cos E_l\sin Az(\dot{A}z) \\ \dot{\rho}_Z &= \dot{\rho}\sin E_l + \rho\cos E_l(\dot{E}_l) \end{aligned} \tag{5-18}$$

5.2.2 相对于地心坐标系位置和速度的表示

站心位置矢量 $\boldsymbol{\rho}$ 和地心位置矢量 $\boldsymbol{r}$ 之间的关系十分简单。由图 5-5 可见

$$\boldsymbol{r}=\boldsymbol{R}+\boldsymbol{\rho} \tag{5-19}$$

式中：$\boldsymbol{R}$ 为从地心至站心坐标系原点的矢量。若地球完全是球体，那么 Z_h 轴向下延伸会穿过地心，Z_h 轴定义雷达站点的当地垂线，矢量 $\boldsymbol{R}$ 可表示为

$$\boldsymbol{R}=r_{\oplus}\boldsymbol{Z} \tag{5-20}$$

式中：$r_{\oplus}$ 为地球半径。

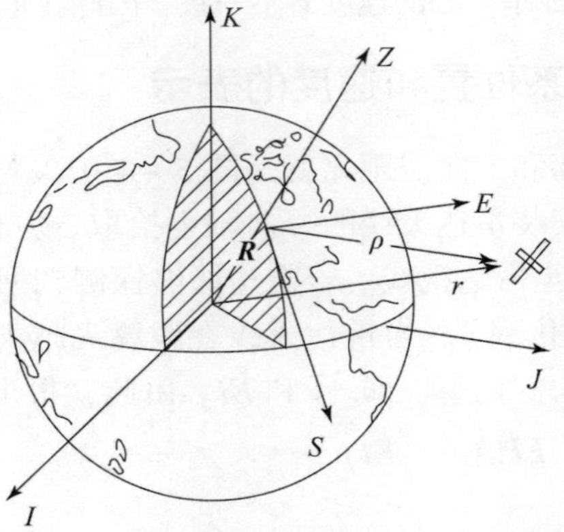

图 5-5　卫星相对地心和站心的位置关系

不过，事情并非如此简单，为了避免雷达站点相对于地心出现的误差，有必要采用更精确的地球形状模型。本章后面会详尽讨论如何确定扁形地球上的 $\boldsymbol{R}$。接下来，假设式（5-20）成立，并进而确定 $\boldsymbol{v}$。

已知相对于某一运动坐标系的速度，求相对于某一“固定”坐标系的速度（以下称为真速度）的一般方法可表述如下：

$$\begin{pmatrix}\text{物体相对}\\\text{于固定坐}\\\text{标系的速度}\end{pmatrix}=\begin{pmatrix}\text{物体相对于}\\\text{运动坐标系}\\\text{的速度}\end{pmatrix}+\begin{pmatrix}\text{运动坐标系}\\\text{中物体的}\\\text{真速度}\end{pmatrix}$$

图 5-6 所示的简图对于平移坐标系和旋转坐标系说明了这个一般方法。

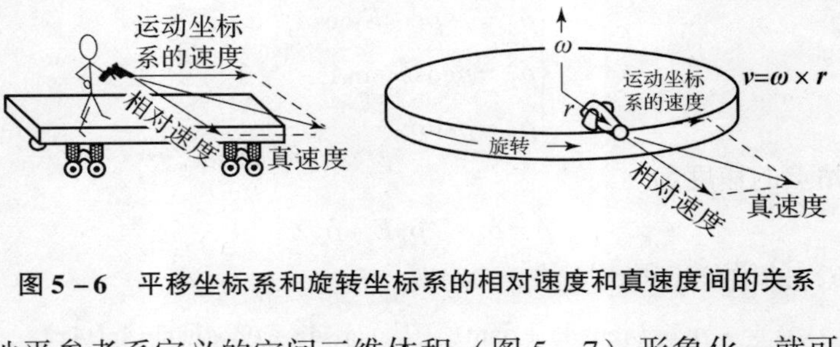

图 5-6　平移坐标系和旋转坐标系的相对速度和真速度间的关系

若将由站心地平参考系定义的空间三维体积（图 5-7）形象化，就可以看到该坐标系中的每个点相对于地心的移动速度都不同。若 $\boldsymbol{r}$ 是从地心至卫星的位置矢量，卫星所处站心坐标系内某点的速度就是 $\boldsymbol{\omega}_{\oplus}\times\boldsymbol{r}$，这里 $\boldsymbol{\omega}_{\oplus}$ 是地球的角速度（因此也是 $\boldsymbol{SEZ}$ 坐标系的角速度）。它与 $\dot{\boldsymbol{\rho}}$ 矢量相加便可得出真速度 $\boldsymbol{v}$。因此有

$$\boldsymbol{v}=\dot{\boldsymbol{\rho}}+\boldsymbol{\omega}_{\oplus}\times\boldsymbol{r} \tag{5-21}$$

该表达式只是简单应用了科里奥利（Coriolis）定理，在 2.4 节已学习过。

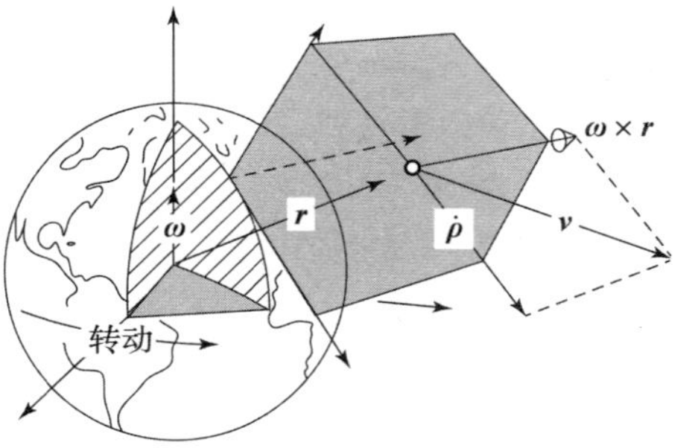

图 5-7　$\boldsymbol{v}=\dot{\boldsymbol{\rho}}+\boldsymbol{\omega}\times\boldsymbol{r}$

例 5.1　某雷达站点位于西经 169°，北纬 30°，某卫星相对于该雷达站点的位置矢量为 $2S-E+0.5Z$（以 DU 为单位）。卫星相对于格林尼治的角度为 304°。试求该卫星相对于固定地心 IJK 坐标系的位置矢量。假设该雷达站点位于球形地球的海平面高度上。可知

$$\boldsymbol{r}=\boldsymbol{R}+\boldsymbol{\rho}=2S-E+1.5Z$$

将 $\boldsymbol{r}$ 转换到 IJK 坐标系：

$$L=30°(\text{已知})$$

$$\theta=\theta_g+\lambda_E=304°+(-169°)=135°$$

$$\tilde{D}^{-1}=\begin{bmatrix}-0.3535 & -0.707 & -0.612\\ 0.3535 & -0.707 & 0.612\\ -0.866 & 0 & 0.5\end{bmatrix}$$

$$\begin{bmatrix}r_I\\ r_J\\ r_K\end{bmatrix}=\tilde{D}^{-1}\begin{bmatrix}r_S\\ r_E\\ r_Z\end{bmatrix}=\tilde{D}^{-1}\begin{bmatrix}2\\ -1\\ 1.5\end{bmatrix}=\begin{bmatrix}-0.918\\ 2.332\\ -0.982\end{bmatrix}$$

$$r=-0.918I+2.332J-0.982K$$

5.3　三位置矢量定轨法

5.2 节已经介绍了如何利用由单个雷达测得的 ρ，$\dot{\rho}$，El，$\dot{E}l$，A_Z，$\dot{A}_Z$ 来求出 $\boldsymbol{r}$ 和 $\boldsymbol{v}$。有些雷达站点可能并未配备多普勒相移测量设备，所以会缺失比率信息。本节将讨论一种由 3 个位置矢量 $\boldsymbol{r}_1$，$\boldsymbol{r}_2$ 和 $\boldsymbol{r}_3$（假设这 3 个矢量共面）确定轨道的方法。利用 5.2 节中介绍的方法或任何其他方法连续测量 3 次得出 ρ，E_l 和 A_Z，由此可得出 $\boldsymbol{r}_1$、$\boldsymbol{r}_2$ 和 $\boldsymbol{r}_3$ 这 3 个矢量。

该方法与吉布斯（J. W. Gibbs）有关，后来称其为吉布斯方法，该方法利用纯矢量分析。吉布斯问题阐述如下：给定 3 个非零共面矢量 $\boldsymbol{r}_1$，$\boldsymbol{r}_2$ 和 $\boldsymbol{r}_3$，它们表示物体在一次轨道运行中的 3 个连续位置，求参数 p、轨道的偏心率 e 以及近焦点坐标系的坐标基矢量 $\boldsymbol{P}$，$\boldsymbol{Q}$ 和 $\boldsymbol{W}$。

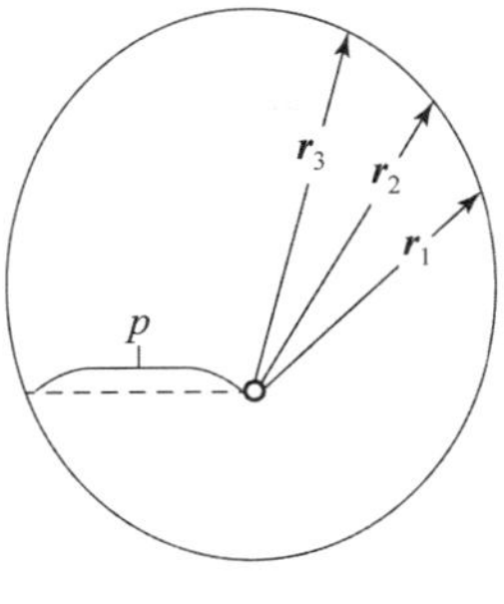

图 5-8　通过 $\boldsymbol{r}_1$，$\boldsymbol{r}_2$ 和 $\boldsymbol{r}_3$ 的轨道

解法：因为矢量 $\boldsymbol{r}_1$，$\boldsymbol{r}_2$ 和 $\boldsymbol{r}_3$ 共面，所以一定存在标量 c_1，c_2 和 c_3，由此得出

$$c_1\boldsymbol{r}_1+c_2\boldsymbol{r}_2+c_3\boldsymbol{r}_3=0 \tag{5-22}$$

利用圆锥曲线的极方程、偏心率公式和点积的定义，可以证明

$$\boldsymbol{e}\cdot\boldsymbol{r}=p-r \tag{5-23}$$

用$\boldsymbol{e}$与式（5-22）作点积，并利用关系式（5-23）得出

$$c_1(p-r_1)+c_2(p-r_2)+c_3(p-r_3)=0 \tag{5-24}$$

用$\boldsymbol{r}_1$，$\boldsymbol{r}_2$和$\boldsymbol{r}_3$分别与式（5-22）作叉积，可得

$$c_2\boldsymbol{r}_1\times\boldsymbol{r}_2=c_3\boldsymbol{r}_3\times\boldsymbol{r}_1, c_1\boldsymbol{r}_1\times\boldsymbol{r}_2=c_3\boldsymbol{r}_2\times\boldsymbol{r}_3, c_1\boldsymbol{r}_3\times\boldsymbol{r}_1=c_2\boldsymbol{r}_2\times\boldsymbol{r}_3 \tag{5-25}$$

用$\boldsymbol{r}_3\times\boldsymbol{r}_1$乘以式（5-24），再利用式（5-25），便可消除c_1和c_3，得出

$$c_2\boldsymbol{r}_2\times\boldsymbol{r}_3(p-r_1)+c_2\boldsymbol{r}_3\times\boldsymbol{r}_1(p-r_2)+c_2\boldsymbol{r}_1\times\boldsymbol{r}_2(p-r_3)=0 \tag{5-26}$$

现在可将c_2约去，乘以因子并结合各项得出

$$p(\boldsymbol{r}_1\times\boldsymbol{r}_2+\boldsymbol{r}_2\times\boldsymbol{r}_3+\boldsymbol{r}_3\times\boldsymbol{r}_1)=r_3\boldsymbol{r}_1\times\boldsymbol{r}_2+r_1\boldsymbol{r}_2\times\boldsymbol{r}_3+r_2\boldsymbol{r}_3\times\boldsymbol{r}_1 \tag{5-27}$$

将式（5-27）的右半部分定义为矢量$\boldsymbol{N}$，p的系数定义为矢量$\boldsymbol{D}$，则

$$p\boldsymbol{D}=\boldsymbol{N} \tag{5-28}$$

因此，$\boldsymbol{N}$和$\boldsymbol{D}$方向相同，故有$\boldsymbol{N}\cdot\boldsymbol{D}=ND$，所以

$$p=\frac{N}{D} \tag{5-29}$$

可以证明，对于任何适用于如上所述吉布斯方法的矢量集，$\boldsymbol{N}$和$\boldsymbol{D}$的方向均相同，该方向即为角动量矢量$\boldsymbol{h}$的方向。这也是近焦点坐标系中$\boldsymbol{W}$的方向。

因为$\boldsymbol{P}$，$\boldsymbol{Q}$和$\boldsymbol{W}$是正交单位矢量，有

$$\boldsymbol{Q}=\boldsymbol{W}\times\boldsymbol{P} \tag{5-30}$$

由于$\boldsymbol{W}$是$\boldsymbol{N}$方向的单位矢量，$\boldsymbol{P}$是$\boldsymbol{e}$方向的单位矢量，式（5-30）可写为

$$\boldsymbol{Q}=\frac{1}{Ne}(\boldsymbol{N}\times\boldsymbol{e}) \tag{5-31}$$

现将式（5-27）定义的$\boldsymbol{N}$代入，可得

$$Ne\boldsymbol{Q}=r_3(\boldsymbol{r}_1\times\boldsymbol{r}_2)\times\boldsymbol{e}+r_1(\boldsymbol{r}_2\times\boldsymbol{r}_3)\times\boldsymbol{e}+r_2(\boldsymbol{r}_3\times\boldsymbol{r}_1)\times\boldsymbol{e} \tag{5-32}$$

再应用矢量三重积的一般关系，得出

$$(\boldsymbol{a}\times\boldsymbol{b})\times\boldsymbol{c}=(\boldsymbol{a}\times\boldsymbol{c})\boldsymbol{b}-(\boldsymbol{b}\times\boldsymbol{c})\boldsymbol{a} \tag{5-33}$$

将式（5-32）改写为

$$\begin{aligned}Ne\boldsymbol{Q}=&r_3(\boldsymbol{r}_1\cdot\boldsymbol{e})\boldsymbol{r}_2-r_3(\boldsymbol{r}_2\cdot\boldsymbol{e})\boldsymbol{r}_1+r_1(\boldsymbol{r}_2\cdot\boldsymbol{e})\boldsymbol{r}_3-r_1(\boldsymbol{r}_3\cdot\boldsymbol{e})\boldsymbol{r}_2\\&+r_2(\boldsymbol{r}_3\cdot\boldsymbol{e})\boldsymbol{r}_1-r_2(\boldsymbol{r}_1\cdot\boldsymbol{e})\boldsymbol{r}_3\end{aligned} \tag{5-34}$$

再次应用式（5-23），并将右边的公因子p提出，可得

$$Ne\boldsymbol{Q}=p[(r_2-r_3)\boldsymbol{r}_1+(r_3-r_1)\boldsymbol{r}_2+(r_1-r_2)\boldsymbol{r}_3]\equiv p\boldsymbol{S} \tag{5-35}$$

这里$\boldsymbol{S}$由式（5-35）中方括号里的量所定义。

因此，由于$Ne\boldsymbol{Q}=p\boldsymbol{S}$，$\boldsymbol{N}=p\boldsymbol{D}$，且$\boldsymbol{Q}$和$\boldsymbol{S}$方向相同，所以

$$e=\frac{S}{D} \tag{5-36}$$

且

$$\boldsymbol{Q}=\frac{\boldsymbol{S}}{S} \tag{5-37}$$

$$\boldsymbol{W}=\frac{\boldsymbol{N}}{N} \tag{5-38}$$

因为 $\boldsymbol{P}$，$\boldsymbol{Q}$ 和 $\boldsymbol{W}$ 是正交矢量，所以

$$\boldsymbol{P}=\boldsymbol{Q}\times\boldsymbol{W} \tag{5-39}$$

因此，为了求解吉布斯问题，必须用已知矢量 $\boldsymbol{r}$ 来求出 $\boldsymbol{N}$，$\boldsymbol{D}$ 和 $\boldsymbol{S}$ 矢量。在求解该问题之前，先确定 $\boldsymbol{N}\neq0$ 且 $\boldsymbol{D}\cdot\boldsymbol{N}>0$。然后利用式（5-29）求出 p；利用式（5-36）求出 $\boldsymbol{e}$；利用式（5-37）求出 $\boldsymbol{Q}$；利用式（5-30）求出 $\boldsymbol{W}$；利用式（5-39）求出 $\boldsymbol{P}$。得出这些结果之后，再用近焦点坐标系中的轨道方程求出与任何已知位置矢量相对应的速度矢量。也可得出直接由 $\boldsymbol{D}$，$\boldsymbol{N}$ 和 $\boldsymbol{S}$ 矢量表示的速度矢量 $\boldsymbol{v}$ 的表达式。

已知有

$$\dot{\boldsymbol{r}}\times\boldsymbol{h}=\mu\left(\frac{\boldsymbol{r}}{r}+\boldsymbol{e}\right) \tag{5-40}$$

将式（5-40）与 $\boldsymbol{h}$ 作叉积，得出

$$\boldsymbol{h}\times(\dot{\boldsymbol{r}}\times\boldsymbol{h})=\mu\left(\frac{\boldsymbol{h}\times\boldsymbol{r}}{r}+\boldsymbol{h}\times\boldsymbol{e}\right) \tag{5-41}$$

利用恒等式 $\boldsymbol{a}\times(\boldsymbol{b}\times\boldsymbol{c})=(\boldsymbol{a}\cdot\boldsymbol{c})\boldsymbol{b}-(\boldsymbol{a}\cdot\boldsymbol{b})\boldsymbol{c}$，则上式的左边变成$(\boldsymbol{h}\cdot\boldsymbol{h})\boldsymbol{v}-(\boldsymbol{h}\cdot\boldsymbol{v})\boldsymbol{h}$，且 $\boldsymbol{h}\cdot\boldsymbol{v}=0$，所以得出

$$\boldsymbol{h}^2\boldsymbol{v}=\mu\left(\frac{\boldsymbol{h}\times\boldsymbol{r}}{r}+\boldsymbol{h}\times\boldsymbol{e}\right) \tag{5-42}$$

由于 $\boldsymbol{h}=h\boldsymbol{W}$，$\boldsymbol{e}=e\boldsymbol{P}$，所以有

$$\boldsymbol{v}=\frac{\mu}{h}\left(\frac{\boldsymbol{W}\times\boldsymbol{r}}{r}+e\boldsymbol{W}\times\boldsymbol{P}\right),\boldsymbol{v}=\frac{\mu}{h}\left(\frac{\boldsymbol{W}\times\boldsymbol{r}}{r}+e\boldsymbol{Q}\right) \tag{5-43}$$

由于 $h=\sqrt{N_{\mu}/D}$，有

$$\boldsymbol{e}=\frac{S}{D},\boldsymbol{Q}=\frac{\boldsymbol{S}}{S},W=\frac{\boldsymbol{D}}{D} \tag{5-44}$$

故得出

$$\boldsymbol{v}=\frac{1}{r}\sqrt{\frac{\mu}{ND}}\boldsymbol{D}\times\boldsymbol{r}+\sqrt{\frac{\mu}{ND}}\boldsymbol{S}$$

为简化计算，定义一个矢量和一个标量：

$$\boldsymbol{B}\triangleq\boldsymbol{D}\times\boldsymbol{r} \tag{5-45}$$

$$L\triangleq\sqrt{\frac{\mu}{DN}} \tag{5-46}$$

于是有

$$\boldsymbol{v}=\frac{L}{r}\boldsymbol{B}+L\boldsymbol{S} \tag{5-47}$$

至此，继续按照下列步骤便可直接求出 3 个速度矢量中的任意一个：以 $\boldsymbol{v}_2$ 的求解为例：

（1）检验：若 $\boldsymbol{r}_1\cdot\boldsymbol{r}_2\times\boldsymbol{r}_3=0$，则 3 个矢量共面。

（2）求出 $\boldsymbol{D}$，$\boldsymbol{N}$ 和 $\boldsymbol{S}$ 矢量。

（3）检验 $\boldsymbol{D}\neq0$，$\boldsymbol{N}\neq0$，$\boldsymbol{D}\cdot\boldsymbol{N}>0$，确保矢量描述的二体轨道具有可能性。

（4）求出 $\boldsymbol{B}=\boldsymbol{D}\times\boldsymbol{r}_2$。

（5）求出 $L=\sqrt{\dfrac{\mu}{DN}}$。

(6) 最后得出 $\boldsymbol{v}_2 = \frac{L}{r_2}\boldsymbol{B} + L\boldsymbol{S}$。

吉布斯确定轨道的方法还有很多其他的推导方法，但它们都存在一些问题，比如判别象限，这对计算机求解造成一定困难。本节介绍的方法，即利用上述检验，由于不存在已知的特殊情况，所以是一种可靠的方法。

吉布斯方法有几个不同于其他轨道确定方法的特点，很值得一提。本章前面部分已谈到需要 6 个轨道要素才能完全确定轨道的大小、形状和方向，以及卫星在轨道上的位置。但给出 3 个位置矢量，我们似乎就有 9 个独立变量（3 个位置矢量中每个矢量具有 3 个分量），由这几个独立变量可以确定 6 个轨道要素。但这并不完全准确。实际上，3 个位置矢量处于同一平面，所以它们并不是独立的变量。

吉布斯方法的另一特点在于它是纯几何和纯矢量分析方法，它使用的定理为“通过 3 个共面的位置矢量，可以作出一条且仅一条圆锥曲线，而其焦点位于 3 个位置矢量的原点”。因此，吉布斯方法利用的唯一的轨道运动特征是：轨道是焦点位于地心的圆锥曲线。3 个位置间的飞行时间并未用于计算中。若利用卫星运动的动力学方程，则仅需要根据两个位置矢量 $\boldsymbol{r}_1$ 和 $\boldsymbol{r}_2$，以及这两个矢量之间的飞行时间，就能确定轨道。

例 5.2 雷达观测到一颗地球卫星在同一圈中按时间顺序排列的 3 个位置（正则单位）如下：

$$\boldsymbol{r}_1 = 1.000\boldsymbol{K}$$
$$\boldsymbol{r}_2 = 0.700\boldsymbol{J} - 0.8000\boldsymbol{K}$$
$$\boldsymbol{r}_3 = 0.9000\boldsymbol{J} + 0.5000\boldsymbol{K}$$

求出 $\boldsymbol{P}$、$\boldsymbol{Q}$ 和 $\boldsymbol{W}$（用 $\boldsymbol{IJK}$ 坐标系表示的近焦点坐标系的坐标基矢量），半通径，偏心率，周期和第二个位置的速度矢量。

求出 $\boldsymbol{D}$，$\boldsymbol{N}$ 和 $\boldsymbol{S}$ 矢量：

$$\boldsymbol{D} = 1.970\boldsymbol{I}$$
$$\boldsymbol{N} = 2.047\boldsymbol{I}\mathrm{DU}$$
$$\boldsymbol{S} = -0.0774\boldsymbol{J} - 0.0217\boldsymbol{K}$$

检验：$\boldsymbol{r}_1 \cdot \boldsymbol{r}_2 \times \boldsymbol{r}_3 = 0$，证明所观测到的矢量共面。

因为 $\boldsymbol{D} \neq 0$，$\boldsymbol{N} \neq 0$，$\boldsymbol{D} \cdot \boldsymbol{N} > 0$，根据已知数据可求出：

$$p = \frac{N}{D} = \frac{2.047}{1.97} = 1.039\mathrm{DU}(6627\mathrm{km})$$

$$e = \frac{S}{D} = \frac{0.0804}{1.97} = 0.04081$$

$$a = 1.041\mathrm{DU}(6639\mathrm{km})$$

$$TP = 2\pi\sqrt{\frac{a^3}{\mu}} = 6.67\mathrm{TU}(89.7\ \text{分})$$

$$\boldsymbol{Q} = \frac{\boldsymbol{S}}{S} = -0.963\boldsymbol{J} - 0.270\boldsymbol{K}$$

$$\boldsymbol{W} = \frac{\boldsymbol{N}}{N} = 1.000\boldsymbol{I}$$

$$\boldsymbol{P} = \boldsymbol{Q} \times \boldsymbol{W} = 0.270\boldsymbol{J} + 0.963\boldsymbol{K}$$

现求出 $\boldsymbol{B}$ 矢量：

$$\boldsymbol{B}=\boldsymbol{D}\times\boldsymbol{r}_2=1.576\boldsymbol{J}-1.379\boldsymbol{K}$$

和标量

$$L=1/\sqrt{DN}=0.4979$$

则可得

$$\boldsymbol{v}_2=\frac{L}{r_2}\boldsymbol{B}+L\boldsymbol{S}=0.700\boldsymbol{J}-0.657\boldsymbol{K}\text{DU/TU}$$

$$v_2=0.960\text{DU/TU}(7.5932\text{km/s})$$

在计算机上解这类问题，使用上述这些方程同样十分有效。另一种方法是先求出 $\boldsymbol{v}_2$，然后利用 $\boldsymbol{r}_2$、$\boldsymbol{v}_2$ 以及 3.3.2 节中介绍的方法来计算出轨道要素。

5.4　纯角度定轨法

通过雷达能测得距离和距离变化率，这就使得现代的轨道确定问题变得更加简单。然而，雷达传感器的角瞄准精度和分辨率远远低于光学传感器。光学观测能够提供高精度的测角信息，是现代航天定轨和天体测量的重要技术手段。

6 个独立变量足以完全确定卫星的轨道。这些变量可能是 6 个经典轨道要素，也可能是某个历元矢量 $\boldsymbol{r}$ 和 $\boldsymbol{v}$ 的 6 个分量。在这两种情况下，光学观测只能得到两个独立变量，如 El 和 A_z 或赤经和赤纬，因此，至少需要在 3 个不同的时间进行 3 次观测才能确定轨道。

天文学家不得不仅靠角数据来确定彗星和一些小行星的轨道，所以下面介绍的方法由来已久，由拉普拉斯于 1780 年首次提出。

5.4.1　拉普拉斯定轨

1. 视线单位矢量的确定

假设已知某卫星在 3 个不同时刻的站心坐标系赤经和赤纬：α_1，δ_1，α_2，δ_2，α_3，δ_3（图 5-9）。这些数据很容易从以恒星为背景的卫星照片中获得。若定义 $\boldsymbol{L}_1$、$\boldsymbol{L}_2$、和 $\boldsymbol{L}_3$ 为 3 个观测时刻沿卫星视线的单位矢量，则有

$$\boldsymbol{L}_i=\begin{bmatrix}L_I\\L_J\\L_K\end{bmatrix}_i=\begin{bmatrix}\cos\delta_i\cos\alpha_i\\\cos\delta_i\sin\alpha_i\\\sin\delta_i\end{bmatrix},i=1,2,3 \tag{5-48}$$

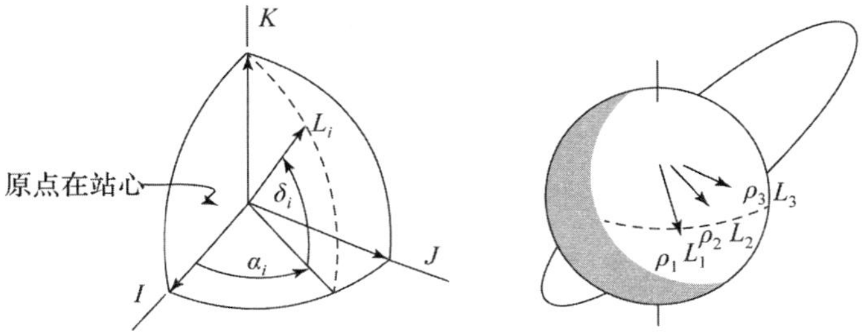

图 5-9　视线矢量

因为 $\boldsymbol{L}_i$ 是从观测站点到卫星的斜距矢量 ρ 上的单位矢量，所以有

$$\boldsymbol{r}=\rho\boldsymbol{L}+\boldsymbol{R} \tag{5-49}$$

为简洁起见，此处省略了下标，这里 ρ 为观测站点到卫星的斜距，$\boldsymbol{r}$ 为地心到卫星的矢量，$\boldsymbol{R}$ 为地心到观测站点的矢量（图 5 – 5）。

对式（5 – 49）进行两次微分可得

$$\dot{\boldsymbol{r}}=\dot{\rho}\boldsymbol{L}+\rho\dot{\boldsymbol{L}}+\dot{\boldsymbol{R}} \tag{5-50}$$

$$\ddot{\boldsymbol{r}}=2\dot{\rho}\dot{\boldsymbol{L}}+\ddot{\rho}\boldsymbol{L}+\rho\ddot{\boldsymbol{L}}+\ddot{\boldsymbol{R}} \tag{5-51}$$

由运动方程得出动力学关系式

$$\ddot{\boldsymbol{r}}=-\mu\frac{\boldsymbol{r}}{r^3}$$

将其代入式（5 – 51）并化简可得

$$\boldsymbol{L}\ddot{\rho}+2\dot{\boldsymbol{L}}\dot{\rho}+\left(\ddot{\boldsymbol{L}}+\frac{\mu}{r^3}\boldsymbol{L}\right)\rho=-\left(\ddot{\boldsymbol{R}}+\mu\frac{\boldsymbol{R}}{r^3}\right) \tag{5-52}$$

在某特定时刻，如第二次观测时，上面的矢量方程代表了 3 个分量方程，共有 10 个未知数。在 t_2 时刻，矢量 $\boldsymbol{L}$，$\boldsymbol{R}$ 和 $\ddot{\boldsymbol{R}}$ 是已知的；而 $\dot{\boldsymbol{L}}$，$\ddot{\boldsymbol{L}}$，ρ，$\dot{\rho}$，$\ddot{\rho}$ 和 $\boldsymbol{r}$ 是未知的。

2. 视线矢量的导数

已知 t_1、t_2 和 t_3 时刻的 $\boldsymbol{L}$ 值，只要这 3 个观测时刻彼此相隔不长，便可在中间时刻 t_2 利用数值微分得出 $\dot{\boldsymbol{L}}$ 和 $\ddot{\boldsymbol{L}}$。应用拉格朗日插值公式写出时间的函数 L 的一般解析表达式为

$$\boldsymbol{L}(t)=\frac{(t-t_2)(t-t_3)}{(t_1-t_2)(t_1-t_3)}\boldsymbol{L}_1+\frac{(t-t_1)(t-t_3)}{(t_2-t_1)(t_2-t_3)}\boldsymbol{L}_2+\frac{(t-t_1)(t-t_2)}{(t_3-t_1)(t_3-t_2)}\boldsymbol{L}_3 \tag{5-53}$$

注意，当 $t=t_1$ 时，t 的二阶多项式简化为 $\boldsymbol{L}_1$，当 $t=t_2$ 时简化为 $\boldsymbol{L}_2$，当 $t=t_3$ 时简化为 $\boldsymbol{L}_3$。将此式微分两次可得出 $\dot{\boldsymbol{L}}$ 和 $\ddot{\boldsymbol{L}}$，因此有

$$\dot{\boldsymbol{L}}(t)=\frac{2t-t_2-t_3}{(t_1-t_2)(t_1-t_3)}\boldsymbol{L}_1+\frac{2t-t_1-t_3}{(t_2-t_1)(t_2-t_3)}\boldsymbol{L}_2+\frac{2t-t_1-t_2}{(t_3-t_1)(t_3-t_2)}\boldsymbol{L}_3 \tag{5-54}$$

$$\ddot{\boldsymbol{L}}(t)=\frac{2}{(t_1-t_2)(t_1-t_3)}\boldsymbol{L}_1+\frac{2}{(t_2-t_1)(t_2-t_3)}\boldsymbol{L}_2+\frac{2}{(t_3-t_1)(t_3-t_2)}\boldsymbol{L}_3 \tag{5-55}$$

在式（5 – 54）和式（5 – 55）中令 $t=t_2$，可得出 $\dot{\boldsymbol{L}}$ 和 $\ddot{\boldsymbol{L}}$ 在中间时刻的数值。不过，应注意的是，如果有 3 次以上的观测值，则可利用拉格朗日插值公式的高阶多项式来拟合这些观测值，或者更好的是，利用最小二乘多项式拟合观测值，从而得出在中间时刻时 $\dot{\boldsymbol{L}}$ 和 $\ddot{\boldsymbol{L}}$ 更精确的值。实际上，若 $\dddot{\boldsymbol{L}}$ 和高阶导数不可忽略，则必须这样做。

对于中间时刻写出的方程（5 – 52）代表了 3 个分量方程，有 4 个未知数，即 ρ，$\dot{\rho}$，$\ddot{\rho}$ 和 $\boldsymbol{r}$。

3. 矢量 $\boldsymbol{r}$ 的求解

暂且假定已知 $\boldsymbol{r}$，利用克莱姆法则解方程（5 – 52），求 ρ。

系数行列式为

$$D=\begin{vmatrix} L_I & 2\dot{L}_I & \ddot{L}_I+\mu L_I/r^3 \\ L_J & 2\dot{L}_J & \ddot{L}_J+\mu L_J/r^3 \\ L_K & 2\dot{L}_K & \ddot{L}_K+\mu L_K/r^3 \end{vmatrix}$$

因为从第三列中减去 μ/r^3 乘以第一列，行列式的值并不会改变，所以 D 可简化为

$$D=2\begin{vmatrix} L_I & \dot{L}_I & \ddot{L}_I \\ L_J & \dot{L}_J & \ddot{L}_J \\ L_K & \dot{L}_K & \ddot{L}_K \end{vmatrix} \tag{5-56}$$

应用克莱姆法则解方程（5－52），显然可得

$$D'\rho=-\begin{vmatrix} L_I & 2\dot{L}_I & \ddot{R}_I+\mu R_I/r^3 \\ L_J & 2\dot{L}_J & \ddot{R}_J+\mu R_J/r^3 \\ L_K & 2\dot{L}_K & \ddot{R}_K+\mu R_K/r^3 \end{vmatrix}$$

该行列式可分解为

$$D'\rho=-2\begin{vmatrix} L_I & \dot{L}_I & \ddot{R}_I \\ L_J & \dot{L}_J & \ddot{R}_J \\ L_K & \dot{L}_K & \ddot{R}_K \end{vmatrix}-2\frac{\mu}{r^3}\begin{vmatrix} L_I & \dot{L}_I & R_I \\ L_J & \dot{L}_J & R_J \\ L_K & \dot{L}_K & R_K \end{vmatrix} \tag{5-57}$$

为方便起见，将式（5－57）中的第一个行列式称为 D_1，第二个行列式称为 D_2。则有

$$\rho=\frac{-2D_1}{D}-\frac{2\mu D_2}{r^3 D}, D\neq 0 \tag{5-58}$$

假设系数行列式 D 不为零，至此我们已成功求出 $\boldsymbol{r}$（仍为未知数）的函数 ρ。使 D 为零的条件将在后面的章节中讨论。

根据几何关系可知，ρ 和 $\boldsymbol{r}$ 的关系式如下

$$\boldsymbol{r}=\rho\boldsymbol{L}+\boldsymbol{R} \tag{5-59}$$

将式（5－59）与其自身进行点积，得

$$\boldsymbol{r}^2=\rho^2+2\rho\boldsymbol{L}\cdot\boldsymbol{R}+\boldsymbol{R}^2 \tag{5-60}$$

式（5－58）和式（5－59）是两个未知数 ρ 和 $\boldsymbol{r}$ 的两个方程。将式（5－58）代入式（5－59），得出一个 $\boldsymbol{r}$ 的八阶方程，可通过迭代法求解。

一旦中间时刻的 $\boldsymbol{r}$ 值为已知，利用式（5－58）便可求出 ρ，用式（5－59）便可求出矢量 $\boldsymbol{r}$。

4. 速度的求解

再次将克莱姆法则应用于式（5－52），用类似于 $\boldsymbol{r}$ 的求解方法可求出 $\dot{\rho}$，则有

$$D''\rho = -\begin{vmatrix} L_I & \ddot{R}_I & \ddot{L}_I \\ L_J & \ddot{R}_J & \ddot{L}_J \\ L_K & \ddot{R}_K & \ddot{L}_K \end{vmatrix} - \frac{\mu}{r^3}\begin{vmatrix} L_I & R_I & \ddot{L}_I \\ L_J & R_J & \ddot{L}_J \\ L_K & R_K & \ddot{L}_K \end{vmatrix} \tag{5-61}$$

为方便起见，将上式中的第一个行列式称为 D_3，第二个行列式称为 D_4。则有

$$\dot{\rho} = -\frac{D_3}{D} - \frac{\mu D_4}{r^3 D}, D \neq 0 \tag{5-62}$$

因为已知 $\boldsymbol{r}$，所以可由式（5-62）求出 $\dot{\rho}$。只需用式（5-52）对 $\boldsymbol{r}$ 进行微分，便可求出中间时刻的速度矢量 $\boldsymbol{v}$，即

$$\boldsymbol{v} = \dot{\boldsymbol{r}} = \dot{\rho}\boldsymbol{L} + \dot{\boldsymbol{L}} + \dot{\boldsymbol{R}} \tag{5-63}$$

5.4.2 高斯定轨

设有某一天体在 t_1、t_2 和 t_3 三个时刻的观测量，如图 5-10 所示。由式（5-19）可知：每次观测的地心位置矢量 $\boldsymbol{r}$ 和观测者的位置矢量 $\boldsymbol{R}$ 与斜距 ρ 以及测站的方向余弦矢量相关。

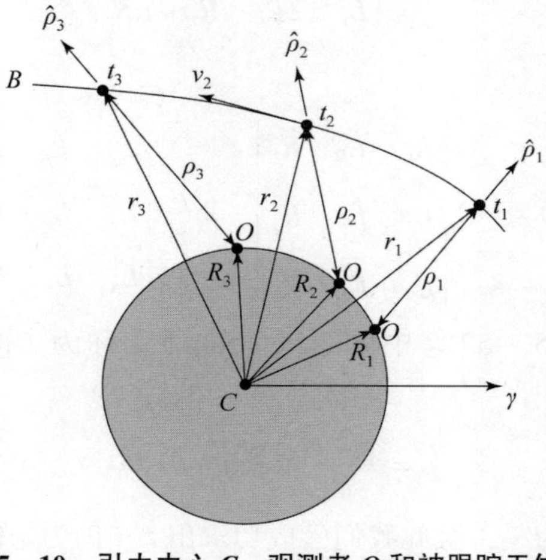

图 5-10　引力中心 C、观测者 O 和被跟踪天体 B

$$\boldsymbol{r}_1 = \boldsymbol{R}_1 + \rho_1\hat{\boldsymbol{\rho}}_1 \tag{5-64a}$$

$$\boldsymbol{r}_2 = \boldsymbol{R}_2 + \rho_2\hat{\boldsymbol{\rho}}_2 \tag{5-64b}$$

$$\boldsymbol{r}_3 = \boldsymbol{R}_3 + \rho_3\hat{\boldsymbol{\rho}}_3 \tag{5-64c}$$

观测者 O 的位置矢量 $\boldsymbol{R}_1$、$\boldsymbol{R}_2$ 和 $\boldsymbol{R}_3$ 可根据跟踪站的位置与观测时间确定。$\hat{\boldsymbol{\rho}}_1$、$\hat{\boldsymbol{\rho}}_2$ 和 $\hat{\boldsymbol{\rho}}_3$ 可通过天体每次观测时的赤经 α 和赤纬 δ 求得。式（5-64）是 3 个矢量方程，即 9 个标量方程，共有 12 个未知数：矢量 $\boldsymbol{r}_1$、$\boldsymbol{r}_2$ 和 $\boldsymbol{r}_3$ 的 3 个分量，再加上 3 个斜距 ρ_1、ρ_2 和 ρ_3。

另外 3 个方程可参考第 3 章得到，即角动量守恒要求 3 个矢量 $\boldsymbol{r}_1$、$\boldsymbol{r}_2$ 和 $\boldsymbol{r}_3$ 位于同一平面内，这样可以再引入 3 个方程。如同 5.3 节中吉布斯法所讨论的一样，$\boldsymbol{r}_2$ 为 $\boldsymbol{r}_1$ 与 $\boldsymbol{r}_3$ 的一个线性组合

$$\boldsymbol{r}_2 = c_1\boldsymbol{r}_1 + c_3\boldsymbol{r}_3 \tag{5-65}$$

增加这个矢量方程又同时引进了两个未知数 c_1 和 c_3，与式（5-64）一起，得到 12 个标量方程，含有 14 个未知数。

此外，根据二体运动方程可知：利用拉格朗日系数，在轨天体的状态向量 $\boldsymbol{r}$ 和 $\boldsymbol{v}$ 可由任意给定时刻的状态向量来表示。也就是说我们可以用 t_2 时刻的位置 $\boldsymbol{r}_2$ 和速度 $\boldsymbol{v}_2$ 来表示出位置矢量 $\boldsymbol{r}_1$ 和 $\boldsymbol{r}_3$

$$\boldsymbol{r}_1 = f_1\boldsymbol{r}_2 + g_1\boldsymbol{v}_2 \tag{5-66a}$$

$$\boldsymbol{r}_3 = f_3\boldsymbol{r}_2 + g_3\boldsymbol{v}_2 \tag{5-66b}$$

式中：f_1 和 g_1 为拉格朗日系数在 t_1 时刻的值，而 f_3 和 g_3 则为在 t_3 时刻的值。若 3 次观测的时间间隔足够小，则 f 和 g 可近似认为仅与初始时刻引力中心的距离有关。也就是说，式（5-66a）中的系数仅与 r_2 有关。因此，式（5-66a）又产生了 6 个标量方程，同时却只增加了 4 个未知数：$\boldsymbol{v}_2$ 三个分量和半径 r_2。此时，我们已经得到了 18 个方程，18 个未知数。因此，问题是确定性的，可以进行求解。其目标就是确定出中间时刻 t_2 时的状态向量 $\boldsymbol{r}_2$ 和 $\boldsymbol{v}_2$。

首先求解式（5-65）中的 c_1 和 c_3，将此式中的每一项与 r_3 叉乘，可得

$$\boldsymbol{r}_2 \times \boldsymbol{r}_3 = c_1(\boldsymbol{r}_1 \times \boldsymbol{r}_3) + c_3(\boldsymbol{r}_3 \times \boldsymbol{r}_3)$$

由于 $\boldsymbol{r}_3 \times \boldsymbol{r}_3 = 0$，所以上式化简为

$$\boldsymbol{r}_2 \times \boldsymbol{r}_3 = c_1(\boldsymbol{r}_1 \times \boldsymbol{r}_3)$$

将此结果与 $\boldsymbol{r}_1 \times \boldsymbol{r}_3$ 点乘并解出 c_1

$$c_1 = \frac{(\boldsymbol{r}_2 \times \boldsymbol{r}_3) \cdot (\boldsymbol{r}_1 \times \boldsymbol{r}_3)}{\|\boldsymbol{r}_1 \times \boldsymbol{r}_3\|^2} \tag{5-67}$$

与此类似，由式（5-65）可得

$$c_3 = \frac{(\boldsymbol{r}_2 \times \boldsymbol{r}_1) \cdot (\boldsymbol{r}_3 \times \boldsymbol{r}_1)}{\|\boldsymbol{r}_1 \times \boldsymbol{r}_3\|^2} \tag{5-68}$$

再利用式（5-66a）从 c_1 和 c_3 的表达式中消去 $\boldsymbol{r}_1$ 和 $\boldsymbol{r}_3$。首先

$$\boldsymbol{r}_1 \times \boldsymbol{r}_3 = (f_1\boldsymbol{r}_2 + g_1\boldsymbol{v}_2) \times (f_3\boldsymbol{r}_2 + g_3\boldsymbol{v}_2) = f_1g_3(\boldsymbol{r}_2 \times \boldsymbol{v}_2) + f_3g_1(\boldsymbol{v}_2 \times \boldsymbol{r}_2)$$

由于 $\boldsymbol{r}_2 \times \boldsymbol{v}_2 = \boldsymbol{h}$，$\boldsymbol{h}$ 为轨道的角动量常量，所以

$$\boldsymbol{r}_1 \times \boldsymbol{r}_2 = (f_1g_3 - f_3g_1)\boldsymbol{h} \tag{5-69}$$

即

$$\boldsymbol{r}_3 \times \boldsymbol{r}_1 = -(f_1g_3 - f_3g_1)\boldsymbol{h} \tag{5-70}$$

因此

$$\|\boldsymbol{r}_1 \times \boldsymbol{r}_3\|^2 = (f_1g_3 - f_3g_1)^2\boldsymbol{h}^2 \tag{5-71}$$

类似地

$$\boldsymbol{r}_2 \times \boldsymbol{r}_3 = \boldsymbol{r}_2 \times (f_3\boldsymbol{r}_2 + g_3v_2) = g_3\boldsymbol{h} \tag{5-72}$$

及

$$\boldsymbol{r}_2 \times \boldsymbol{r}_1 = \boldsymbol{r}_2 \times (f_1\boldsymbol{r}_2 + g_1v_2) = g_1\boldsymbol{h} \tag{5-73}$$

将式（5-69）、式（5-71）和式（5-72）代入式（5-67），可得

$$c_1 = \frac{g_3\boldsymbol{h} \cdot (f_1g_3 - f_3g_1)\boldsymbol{h}}{(f_1g_3 - f_3g_1)^2h^2} = \frac{g_3(f_1g_3 - f_3g_1)h^2}{(f_1g_3 - f_3g_1)^2h^2}$$

或

$$c_1 = \frac{g_3}{f_1 g_3 - f_3 g_1} \tag{5-74}$$

类似地，将式（5－70）、式（5－71）和式（5－73）代入式（5－68），可得

$$c_3 = -\frac{g_3}{f_1 g_3 - f_3 g_1} \tag{5-75}$$

式（5－65）中的系数已经表示为仅与拉格朗日系数相关的函数关系，并且到这里为止，我们未做任何的近似。但要继续往下推导，我们将不得不做相应的近似处理。

假定观测间隔非常小，在此条件下对 c_1 和 c_3 进行近似处理。引入如下标记：

$$\tau_1 = t_1 - t_2, \tau_3 = t_3 - t_2 \tag{5-76}$$

式中：τ_1 和 τ_3 为相邻观测量 $\hat{\boldsymbol{\rho}}_1$、$\hat{\boldsymbol{\rho}}_2$ 和 $\hat{\boldsymbol{\rho}}_3$ 之间的时间间隔。若时间间隔 τ_1 和 τ_3 足够小，则可以只保留拉格朗日系数 f 和 g 级数展开式的前两项，从而得到如下的近似值：

$$f_1 \approx 1 - \frac{1}{2}\frac{\mu}{r_2^3}\tau_1^2 \tag{5-77a}$$

$$f_3 \approx 1 - \frac{1}{2}\frac{\mu}{r_2^3}\tau_3^2 \tag{5-77b}$$

及

$$g_1 \approx \tau_1 - \frac{1}{6}\frac{\mu}{r_2^3}\tau_1^3 \tag{5-78a}$$

$$g_3 \approx \tau_3 - \frac{1}{6}\frac{\mu}{r_2^3}\tau_3^3 \tag{5-78b}$$

在 f 和 g 的表达式中，我们略去其他项，只保留了前两项，所以在式（5－77a）和式（5－78a）中只出现未知的位置量 r_2，更高次的项会涉及另一未知量 v_2。

根据式（5－77）和式（5－78），可以计算出式（5－74）和式（5－75）中的分母

$$f_1 g_3 - f_3 g_1 = \left(1 - \frac{1}{2}\frac{\mu}{r_2^3}\tau_1^2\right)\left(\tau_3 - \frac{1}{6}\frac{\mu}{r_2^3}\tau_3^3\right) - \left(1 - \frac{1}{2}\frac{\mu}{r_2^3}\tau_3^2\right)\left(\tau_1 - \frac{1}{6}\frac{\mu}{r_2^3}\tau_1^3\right)$$

右边展开后合并同类项，可得

$$f_1 g_3 - f_3 g_1 = (\tau_3 - \tau_1) - \frac{1}{6}\frac{\mu}{r_2^3}(\tau_3 - \tau_1)^3 + \frac{1}{12}\frac{\mu^2}{r_2^6}(\tau_1^2\tau_3^3 - \tau_1^3\tau_3^2)$$

保留 τ_1 和 τ_3 到三次项，并令

$$\tau = \tau_3 - \tau_1 \tag{5-79}$$

则上式可简化为

$$f_1 g_3 - f_3 g_1 \approx \tau - \frac{1}{6}\frac{\mu}{r_2^3}\tau^3 \tag{5-80}$$

由式（5－76）可知：τ 为第一次与最后一次观测的时间间隔。将式（5－78）和式（5－80）代入式（5－74），可得

$$c_1 \approx \frac{\tau_3 - \frac{1}{6}\frac{\mu}{r_2^3}\tau_3^3}{\tau - \frac{1}{6}\frac{\mu}{r_2^3}\tau^3} = \frac{\tau_3}{\tau}\left(1 - \frac{1}{6}\frac{\mu}{r_2^3}\tau_3^2\right)\left(1 - \frac{1}{6}\frac{\mu}{r_2^3}\tau^2\right)^{-1} \tag{5-81}$$

用二项式定理来化简（线性化）等式右边的最后一项。

$$(a+b)^n = a^n + na^{n-1}b + \frac{n(n-1)}{2!}a^{n-2}b^2 + \frac{n(n-1)(n-2)}{3!}a^{n-3}b^3 + \cdots \tag{5-82}$$

令式（5－82）中的 $a=1$，$b=-\frac{1}{6}\frac{\mu}{r_2^3}\tau^2$ 和 $n=-1$，略去 τ 的二次方以上项，可得

$$\left(1-\frac{1}{6}\frac{\mu}{r_2^3}\tau^2\right)^{-1} \approx 1+\frac{1}{6}\frac{\mu}{r_2^3}\tau^2$$

因此，式（5－74）可写为

$$c_1 \approx \frac{\tau_3}{\tau}\left[1+\frac{1}{6}\frac{\mu}{r_2^3}(\tau^2-\tau_3^2)\right] \tag{5-83}$$

此处只保留了时间的二次方项。同样可得

$$c_3 \approx -\frac{\tau_1}{\tau}\left[1+\frac{1}{6}\frac{\mu}{r_2^3}(\tau^2-\tau_1^2)\right] \tag{5-84}$$

我们已经得到了式（5－65）中系数的近似表达式，它只与两次观测的时间间隔以及未知的在 t_2 时刻的距引力中心的距离 r_2 相关。下一步就是用 c_1 和 c_3 来表示斜距 ρ_1、ρ_2 和 ρ_3。为此，将式（5－64）代入式（5－65），可得

$$\boldsymbol{R}_2 + \rho_2\hat{\boldsymbol{\rho}}_2 = c_1(\boldsymbol{R}_1 + \rho_1\hat{\boldsymbol{\rho}}_1) + c_3(\boldsymbol{R}_3 + \rho_3\hat{\boldsymbol{\rho}}_3)$$

整理后，可得

$$c_1\rho_1\hat{\boldsymbol{\rho}}_1 - \rho_2\hat{\boldsymbol{\rho}}_2 + c_3\rho_3\hat{\boldsymbol{\rho}}_3 = -c_1\boldsymbol{R}_1 + \boldsymbol{R}_2 - c_3\boldsymbol{R}_3 \tag{5-85}$$

将此式与适当的矢量作点乘，依次将 ρ_1、ρ_2 和 ρ_3 分离出来。对于 ρ_1，可将式（5－84）与 $\hat{\boldsymbol{\rho}}_2\times\hat{\boldsymbol{\rho}}_3$ 点乘，可得

$$\begin{aligned} &c_1\rho_1\hat{\boldsymbol{\rho}}_1\cdot(\hat{\boldsymbol{\rho}}_2\times\hat{\boldsymbol{\rho}}_3) - \rho_2\hat{\boldsymbol{\rho}}_2\cdot(\hat{\boldsymbol{\rho}}_2\times\hat{\boldsymbol{\rho}}_3) + c_3\rho_3\hat{\boldsymbol{\rho}}_3\cdot(\hat{\boldsymbol{\rho}}_2\times\hat{\boldsymbol{\rho}}_3) \\ &= -c_1\boldsymbol{R}_1\cdot(\hat{\boldsymbol{\rho}}_2\times\hat{\boldsymbol{\rho}}_3) + \boldsymbol{R}_2\cdot(\hat{\boldsymbol{\rho}}_2\times\hat{\boldsymbol{\rho}}_3) - c_3\boldsymbol{R}_3\cdot(\hat{\boldsymbol{\rho}}_2\times\hat{\boldsymbol{\rho}}_3) \end{aligned}$$

由于 $\hat{\boldsymbol{\rho}}_2\cdot(\hat{\boldsymbol{\rho}}_2\times\hat{\boldsymbol{\rho}}_3)=\hat{\boldsymbol{\rho}}_3\cdot(\hat{\boldsymbol{\rho}}_2\times\hat{\boldsymbol{\rho}}_3)=0$，上式可简化为

$$c_1\rho_1\hat{\boldsymbol{\rho}}_1\cdot(\hat{\boldsymbol{\rho}}_2\times\hat{\boldsymbol{\rho}}_3) = (-c_1\boldsymbol{R}_1 + \boldsymbol{R}_2 - c_3\boldsymbol{R}_3)\cdot(\hat{\boldsymbol{\rho}}_2\times\hat{\boldsymbol{\rho}}_3) \tag{5-86}$$

令 D_0 为

$$D_0 = \hat{\boldsymbol{\rho}}_1\cdot(\hat{\boldsymbol{\rho}}_2\times\hat{\boldsymbol{\rho}}_3) \tag{5-87}$$

假定 D_0 不为零，这意味着 $\hat{\boldsymbol{\rho}}_1$、$\hat{\boldsymbol{\rho}}_2$ 和 $\hat{\boldsymbol{\rho}}_3$ 不位于同一平面内。从式（5－86）中解出 ρ_1

$$\rho_1 = \frac{1}{D_0}\left(-D_{11} + \frac{1}{c_1}D_{21} - \frac{c_3}{c_1}D_{31}\right) \tag{5-88a}$$

式中

$$D_{11} = \boldsymbol{R}_1\cdot(\hat{\boldsymbol{\rho}}_2\times\hat{\boldsymbol{\rho}}_3),\ D_{21} = \boldsymbol{R}_2\cdot(\hat{\boldsymbol{\rho}}_2\times\hat{\boldsymbol{\rho}}_3),\ D_{31} = \boldsymbol{R}_3\cdot(\hat{\boldsymbol{\rho}}_2\times\hat{\boldsymbol{\rho}}_3) \tag{5-88b}$$

与此类似，将式（5－85）分别与 $\hat{\boldsymbol{\rho}}_1\times\hat{\boldsymbol{\rho}}_3$ 和 $\hat{\boldsymbol{\rho}}_1\times\hat{\boldsymbol{\rho}}_2$ 点乘，可得 $\hat{\rho}_2$ 和 $\hat{\rho}_3$ 为

$$\rho_2 = \frac{1}{D_0}(-c_1D_{12} + D_{22} - c_3D_{32}) \tag{5-89a}$$

式中

$$D_{12} = \boldsymbol{R}_1\cdot(\hat{\boldsymbol{\rho}}_1\times\hat{\boldsymbol{\rho}}_3),\ D_{22} = \boldsymbol{R}_2\cdot(\hat{\boldsymbol{\rho}}_1\times\hat{\boldsymbol{\rho}}_3),\ D_{32} = \boldsymbol{R}_3\cdot(\hat{\boldsymbol{\rho}}_1\times\hat{\boldsymbol{\rho}}_3) \tag{5-89b}$$

及

$$\rho_3 = \frac{1}{D_0}\left(-\frac{c_1}{c_3}D_{13} + \frac{1}{c_3}D_{23} - D_{33}\right) \tag{5-90a}$$

其中

$$D_{13}=\boldsymbol{R}_1\cdot(\hat{\boldsymbol{\rho}}_1\times\hat{\boldsymbol{\rho}}_2),D_{23}=\boldsymbol{R}_2\cdot(\hat{\boldsymbol{\rho}}_1\times\hat{\boldsymbol{\rho}}_2),D_{33}=\boldsymbol{R}_3\cdot(\hat{\boldsymbol{\rho}}_1\times\hat{\boldsymbol{\rho}}_2) \tag{5-90b}$$

在推导上述结论过程中，我们利用了 $\hat{\boldsymbol{\rho}}_2\cdot(\hat{\boldsymbol{\rho}}_1\times\hat{\boldsymbol{\rho}}_3)=-D_0$ 和 $\hat{\boldsymbol{\rho}}_3\cdot(\hat{\boldsymbol{\rho}}_1\times\hat{\boldsymbol{\rho}}_2)=D_0$。

将式（5-83）和式（5-84）代入式（5-89a），可得近似的斜距 ρ_2

$$\rho_2=A+\frac{\mu B}{r_2^3} \tag{5-91a}$$

其中

$$A=\frac{1}{D_0}\left(-D_{12}\frac{\tau_3}{\tau}+D_{22}+D_{32}\frac{\tau_1}{\tau}\right) \tag{5-91b}$$

$$B=\frac{1}{6D_0}\left(D_{12}(\tau_3^2-\tau^2)\frac{\tau_3}{\tau}+D_{32}(\tau^2-\tau_1^2)\frac{\tau_1}{\tau}\right) \tag{5-91c}$$

另一方面，对式（5-88a）和式（5-90a）作同样代换可得斜距 ρ_1 和 ρ_3 的近似值

$$\rho_1=\frac{1}{D_0}\left[\frac{6\left(D_{31}\frac{\tau_1}{\tau_3}+D_{21}\frac{\tau}{\tau_3}\right)r_2^3+\mu D_{31}(\tau^2-\tau_1^2)\frac{\tau_1}{\tau_3}}{6r_2^3+\mu(\tau^2-\tau_3^2)}-D_{11}\right] \tag{5-92}$$

$$\rho_3=\frac{1}{D_0}\left[\frac{6\left(D_{13}\frac{\tau_3}{\tau_1}-D_{23}\frac{\tau}{\tau_1}\right)r_2^3+\mu D_{13}(\tau^2-\tau_3^2)\frac{\tau_3}{\tau_1}}{6r_2^3+\mu(\tau^2-\tau_1^2)}-D_{33}\right] \tag{5-93}$$

式（5-91a）为斜距 ρ_2 和地心半径 r_2 之间的关系式。关于这两个变量的另一个关系式可由式（5-64b）求得

$$\boldsymbol{r}_2\cdot\boldsymbol{r}_2=(\boldsymbol{R}_2+\rho_2\hat{\boldsymbol{\rho}}_2)\cdot(\boldsymbol{R}_2+\rho_2\hat{\boldsymbol{\rho}}_2)$$

或

$$r_2^2=\rho_2^2+2E\rho_2+R_2^2 \tag{5-94a}$$

其中

$$E=\boldsymbol{R}_2\cdot\hat{\boldsymbol{\rho}}_2 \tag{5-94b}$$

将式（5-91a）代入式（5-94a），可得

$$r_2^2=\left(A+\frac{\mu B}{r_2^2}\right)^2+2E\left(A+\frac{\mu B}{r_2^2}\right)+R_2^2$$

展开后合并同类项，可得一个八次方程

$$x^8+ax^6+bx^3+c=0 \tag{5-95}$$

式中，$x=r_2$，系数分别为

$$a=-(A^2+2AE+R_2^2),b=-2\mu B(A+E),c=-\mu^2B^2 \tag{5-96}$$

从式（5-95）中解出 r_2 并将结果代入式（5-91）~式（5-93）中，可得斜距 ρ_1、ρ_2 和 ρ_3。然后由式（5-64a）可得到位置矢量 $\boldsymbol{r}_1$、$\boldsymbol{r}_2$ 和 $\boldsymbol{r}_3$。而 $\boldsymbol{r}_2$ 正是我们所要求的量。

要求出另外一个量速度 $\boldsymbol{v}_2$，先从式（5-66a）中解出 $\boldsymbol{r}_2$，得

$$\boldsymbol{r}_2=\frac{1}{f_1}\boldsymbol{r}_1-\frac{g_1}{f_1}\boldsymbol{v}_2$$

将此结果代入式（5-66b）中，可得

$$\boldsymbol{r}_3=\frac{f_3}{f_1}\boldsymbol{r}_1+\left(\frac{f_1g_3-f_3g_1}{f_1}\right)\boldsymbol{v}_2$$

由此解出

$$\boldsymbol{v}_2 = \frac{1}{f_1 g_3 - f_3 g_1}(-f_3 \boldsymbol{r}_1 + f_1 \boldsymbol{r}_3) \tag{5-97}$$

这里利用了式（5-77）和式（5-78）中的近似拉格朗日系数。

我们所求的近似值 $\boldsymbol{r}_2$ 和 $\boldsymbol{v}_2$ 被用作迭代的初始值，通过迭代运算不断提高 $\boldsymbol{r}_2$ 和 $\boldsymbol{v}_2$ 的精度，直至解收敛。

习　　题

1. 用吉布斯方法确定下列物体的轨道要素。(建议用计算机做，但不是非用不可。一定要做检验，因为并非所有的轨道都存在。单位为地球正则单位。)

		I	*J*	*K*
a.	r_1	1.41422511	0	1.414202
	r_2	1.81065659	1.06066883	0.3106515
	r_3	1.35353995	1.41422511	-0.6464495

(部分答案：$e=0.171$，$p=1.76$)

b.	r_1	0.70711255	0	0.70710101
	r_2	-0.89497879	0.56568081	-0.09496418
	r_3	-0.09497879	-0.56568681	-0.89497724

2. 位于北纬 30°、西经 97.5°的某雷达跟踪站点，在格林尼治恒星时 0930 测得一颗直接从头顶飞过的卫星，获得下列数据：

$$\rho = 637.814\text{km} \quad \dot{\rho} = 0$$
$$Az = 30° \quad \dot{A}z = 0$$
$$E_l = 90° \quad \dot{E}_l = 0.7094(°)/\text{s}$$

a. 求物体在站心地平坐标系内的直角坐标。

b. 求卫星相对于雷达站点的速度，用东、南和天顶（向上）分量给出。

c. 在站心地平坐标系内给出 $\boldsymbol{r}$ 的表达式。

d. 将矢量 $\boldsymbol{r}$ 变换到地心赤道坐标系内。

e. 在地心赤道坐标系内表示出速度矢量 $\boldsymbol{v}$。

参考文献

[1] Howard D. Curtis. Orbital Mechanics for Engineering Students (Fourth Edition) [M]. UK: Butterworth Heinemann, 2020.

[2] Roger R. Bate, Donald D. Mueller, Jerry E. White, et al. Fundamentals of Astrodynamics (Second Edition) [M]. New York: Dover Publications, 2020.

[3] 张洪波. 航天器轨道力学理论与方法 [M]. 北京：国防工业出版社，2015.

[4] 李济生. 人造卫星精密轨道确定 [M]. 北京：解放军出版社，1995.

[5] Tapley B D, Schutz B E, Born G H. Statistical Orbit Determination Theory [M]. Elsevier Academic Press, 2004.

[6] 张玉祥. 人造卫星测轨方法 [M]. 北京：国防工业出版社，2007.

[7] 吴连大. 人造卫星与空间碎片的轨道与探测［M］. 北京：中国科学技术出版社，2011.

[8] 掌静，马静远，陆本魁，等. 单站单圈测距资料初轨计算的单位矢量法［J］. 天文学报，2005，46（4）：426－432.

[9] 甘庆波，马静远，陆本魁，等．一种基于星间方向观测的初轨计算方法［J］．宇航学报，2007，(3)：619－622.

[10] 解永春. 航天器动力学与控制［M］. 北京：北京理工大学出版社，2015.

第 6 章　轨道摄动

摄动是对正常或预期运动的一种偏离作用。从宏观上说，人们往往把宇宙看成是高度规则化且完全可以预测的运动系统。然而，对宇宙的精确观测数据进行分析后，发现事实并非如此，实际的轨道与理论上的二体轨道并不一样，这是由其他天体和开普勒运动中未加考虑的一些力所引起的。通常，应考虑的摄动因素主要有：其他天体引力（例如月球）、大气阻力、地球非球形引力、太阳辐射、磁场和相对论效应的影响。当人们有能力进行轨道飞行时，在将航天动力学应用于航天器长期在轨运行的过程中，处理摄动问题的方法就成为必不可少的技巧。本章是从本书前面讲过的简化理论跨向解决实际问题的第一步。主要的摄动处理方法有两类，即特殊摄动分析法和一般摄动分析法。

6.1　特殊摄动法

特殊摄动分析法是处理运动方程的直接数值积分方法，运动方程中包含了所有必须加以考虑的运动加速度。常用的特殊摄动分析法包括考威尔法和恩克法。

6.1.1　考威尔法

考威尔法是所有摄动分析法中最简单和最直接的方法。英国天文学家考威尔（Cowell，1870—1949）于 20 世纪初提出了这种方法，并用此法计算出木星第八颗卫星的轨道。考威尔和克罗玛林也曾用此方法测算过从 1759 年至 1910 年间哈雷彗星的再现时间。该方法在计算机实现前特别实用且受人欢迎。

考威尔法的应用很简单，只要写出所研究对象的运动方程，并在运动方程中包含所有的摄动加速度 $\boldsymbol{a}_p$，然后对运动方程进行逐步数值积分即可。对于涉及摄动的二体问题，其运动方程为

$$\ddot{\boldsymbol{r}} + \frac{\mu}{r^3}\boldsymbol{r} = \boldsymbol{a}_p \tag{6-1}$$

为便于数值积分，此方程可化成一阶形式

$$\dot{\boldsymbol{r}} = \boldsymbol{v} \tag{6-2}$$

$$\dot{\boldsymbol{v}} = \boldsymbol{a}_p - \frac{\mu}{r^3}\boldsymbol{r} \tag{6-3}$$

式中：$\boldsymbol{r}$ 和 $\boldsymbol{v}$ 为卫星相对于中心天体的半径和速度。为了进行数值积分，需要进一步将式（6－2）和式（6－3）分解成矢量的分量形式：

$$\begin{cases} \dot{x} = v_x, \dot{v}_x = a_{px} - \dfrac{\mu}{r^3}x \\ \dot{y} = v_y, \dot{v}_y = a_{py} - \dfrac{\mu}{r^3}y \\ \dot{z} = v_z, \dot{v}_z = a_{pz} - \dfrac{\mu}{r^3}z \end{cases} \tag{6-4}$$

其中

$$r = (x^2 + y^2 + z^2)^{1/2} \tag{6-5}$$

确定摄动的解析公式后，则卫星在任何时刻的状态（$\boldsymbol{r}$ 和 $\boldsymbol{v}$）都可通过对方程组（6-4）的数值积分得出，数值积分方法可以任选一种。

考威尔法的主要优点是公式表述形式和运算方法简单，不论有多少摄动都可同时处理。该方法有如下缺点：当物体的运动在离大引力天体很近时，积分步长必须取到很小，这就会大大增加计算时间和舍入误差的累积。

式（6-4）为笛卡儿坐标系的表示方法。但在轨道计算中，若使用极坐标或球坐标，则考威尔法的效果可能更好一些。此时 $\boldsymbol{r}$ 变化很慢，而角度变化往往是单调的，对于相同的截断误差可以采用较大的积分步长。在球坐标（r，θ，ϕ）中，运动方程为

$$\begin{cases} \ddot{r} - r(\theta^2 \cos^2\phi + \phi^2) = -\dfrac{\mu}{r^2} \\ r\ddot{\theta}\cos\phi + 2\dot{r}\dot{\theta}\cos\phi - 2r\ddot{\theta}\phi\sin\phi = 0 \\ r\ddot{\phi} + 2\dot{r}\dot{\phi} + r\dot{\theta}^2\sin\phi\cos\phi = 0 \end{cases} \tag{6-6}$$

6.1.2 恩克法

恩克法比科威尔法要复杂得多，早在 1857 年德国天文学家恩克（Encke，1791—1865 年）就提出了这种方法，比科威尔法要早半个世纪。恩克将这种方法成功应用于计算短周期彗星和小行星的轨道。

与考威尔法将所有加速度之和放在一起积分不同，恩克法是对主要加速度与所有摄动加速度之差进行积分。这就意味着有一条基准轨道，在没有任何摄动加速度时，物体将沿此基准轨道运动。可以推测，在理想的牛顿引力场内，基准轨道是圆锥曲线。这样，所有的计算和状态（位置和速度）都是相对于基准轨道的。在大多数文献中，基准轨道称为密切轨道。若在某一特定时刻，所有摄动加速度都能消除，则这时得到的轨道就是密切轨道，在此时刻，密切轨道和真实轨道是重合的，如图 6-1 所示。

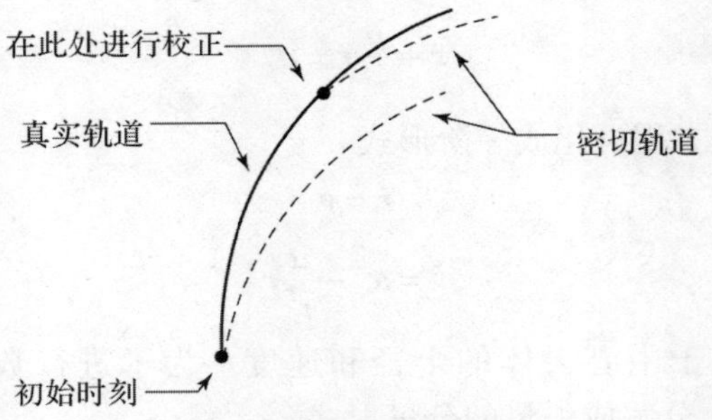

图 6-1　密切轨道及其校正

只要真实轨道与密切轨道的偏差不是很大，则任何特定的密切轨道都可用。当偏差较大时，就要采用校正处理办法，使积分继续进行。校正就是选择一个与真实轨道完全重合的新的起始时刻和起始点。然后，忽略摄动，以实际的半径和速度矢量计算新的密切轨道。

下面研究恩克法的解析公式。主要目的是找出真实轨道与密切轨道之差的解析公式。令 $\boldsymbol{r}$ 和 $\boldsymbol{\rho}$ 分别表示某特定时刻的真实轨道和密切轨道的矢径。

于是，对于真实轨道有

$$\ddot{\boldsymbol{r}} + \frac{\mu}{r^3}\boldsymbol{r} = \boldsymbol{a}_p \tag{6-7}$$

对于密切轨道有

$$\ddot{\boldsymbol{\rho}} + \frac{\mu}{\boldsymbol{\rho}^3}\boldsymbol{\rho} = 0 \tag{6-8}$$

注意历元时刻 $t_0 = 0$，有 $\boldsymbol{r}(t_0) = \boldsymbol{\rho}(t_0)$，$\boldsymbol{v}(t_0) = \dot{\boldsymbol{\rho}}(t_0)$。

将摄动轨道与基准轨道的偏差 $\delta\boldsymbol{r}$ 定义为（图 6-2）

$$\delta\boldsymbol{r} = \boldsymbol{r} - \boldsymbol{\rho} \tag{6-9}$$

$$\delta\ddot{\boldsymbol{r}} = \ddot{\boldsymbol{r}} - \ddot{\boldsymbol{\rho}} \tag{6-10}$$

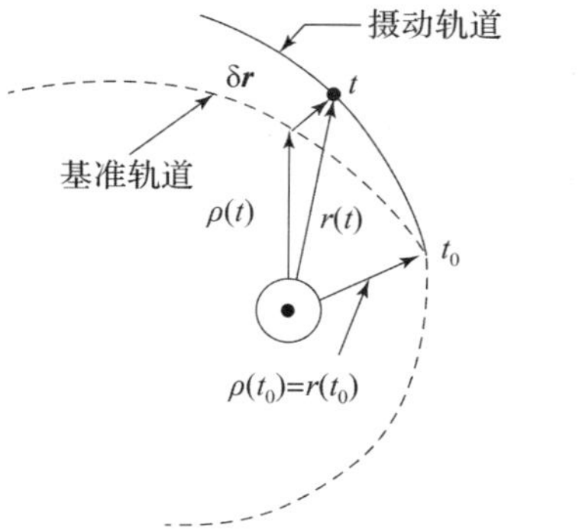

图 6-2　摄动轨道与基准轨道的偏差 $\delta\boldsymbol{r}$

将式（6-7）和式（6-8）代入式（6-9），得

$$\begin{aligned}\delta\ddot{\boldsymbol{r}} &= \boldsymbol{a}_p + \left(\frac{\mu}{\rho^3}\rho - \frac{\mu}{r^3}\boldsymbol{r}\right) = \boldsymbol{a}_p + \left[\frac{\mu}{\rho^3}(\boldsymbol{r} - \delta\boldsymbol{r}) - \frac{\mu}{r^3}\boldsymbol{r}\right] \\ &= \boldsymbol{a}_p + \frac{\mu}{\boldsymbol{\rho}^3}\left[\left(1 - \frac{\rho^3}{r^3}\right)\boldsymbol{r} - \delta\boldsymbol{r}\right]\end{aligned} \tag{6-11}$$

这就是偏差 $\delta\boldsymbol{r}$ 的微分方程。对于给定的一组初始条件，$\delta\boldsymbol{r}(t_0 + \Delta t)$ 可由数值积分得出。$\boldsymbol{\rho}$ 是时间的已知函数，故 $\boldsymbol{r}$ 可以由 $\delta\boldsymbol{r}$ 和 $\boldsymbol{\rho}$ 得出。因此，从理论上来看，可以计算出物体的摄动位置和速度。不过，从考威尔法转向恩克法的原因之一就是要提高精度，而 $\left(1 - \frac{\rho^3}{r^3}\right)$ 这一项是几乎相等的两个量之差。因此，为了保持合理的精度，对此项进行运算需要另外增加计算量。

定义

$$2q = 1 - \frac{r^2}{\rho^2} \tag{6-12}$$

因此

$$\frac{\rho^3}{r^3} = (1 - 2q)^{-3/2} \tag{6-13}$$

于是式（6-11）变成

$$\delta\ddot{\boldsymbol{r}} = \boldsymbol{a}_p + \frac{\mu}{\rho^3}\{[1 - (1 - 2q)^{-3/2}]\boldsymbol{r} - \delta\boldsymbol{r}\} \tag{6-14}$$

至此，问题仍未解决。因为 q 虽然是一个很小的量，但其精度问题并未解决。为此必须找到一些计算 q 值的方法。先将式中的 $\boldsymbol{r}$ 以分量的形式表示：

$$r^2 = x^2 + y^2 + z^2 = (\rho_x + \delta_x)^2 + (\rho_y + \delta_y)^2 + (\rho_z + \delta_z)^2 \tag{6-15}$$

式中：δ_x，δ_y 和 δ_z 为 $\delta\boldsymbol{r}$ 的笛卡儿坐标分量。

将其展开后得

$$\begin{aligned}r^2 &= \rho_x^2 + \rho_y^2 + \rho_z^2 + \delta x^2 + \delta y^2 + \delta z^2 + 2\rho_x\delta x + 2\rho_y\delta y + 2\rho_z\delta z \\ &= \rho^2 + 2\left[\delta x\left(\rho_x + \frac{1}{2}\delta x\right) + \delta y\left(\rho_y + \frac{1}{2}\delta y\right) + \delta z\left(\rho_z + \frac{1}{2}\delta z\right)\right]\end{aligned} \tag{6-16}$$

于是

$$\frac{r^2}{\rho^2}=1+\frac{2}{\rho^2}\left[\delta x\left(\rho_x+\frac{1}{2}\delta x\right)+\delta y\left(\rho_y+\frac{1}{2}\delta y\right)+\delta z\left(\rho_z+\frac{1}{2}\delta z\right)\right] \tag{6-17}$$

由式（6-12）得

$$\frac{r^2}{\rho^2}=1-2q \tag{6-18}$$

所以

$$q=-\frac{1}{\rho^2}\left[\delta x\left(\rho_x+\frac{1}{2}\delta x\right)+\delta y\left(\rho_y+\frac{1}{2}\delta y\right)+\delta z\left(\rho_z+\frac{1}{2}\delta z\right)\right] \tag{6-19}$$

至此，对于已知 $\delta\boldsymbol{r}$ 和 $\boldsymbol{\rho}$ 的任意点，都可以算出其 q 值。如前文所示，在式（6-14）中，差值很小的问题依然存在。此问题有两种解决方法，第一种方法是将$(1-2q)^{-3/2}$以二项式级数展开，得到

$$1-(1-2q)^{-3/2}=3q-\frac{3\cdot 5}{2!}q^2+\frac{3\cdot 5\cdot 7}{3!}q^3-\cdots \tag{6-20}$$

在高速数字计算机出现之前，上式的计算是极为麻烦的。因此，第二种方法定义函数 f，有

$$f=\frac{1}{q}\left[1-(1-2q)^{-3/2}\right] \tag{6-21}$$

于是式（6-14）就变成

$$\delta\ddot{\boldsymbol{r}}=\boldsymbol{a}_p+\frac{\mu}{\rho^3}(fq\boldsymbol{r}-\delta\boldsymbol{r}) \tag{6-22}$$

f 随 q 变化的函数表编制出来后，可以免去计算。应当指出，与基准轨道的偏差很小时（大多数情况都是这样），在式（6-19）中可略去 δx^2，δy^2 和 δz^2，而得

$$q=-\frac{\rho_x\delta x+\rho_y\delta y+\rho_z\delta z}{\rho^2} \tag{6-23}$$

此式易于计算。虽然用式（6-23）可能略为快些，但在用计算机时，推荐采用式（6-20）。另外，在用方程（6-23）时，还必须注意该近似式的有效范围。

一般说来，$\delta\boldsymbol{r}$ 变化比 $\boldsymbol{r}$ 变化慢，可取用较大的积分步长，因此恩克法减少了积分次数。在下列两种情况下，此方法的这一优点就不存在了：①$\boldsymbol{a}_p$ 远大于$\frac{\mu}{\rho^3}(fq\boldsymbol{r}-\delta\boldsymbol{r})$；②$\delta\boldsymbol{r}/\rho$ 不是很小。对于第一种情况，因为摄动可能成为主要的作用因素，故基准参数（或轨道）需要不断改变。对于第二种情况，需要按前面讲过的方法用 $\boldsymbol{r}$ 和 $\boldsymbol{v}$ 来选择新的密切轨道。当 $\delta\boldsymbol{r}/\rho$ 大于或等于某个很小的常数时，就应进行修正。

在求解离大引力体较近的问题时，用恩克法可以取较大的积分步长。故一般说来，它比考威尔法快得多。计算行星际轨道大约快 10 倍，而计算地球卫星轨道大约只快 3 倍。

采用恩克法的算法可概括如下：

（1）给定初始条件 $\boldsymbol{r}(t_0)=\boldsymbol{\rho}(t_0)$，$\boldsymbol{v}(t_0)=\dot{\boldsymbol{\rho}}(t_0)$，确定密切轨道，在初始点，$\delta\boldsymbol{r}=0$ 和 $\delta\dot{\boldsymbol{r}}=0$。

（2）在已知 $\boldsymbol{\rho}(t_0)$，$\boldsymbol{r}(t_0)$，$q(t_0)=0$ 的条件下，对于积分步长 Δt，计算 $\delta\boldsymbol{r}(t_0+\Delta t)$。

（3）已知 $\delta\boldsymbol{r}(t_0+\Delta t)$，计算

①$\rho(t_0+\Delta t)$

②由式（6－19）计算 $q(t_0+\Delta t)$。

③由式（6－21）计算 $f(t_0+\Delta t)$。

（4）对另一步长 Δt 再进行积分，算出 $\delta \boldsymbol{r}(t_0+k\Delta t)$。

（5）若 $\delta \boldsymbol{r}/\rho>$ 某个特定常数，则进行修正，然后返回到步骤（1），否则继续进行下去。

（6）计算 $\boldsymbol{r}=\boldsymbol{\rho}+\delta\boldsymbol{r}$，$\boldsymbol{v}=\dot{\boldsymbol{\rho}}+\delta\dot{\boldsymbol{r}}$

（7）用 $k\Delta t$ 代替 Δt，然后回到步骤（3），其中 k 是积分步数。

6.2　变分摄动方程

1748 年，欧拉首先研究了参数变分法，1808 年，拉格朗日发表了完善的研究结果。参数变分法在天体力学摄动理论中占据核心地位，至今仍是分析和计算航天器轨道摄动最重要的方法之一。实际上，作为三维空间中的质点运动轨迹，二体轨道可以由任意 6 个相互独立的参数来描述，轨道要素只不过是许多可能的参数中几何意义较明确的一组。参数变分法可以选用任意一组参数，揭示它们在摄动加速度作用下随时间的变化规律，找出参数变化率的解析表达式，并进行积分以求出未来某个时刻的参数值。建立轨道要素变分方程的方法有两种，一种称为摄动函数法，另一种称为力分解法。前者建立的方程称为拉格朗日型摄动运动方程，后者称为高斯型摄动运动方程。

6.2.1　参数变分法

参数变分法又称轨道要素变分法，或称常数变易法。在考威尔法和恩克法出现之前，参数变分法曾一直是用于处理摄动问题的唯一成功的方法。使用计算机的考威尔法和恩克法与坐标计算有关，而参数变分法则是计算轨道要素或任一组能恰当描述轨道的参数。虽然在开始时，此方法似乎较难入手，但在处理摄动力相当小的许多问题中，它具有一些明显的优点。

参数变分法与恩克法之间的主要不同在于，恩克法的密切轨道在进行校正之前是常数，而在变分法中，其密切轨道在连续不断地改变。例如，若沿真实轨道的任意两个连续的点，用实际的 $\boldsymbol{r}$ 和 $\boldsymbol{v}$ 计算其密切轨道的偏心率，由于摄动力的影响，偏心率会有微小变化。

而 $\dot{e}\approx\Delta e/\Delta t$ 就是偏心率随时间变化的近似表达式。对 i，a 等要素也可做类似的验证。因此，密切轨道的参数是随时间而变化的。在无摄动时，轨道参数应保持不变。从前面几章已知，$\boldsymbol{r}$ 和 $\boldsymbol{v}$ 可以由 6 个轨道要素计算出来。因此，如果受摄动的轨道要素作为时间的函数被计算出来后，则摄动状态 $\boldsymbol{r}$ 和 $\boldsymbol{v}$ 就可以知道了。

因为二体轨道可用 3 个二阶微分方程来描述，故二体轨道可由任意相容的 6 个参数（或常数）来描述。轨道要素只不过是描述二体轨道的许多可能参数中的一组。参数变分法的本质是揭示所选定的一组参数，在摄动加速度作用下，随时间变化的规律。通过推导出表示摄动的参数变化率的解析表达式，对这些表达式进行数值积分，以求出未来时刻的参数值。对表达式进行解析积分属于一般摄动分析法，进行数值积分则属于特殊摄动法。显然，与位置及速度的变化相比较，这些要素的变化很慢（例如，在整个轨道上，偏心率也只有微小的变化）。所以，与对总加速度进行积分（如考威尔法）或对摄动加速度积分（如恩克法）相比，该法可以采用较大的积分步长。本节给出两种参数变分法，第一组是经典轨道要素，因为它们在文献中普遍应用，同时也广为人知。第二组是 f 和 g 表达式的变分，它们更具实用价值，也更易于运用。

6.2.2 拉格朗日摄动方程

由于摄动力与地心中心引力相比为小量，因此，研究轨道摄动时，仍以二体问题的开普勒轨道为基础，利用密切轨道的概念研究轨道的摄动。

如果摄动力为保守力（力做的功不因路径的不同而改变），也就是摄动加速度可用位函数的形式给出，则可以给出简化的摄动方程形式。设摄动位函数为 R，则摄动加速度可以表达成摄动位函数 R 的导数，即

$$\boldsymbol{a}=\left[\frac{\partial R}{\partial x},\frac{\partial R}{\partial y},\frac{\partial R}{\partial z}\right]^{\mathrm{T}} \tag{6-24}$$

可以得到拉格朗日行星摄动方程，具体形式为

$$\begin{cases}\dfrac{\mathrm{d}a}{\mathrm{d}t}=\dfrac{2}{na}\dfrac{\partial R}{\partial M}\\[2mm]\dfrac{\mathrm{d}e}{\mathrm{d}t}=\dfrac{1-e^2}{na^2e}\dfrac{\partial R}{\partial M}-\dfrac{\sqrt{1-e^2}}{na^2e}\dfrac{\partial R}{\partial \omega}\\[2mm]\dfrac{\mathrm{d}i}{\mathrm{d}t}=\dfrac{1}{na^2\sqrt{1-e^2}\sin i}\left(\cos i\dfrac{\partial R}{\partial \omega}-\dfrac{\partial R}{\partial \Omega}\right)\\[2mm]\dfrac{\mathrm{d}\Omega}{\mathrm{d}t}=\dfrac{1}{na^2\sqrt{1-e^2}\sin i}\dfrac{\partial R}{\partial i}\\[2mm]\dfrac{\mathrm{d}\omega}{\mathrm{d}t}=\dfrac{\sqrt{1-e^2}}{na^2e}\dfrac{\partial R}{\partial e}-\cos i\dfrac{\mathrm{d}\Omega}{\mathrm{d}t}\\[2mm]\dfrac{\mathrm{d}M}{\mathrm{d}t}=n-\dfrac{1-e^2}{na^2e}\dfrac{\partial R}{\partial e}-\dfrac{2}{na}\dfrac{\partial R}{\partial a}\end{cases} \tag{6-25}$$

式中：n 为航天器轨道运动的平均角速度。

方程式（6-25）是拉格朗日在讨论行星运动时首先提出的，因此称为拉格朗日行星摄动方程。

6.2.3 高斯变分摄动方程

标准的轨道要素为 a、e、i、Ω、ω 和 T（或 M_0），其中，a 为半长轴，e 为偏心率，i 为轨道倾角，Ω 为升交点经度，ω 为近点幅角，T 为过近拱点时刻，M_0 为初始时刻的平近点角。高斯变分法的目的是要找出 $\frac{\mathrm{d}a}{\mathrm{d}t}$、$\frac{\mathrm{d}e}{\mathrm{d}t}$、$\frac{\mathrm{d}i}{\mathrm{d}t}$、$\frac{\mathrm{d}\Omega}{\mathrm{d}t}$、$\frac{\mathrm{d}\omega}{\mathrm{d}t}$ 和 $\frac{\mathrm{d}M_0}{\mathrm{d}t}$ 的解析表达式。为此需要用到某个参考坐标系，并最终能转换到我们所需要的“惯性”坐标系内。在推导的过程中可用任何坐标系，因为要将推导的结果转换到所需要的坐标系中去十分简单。因此，为了说明问题，最好是选择一个易于推导的坐标系，这里选用前文定义的 **RSW** 坐标系。

在 **RSW** 坐标系中，摄动力为

$$\boldsymbol{F}=m(F_R\boldsymbol{R}+F_S\boldsymbol{S}+F_W\boldsymbol{W}) \tag{6-26}$$

和

$$\begin{cases} \boldsymbol{r} = r\boldsymbol{R} \\ v = \dot{r}\boldsymbol{R} + r\dot{\theta}\boldsymbol{S} = \dot{\theta}\left(\dfrac{\mathrm{d}r}{\mathrm{d}\theta}\boldsymbol{R} + r\boldsymbol{S}\right) \end{cases} \tag{6-27}$$

考虑$\frac{\mathrm{d}a}{\mathrm{d}t}$的求导，单位质量能量的时间变化率是由摄动力造成的，可表示为

$$\frac{\mathrm{d}E}{\mathrm{d}t} = \frac{\boldsymbol{F} \cdot \boldsymbol{V}}{m} = \dot{\theta}\left(\frac{\mathrm{d}r}{\mathrm{d}\theta}F_R + rF_S\right) \tag{6-28}$$

以及

$$E = -\frac{\mu}{2a}\text{或者 } a = -\frac{\mu}{2E} \tag{6-29}$$

于是

$$\frac{\mathrm{d}a}{\mathrm{d}t} = \frac{\mathrm{d}a}{\mathrm{d}E}\frac{\mathrm{d}E}{\mathrm{d}t} = \frac{\mu}{2E^2}\frac{\mathrm{d}E}{\mathrm{d}t} \tag{6-30}$$

为了用已知项表示，必须求出 $\dot{\theta}$ 和 $\mathrm{d}r/\mathrm{d}\theta$ 的表达式。对圆锥曲线方程求导，得

$$\frac{\mathrm{d}r}{\mathrm{d}\theta} = \frac{re\sin\theta}{1 + e\cos\theta} \tag{6-31}$$

由角动量方程守恒，得

$$h = r^2\dot{\theta} = \sqrt{\mu p} = \sqrt{\mu a(1 - e^2)} = na^2\sqrt{1 - e^2} \tag{6-32}$$

其中

$$n = \sqrt{\frac{\mu}{a^3}} \tag{6-33}$$

因此

$$\dot{\theta} = \frac{ma^2}{r^2}\sqrt{1 - e^2} \tag{6-34}$$

将式（6－28）、式（6－29）、式（6－31）和式（6－34）代入式（6－30），得

$$\frac{\mathrm{d}a}{\mathrm{d}t} = \frac{2e\sin\theta}{n\sqrt{1 - e^2}}F_R + \frac{2a\sqrt{1 - e^2}}{nr}F_S \tag{6-35}$$

下面研究$\frac{\mathrm{d}e}{\mathrm{d}t}$的求导，在推导其他几个变分时，需要知道角动量的时间变化率。这一变化率可以表示为作用在坐标系上的所有摄动力之力矩：

$$\frac{\mathrm{d}\boldsymbol{h}}{\mathrm{d}t} = \frac{1}{m}(\boldsymbol{r} \times \boldsymbol{F}) = rF_S\boldsymbol{W} - rF_W\boldsymbol{S} \tag{6-36}$$

此式也可由下面的式子推导出来

$$\frac{\mathrm{d}\boldsymbol{h}}{\mathrm{d}t} = \frac{\mathrm{d}}{\mathrm{d}t}(\boldsymbol{r} \times \boldsymbol{v}) = \left(\frac{\mathrm{d}r}{\mathrm{d}t} \times \boldsymbol{v}\right)^0 + \boldsymbol{r} \times \frac{\mathrm{d}v}{\mathrm{d}t} \tag{6-37}$$

这里$\frac{\mathrm{d}v}{\mathrm{d}t} = \frac{F}{m} = a_p$。

因为 $\boldsymbol{h} = h\boldsymbol{W}$，故此矢量的时间导数可以表示为它在 $\boldsymbol{W}$ 方向上的长度变化，以及它沿着 $\boldsymbol{h}$ 的旋转平面的横向分量之和，即

$$\frac{\mathrm{d}\boldsymbol{h}}{\mathrm{d}t} = \dot{h}W + h\frac{\mathrm{d}\alpha}{\mathrm{d}t}S \tag{6-38}$$

式中：α 为旋转角。注意 h 的变化一定在 $\boldsymbol{S}-\boldsymbol{W}$ 平面内，因为摄动力总是作用于 $\boldsymbol{r}$，同时动量改变 $\boldsymbol{r}$ 和 $\boldsymbol{F}/m$ 的叉积。将式（6－38）和式（6－36）的分量进行比较，得出

$$\frac{\mathrm{d}h}{\mathrm{d}t}=rF_S \tag{6-39}$$

由表达式 $p=a(1-e^2)$ 得

$$e=\left(1-\frac{p}{a}\right)^{1/2}=\left(1-\frac{h^2}{\mu a}\right)^{1/2} \tag{6-40}$$

故

$$\frac{\mathrm{d}e}{\mathrm{d}t}=-\frac{h}{2\mu ae}\left(2\frac{\mathrm{d}h}{\mathrm{d}t}-\frac{h}{a}\frac{\mathrm{d}a}{\mathrm{d}t}\right)=-\frac{\sqrt{1-e^2}}{2na^2e}\left(2\frac{\mathrm{d}h}{\mathrm{d}t}-na\sqrt{1-e^2}\frac{\mathrm{d}a}{\mathrm{d}t}\right) \tag{6-41}$$

将 $\frac{\mathrm{d}h}{\mathrm{d}t}$ 和 $\frac{\mathrm{d}a}{\mathrm{d}t}$ 代入，得

$$\frac{\mathrm{d}e}{\mathrm{d}t}=\frac{\sqrt{1-e^2}\sin\theta}{na}F_r+\frac{\sqrt{1-e^2}}{na^2e}\left[\frac{a^2(1-e^2)}{r}-r\right]F_S \tag{6-42}$$

$\frac{\mathrm{d}i}{\mathrm{d}t}$ 可以从 $\boldsymbol{h}$、Ω 和 i 之间的几何关系导出，但解析方法更为直接。已知

$$\cos i=\frac{\boldsymbol{h}\cdot\boldsymbol{K}}{h} \tag{6-43}$$

对此式两边求导，得

$$\begin{aligned}-\sin i\frac{\mathrm{d}i}{\mathrm{d}t}&=\frac{h\left(\frac{\mathrm{d}\boldsymbol{h}}{\mathrm{d}t}\cdot\boldsymbol{K}\right)-(\boldsymbol{h}\cdot\boldsymbol{K})\frac{\mathrm{d}h}{\mathrm{d}t}}{h^2}\\&=\frac{h(rF_S\boldsymbol{W}-rF_W\boldsymbol{S})\cdot\boldsymbol{K}-h\cos irF_S}{h^2}\end{aligned} \tag{6-44}$$

但 $\boldsymbol{W}\cdot\boldsymbol{K}=\cos i$，$\boldsymbol{S}\cdot\boldsymbol{K}=\sin i\cos u$，其中 u 是纬度幅角（从升交点到 $\boldsymbol{r}$ 的角度），故

$$-\sin i\frac{\mathrm{d}i}{\mathrm{d}t}=-\frac{rF_W\sin i\cos u}{na^2\sqrt{1-e^2}} \tag{6-45}$$

所以

$$\frac{\mathrm{d}i}{\mathrm{d}t}=\frac{rF_W\cos u}{na^2\sqrt{1-e^2}} \tag{6-46}$$

i 的改变仅由沿 $\boldsymbol{W}$ 方向的摄动所致。

下面推导 $\frac{\mathrm{d}\Omega}{\mathrm{d}t}$，易知

$$\cos\Omega=\frac{\boldsymbol{I}\cdot(\boldsymbol{K}\times\boldsymbol{h})}{|\boldsymbol{K}\times\boldsymbol{h}|} \tag{6-47}$$

对此式两边求导，得

$$\begin{aligned}-\sin\Omega\frac{\mathrm{d}\Omega}{\mathrm{d}t}&=\frac{\boldsymbol{I}\cdot\left(\boldsymbol{K}\times\frac{\mathrm{d}\boldsymbol{h}}{\mathrm{d}t}\right)|\boldsymbol{K}\times\boldsymbol{h}|-\boldsymbol{I}\cdot(\boldsymbol{K}\times\boldsymbol{h})\frac{\mathrm{d}}{\mathrm{d}t}|\boldsymbol{K}\times\boldsymbol{h}|}{|\boldsymbol{K}\times\boldsymbol{h}|^2}\\&=\left\{\boldsymbol{I}\cdot[\boldsymbol{K}\times(rF_S\boldsymbol{W}-rF_W\boldsymbol{S})]h\sin i-h\cos\Omega\sin i\left(\frac{\mathrm{d}h}{\mathrm{d}t}\sin i+h\cos i\frac{\mathrm{d}i}{\mathrm{d}t}\right)\right\}\frac{1}{h^2\sin^2 i}\end{aligned} \tag{6-48}$$

但$\boldsymbol{I}\cdot\boldsymbol{K}\times\boldsymbol{W}=\cos\Omega\sin i$，$\boldsymbol{I}\cdot\boldsymbol{K}\times\boldsymbol{S}=\boldsymbol{I}\times\boldsymbol{K}\cdot\boldsymbol{S}=-\boldsymbol{J}\cdot\boldsymbol{S}=\sin\Omega\sin u-\cos\Omega\cos u\cos i$。将式（6－45）和式（6－39）代入上式的$\frac{\mathrm{d}i}{\mathrm{d}t}$和$\frac{\mathrm{d}h}{\mathrm{d}t}$，化简后得

$$\frac{\mathrm{d}\Omega}{\mathrm{d}t}=\frac{rF_W\sin u}{h\sin i}=\frac{rF_W\sin u}{na^2\sqrt{1-e^2}\sin i} \tag{6－49}$$

下面对$\frac{\mathrm{d}\omega}{\mathrm{d}t}$的推导与前面的推导差异很大。到现在为止，$a$，$e$，$i$ 变差都是由于摄动引起的。可是，在下面的表达式中将出现位置和速度的状态矢量。我们现在考虑的只是由摄动力引起的时间变化，而不是由二体基准轨道运动引起的变化，$\boldsymbol{r}$ 并不会由于摄动而发生一阶变化（$\mathrm{d}r/\mathrm{d}t=0$），可是导数与摄动力有关，所以

$$\frac{\mathrm{d}v}{\mathrm{d}t}=\frac{F_p}{m}=a_p \tag{6－50}$$

如果不作此说明，则难以理解下面的一些推导。要说清相对于二体基准轨道的摄动，有必要列出推导过程。

对于纬度幅角 u，有

$$u=\omega+\theta \tag{6－51}$$

存在

$$\frac{(\boldsymbol{K}\times\boldsymbol{h})\cdot\boldsymbol{r}}{|\boldsymbol{K}\times\boldsymbol{h}|}=r\cos(\omega+\theta) \tag{6－52}$$

对此式求导，得到

$$\frac{|\boldsymbol{K}\times\boldsymbol{h}|\left(\boldsymbol{K}\times\frac{\mathrm{d}\boldsymbol{h}}{\mathrm{d}t}\cdot\boldsymbol{r}\right)-(\boldsymbol{K}\times\boldsymbol{h}\cdot\boldsymbol{r})\frac{\mathrm{d}}{\mathrm{d}t}|\boldsymbol{K}\times\boldsymbol{h}|}{|\boldsymbol{K}\times\boldsymbol{h}|^2}=-r\sin(\omega+\theta)\left(\frac{\mathrm{d}\omega}{\mathrm{d}t}+\frac{\mathrm{d}v}{\mathrm{d}t}\right) \tag{6－53}$$

经整理后得

$$\begin{aligned}\frac{\mathrm{d}\omega}{\mathrm{d}t}&=\frac{-|\boldsymbol{K}\times\boldsymbol{h}|\left(\boldsymbol{K}\times\frac{\mathrm{d}\boldsymbol{h}}{\mathrm{d}t}\cdot\boldsymbol{r}\right)+(\boldsymbol{K}\times\boldsymbol{h}\cdot\boldsymbol{r})\frac{\mathrm{d}}{\mathrm{d}t}|\boldsymbol{K}\times\boldsymbol{h}|-\frac{\mathrm{d}v}{\mathrm{d}t}|\boldsymbol{K}\times\boldsymbol{h}|^2r\sin(\omega+\theta)}{|\boldsymbol{K}\times\boldsymbol{h}|^2r\sin(\omega+\theta)}\\&=\left\{\frac{1}{h^2\sin^2 i r\sin u}\right\}\{-h\sin i[\boldsymbol{K}\times(rF_S\boldsymbol{W}-rF_W\boldsymbol{S})\cdot\boldsymbol{r}]+\\&\quad(\boldsymbol{K}\times\boldsymbol{h}\cdot\boldsymbol{r})\left(\frac{\mathrm{d}h}{\mathrm{d}t}\sin i+h\cos i\frac{\mathrm{d}i}{\mathrm{d}t}\right)-\frac{\mathrm{d}\theta}{\mathrm{d}t}h^2r\sin^2 i\sin u\right\}\end{aligned} \tag{6－54}$$

式中：$\boldsymbol{K}\times\boldsymbol{W}\cdot\boldsymbol{r}=r\sin i\cos u$，$\boldsymbol{K}\times\boldsymbol{S}\cdot\boldsymbol{r}=r\boldsymbol{S}\times\boldsymbol{R}\cdot\boldsymbol{K}=-\boldsymbol{W}\cdot\boldsymbol{K}=-\boldsymbol{r}\cos i$，$\boldsymbol{K}\times\boldsymbol{h}\cdot\boldsymbol{r}=rh\sin i\cos u$。

式（6－39）和式（6－46）已给出 $\mathrm{d}h/\mathrm{d}t$ 和 $\mathrm{d}i/\mathrm{d}t$。下面要求 $\mathrm{d}\theta/\mathrm{d}t$ 的表达式，真近点角受到由近拱点和升交点运动而产生的摄动的影响。由圆锥曲线方程得

$$r(1+e\cos\theta)=\frac{h^2}{\mu} \tag{6－55}$$

对式（6－55）中受摄动影响的项求导数，得

$$r\left(\frac{\mathrm{d}e}{\mathrm{d}t}\cos\theta-e\sin\theta\frac{\mathrm{d}\theta}{\mathrm{d}t}\right)=\frac{2h}{\mu}\frac{\mathrm{d}h}{\mathrm{d}t} \tag{6－56}$$

或

$$r\sin\theta\frac{\mathrm{d}\theta}{\mathrm{d}t}=r\cos\theta\frac{\mathrm{d}e}{\mathrm{d}t}-\frac{2h}{\mu}\frac{\mathrm{d}h}{\mathrm{d}t}\tag{6-57}$$

至此，由式（6－57）可解出 $\mathrm{d}\theta/\mathrm{d}t$，然后代入式（6－54），得到一个正确的表达式。然而经验表明，这样推导的代数运算很复杂，并且最后得到的表达式也不如 $\mathrm{d}\theta/\mathrm{d}t$ 的另一表达式求得的结果简单。对下面的恒等式求导

$$\mu re\sin\theta=h\boldsymbol{r}\cdot\boldsymbol{v}\tag{6-58}$$

得到

$$\mu r\frac{\mathrm{d}e}{\mathrm{d}t}\sin\theta+\mu re\cos\theta\frac{\mathrm{d}\theta}{\mathrm{d}t}=\frac{\mathrm{d}h}{\mathrm{d}t}\boldsymbol{r}\cdot\boldsymbol{v}+h\boldsymbol{r}\cdot\dot{\boldsymbol{v}}\tag{6-59}$$

将式（6－57）乘以 $\mu\sin\theta$，式（6－59）乘以 $\cos\theta$，再相加得

$$\frac{\mathrm{d}\theta}{\mathrm{d}t}=\frac{1}{reh}\left[p\cos\theta\boldsymbol{r}\cdot\dot{\boldsymbol{v}}-(p+r)\sin\theta\frac{\mathrm{d}h}{\mathrm{d}t}\right]\tag{6-60}$$

现在式（6－54）变成

$$\begin{aligned}\frac{\mathrm{d}\omega}{\mathrm{d}t}=&\left[\frac{1}{h^2r\sin^2 i\sin u}\right]\{-h\sin i[r^2F_S\sin i\cos u+r^2F_W\cos i]\}+\\&rh\sin i\cos u[rF_S\sin i+rF_W\cos i\cos u]-\\&\frac{1}{reh}(p\cos\theta rF_r-(p+r)\sin\theta rF_S)h^2r\sin^2 i\sin u\end{aligned}\tag{6-61}$$

将 $\left(\frac{\mathrm{d}\omega}{\mathrm{d}t}\right)_R$，$\left(\frac{\mathrm{d}\omega}{\mathrm{d}t}\right)_S$ 和 $\left(\frac{\mathrm{d}\omega}{\mathrm{d}t}\right)_W$ 定义为由摄动力的3个分量引起的变分，然后用代数方法化简可得

$$\left(\frac{\mathrm{d}\omega}{\mathrm{d}t}\right)_R=-\frac{\sqrt{1-e^2}\cos\theta}{nae}F_R\tag{6-62}$$

$$\left(\frac{\mathrm{d}\omega}{\mathrm{d}t}\right)_S=\frac{p}{eh}\left[\sin\theta\left(1+\frac{1}{1+e\cos\theta}\right)\right]F_S\tag{6-63}$$

$$\left(\frac{\mathrm{d}\omega}{\mathrm{d}t}\right)_W=-\frac{r\cot i\sin u}{na^2\sqrt{1-e^2}}\tag{6-64}$$

则

$$\frac{\mathrm{d}\omega}{\mathrm{d}t}=\left(\frac{\mathrm{d}\omega}{\mathrm{d}t}\right)_R+\left(\frac{\mathrm{d}\omega}{\mathrm{d}t}\right)_S+\left(\frac{\mathrm{d}\omega}{\mathrm{d}t}\right)_W\tag{6-65}$$

另外，由于平面内的摄动引起的 ω 的变化与由于摄动引起的真近点角的变化直接有关，则

$$\left(\frac{\mathrm{d}\omega}{\mathrm{d}t}\right)_{R,S}=-\frac{\mathrm{d}\theta}{\mathrm{d}t}\tag{6-66}$$

$\mathrm{d}M_0/\mathrm{d}t$ 的推导可由对历元时刻的平近点角 $M_0=E-e\sin E-n(t-t_0)$ 求导而得到

$$\frac{\mathrm{d}M_0}{\mathrm{d}t}=\frac{\mathrm{d}E}{\mathrm{d}t}-\frac{\mathrm{d}e}{\mathrm{d}t}\sin E-e\cos E\frac{\mathrm{d}E}{\mathrm{d}t}-\frac{\mathrm{d}n}{\mathrm{d}t}(t-t_0)\tag{6-67}$$

已知 $\frac{\mathrm{d}e}{\mathrm{d}t}$，$\frac{\mathrm{d}E}{\mathrm{d}t}$，且 $\frac{\mathrm{d}n}{\mathrm{d}t}=-\frac{3\mu}{2na^4}\frac{\mathrm{d}a}{\mathrm{d}t}$，$\sin E$ 和 $\cos E$ 可由下面的式子求得

$$\cos\theta=\frac{\cos E-e}{1-e\cos E}\tag{6-68}$$

$$\sin\theta=\frac{\sqrt{1-e^2}\sin E}{1-e\cos E} \tag{6-69}$$

得到的结果是

$$\frac{\mathrm{d}M_0}{\mathrm{d}t}=-\frac{1}{na}\left(\frac{2r}{a}-\frac{1-e^2}{e}\cos\theta\right)F_R-\frac{(1-e^2)}{nae}\left(1+\frac{r}{a(1-e^2)}\right)\sin\theta F_S-t\frac{\mathrm{d}n}{\mathrm{d}t} \tag{6-70}$$

应用高斯摄动方程解题的步骤归纳如下：

（1）算出 $t=t_0$ 时的 6 个轨道要素；

（2）计算摄动力，并在 $t=t_0$ 时把摄动力转换到 ***RSW*** 坐标系；

（3）算出 6 个轨道要素的变化率；

（4）对一阶方程进行数值积分；

（5）积分是对要素的摄动进行的，故必须把每一步轨道要素的变化都加到前面的数值上去；

（6）根据新的轨道要素值，计算位置和速度；

（7）返回步骤（2），重复上述步骤，直至求出最终结果。

在上述这组参数的计算中有一些限制条件。当 $e=1$ 或 $e=0$ 时，其中的某些要素无法计算。为此，人们找出了一些用于其他参数组的公式，以处理近似于圆和抛物线的轨道。值得注意的是，上面的 $\mathrm{d}M_0/\mathrm{d}t$ 只对椭圆轨道才成立。

6.2.4 普适变量公式中的参数变分

6.2.1 节和 6.2.2 节的摄动方程在应用中有许多限制，所以本节研究与普适变量有关的变分方程，这些方程在应用中无限制条件。

将 $\boldsymbol{r}_0$ 和 $\boldsymbol{v}_0$ 的 6 个分量作为变化参数。因此，可求出由摄动力形成的时间导数或 $\boldsymbol{r}_0$ 和 $\boldsymbol{v}_0$。根据第 4 章拉格朗日系数，可知运动物体在任一时刻的位置是 $\boldsymbol{r}_0$ 和 $\boldsymbol{v}_0$，f，$\dot{f}$，g 和 $\dot{g}$ 的函数，其中 f 和 g 的表达式是以普适变量 χ 表示的。可将 $\boldsymbol{r}_0$ 和 $\boldsymbol{v}_0$ 表示为

$$\begin{cases}\boldsymbol{r}_0=F\boldsymbol{r}+G\boldsymbol{v}\\ \boldsymbol{v}_0=\dot{F}\boldsymbol{r}+\dot{G}\boldsymbol{v}\end{cases} \tag{6-71}$$

此处的 F、$\dot{F}$、G 和 $\dot{G}$ 与 f、$\dot{f}$、g 和 $\dot{g}$ 的表达式完全一样，只是用 $-t$ 代替 t，用 $-\chi$ 代替 χ，用 r 代替 r_0。因此

$$\begin{cases}F=1-\dfrac{\chi^2}{r}C(z)\\ G=-\left[(t-t_0)-\dfrac{\chi^3}{\sqrt{\mu}}S(z)\right]\end{cases} \tag{6-72}$$

$$\begin{cases}\dot{F}=\dfrac{\sqrt{\mu}\chi}{rr_0}(1-zS(z))\\ \dot{G}=1-\dfrac{\chi^2}{r_0}C(z)\end{cases} \tag{6-73}$$

注意

$$z=\frac{\chi^2}{a}=\alpha\chi^2 \tag{6-74}$$

其中

$$\alpha = \frac{1}{a} = \frac{2}{r} - \frac{v^2}{\mu} \tag{6-75}$$

引用 α 是为了可用于抛物线轨道。实际上，在对式（6－71）的求导计算中，要对 $\frac{\mathrm{d}(\alpha \boldsymbol{r}_0)}{\mathrm{d}t}$ 和 $\frac{\mathrm{d}(\alpha \boldsymbol{v}_0)}{\mathrm{d}t}$ 两项进行计算。在求导的过程中，将 $\boldsymbol{r}$ 看作常数，而加速度 $\dot{\boldsymbol{v}}$ 只是由摄动力形成的结果，不考虑由二体基准轨道运动所引起的变化。由式（6－75）得

$$\frac{\mathrm{d}\alpha}{\mathrm{d}t} = \frac{2}{\mu}\boldsymbol{v} \cdot \dot{\boldsymbol{v}} \tag{6-76}$$

对式（6－71）求导，得

$$\begin{cases} \dfrac{\mathrm{d}(\alpha \boldsymbol{r}_0)}{\mathrm{d}t} = \dfrac{\mathrm{d}(\alpha F)}{\mathrm{d}t}\boldsymbol{r} + \dfrac{\mathrm{d}(\alpha G)}{\mathrm{d}t}\boldsymbol{v} + \alpha G \dot{\boldsymbol{v}} \\ \dfrac{\mathrm{d}(\alpha \boldsymbol{v}_0)}{\mathrm{d}t} = \dfrac{\mathrm{d}(\alpha \dot{F})}{\mathrm{d}t}\boldsymbol{r} + \dfrac{\mathrm{d}(\alpha \dot{G})}{\mathrm{d}t}\boldsymbol{v} + \alpha G \dot{\boldsymbol{v}} \end{cases} \tag{6-77}$$

式（6－77）中的导数可由式（6－73）求出，再用代数方法化简后得

$$\begin{cases} \dfrac{\mathrm{d}(\alpha F)}{\mathrm{d}t} = \dfrac{1}{\mu}\left(\dfrac{\chi r_0 \dot{F}}{\sqrt{\mu}} - 2\right)\boldsymbol{v} \cdot \dot{\boldsymbol{v}} - \dfrac{r_0 \dot{F}}{\sqrt{\mu}}\left(\alpha \dfrac{\mathrm{d}\chi}{\mathrm{d}t}\right) \\ \dfrac{\mathrm{d}(\alpha G)}{\mathrm{d}t} = \dfrac{-1}{\mu}\left(\dfrac{\chi r(1-F)}{\sqrt{\mu}} - (3t - 3t_0 + G)\right)\boldsymbol{v} \cdot \dot{\boldsymbol{v}} + \dfrac{r(1-F)}{\sqrt{\mu}}\left(\alpha \dfrac{\mathrm{d}\chi}{\mathrm{d}t}\right) \end{cases} \tag{6-78}$$

$$\begin{cases} \dfrac{\mathrm{d}(\alpha \dot{F})}{\mathrm{d}t} = \dfrac{1}{r r_0 \mu}[\alpha \sqrt{\mu}(G + t - t_0) + \alpha \times r(1-F) - 2\chi]\boldsymbol{v} \cdot \dot{\boldsymbol{v}} + \\ \qquad \sqrt{\dfrac{\mu}{r r_0}}[1 - \alpha r(1-F)]\alpha \dfrac{\mathrm{d}\chi}{\mathrm{d}t} - \dfrac{\dot{F}}{r_0}\left(\alpha \dfrac{\mathrm{d}r_0}{\mathrm{d}t}\right) \\ \dfrac{\mathrm{d}(\alpha \dot{G})}{\mathrm{d}t} = \dfrac{1}{\mu}\left(\dfrac{\chi r F}{\sqrt{\mu}} - 2\right)\boldsymbol{v} \cdot \dot{\boldsymbol{v}} - \dfrac{r\dot{F}}{\sqrt{\mu}}\left(\alpha \dfrac{\mathrm{d}\chi}{\mathrm{d}t}\right) + \dfrac{r(1-F)}{r_0^2}\left(\alpha \dfrac{\mathrm{d}r_0}{\mathrm{d}t}\right) \end{cases} \tag{6-79}$$

还需要求出 $\frac{\mathrm{d}\chi}{\mathrm{d}t}$ 和 $\frac{\mathrm{d}r_0}{\mathrm{d}t}$，用上述变量替换法，将开普勒方程中的 $\boldsymbol{r}_0$，$\boldsymbol{v}_0$ 变换成 $\boldsymbol{r}$，$\boldsymbol{v}$，则可得

$$\sqrt{\mu}(t - t_0) = (1 - r\alpha)\chi^3 S(z) + r\chi - \frac{\boldsymbol{r} \cdot \boldsymbol{v}}{\sqrt{\mu}}\chi^2 C(z) \tag{6-80}$$

同样，轨道方程变成

$$r_0 = \chi^2 C(z) - \frac{\boldsymbol{r} \cdot \boldsymbol{v}}{\sqrt{\mu}}\chi(1 - zS(z)) + r(1 - zC(z)) \tag{6-81}$$

对式（6－81）求导，得

$$\begin{aligned} \alpha \frac{\mathrm{d}r_0}{\mathrm{d}t} = {} & \frac{1}{\mu}[2r(1-F) + \alpha\chi\sqrt{\mu}(t - t_0) + \alpha \boldsymbol{r} \cdot \boldsymbol{v}(G + t - t_0) - \\ & \alpha\chi^2 r]\boldsymbol{v} \cdot \boldsymbol{v} - \frac{\alpha r_0 \dot{F}}{\mu}\boldsymbol{r} \cdot \dot{\boldsymbol{v}} + \left(\chi - \alpha\sqrt{\mu}(t - t_0) - \frac{\boldsymbol{r} \cdot \boldsymbol{v}}{\sqrt{\mu}}\right)\left(\alpha \frac{\mathrm{d}\chi}{\mathrm{d}t}\right) \end{aligned} \tag{6-82}$$

对式（6－80）求导，得

$$\alpha\frac{\mathrm{d}\chi}{\mathrm{d}t}=\frac{1}{\mu r_0}[\chi(r+r_0)-2\sqrt{\mu}(t-t_0)-\sqrt{\mu}(1+r\alpha)(G+t-t_0)]\boldsymbol{v}\cdot\boldsymbol{v}+\frac{\alpha r(1-F)}{r_0\sqrt{\mu}}\boldsymbol{r}\cdot\boldsymbol{v} \tag{6-83}$$

对式（6-77）进行数值积分即可得到位置矢量和速度矢量，但是要注意同时还要对式（6-76）积分以得出 α。

6.3 一般摄动法

上节所讲的参数变分法属于特殊摄动分析法，这是因为其中最后的积分是用数值方法完成的。如果这些方程可进行解析积分，则它们就属于一般摄动分析法。一般摄动分析法涉及摄动加速度级数展开的解析积分，因此，它比特殊摄动分析法更难、更繁琐，但它能使我们更好地理解摄动源。

6.3.1 平均要素法

研究表明，轨道摄动可以分为长期变化部分和周期变化部分，在瞬时轨道要素中扣除周期变化部分后称为平均轨道要素。平均要素法就是以平均轨道要素代替开普勒轨道要素作为展开基准，以改善级数解的迭代收敛过程。

设 σ 为某个密切根数，则 $\dot{\sigma}$ 为其变化值。由于 $\dot{\sigma}=(\mathrm{d}\sigma/\mathrm{d}\theta)\dot{\theta}$，一个轨道周期上 $\dot{\sigma}$ 的平均值为

$$\bar{\dot{\sigma}}=\overline{\frac{\mathrm{d}\sigma}{\mathrm{d}\theta}}n \tag{6-84}$$

式中：n 为平均运动速度，有

$$n=\bar{\dot{\theta}}=\frac{1}{T}\int_0^T\frac{\mathrm{d}\theta}{\mathrm{d}t}\mathrm{d}t=\int_0^{2\pi}\mathrm{d}\theta=\frac{2\pi}{T} \tag{6-85}$$

同时，可将 n 写为

$$n=\sqrt{\frac{\mu}{a^3}} \tag{6-86}$$

对于 $\mathrm{d}\sigma/\mathrm{d}\theta$ 的平均值，已知

$$\overline{\frac{\mathrm{d}\sigma}{\mathrm{d}\theta}}=\frac{1}{2\pi}\int_0^{2\pi}\frac{\mathrm{d}\sigma}{\mathrm{d}\theta}\mathrm{d}\theta=\frac{1}{2\pi}\int_0^{2\pi}\frac{\mathrm{d}\sigma}{\mathrm{d}t}\frac{1}{\dot{\theta}}\mathrm{d}\theta=\frac{1}{2\pi}\int_0^{2\pi}\frac{\mathrm{d}\sigma}{\mathrm{d}t}\frac{r^2}{h}\mathrm{d}\theta \tag{6-87}$$

其中，利用式 $h=r^2\dot{\theta}$ 并将其代入式（6.87）可得平均时间方程

$$\bar{\dot{\sigma}}=\frac{n}{2\pi}\int_0^{2\pi}\frac{\mathrm{d}\sigma}{\mathrm{d}t}\frac{r^2}{h}\mathrm{d}\theta \tag{6-88}$$

积分运算时唯一的变量为 θ，其他的轨道根数为常数。根据轨道根数的变化率表达式就可以求解一个轨道周期内轨道根数平均变化率。在 6.4.1 节中，将结合地球非球形摄动介绍平均要素法的具体应用。平均要素能近似描述航天器轨道的长期变化特征，因此在长周期的任务规划或轨道设计中用途尤为明显。

6.3.2 级数展开法

为用解析法处理问题，先以幂级数表示摄动力，然后用解析法积分。此办法看起来很简单，但实际上积分是相当困难的，尽管积分的级数解法也是常用的方法。在特殊摄动分析法中，最终的结果是，对应于某个特定的问题或某组初始条件有一个解。而在一般摄动分析法中，最终的结果将包括多种情况的解，并可得出有关摄动轨道的大量信息，对于费时很长的计算尤其如此。

为了使大家对一般摄动分析法有初步了解，在这里将用一个非常简单的例子做示范。此例采用参数变分法，同时将摄动力展开成级数。

以下面的方程为例

$$\dot{x}-\alpha=\frac{\theta}{(1+\mu x)^2} \tag{6-89}$$

式中：α 为一常数；μ 和 θ 是很小的数。把右边的项当成摄动项。在无摄动时，该方程的解为

$$x=\alpha t+c \tag{6-90}$$

式中：c 为参数，此积分常数 c 类似于轨道力学中的轨道要素。因为 μ 和 θ 很小，摄动方程的解与式（6-90）的解相差很小，所以满足式（6-89）的 c 的变化也应当很小。在式（6-90）中，允许 c 随时间变化，有

$$\dot{x}=\alpha+\dot{c} \tag{6-91}$$

将 $\dot{x}$ 和 x 代入式（6-89），解出

$$\dot{c}=\frac{\theta}{[1+\mu(\alpha t+c)]^2} \tag{6-92}$$

式（6-92）的右边是摄动，可以展开为

$$\dot{c}=\theta[1-2\mu(\alpha t+c)+3\mu^2(\alpha t+c)^2-\cdots] \tag{6-93}$$

最低阶的近似值为 $\dot{c}=v$，但更实际点，考虑

$$\dot{c}=\theta-2\mu\theta(\alpha t+c)\Rightarrow\dot{c}+2\mu\theta c-\theta=-2\mu\theta\alpha t \tag{6-94}$$

由此很容易解得 c，因为 $c(0)=\theta+\dfrac{1}{2\mu}$，所以

$$c=\theta e^{-2\mu\theta t}-\alpha t+\frac{\alpha+\theta}{2\mu\theta}-\frac{\alpha}{2\mu\theta}e^{-2\mu\theta t} \tag{6-95}$$

因此，由式（6-90）得到的 x 将精确到 μ 的一阶。虽然此例并无物理意义，但却清楚地告诉我们怎样应用级数展开的解析法处理摄动问题。级数展开是表示摄动的通用方法。

6.4 摄动力及其影响

本节将介绍在实际中常用的几个摄动加速度公式。有些公式相当复杂，这里仅讨论较为简单的一部分。对问题的叙述力求简要，但也要充分，以便读者在运用本章介绍的方法时不必再去参考更为详细的论著。

6.4.1 地球非球形引力

地球的简化重力势为μ/r，它是假定由正球形且质量对称分布的物体产生的。在这样假设条件下形成的轨道为一圆锥曲线轨道。然而，地球并不是一个正球形且质量对称分布的物体，而是赤道隆起，两极扁平，且其质量分布并不对称的物体。若位函数 ϕ 为已知，则由下式可求出加速度

$$a=\nabla\phi=\frac{\delta\phi}{\delta x}\boldsymbol{I}+\frac{\delta\phi}{\delta y}\boldsymbol{J}+\frac{\delta\phi}{\delta z}\boldsymbol{K} \tag{6-96}$$

地球引力位函数可表述为

$$\phi=\frac{\mu}{r}\left[1-\sum_{n=2}^{\infty}J_n\left(\frac{r_e}{r}\right)^n P_n\sin L\right] \tag{6-97}$$

式中：μ 为地球引力参数；J_n 为由实验观测确定的系数；r_e 为地球赤道半径；P_n 为勒让德多项式；L 为地心纬度，并且 $\sin L=z/r$。

式（6-97）中，当 n 取到 6 时

$$\begin{aligned}\phi=\frac{\mu}{r}\Bigg[1&-\frac{J_2}{2}\left(\frac{r_e}{r}\right)^2(3\sin^2L-1)-\frac{J_3}{2}\left(\frac{r_e}{r}\right)^3(5\sin^3L-3\sin L)-\\&\frac{J_4}{8}\left(\frac{r_e}{r}\right)^4(35\sin^4L-30\sin^2L+3)-\\&\frac{J_5}{8}\left(\frac{r_e}{r}\right)^5(63\sin^5L-70\sin^3L+15\sin L)-\\&\frac{J_6}{16}\left(\frac{r_e}{r}\right)^6(231\sin^6L-315\sin^4L+105\sin^2L-5)\Bigg]\end{aligned} \tag{6-98}$$

对 ϕ 求偏导数，得

$$\begin{aligned}\ddot{x}=\frac{\delta\phi}{\delta x}=-\frac{\mu x}{r^3}\Bigg[1&-J_2\frac{3}{2}\left(\frac{r_e}{r}\right)^2\left(5\frac{z^2}{r^2}-1\right)+\\&J_3\frac{5}{2}\left(\frac{r_e}{r}\right)^3\left(3\frac{z}{r}-7\frac{z^3}{r^3}\right)-J_4\frac{5}{8}\left(\frac{r_e}{r}\right)^4\left(3-42\frac{z^2}{r^2}+63\frac{z^4}{r^4}\right)-\\&J_5\frac{3}{8}\left(\frac{r_e}{r}\right)^5\left(35\frac{z}{r}-210\frac{z^3}{r^3}+231\frac{z^5}{z^5}\right)+\\&J_6\frac{1}{16}\left(\frac{r_e}{r}\right)^6\left(35-945\frac{z^2}{r^2}+3465\frac{z^4}{r^4}-3003\frac{z^6}{r^6}\right)+\cdots\Bigg]\end{aligned} \tag{6-99}$$

$$\ddot{y}=\frac{\delta\phi}{\delta y}=\frac{y}{x}\ddot{x} \tag{6-100}$$

$$\begin{aligned}\ddot{z}=\frac{\delta\phi}{\delta z}=-\frac{\mu z}{r^3}\Bigg[1&+J_2\frac{3}{2}\left(\frac{r_e}{r}\right)^2\left(3-5\frac{z^2}{r^2}\right)+\\&J_3\frac{3}{2}\left(\frac{r_e}{r}\right)^3\left(10\frac{z}{r}-\frac{35}{3}\frac{z^3}{r^3}-\frac{r}{z}\right)-\\&J_4\frac{5}{8}\left(\frac{r_e}{r}\right)^4\left(15-70\frac{z^2}{r^2}+63\frac{z^4}{r^4}\right)-\\&J_5\frac{1}{8}\left(\frac{r_e}{r}\right)^5\left(315\frac{z}{r}-945\frac{z^3}{r^3}+693\frac{z^5}{r^5}-15\frac{r}{z}\right)+\end{aligned}$$

$$J_6 \frac{1}{16}\left(\frac{r_e}{r}\right)^6\left(245-2005\frac{z^2}{r^2}+4851\frac{z^4}{r^4}-3003\frac{z^6}{r^6}\right)+\cdots\bigg] \tag{6-101}$$

请注意，式中的 $\sin L$ 由 z/r 所代替。$\ddot{x}$、$\ddot{y}$、$\ddot{z}$ 表达式中的第一项为二体加速度，其余项是由地球的非球形造成的摄动加速度。系数 J 有多种确定办法，用不同的办法，其结果有所不同。下面给出一组具有代表性的 J 值。

$$\begin{aligned}
J_2 &= (1082.63)\times 10^{-6}\\
J_3 &= (-2.532)\times 10^{-6}\\
J_4 &= (-1.62)\times 10^{-6}\\
J_5 &= (-0.15\pm 0.1)\times 10^{-6}\\
J_6 &= (0.57\pm 0.1)\times 10^{-6}\\
J_7 &= (-0.44\pm 0.1)\times 10^{-6}
\end{aligned} \tag{6-102}$$

显然，J_4 以后系数的可信度减小。这些方程只包含带谐函数，这些函数仅与地球南北轴对称分布的物质有关，而与经度无关。在这里要强调运用上述公式时的几点注意事项：方程是用地心赤道坐标系列出来的，因此，需要留意由于地球自转产生的地球与该惯性坐标系的瞬时关系。

由于系数 J_2 远大于其他球谐系数，因此，很多情况下仅考虑 J_2 已经能够满足精度要求。J_2 项反映了由于地球自转造成的椭球扁率，因此又称为扁率项。将 J_2 项摄动加速度转换到 ***RSW*** 坐标系中可得

$$\begin{cases}
F_R = \dfrac{3J_2\mu R^2}{2r^4}[3\sin^2 i\sin^2(\omega+\theta)-1]\\
F_S = \dfrac{3J_2\mu R^2}{2r^4}[-\sin^2 i\sin 2(\omega+\theta)]\\
F_W = \dfrac{3J_2\mu R^2}{2r^4}[-\sin 2i\sin(\omega+\theta)]
\end{cases} \tag{6-103}$$

将式（6-103）代入到高斯摄动方程，可得

$$\begin{aligned}
\frac{da}{dt} &= \frac{3}{2}\frac{J_2\mu R^2}{hr^4}2a^2[e\sin\theta(3\sin^2 i\sin^2 u-1)-\sin^2 i\sin 2u(1+e\cos\theta)]\\
\frac{de}{dt} &= \frac{3}{2}\frac{J_2\mu R^2}{hr^3}\left[\frac{h^2}{\mu r}\sin\theta(3\sin^2 i\sin^2 u-1)-\sin^2 i\sin 2u(e+2\cos\theta+e\cos^2\theta)\right]\\
\frac{di}{dt} &= -\frac{3}{4}\frac{J_2\mu R^2}{hr^3}\sin 2i\sin 2u\\
\frac{d\Omega}{dt} &= -3\frac{J_2\mu R^2}{hr^3}\cos i\sin^2 u\\
\frac{d\omega}{dt} &= \frac{3}{2}\frac{J_2\mu R^2}{ehr^3}\Big[2e\cos^2 i\sin^2 u+\frac{h^2}{\mu r}\cos\theta(1-3\sin^2 i\sin^2 u)-\\
&\quad (2+e\cos\theta)\sin\theta\sin^2 i\sin 2u\Big]\\
\frac{d\theta}{dt} &= \frac{h}{r^2}+\frac{3}{2}\frac{J_2\mu R^2}{ehr^3}\left[\frac{h^2}{\mu r}\cos\theta(3\sin^2 i\sin^2 u-1)+(2+e\cos\theta)\sin\theta\sin^2 i\sin 2u\right]
\end{aligned} \tag{6-104}$$

根据平均要素法，可以推导得到在 J_2 项摄动加速度作用下轨道要素的平均变化率为

地球 J_2 项摄动

$$\begin{cases}\dot{\bar{a}}=0\\ \dot{\bar{e}}=0\\ \dot{\bar{i}}=0\\ \dot{\bar{\Omega}}=-\dfrac{3}{2}\dfrac{J_2\sqrt{\mu}R^2}{a^{7/2}(1-e^2)^2}\cos i\\ \dot{\bar{\omega}}=\dfrac{3}{2}\dfrac{J_2\sqrt{\mu}R^2}{a^{7/2}(1-e^2)^2}\left(2-\dfrac{5}{2}\sin^2 i\right)\\ \dot{\bar{\theta}}=n-\dfrac{3}{2}\dfrac{J_2\sqrt{\mu}R^2}{a^{7/2}(1-e^2)^2}\left(1-\dfrac{3}{2}\sin^2 i\right)\end{cases} \tag{6-105}$$

根据式（6－105），这些轨道根数的平均变化率方程对于设计冻结轨道很有用。冻结轨道是那些其大小、形状或方向在很长一段时间内平均保持不变的轨道。仔细选择轨道参数可以最大限度地减少或消除由摄动引起的漂移。例如，若轨道倾角 $\sin i=\sqrt{4/5}$，则拱线将被冻结在空间中。同理，若 $\sin i=\sqrt{2/3}$，则引力摄动下的平均运动 $\dot{\theta}$ 消除。若 $\cos i=0$，则轨道平面进动 $\dot{\Omega}$ 被阻止。这也是闪电轨道和太阳同步轨道的实际应用。

6.4.2　大气阻力

由于大气波动、轨道物体正面投影面积、阻力系数和其他参数引起的不确定性，使得大气阻力方程难以确定。这里将给出一个相当简单的公式。阻力，顾名思义，其方向应与飞行器相对于大气的速度方向相反。因此，大气阻力摄动加速度是

$$\ddot{r}=-\frac{1}{2}C_D\frac{A}{m}\rho v_a\dot{r}_a \tag{6-106}$$

式中：C_D 为与 A 有关的无量纲阻力系数；A 为飞行器在垂直于运动方向的横截面；m 为飞行器质量；ρ 为飞行器飞行高度上的大气密度；$v_a=|\dot{r}_a|$ 为飞行器相对旋转大气的速度，$\dot{r}_a=\begin{bmatrix}\dot{x}-\omega_e y\\ \dot{y}-\omega_e x\\ \dot{z}\end{bmatrix}$；$\dot{r}=\begin{bmatrix}\dot{x}\\ \dot{y}\\ \dot{z}\end{bmatrix}$为惯性速度；$\omega_e$ 为地球的旋转速度。此处 x、y、z 指的是地心赤道坐标系。

如果再考虑大气密度随扁平地球上空高度的变化等因素，则上述大气阻力公式就会变得十分复杂。读者可以在其他文献中找到相关公式。式（6－106）能使读者对阻力效应有基本了解。有关升力的公式此处不加以讨论。

6.4.3　太阳光压

卫星受到的太阳光压虽然很小，但对面积/质量比很大的卫星却有相当大的影响。在地心赤道坐标系内，其摄动加速度为

$$\begin{cases}\dot{x}=f\cos A_{\odot}\\ \dot{y}=f\cos i_{\oplus}\sin A_{\odot}\\ \dot{z}=f\sin i_{\oplus}\sin A_{\odot}\end{cases}\tag{6-107}$$

式中：$f=-4.5\times10^{-5}(A/m)\mathrm{cm/s^2}$；$A$ 为飞行器受到太阳照射的横截面积（$\mathrm{cm^2}$）；m 为飞行器质量（g）；$A_{\odot}$ 为计算过程中的平太阳赤经；$i_{\oplus}$ 为赤道面与黄道面的倾角（为23.4349°）。

习　题

1. 编制一个考威尔法程序，包含月球摄动。

2. 编制一个习题1的恩克法程序，并比较用这两种程序计算的下述两个问题之结果。

（a）高度为200km的近地卫星；

（b）远地点约为280000km的飞行。

3. 在参数变分法中采用普适变量时，曾引用一结论，即在 f 和 g 表达式中，将 t 和 χ 用（$-t$）和（$-\chi$）代替，即能求出以 $\boldsymbol{r}$ 和 $\boldsymbol{v}$ 表示的 $\boldsymbol{r}_0$ 和 $\boldsymbol{v}_0$。请证明这一结论。

参考文献

[1] Howard D Curtis. Orbital Mechanics for Engineering Students (Fourth Edition) [M]. UK: Butterworth Heinemann, 2020.
[2] Roger R Bate, Donald D Mueller, Jerry E White, et al. Fundamentals of Astrodynamics (Second Edition) [M]. New York: Dover Publications, 2020.
[3] 刘林，侯锡云. 轨道力学基础 [M]. 北京：高等教育出版社，2018.
[4] 张洪波. 航天器轨道力学理论与方法 [M]. 北京：国防工业出版社，2015.
[5] 杨维廉. 航天器应用轨道力学 [M]. 北京：中国宇航出版社，2021.
[6] 王志刚. 远程火箭与卫星轨道力学 [M]. 西安：西北工业大学出版社，2021.
[7] 刘林. 卫星轨道力学算法 [M]. 南京：南京大学出版社，2019.
[8] 任萱. 人造地球卫星轨道力学 [M]. 长沙：国防科技大学出版社，1988.
[9] 杨嘉墀. 航天器轨道动力学与控制 [M]. 北京：中国宇航出版社，1995.
[10] 乔栋，温昶煊，李翔宇. 航天器轨道姿态动力学与控制 [M]. 北京：北京理工大学出版社，2020.
[11] 解永春. 航天器动力学与控制 [M]. 北京：北京理工大学出版社，2015.

第 7 章　轨道覆盖与轨道类型

卫星遂行遥感、通信、导航等航天任务，需要明确卫星轨道覆盖特性和轨道类型。卫星轨道覆盖与星下点轨迹息息相关，对于位于星下点处的地面观察者来说，卫星就在天顶。卫星经过升交点时，星下点在赤道上。将星下点轨迹画在地图上便是星下点轨迹图。不考虑轨道摄动，星下点轨迹所能达到的最南和最北的地理纬度数值等于轨道倾角值。在轨道设计中，常用星下点轨迹图来表示卫星飞经的区域。世界上一些规模较大的测控中心用大屏幕实时显示星下点轨迹图，为人们提供卫星运行情况。

7.1　星下点轨迹

卫星在地球表面的投影点称为星下点。星下点的位置可以用经度、纬度表示，也可以用赤经和赤纬表示。地球形状采用不同的假设时，星下点有不同的定义。当视地球为圆球时，可把地心与卫星的连线与球面的交点取为星下点。当视地球为旋转椭球时，若椭球体表面某点的法线刚好通过卫星，则可把该点定义为星下点。不同的定义给出了不同意义下卫星经过某点上空的含义。下面的讨论将采用圆球假设。

7.1.1　无旋地球上的星下点轨迹

已知某时刻 t 卫星的地心距 r、赤经 α 和赤纬 δ，若不考虑地球旋转，此时星下点在地球上的坐标即为 α、δ。

如图 7－1 所示，根据球面三角关系，以升交点角距 u 为自变量，可得到星下点轨迹的参数方程为

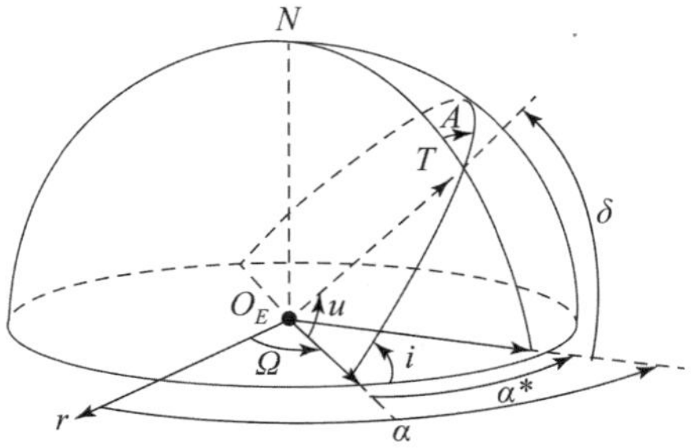

图 7－1　无旋地球上的星下点坐标

$$\begin{cases}\delta = \arctan(\sin i \sin u) \\ \alpha^* = \alpha - \Omega = \arctan\left(\dfrac{\cos i \sin u}{\cos u}\right) = \arctan(\cos i \tan u)\end{cases} \tag{7-1}$$

可见，无旋地球上的星下点轨迹只与 Ω 和 i 有关，即只与轨道面在惯性空间的方位有关，与轨道的具体形状无关。由于卫星的轨道面一定经过地球中心，故此无旋地球上的星下点轨迹实际上是轨道平面与地球表面相截而成的大圆。

由式（7-1）的第一式可知，当 $u=90°$ 时，δ 取极大值；当 $u=-90°$ 时，δ 取极小值。且有

$$\delta_{\max}=\begin{cases} i, & i\leqslant 90° \\ 180°-i, & i\geqslant 90° \end{cases}, u=90°$$

$$\delta_{\min}=\begin{cases} -i, & i\leqslant 90° \\ i-180°, & i\geqslant 90° \end{cases}, u=-90° \tag{7-2}$$

因此，星下点的纬度极值是由轨道倾角决定的。这一点在航天器发射中具有重要意义。

在图 7-1 中，根据球面三角关系，可以求得星下点轨迹的方位角

$$A=\arctan\left(\frac{\cot i}{\cos u}\right) \tag{7-3}$$

其中，A 决定了星下点在地面的运动方向。

由式（7-3）可知，当 $i=0°$、$90°$、$180°$ 时，方位角 A 为固定值，分别为 $90°$、$0°$ 或 $180°$、$270°$。除此情况外，A 与 u 有关，由 $\frac{\partial A}{\partial u}=\frac{\cot i\sin u}{\cos^2 u+\cot^2 i}=0$，可求得 A 的极值为

$$\begin{cases} u=0°, A_{\min}=90°-i \\ u=180°, A_{\max}=90°+i \end{cases} \tag{7-4}$$

因此，在升交点和降交点处，方位角取极值，极值的大小由倾角 i 决定。在 $u=\pm 90°$ 时，当 $i<90°$ 时，有 $A=90°$；$i>90°$ 时，有 $A=-90°$。因此，在星下点轨迹的最北点和最南点，星下点的运动方向与当地纬线圈相切。

对于 $i<90°$ 的轨道，星下点在升弧段向东北方向运动，在降弧段向东南方向运动；对于 $i>90°$ 的轨道，星下点在升弧段向西北方向运动，在降弧段向西南方向运动。

7.1.2 旋转地球上的星下点轨迹

1. 星下点轨迹方程

在惯性空间观察卫星与地球的运动时，卫星的轨道面保持不变，卫星在轨道上以角速度 ω_s 转动，ω_s 的方向与动量矩的方向一致。地球绕自转轴以角速度 ω_e 旋转，因此，卫星相对于旋转地球的角速度 ω_{sr} 为

$$\omega_{sr}=\omega_s-\omega_e \tag{7-5}$$

如图 7-2 所示，将 ω_s 向地球自转轴和赤道面内分解。赤道面内的分量记为 $\dot{\delta}=\mathrm{d}\delta/\mathrm{d}t$，沿地球自转轴的分量记为 $\dot{\alpha}^*=\mathrm{d}\alpha^*/\mathrm{d}t$，则式（7-5）可表示为

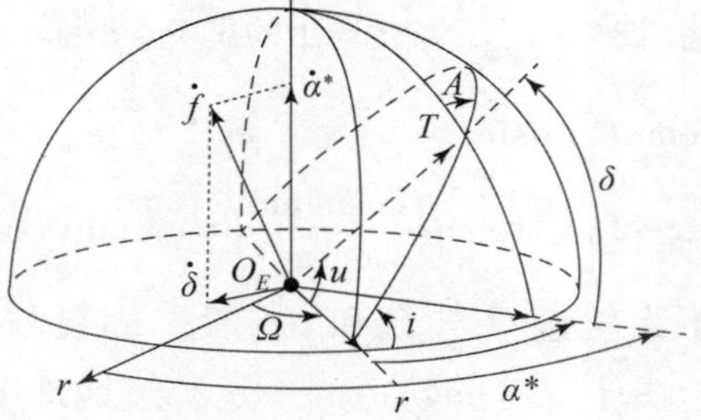

图 7-2 角速度的分解

$$\begin{cases}\dfrac{d\delta_r}{dt}=\dfrac{d\delta}{dt}\\ \dfrac{d\alpha_r^*}{dt}=\dfrac{d\alpha^*}{dt}-\omega_e\end{cases}\tag{7-6}$$

若取卫星通过升交点的时刻为零，即 $t=0$ 时，有 $\delta=0$，$\alpha^*=0$。将式（7－6）两端对 t 积分，可得

$$\begin{cases}\delta_r=\delta\\ \alpha_r^*=\alpha^*-\omega_e t\end{cases}\tag{7-7}$$

式中：δ、α^* 为无旋地球上的星下点坐标；δ_r、α_r^* 为相应时刻旋转地球上的星下点坐标。注意到 δ_r 即地心纬度 φ，再将式（7－1）代入式（7－7），可得旋转地球上的星下点轨迹方程

$$\begin{cases}\varphi=\arcsin(\sin i\sin u)\\ \alpha_r^*=\arctan(\cos i\tan u)-\omega_e t\end{cases}\tag{7-8}$$

式中：α_r^* 为星下点与升交点的赤经差。若用 α_r 表示星下点与春分点的赤经差，则式（7－8）可写成

$$\begin{cases}\varphi=\arcsin(\sin i\sin u)\\ \alpha_r=\arctan(\cos i\tan u)+\Omega-\omega_e t\end{cases}\tag{7-9}$$

若 $t=0$ 时格林尼治平恒星时为 $\bar{S}_0$。则星下点的地理经度为

$$\lambda=\alpha_r-\bar{S}_0=\arctan(\cos i\tan u)+\Omega-\omega_e t-\bar{S}_0\tag{7-10}$$

升交点角距 u 与时间 t 的关系通过求解开普勒方程得到。

比较式（7－8）与式（7－1）可知，旋转地球与无旋地球上的星下点轨迹的差别是前者多一时间的线性项 $-\omega_e t$。由于该项的影响，卫星后一圈的星下点轨迹一般不再重复前一圈的星下点轨迹。图 7－3 以 $i=60°$，$\Omega-\bar{S}_0=0°$，$T=6$h（注意此处应为恒星时）的圆轨道为例，画出了无旋地球和旋转地球上的星下点轨迹。图中圆圈表示起始点，方框表示第二圈起始点。可见，无旋地球上的星下点轨迹逐圈重复；旋转地球上的星下点轨迹逐圈西移，第 0 圈和第 1 圈并不重复，每圈西移的量为 $\omega_e t=90°$。

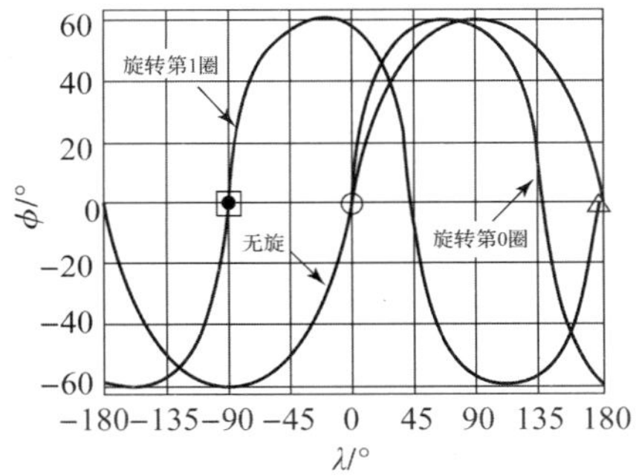

图 7－3　无旋地球与旋转地球上的星下点轨迹

根据式（7－9）可知，旋转地球上的星下点轨迹与卫星的 6 个轨道根数全部有关。其中，$\Omega-\bar{S}_0$ 影响升交点的位置，τ 影响卫星在轨迹上起算点的时间，即 Ω 与 τ 只影响星下点轨迹相对于地球的位置，而不影响星下点的形状。星下点的形状与 a、e、i 和 ω 有关。

分析半长轴 a 对星下点轨迹的影响时，用轨道周期 T 代替 a 会更加直观。图 7－4 给出了不同周期圆轨道的星下点轨迹。分析时，取 $\overline{S}_0$ 为 2014 年 1 月 1 日 12 时的值，$\Omega=180°$，$i=60°$，$u=0°$。图中分别给出了 $T=3\text{h}$、6h、12h、24h 的星下点轨迹，图中卫星的位置对应当日 14 时的位置。

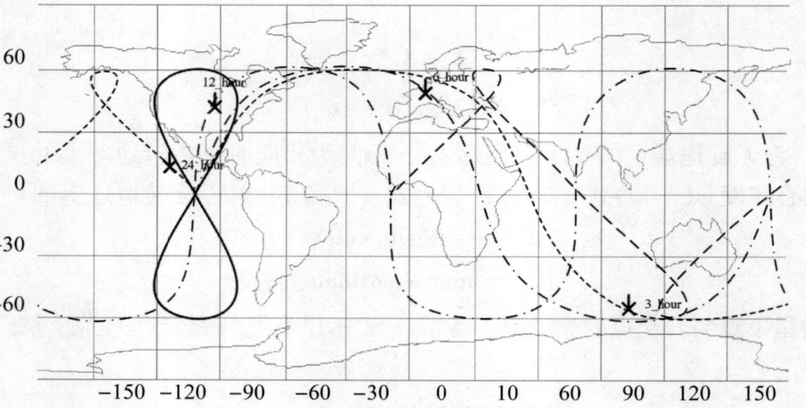

图 7－4　不同周期圆轨道的星下点轨迹

由图 7－4 可见，半长轴 a 影响一定时间内星下点轨迹的长短，因此也就影响轨迹的形状和卫星位于某区域上空的时长。图中一系列的星下点轨迹可看作由某条轨迹沿赤道方向缩放得到。

图 7－5 给出了 $T=24\text{h}$，$\Omega=270°$，$\omega=0°$，$i=60°$的轨道在不同偏心率下的星下点轨迹。各卫星的偏心率分别为 $e=0$，0.2，0.6 和 0.8。图中卫星的位置对应当日 14 时的位置。可见，随着偏心率的增大，星下点轨迹不再对称于赤道。对该示例，卫星由南往北飞时，经过近地点，耗时较短；由北往南飞时，经过远地点，耗时较长。

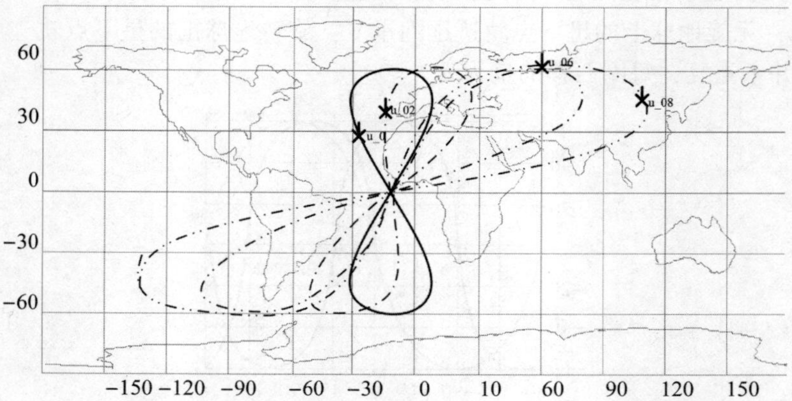

图 7－5　偏心率对星下点轨迹的影响

图 7－6 给出了 $T=24\text{h}$，$e=0.6$，$\Omega=270°$，$\omega=0°$的轨道在不同倾角下的星下点轨迹。各卫星的轨道倾角分别为 $i=0°$、30°、60°、90°和 120°。可见，轨道倾角 i 首先会影响星下点轨迹的纬度范围，其次会影响星下点轨迹的形状。

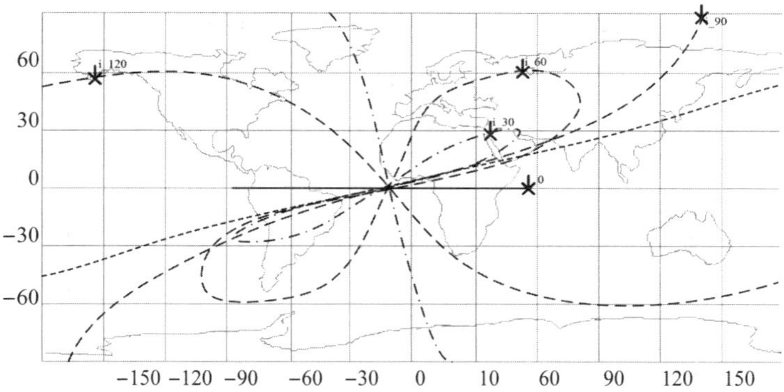

图 7 −6　轨道倾角对星下点轨迹的影响

图 7 −7 给出了 $T=24\text{h}$，$e=0.6$，$\Omega=270°$，$i=60°$的轨道在不同近地点角距下的星下点轨迹。各卫星的近地点角距分别为 $\omega=0°$、$30°$、$60°$、$90°$和 $120°$。可见，不同 ω 的星下点轨迹差别很大。由于卫星在远地点附近的停留时间长，近地点附近的停留时间短，因此，通过选择不同的 ω 可以实现对感兴趣地区的长时间观测或通信。

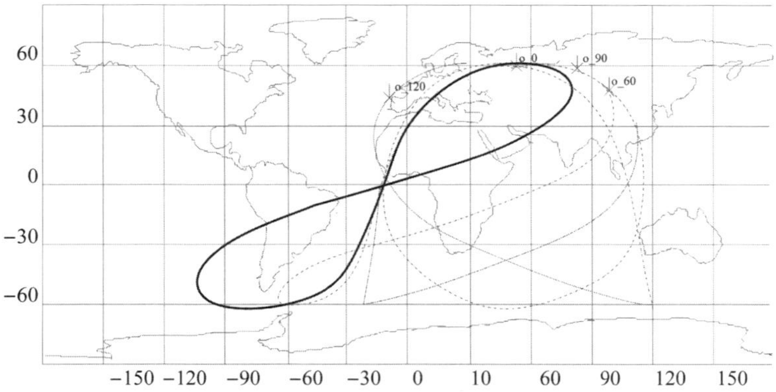

图 7 −7　近地点角距对星下点轨迹的影响

由以上分析可见，考虑地球旋转后，星下点轨迹的形状非常复杂。一般难以直接看出，需要根据式（7 −9）求解后在地图上逐点绘出。

2. 星下点轨迹方位角

如图 7 −8 所示，在星下点轨迹上的一点 T，轨迹的微分线段为 $\mathrm{d}\boldsymbol{r}$，向正北方向的微分线段为 $\Delta\boldsymbol{r}_{\varphi}$，正东方向的微分线段为 $\Delta\boldsymbol{r}_{\lambda}$。

根据曲线微分法则，有

$$\begin{cases}\Delta\boldsymbol{r}_{\varphi}=R_{\mathrm{E}}\Delta\varphi\boldsymbol{\varphi}^{0}\\ \Delta\boldsymbol{r}_{\lambda}=R_{\mathrm{E}}\cos\varphi\Delta\alpha_{r}\boldsymbol{\alpha}_{r}^{0}\\ \mathrm{d}\boldsymbol{r}=R_{\mathrm{E}}(\mathrm{d}\varphi\boldsymbol{\varphi}^{0}+\cos\varphi\mathrm{d}\alpha_{r}\boldsymbol{\alpha}_{r}^{0})\end{cases} \tag{7-11}$$

式中：R_{E} 为地球半径。T 点的方位角 A 即 $\Delta\boldsymbol{r}_{\varphi}$ 与 $\mathrm{d}\boldsymbol{r}$ 间的夹角 $\cos A=\dfrac{\Delta\boldsymbol{r}_{\varphi}\cdot\mathrm{d}\boldsymbol{r}}{\Delta r_{\varphi}\mathrm{d}r}$。

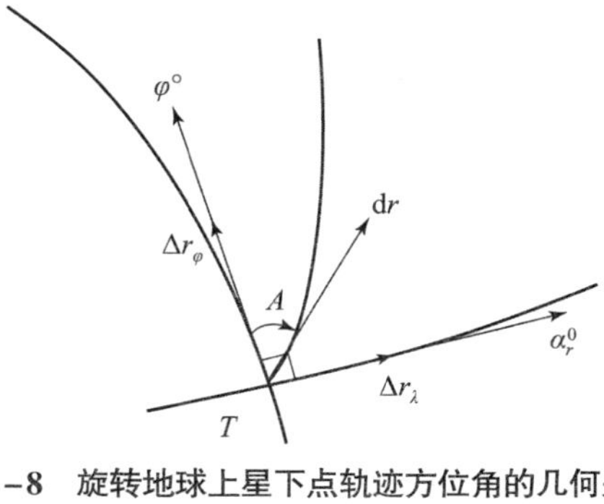

图 7 −8　旋转地球上星下点轨迹方位角的几何关系

将式（7－11）代入上式，并注意到 $\boldsymbol{\varphi}^0$ 与 $\boldsymbol{\alpha}_r^0$ 垂直，则有

$$\cos A=\frac{\mathrm{d}\varphi}{\sqrt{(\mathrm{d}\varphi)^2+(\cos\varphi\mathrm{d}\alpha_r)^2}}=\pm\left[1+\left(\frac{\cos\varphi\mathrm{d}\alpha_r}{\mathrm{d}\varphi}\right)^2\right]^{-\frac{1}{2}} \tag{7-12}$$

当 $\mathrm{d}\varphi>0$ 时，上式取正号，反之取负号。对式（7－9）微分，可得

$$\begin{cases}\dfrac{\mathrm{d}\varphi}{\mathrm{d}t}=\dfrac{\sin i\cos u}{\cos\varphi}\dfrac{\mathrm{d}u}{\mathrm{d}t}=\dfrac{\sin i\cos u}{\sqrt{1-\sin^2u\sin^2i}}\dfrac{\mathrm{d}u}{\mathrm{d}t}\\ \dfrac{\mathrm{d}\alpha_r}{\mathrm{d}t}=\dfrac{\cos i}{\cos^2u+\cos^2i\sin^2u}\dfrac{\mathrm{d}u}{\mathrm{d}t}-\omega_e=\dfrac{\cos i}{1-\sin^2i\sin^2u}\dfrac{\mathrm{d}u}{\mathrm{d}t}-\omega_e\end{cases} \tag{7-13}$$

而

$$\frac{\mathrm{d}u}{\mathrm{d}t}=\frac{\mathrm{d}\varphi}{\mathrm{d}t}=\sqrt{\frac{\mu}{p^3}}(1+e\cos\varphi)^2 \tag{7-14}$$

因此，式（7－12）可表示成

$$\cos A=\pm\left\{1+\frac{1}{\sin^2i\cos^2u}\left[\cos i-\sqrt{\frac{p^3}{\mu}}\frac{(1-\sin^2i\sin^2u)}{(1+e\cos\varphi)^2}\omega_e\right]^2\right\}^{-\frac{1}{2}} \tag{7-15}$$

当 $\omega_e=0$ 时，上式等价于式（7－3）。

图 7－9 以 $i=60°$，$\Omega-\overline{S}_0=0°$，$T=6\mathrm{h}$ 的圆轨道为例，画出了无旋地球和旋转地球上的星下点轨迹方位角。当不考虑地球旋转时，星下点轨迹的方位角在 30°～150°，当 $A>90°$ 时，星下点在降弧段，向东南方向运动，当 $A<90°$时，星下点在升弧段，向东北方向运动。考虑地球旋转时，方位角的变化趋势不变，但数值略有不同，两者最大相差 13.9°。对顺行轨道，卫星运动到最北点（$u=90°$）和最南点（$u=270°$）时，仍有 $A=90°$成立。

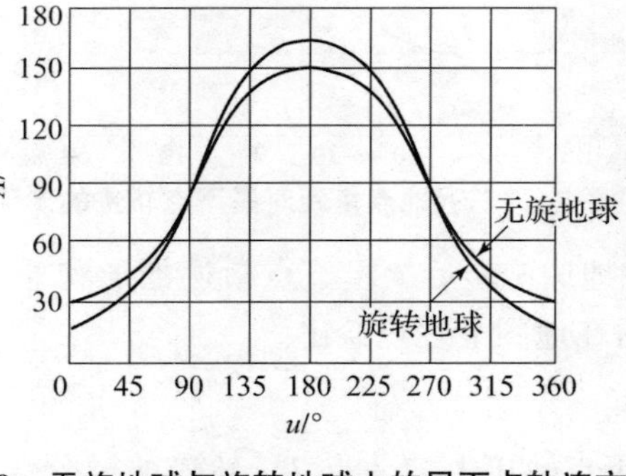

图 7－9　无旋地球与旋转地球上的星下点轨连方位角

7.1.3　考虑摄动影响时的星下点轨迹

在前面的讨论中，未考虑摄动因素的影响。当计入摄动因素后，式（7－9）中的轨道要素应为摄动轨道要素值，即计算星下点轨迹时，要同时求解摄动方程。在此仅讨论 J_2 项对回归与准回归轨道条件的影响，其余摄动因素可同理讨论。

由 J_2 项引起的轨道要素一阶长期项摄动。可见，考虑 J_2 项摄动后，升交点在旋转地球上西移的角速度除 ω_e 外，还有轨道面进动的平均角速度 $\dot{\Omega}=\mathrm{d}\Omega/\mathrm{d}t$，故升交点在旋转地球上移动的角速度为

$$\frac{\mathrm{d}\alpha^*}{\mathrm{d}t}=-\omega_e+\dot{\Omega} \tag{7-16}$$

仿照式（7-16），考虑 J_2 项的影响时，回归与准回归轨道的条件为

$$\frac{360°}{T(\omega_e-\dot{\Omega})}=\frac{N}{D^*} \tag{7-17}$$

式中：N 与 D^* 为互质的正整数，升交点周期 T 为常量。特别要指出的是，D^* 的单位为升交日，即考虑地球旋转与摄动后，升交点连续两次上中天的时间间隔。当不计摄动时，升交日即恒星日，考虑摄动后，两者并不相同。当摄动使轨道面西退时，升交日短于恒星日；当摄动使轨道面东进时，升交日长于恒星日。

7.2 地面覆盖

卫星在搜集和传输信息时，与地面建立链路都是以电磁波为载体的。考虑到电磁波沿直线传输的特性，卫星能与地面建立信息链路的范围应该是以星下点轨迹为中心的带状区域，此区域即卫星的地面覆盖范围。地面覆盖是卫星轨道设计中非常重要的任务要求，下面来讨论地面覆盖范图与轨道要素的关系。

7.2.1 轨道上任一点的覆盖区

假设地球为半径 R_E 的圆球，某时刻卫星的轨道高度为 h，星下点为 T，如图 7-10 所示。由于电磁波沿直线传播，因此作卫星与地面的切线，切点为 P_1 和 P_2，则有 $\angle SO_EP_2=\angle SO_EP_1=d$，地心角 d 称为覆盖角。以 SO_E 为轴，以 OP_2 为母线作正锥体与地球相切，在此切线以上的地面区域称为覆盖区。

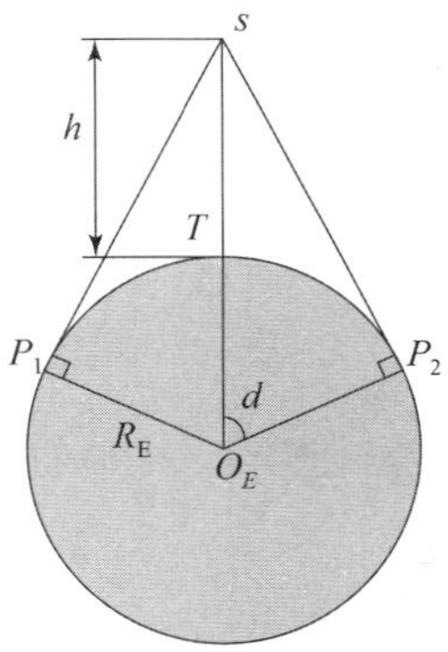

图 7-10 轨道上任一点的覆盖区

由直角三角形 SO_EP_2 可知，覆盖角

$$d=\arccos\left(\frac{R_E}{R_E+h}\right) \tag{7-18}$$

地面覆盖宽度

$$l=2dR_E \tag{7-19}$$

覆盖区面积

$$A_S=2\pi R_E^2(1-\cos d)=4\pi R_E^2\sin^2\frac{d}{2} \tag{7-20}$$

覆盖区占全球面积的百分比

$$P=\sin^2\frac{d}{2}\times 100\% \tag{7-21}$$

可见，覆盖区的面积百分比只与覆盖角有关，例如，若卫星的高度为 200km，则 $d=0°$，$P=1.52\%$。若卫星位于地球静止轨道，即 $h=35787$km，则 $d=81.30°$，$P=42.44\%$，因此，只要在赤道上等间隔放置 3 颗静止卫星，就可以覆盖除南北极附近外几乎地球表面的全部区域。

为了使收集和传输信息获得良好的效果，通常要求卫星与地面目标之间的视线

SP_2 与目标处地平线之间的夹角大于某个给定的角度 $\sigma_{\min}$，称为最小观测仰角。加上最小观测仰角限制后，卫星的覆盖区将减小。由图 7－11 易知，考虑最小观测仰角后的覆盖角

$$d = \arccos\left(\frac{R_e \cos\sigma_{\min}}{R+h}\right) - \sigma_{\min} \tag{7-22}$$

由式（7－18）与式（7－22）可知，卫星离地面越高，覆盖区越大，但轨道高度越高，对有效载荷的要求也越高。比如对光学照相侦察卫星，在同样的地面分辨率下，轨道高度越高要求相机的焦距越长；对通信卫星而言，为达到同样的地面信号噪声比，高轨道卫星要有更高的发射功率。因此在实际应用中，选择轨道高度要综合考虑覆盖区和有效载荷的影响。

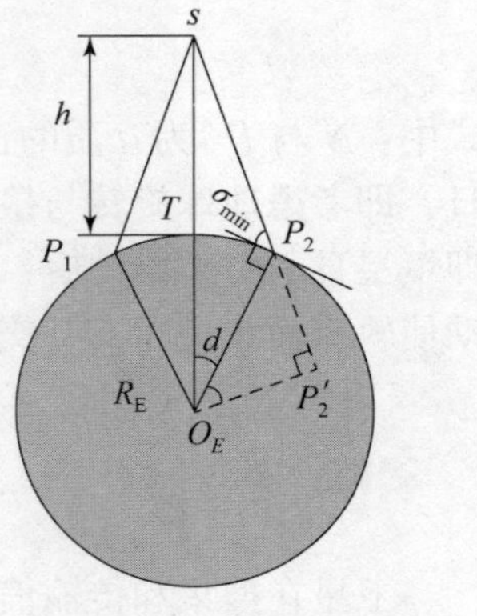

图 7－11　最小观测角下的覆盖区

由于有效载荷发射功率的制约和地面分辨率的要求，有效载荷发射电磁波的波束角通常是有限制的。假设电磁波为圆锥形，且正对地心，波束半张角为 α。在图 7－11 中，若 $\alpha > \angle O_E SP_2$，则覆盖角仍按式（7－22）计算；否则，由正弦定理可得 $\angle SP_2O_E = \pi - \arcsin\left(\frac{R_E + h}{R_E}\sin\alpha\right)$。

故覆盖角

$$d = \arcsin\left(\frac{R_E + h}{R_E}\sin\alpha\right) - \alpha \tag{7-23}$$

假定最小观测仰角 $\sigma_{\min} = 5°$，图 7－12 绘出了地面覆盖区和覆盖宽度随轨道高度、波束半张角的变化情况。可见，覆盖面积比和覆盖宽度都随轨道高度的增加、半张角的增大面增大；半张角较大时，随着轨道高度的增加，仰角限制取代半张角限制，成为决定覆盖面积的主要因素。

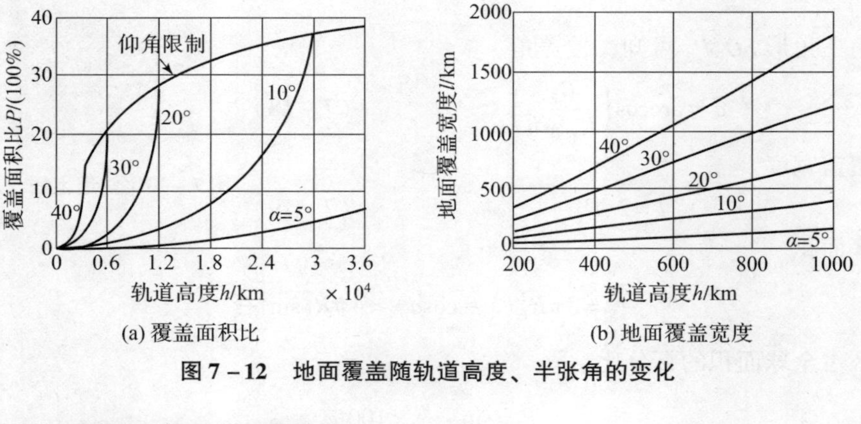

图 7－12　地面覆盖随轨道高度、半张角的变化

7.2.2　无旋地球上的覆盖带

1. 覆盖带外沿轨迹方程

为了保持地面覆盖的均匀性，应用卫星多采用近圆轨道。现在以圆轨道为例，来讨论卫星对无旋地球的覆盖问题。

设圆轨道的轨道倾角为 i，轨道高度为 h，不考虑摄动因素的影响，则无旋地球的星下

点轨迹方程为式（7－1）。若将无旋地球上星下点的经纬度记为 λ_T、φ_T，其中 λ_T 是以升交点为参考点计算的，则在式（7－1）中消去参数 u，可得 $\lambda_T=\arcsin(\tan\varphi_T\cot i)$。

圆轨道上各时刻的覆盖角均为 d，当卫星沿轨道运动时，在垂直于星下点轨道两侧、地心角为 d 的范围内形成一地面覆盖带，如图 7－13 所示。根据球面三角关系可以确定覆盖带外沿的轨迹方程。

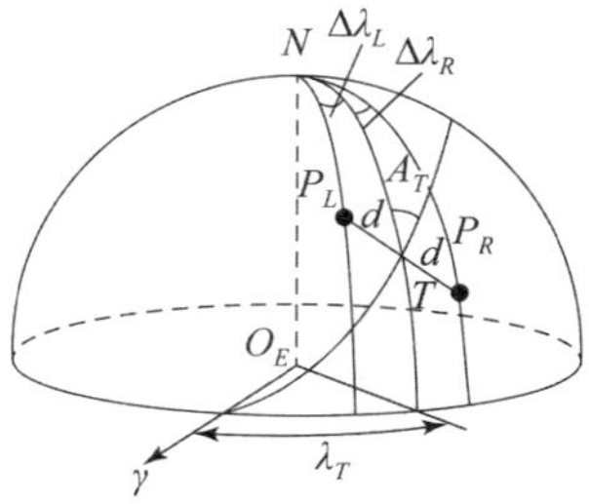

图 7－13　无旋地球上覆盖带的外沿

在图 7－13 中，过任一时刻的星下点 T 作垂直于星下点轨迹的大圆弧，在大圆弧上与 T 点的角距为 d 的点分别记为 $P_L(\varphi_L,\lambda_L)$ 和 $P_R(\varphi_R,\lambda_R)$。随着卫星的运动，P_L 和 P_R 在地球上形成的轨迹即为覆盖带的外沿轨迹。顺卫星运动的方向看，P_L 在左侧，P_R 在右侧，因此，其轨迹分别称为左侧外沿轨迹和右侧外沿轨迹。(φ_L,λ_L)与(φ_R,λ_R)满足的方程即分别为左侧和右侧外沿轨迹方程。

在球面三角形 TNP_L 中，由边的余弦定理知

$$\sin\varphi_L=\sin\varphi_T\cos d+\cos\varphi_T\sin d\sin A_T \tag{7-24}$$

式中：A_T 为星下点的方位角。令 $\Delta\lambda_L=\lambda_T-\lambda_L$，由相邻四元素公式可得

$$\cot\Delta\lambda_L=\frac{\cot d\cot\varphi_T}{\cos A_T}-\sin\varphi_T\tan A_T \tag{7-25}$$

为将外沿轨迹方程用轨道要素表示，将球面三角关系 $\sin\varphi_T=\sin i\sin u$，$\cos\varphi_T=\dfrac{\cos i}{\sin A_T}$，$\tan A_T=\dfrac{\tan\lambda_T}{\sin\varphi_T}$，$\cos A_T=\tan\varphi_T\cot u$ 代入式（7－24）和式（7－25），可得 $\sin\varphi_L=\sin i\sin u\cos d+\cos i\sin d$，$\cot\Delta\lambda_L=\dfrac{\cot d\cos^2\varphi_T}{\sin i\cos u}-\tan\lambda_T$。

由于 $\cot\Delta\lambda_L+\tan\lambda_T=\dfrac{\sec^2\lambda_T}{\tan\lambda_T-\tan\lambda_L}$，并考虑到 $\cos\varphi_T\cos\lambda_T=\cos u$，$\tan\lambda_T=\cos i\tan u$，可得左侧外沿的轨迹方程为

$$\begin{cases}\sin\varphi_R=a_1\sin u-a_2\\ \tan\lambda_R=b_1\tan u+b_2\sec u\end{cases} \tag{7-26}$$

式中

$$\begin{cases}a_1=\sin i\cos d, & a_2=\cos i\sin d\\ b_1=\cos i, & b_2=\tan d\sin i\end{cases} \tag{7-27}$$

同理，覆盖带的右侧外沿轨迹方程为

$$\begin{cases}\sin\varphi_R=a_1\sin u-a_2\\ \tan\lambda_R=b_1\tan u+b_2\sec u\end{cases} \tag{7-28}$$

因此，给定 i 和 d 之后，就可以由式（7－26）与式（7－28）确定覆盖带的外沿轨迹。图 7－14 给出了 $i=60°$，$d=15°$时覆盖带外沿的轨迹。

2. 覆盖带外沿轨迹性质

下面讨论覆盖带外沿轨迹的一些性质。

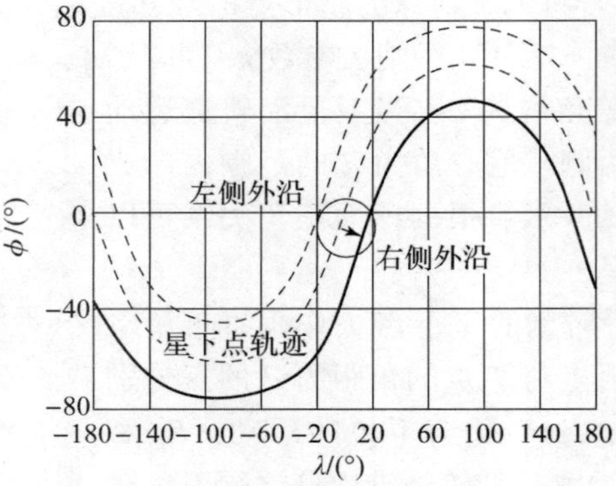

图 7－14　覆盖带外沿轨迹

(1) 外沿轨迹的对称性。

由式 (7－26) 与式 (7－28) 可知，纬度幅角等于 u 时的 (φ_L, λ_L) 和等于 $-u$ 时的 $(-\varphi_R, -\lambda_R)$ 相等，因此，左右侧外沿轨迹相对于原点对称。此外，两侧的外沿轨迹各自均对称于 $\lambda = 90°$ 和 $\lambda = -90°$ 的轴。

(2) 覆盖带的纬度范围。

覆盖带纬度的最大值和最小值决定了卫星覆盖带的纬度范围，这是一个表示卫星覆盖能力的参数。根据图 7－14 可知，对于左侧外沿轨迹有 $\varphi_{L\max} = i + d$，$\varphi_{L\min} = -(i - d)$。对于右侧外沿轨迹有 $\varphi_{R\max} = i - d$，$\varphi_{R\min} = -(i + d)$。

因此，卫星的覆盖带纬度范围为

$$\begin{cases} -(i+d) \leqslant \varphi \leqslant (i+d) & (i+d) \leqslant 90° \\ -(180° - i + d) \leqslant \varphi \leqslant (180° - i + d) & (i-d) \geqslant 90° \end{cases} \tag{7-29}$$

对于低高度卫星，当 d 为小量时，可近似认为星下点轨迹的纬度范围即为覆盖带的纬度范围。

(3) 覆盖带宽度。

覆盖带可覆盖星下点轨迹两侧一定经度范围内的地区。为了描述经度范围的大小，引入覆盖带宽度的概念，这是描述卫星覆盖能力的另一个参数。

对于低高度圆轨道卫星，当 $i \neq 0$ 且 d 为小量时，左右侧覆盖带宽度的近似表达式为

$$\Delta\lambda_d = \Delta\lambda_{R\min} = \Delta\lambda_{L\min} = \frac{d}{\sin i} \tag{7-30}$$

因此，左右侧覆盖带宽度相等，且宽度随 u 变化，当 $u = 0$ 时，覆盖带宽度取最小值。由于 $u = 0$ 时，$\varphi_T = 0$，因此，赤道上的覆盖带宽度最小。将左右侧覆盖带最小宽度记为 $\Delta\lambda_d$，则有

$$\Delta\lambda_d = \Delta\lambda_{R\min} = \Delta\lambda_{L\min} = \frac{d}{\sin i} \tag{7-31}$$

低高度圆轨道卫星至少能覆盖星下点轨迹两侧经度各为 $\Delta\lambda_d$ 的地区。

7.2.3　旋转地球的覆盖问题

在此不讨论一般情况下卫星对旋转地球的覆盖，而只讨论低高度圆轨道卫星以最小宽

度的覆盖带对旋转地球的覆盖，称为最小宽度覆盖带。根据前面的分析，卫星在轨道上运动时，当相邻圈的最小宽度覆盖带在赤道上彼此衔接而不出现空隙时，对于回归或准回归轨道而言，在其回归周期内，在覆盖带纬度范围内可以实现东西方向上的全球覆盖。

当地球以角速度 ω_e 自转时，则 t 时间内的星下点轨迹经度改变为 $\omega_e t$，星下点处于同一纬度的最小宽度覆盖带的经度改变也为 $\omega_e t$。不考虑摄动作用时，则每圈升交点和覆盖带一起西移 $\omega_e T_0$，这样卫星在运动过程中每圈可以覆盖旋转地球上的不同地区，如图 7 – 15 所示。

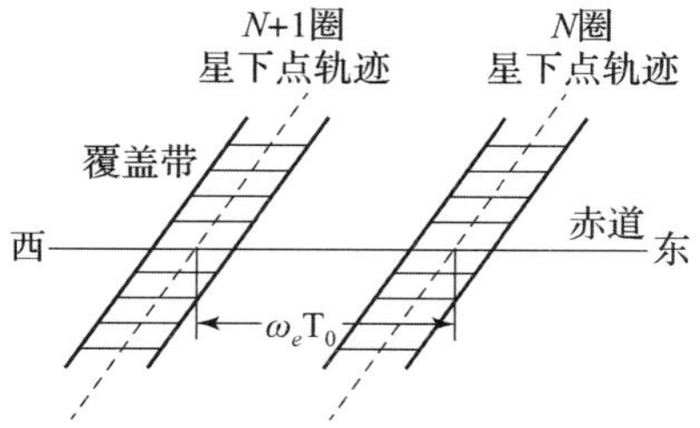

图 7 – 15　最小宽度覆盖带对旋转地球的覆盖

下面讨论最小宽度覆盖带对旋转地球覆盖的几个问题。

（1）覆盖情况与升交点每圈移动量的关系很密切。不计摄动影响时，若卫星运动周期为 T_0，则地球自转使升交点每圈的移动量为 $\Delta\lambda_{\omega_e} = -\omega_e T_0$。考虑 J_2项摄动时，对于圆轨道，升交点每圈移动量为

$$\Delta\lambda_{\omega_e} = -\left[\omega_e T + 0.5847\left(\frac{a_e}{a}\right)^2 \cos i\right](°/圈) \tag{7-32}$$

式中：T 为交点周期，单位为 s。

（2）覆盖带宽度随星下点轨迹纬度绝对值的增加而增大。如果相邻圈的星下点轨迹覆盖带在赤道上彼此衔接，没有重叠，那么随着纬度绝对值的增加将会出现重叠。绝对值越大，重叠也越大。重叠的程度可用旁向重叠率来描述，这是卫星轨道设计中需要考虑的重要指标。

（3）卫星在轨道的升弧段和降弧段均可对地面进行覆盖。如果考虑到其他条件的限制（如星下点应为阳光照明），假定只能在部分弧段对地面进行覆盖，则在一个回归周期内只能对地球进行一次覆盖。

7.3　绝对轨道类型

7.3.1　轨道分类

根据卫星轨道要素和星下点轨迹的特征，可以将卫星轨道分为不同的类型。

（1）按轨道倾角 i 分类。

当 $i = 0°$或 180°时，称为赤道轨道；当 $i = 90°$时，称为极轨道；当 $0° < i < 90°$或 $90° < i < 180°$时，称为倾斜轨道。当 i 接近 90°时，称为近极轨道。

当 $i = 63°26'$或$116°34'$时，称为临界轨道。当 $0° \leqslant i < 90°$时，称为顺行轨道。当$90° < i \leqslant 180°$时，称为逆行轨道。

（2）按偏心率 e 分类。

当 $e=0$ 时，称为圆轨道；当 e 接近于零时，称为近圆轨道；当 $0<e<1$ 时，称为椭圆轨道。偏心率接近于 1 的椭圆轨道称为大椭圆轨道。

在圆轨道上运行的卫星，距离地面的高度、运行速度和覆盖特性均变化不大，适用于全球均匀覆盖任务；椭圆轨道上运行的卫星，在远地点附近的运行速度慢、运行时间长，可以利用该特性实现对特定区域的长时间覆盖。

（3）按轨道高度 h 分类。

对近圆轨道，还可以按距离地面的高度分类。

能维持卫星自由飞行的最低高度称为临界轨道高度。一般认为此高度为 110～120km。当高度低于此值时，卫星虽不能绕地球自由飞行一整圈。但可以利用星上的控制系统和动力装置抵消大气阻力的影响，使卫星作低于临界轨道高度的飞行，这种轨道称为超低轨道。

临界轨道高度至 1000km 高度的轨道称为低轨道（low earth orbi，LEO）。低轨道的高度低、周期短（$87\text{min}<T<105\text{min}$），因此具有地面分辨率高、天线发射功率低、延迟小的优点，但也存在覆盖范围小、用户可视时间短的不足。同时，低地球轨道容易受到大气阻力摄动的影响，卫星需要携带较多的燃料来修正轨道衰减。由于难以建立地球大气的准确模型，也很难实现对卫星的精密定轨和长期星历预报。600km 高度以上，范艾伦辐射带的影响逐渐加强，不宜用作长期载人飞行。

1000～25000km 高度的轨道称为中轨道（medium earth orbit，MEO）。该高度范围内的轨道覆盖范围和可视时间都比较适中，且可供选择的高度空间也很大。同时，空间环境力摄动的影响较小，地球非球形高阶项的影响变弱、大气阻力可以忽略，因此，卫星轨道的稳定性较高，便于开展精密星历预报。但选择轨道时需要考虑地球辐射带的影响，在 1000～6000km 的内辐射带范围和 13000～19000km 的外辐射带范围内不宜部署卫星。

25000km 高度以上的轨道称为高轨道。

（4）按星下点轨迹回归特征分类。

在式（7－14）中，当 $D=1$ 时，称为回归轨道；当 $D=1$ 且 $N=1$ 时，称为地球同步轨道；若再有 $i=0°$ 和 $e=0$，则称为地球静止轨道；当 $D>1$、$N>1$ 时，为准回归轨道；当 $D>1$、$N=1$ 时，为地球超同步轨道。

（5）按考虑摄动后的轨道要素变化特征分类。

卫星轨道面东进的平均角速度与平太阳视运动角速度相等时，称为太阳同步轨道。

卫星轨道的近地点幅角和偏心率的平均值保持不变的轨道，称为冻结轨道。

太阳同步轨道特点

7.3.2 地球同步轨道

当 $N=1$，$D=1$ 时，卫星轨道周期与地球自转周期相同，称为地球同步轨道（geosynchronous orbit，GSO）。如果该轨道还满足 $e=0$，$i=0$，即赤道平面内运动周期为 1 个恒星日的圆轨道，则这种轨道上的卫星相对于旋转地球是静止的，称这种轨道为地球静止轨道（geostationary orbit，GEO）。静止轨道的高度为 35787km，此高度称为同步高度。

地球同步轨道的星下点轨迹能够很清楚地说明轨道要素对星下点轨迹形状的影响。令 $a=42164.171\text{km}$，即 $T_0=24\text{h}$，图 7－16 给出了不同轨道要素下的星下点轨迹。

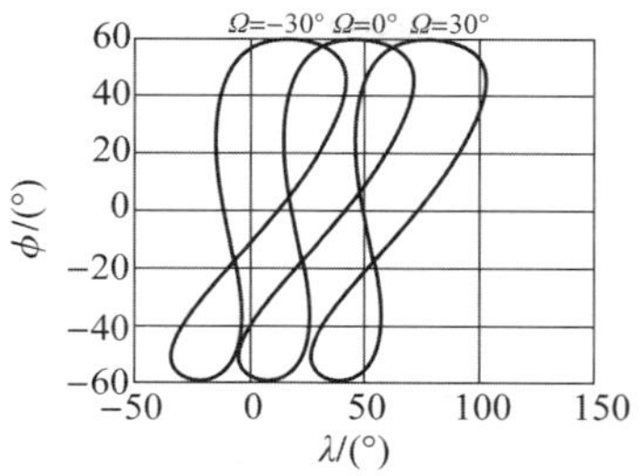

(a) 升交点赤经对星下点轨迹的影响

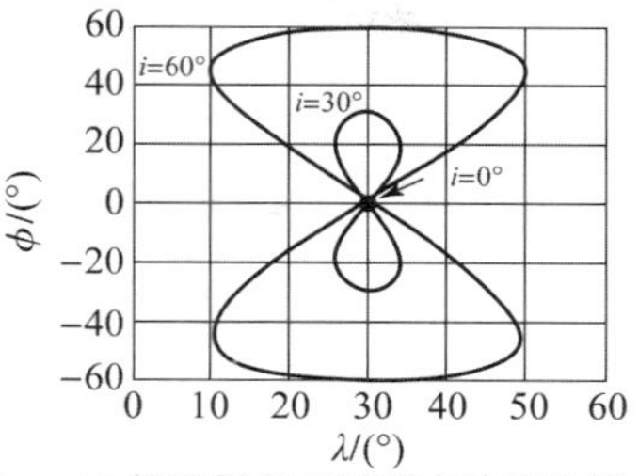

(b) 轨道倾角对星下点轨迹的影响

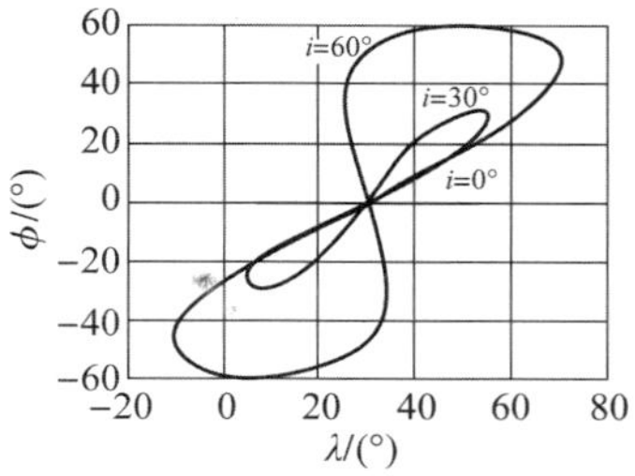

(c) 偏心率和倾角对星下点轨迹的影响

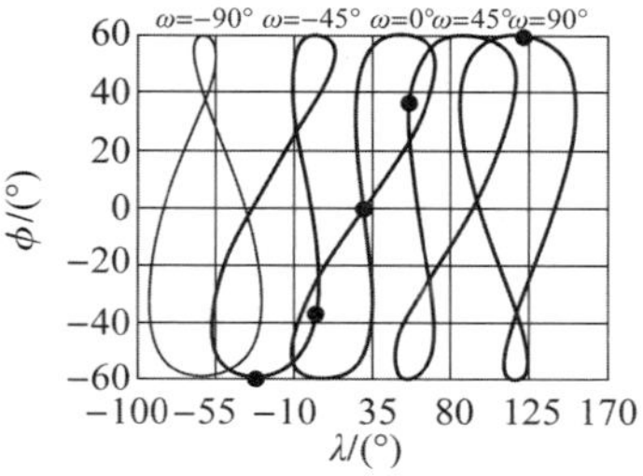

(d) 近地点角距对星下点轨迹的影响

图 7 – 16 地球同步轨道的星下点轨迹

图 7 – 16（a）中，$e=0.4$，$i=60°$，$\omega=20°$，Ω 取不同值。可见，升交点赤经仅影响星下点轨迹相对地球的位置，不影响星下点轨迹的形状。

图 7 – 16（b）中，$e=0.0$，即轨道为圆轨道，i 取不同值。可见，星下点轨迹为对称于横轴的 8 字形，轨道倾角 i 决定了星下点轨迹能到达的纬度最大值。i 越大则 8 字形越大，当 $i=0°$时，8 字退化为一点，这就是静止卫星的星下点轨迹。

图 7 – 16（c）中，$e=0.2$，$\omega=0°$，i 取不同值。可见，椭圆轨道的星下点轨迹对称于中心点而不再对称于横轴，轨迹为一倾斜的 8 字形。当 $i=0°$时，椭圆轨道卫星不再是静止卫星，其星下点轨迹为赤道上的一条线段。

图 7 – 16（d）中，$e=0.2$，$i=60°$，ω 取不同值。图中同时画出了轨道近地点的位置。可见，$\omega\neq0°$时，椭圆轨道的星下点轨迹既不对称于横轴，也不对称于中心点，而成一畸变的 8 字形。$\omega\neq0°$时，卫星在南北半球停宿的时间不相等，而且远地点的高度要大于同步轨道高度，因此，可用来对某半球进行长时间观测或通信。

7.3.3 回归轨道

不考虑摄动因素影响时，卫星连续两次通过升交点称为运行一圈。当以恒星时为时间单位时，设卫星的轨道周期为 T_0h/圈。地球自转周期为 24h/日。若两个周期存在如下关系

$$\frac{24}{T_0}=\frac{N}{D} \tag{7-33}$$

式中：N 与 D 为互质的正整数，则称轨道周期对地球自转周期是可通约的。当周期可通约时，轨道周期与地球自转周期均可表示为某一时间的整数倍，因而星下点轨迹将出现周期性的重复。D 与 N 分别为轨迹重复间隔的天数和期间卫星飞行的圈数，$N\cdot T_0$ 或 $24\cdot D$ 称为回归周期。

按照卫星运行的顺序给各圈编号。各圈标号依次为 0，1，2，…，将 $t=0$ 的升交点记为

第1日第0圈的升交点。由于地球旋转使升交点在能转地球上逐圈西移一固定值$15°T_0$，若T_0满足式（7-16），则有

$$360°D = 15°T_0 N \tag{7-34}$$

由式（7-34）可知，第（$D+1$）日的第N圈升交点与第1日第0圈的升交点重合，故第N圈与第0圈的星下点轨迹重合，依此类推。由于N与D为互质数，故N与D分别是实现星下点轨迹重复所需的最少圈数和日数。

若$D=1$，则第二日重复第一日轨迹。即星下点轨迹逐日重复，此种轨道称为回归轨道。例如$T_0=6$h/圈，则有24/6=4/1，即$N=4$圈，$D=1$日，这是重复圈数为4圈、回归周期为1日的回归轨道，其示意图如图7-17所示。

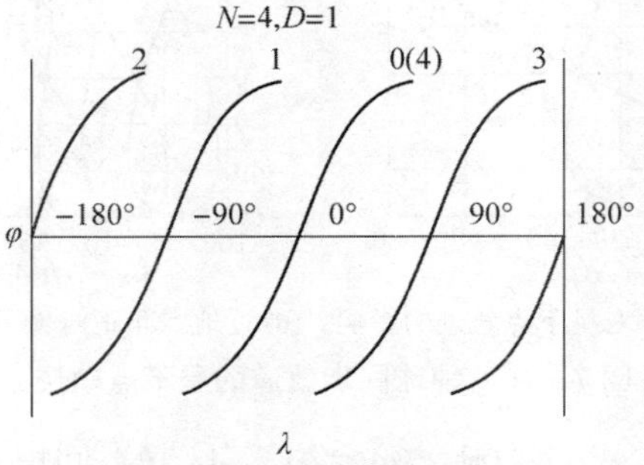

图7-17　回归轨道示意图

若$D>1$，则星下点轨迹要间隔D日才能重复，此种轨道称为准回归轨道。例如$T_0=9$h/圈，则有24/9=8/3，即$N=8$圈，$D=3$日，这是重复圈数为8圈、回归周期为3日的准回归轨道，其示意图如图7-18所示。

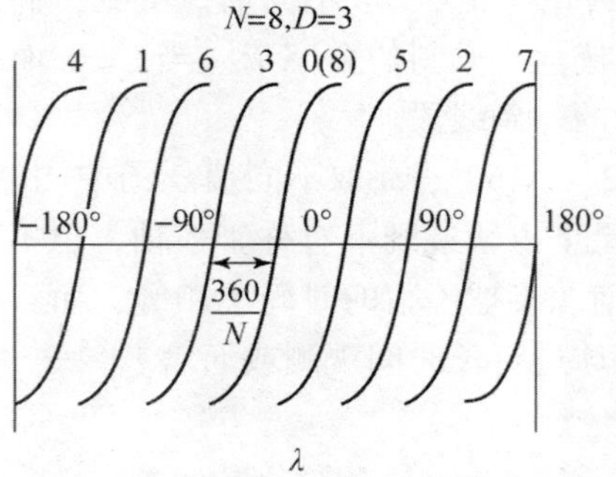

图7-18　准回归轨道示意图

卫星在回归或准回归轨道上运行。经过一个回归周期后会再次重访以前经过的地区。通过比对遥感信息，容易发现地面目标的变化；与地面测控台站的几何关系也重复出现，容易制定测控方案，因此是卫星经常采用的轨道类型。容易算出，轨道周期不大于1个恒星日的回归轨道只有7种。考虑到其他限制，实际应用较多的只有12h和24h两种回归轨道。

比较图7-17与图7-18可知，回归轨道相邻圈号的排列比较简单，向西排列时圈号依次递增，为0—1—2—3—4，向东排列时圈号依次递减，为4—3—2—1—0。准回归轨道相邻圈号的排列则比较复杂，向西排列为0—3—6—1—4—7—2—5—8，向东排列为8—5—2—7—4—1—6—3—0。

准回归轨道相邻图标号的排列问题，是卫星轨道设计与分析中的一个重要问题。记与第 0 圈西邻的相邻圈号为 n_w。一方面，考虑卫星的轨道周期与地球的旋转，n_w 圈与 0 圈的升交点经度相差 $15°n_w T_0$；另一方面，考虑到 n_w 圈为 0 圈的西邻圈，故 n_w 圈的升交点西移了 $360°/N$ 再加上 $360°$ 的 d_w 整数倍，因此有 $15°n_w T_0 = 360°d_w + \frac{360°}{N}$。将式（7－14）代入上式，则有

$$Dn_w - Nd_w = 1 \tag{7-35}$$

式中：注意到地球每日向东旋转 360°，而 n_w 圈在 0 圈之西，则 n_w 圈为（d_w+1）日的圈号。

同理，记与 0 圈东邻的相邻圈号为 n_e，则有

$$Dn_e - Nd_e = -1 \tag{7-36}$$

式中：n_e 为 d_e 日的圈号。

在式（7－35）与式（7－36）中，n_e，n_w，d_e，d_w 均为正整数。若将两式相加，并注意到 N 与 D 为互质数，有

$$\begin{gathered} D = d_w + d_e \\ N = n_w + n_e \end{gathered} \tag{7-37}$$

对于给定的 N 和 D，当已知 n_w 和 d_w 时，由式（7－37）可求得 n_e 和 d_e，反之亦然。

给定 N 和 D 后，为求 n_w，需要解不定方程（7－35）的整数解，可以用试探法求解。例如，对 $N=8$，$D=3$ 的情况，方程（7－35）变为 $3n_w - 8d_w = 1$。

由式（7－37）可知，d_w 的值可以取 1 或 2。为保证 n_w 为整数，应取 $d_w=1$，$n_w=3$。代入式（7－37）可知，$d_e=2$，$n_e=5$。

根据 n_e，n_w，d_e，d_w 的解，可以写出西邻圈排列的圈号顺序和对应的日期为：圈号 0—3—6—1—4—7—2—5—8，日期 1—2—3—1—2—3—1—2—3。

可以看到，若 $d_w=1$，则相临圈向西排列的日期是顺序的；同理，若 $d_e=1$，则相邻圈向东排列的日期是顺序的。从相邻圈日期排列的规律性看来，这两种排列方式有其优点，因此是准回归轨道设计中最常用的日期排列顺序。下面来讨论这两种排列方式应满足的条件。

若将 N/D 表示成

$$\frac{N}{D} = \begin{cases} n_1 + \Delta n_1 \\ n_2 - \Delta n_2 \end{cases} \tag{7-38}$$

式中：N/D 为卫星每日运行的圈数；n_1、n_2 为正整数。当卫星每日运行 n_1 圈时则多 Δn_1 圈，故 n_1 圈在 0 圈之东；当每日运行 n_2 圈则少 Δn_2 圈，故 n_2 圈在 0 圈之西。因此，前者对应于向东排列，后者对应于向西排列。

当

$$\Delta n_1 = \frac{1}{D} \tag{7-39}$$

由式（7－38）可知，$Dn_1 - N = -1$。与式（7－36）比较可知，这对应于 $d_e=1$，$n_e=n_1$ 的向东排列，这一排列的日期向东是顺序的。

同理，当

$$\Delta n_2 = \frac{1}{D} \tag{7-40}$$

有 $Dn_2 - N = -1$。这对应于 $d_w=1$，$n_w=n_2$ 的向西排列，这一排列的日期向西是顺序的。前

面举的 $N=8$，$D=3$ 的例子显然满足这一条件。

7.3.4 太阳同步轨道

地球除作自西向东的自转运动外，还（从北黄极看）按逆时针方向绕太阳作公转运动。因此，在摄动因素作用下，若卫星轨道面进动的方向不仅与地球公转的方向一致，而且进动的角速度 $\mathrm{d}\Omega/\mathrm{d}t$ 刚好等于地球公转的平均角速度时，则轨道面将与平太阳同步旋转，这种轨道称为太阳同步轨道。

在一个平太阳日内，地球绕太阳向东平均转过的角度为0.9856°。只考虑 J_2 项摄动时，太阳同步轨道的轨道倾角与半长轴应满足如下关系

$$0.9856 = -9.9649\left(\frac{a_e}{a}\right)^{\frac{7}{2}}\frac{\cos i}{(1-e^2)^2} \tag{7-41}$$

若轨道为圆轨道，则有

$$\cos i_0 = -9.8907\times10^{-2}\cdot\left(\frac{a_0}{a_e}\right)^{\frac{7}{2}} \tag{7-42}$$

由式（7－42）可知，太阳同步轨道的轨道倾角必大于90°，即是逆行轨道。因此，它的降轨是从北半球的东北方向向南半球的西南方向飞行，升轨是从南半球的东南方向向北半球的西北方向飞行。图7－19给出了太阳同步圆轨道的倾角与轨道高度的关系。

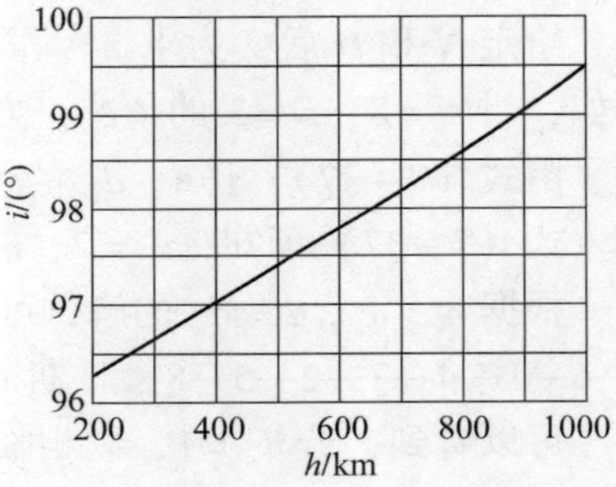

图7－19 太阳同步圆轨道的倾角与高度的关系

由于轨道面与平太阳同步旋转，由平太阳日的概念可知，此时的升交日即平太阳日。由地方平时的概念可知，太阳同步轨道卫星以相同的地方平时沿同一方向通过纬度相同的星下点。若将轨道近一步设计成回归轨道，则卫星在每个回归周期内以相同的地方平时重复飞过地球某地的上空，给对地观测带来了很大方便。

太阳同步轨道的另一特点是太阳照射轨道面的方向在一年内基本不变，因此，太阳照射角、太阳能量接收量、同纬度星下点的照明情况、地影时间等重要参数的周年变化最小。

鉴于上述特点，太阳同步轨道特别适用于近地轨道的对地遥感卫星，如资源卫星、气象卫星、海洋卫星、照相侦察卫星等。

7.4 卫星星座

7.4.1 卫星星座的定义

在实际应用中，对卫星的地面覆盖除了要求在一定纬度内实现全球覆盖外，还可能对覆盖时间、覆盖重数有要求。比如，利用卫星实现全球导航时，会要求实现全球多重覆盖，即地球上任一点在任意时刻能够看到多颗卫星。为达到给定的覆盖要求，通常是在同一轨道上按一定间隔放置多个卫星，形成卫星环，然后将几个同样的卫星环按一定的方式配置，组成卫星星座。

1. 卫星环

若在轨道倾角为 $i \leqslant 90°$、轨道高度为 h 的圆轨道上等间隔地放置 K 个卫星，这些卫星形成一个卫星环。由于环中每个卫星的高度相同，因此覆盖角 d 相等。当卫星个数 K 足够多时，则相邻卫星的覆盖区有相互重叠的部分，如图 7－20 所示。

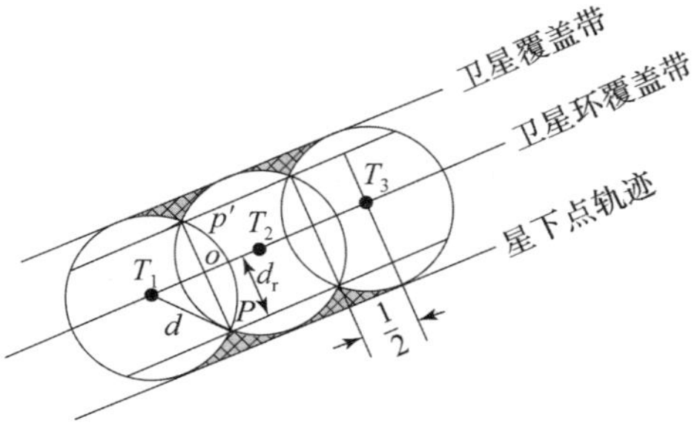

图 7－20　卫星环的覆盖带

图 7－20 中 $T_i(i=1,2,\cdots,K)$ 为某时刻第 i 个卫星的星下点，由于环中卫星等间隔放置，故相邻的星下点之间的角距 l 为

$$l=\frac{360°}{K} \tag{7-43}$$

当 $d>l/2$ 时，相邻卫星的覆盖带有重叠部分。

若星下点轨迹上两相邻星下点的中心为 o，过 o 作与星下点轨迹正交的大圆弧与覆盖区的重叠部分交于 p 和 p' 点，令中点 o 与 p（或 p'）点的角距为 d_r，d_r 称为重叠部分的宽度或卫星环的覆盖角。在图 7－20 中的球面直角三角形 T_1op 中有

$$\cos d_r=\frac{\cos d}{\cos\frac{l}{2}}=\frac{\cos d}{\cos\frac{180°}{K}} \tag{7-44}$$

由式（7－44）可知，当卫星环中卫星的个数 K 给定时，则当

$$d>\frac{180°}{K} \tag{7-45}$$

满足时，d_r 才有解，这一不等式对卫星的覆盖角 d 提出了要求，也就是卫星的轨道高度 h。反之，当轨道高度 h 给定，d 为已知量时，则要求卫星的个数 K 满足不等式

$$K>\frac{180°}{d} \tag{7-46}$$

从惯性空间看，卫星环在星下点轨迹两侧宽度为 d_r 的地区形成一覆盖带，称为卫星环的覆盖带。卫星环覆盖带内的地区至少被环中的一颗卫星所覆盖，或者说此覆盖带内的任何地区在任何时刻至少能看见环内的一颗卫星。

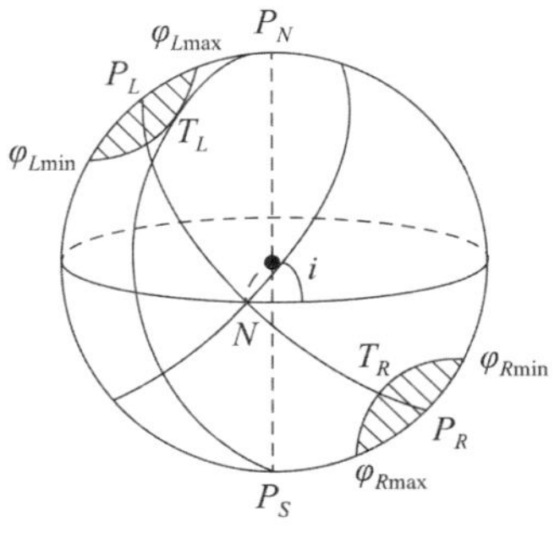

图 7－21　卫星环的盲区

卫星环覆盖带之外的地区称为卫星环的盲区。盲区的范围取决于 i、h 和 K，如图 7－21 所示。过升交点 N 作垂直于卫星轨道的大圆弧，其上的 P_L 点距升交点 90°。左盲区的边界是以 P_L 为中心，$90°-d_r$ 为半径的小圆，因此，左盲区的纬度范围为

$$\begin{cases}\varphi_{L\min}=d_r-i\\ \varphi_{L\max}=180^\circ-(d_r+i)\end{cases} \tag{7-47}$$

如果要使左盲区位于北半球，且不包含北极，则要求

$$\begin{cases}i-d_r\leqslant 0^\circ\\ 180^\circ-(i+d_r)<90^\circ\end{cases} \tag{7-48}$$

亦即要求

$$90^\circ-d_r<i\leqslant d_r \tag{7-49}$$

若上式得到满足，由盲区的对称性可知，右盲区必定位于南半球，且不包含南极。

在图 7-21 中，过北极点 P_N 作经线圈与左盲区相切，交于点 T_L，T_L 与 P_L 的经度差为 α，在球面直角三角形 $P_NT_LP_L$ 中，有

$$\sin\alpha=\frac{\cos d_r}{\sin i} \tag{7-50}$$

因此，左盲区所占的经度范围为

$$\Delta\lambda_u=2\alpha=2\arcsin\frac{\cos d_r}{\sin i} \tag{7-51}$$

由对称性可知，式（7-51）亦为右盲区所占经度范围的表达式。

2. 星座配置原则

由于单颗卫星环存在盲区，因此，不能满足地球上任意地点在任意时刻至少被一颗卫星覆盖的要求，更难满足多重覆盖的要求。为解决这一问题，可用多个按一定要求配置的相同卫星环组成卫星星座，如果各卫星环的盲区在无旋地球上互不重叠，则当地面目标处于某一卫星环的盲区之内时，必处于其他卫星环的盲区之外。如果有 P 个卫星环，则在任意地点的任意时刻至少能够看到网内的 $P-1$ 颗卫星。

下面讨论卫星环的左右盲区分别配置在北半球和南半球的情况（即每个盲区不跨越赤道）。首先要求盲区的纬度范围不能超过纬度 ±90°，否则盲区将在极区发生重叠，这一要求可表示为

$$i\geqslant 90^\circ-d_r \tag{7-52}$$

其次，考虑左右盲区分别配置在北半球和南半球，由式（7-48）的第一式可知

$$i\leqslant d_r \tag{7-53}$$

最后，考虑到一个卫星环有左右两个盲区，P 个卫星环共有 $2P$ 个盲区，而左右盲区又分别配置在北半球和南半球，因此在两个半球各有 P 个盲区。由于要求盲区互不重叠，故对每个盲区所占的经度范围提出了要求。由式（7-51）可知，这一要求为

$$\arcsin\frac{\cos d_r}{\sin i}\leqslant\frac{180^\circ}{P} \tag{7-54}$$

在所讨论的情况下，当满足式（7-52）~式（7-54）并且各卫星环的升交点按照盲区互不重叠的原则配置时，则可满足组网的覆盖要求。

对左右盲区跨越赤道的情况，可按照类似的原则考虑，这里不再讨论。

7.4.2　星座设计方法

1. δ 星座

1) δ 星座的特点

δ 星座，也称 Walker－δ 星座，因轨道平面数为 3 时，俯视星座空间几何图形酷似大写的希腊字母 Δ 而得名，其特征可归纳如下：

（1）各轨道面等间隔分布，相邻轨道升交点赤经差相同；

（2）各轨道面的轨道倾角相等，且均为圆轨道或近圆轨道；

（3）各轨道面内卫星等相位差均匀分布。

图 7－22 所示的就是一个有 3 个轨道平面的 δ 星座。

δ 星座是由均匀分布在 P 个轨道平面上的 N 颗卫星组成。由于 δ 星座构型的均匀性与对称性，使得 δ 星座对于同纬度区域的覆盖性能呈现出一致性，而且主要摄动源对各卫星的摄动影响几乎一致，从而使得 δ 星座在摄动环境下也能够保持长期稳定的相对构型，易于构型维持。

不同卫星星下点之间的最大角距 D_{max} 常作为衡量星座覆盖性能优劣的参考值。一般情况下，D_{max} 值越小，覆盖性能更优。表 7－1 为 δ 星座的覆盖性能情况。

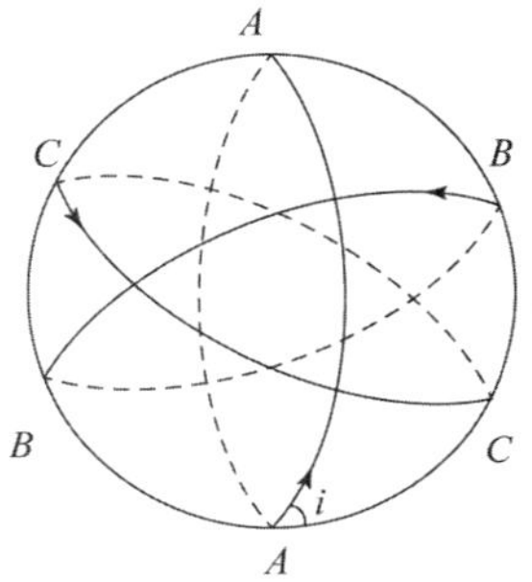

图 7－22　3 个轨道平面的 δ 星座

表 7－1　δ 星座的覆盖性能

卫星总数	轨道平面数	平面内卫星数	轨道倾角	最小 D_{max} 值
6	2	3	52.2°	66.7°
8	2	4	48.4°	57.0°
10	5	2	57.1°	52.2°
12	5	4	58.8°	48.3°

由于 δ 星座不同轨道面之间的相互关系不固定，而是随着轨道倾角的改变而变化，所以没有一般解析分析方法（只有两个轨道面的 δ 星座除外）。

2) δ 星座结构参数模型

通常用 $N/P/F$ 表示 δ 星座的结构参数或参考码，也称特征码。其中，P 表示 δ 星座中的轨道平面数量，它们相对参考平面（通常是赤道平面）的倾角都等于 i，每条轨道的升交点以等间隔 $2\pi/P$ 均匀分布；S 表示每条轨道上的卫星数量，它们的相位按等间隔 $2\pi/S$ 均匀分布；N 表示 δ 星座的卫星总数，即 $N=PS$；F 表示在不同轨道面内的卫星相对位置的无量纲量，称为相位因子，它可以是从 0 到（$P-1$）的任何整数，且相邻轨道平面上的对应卫星的相位差为

$$\Delta u = u_{j+1,k} - u_{j,k} = \frac{2\pi}{N}F \tag{7-55}$$

式中：$u_{j,k}$ 为星座中第 j 个轨道平面上的第 k 颗卫星的相位角（又称为升交点幅角）；$u_{j+1,k}$ 为

星座中第 $j+1$ 个轨道平面上的第 k 颗卫星的相位角，且 $j=1, 2, \cdots, P-1$，$k=1, 2, \cdots, S$。

设δ星座中卫星的轨道倾角为 i 和轨道高度为 h，那么δ星座的空间构型就可以用 $N/P/F: i, h$ 来描述。例如：24/3/1：55°，23000km，描述了一个由24颗卫星组成的δ星座，这24颗卫星均匀分布在3个轨道平面上，每个轨道平面上有一条轨道高度为23000km、轨道倾角为55°的圆轨道，每条圆轨道上均匀分布着8颗卫星，且相邻轨道平面上的卫星相位差是15°。

可见，N、P、F 之间存在相互制约的关系，P 的取值范围随着 N 的变化而变化，F 的取值范围随着 P 的变化而变化。在卫星轨道参数 h、i 一定的情况下，由 N 颗卫星组成的δ星座，选取不同的 P 和 F，可以组成许多种不同形状的δ星座，它的总数等于包括1和 N 在内的所有因子的总和。例如，6颗卫星可以组成12种δ星座构型；24颗卫星可以组成60种δ星座构型等。显然，这些星座构型的覆盖性能是不一样的，因此，需要对每一种构型的覆盖性能进行分析。如果只是分析δ星座对地球的综合覆盖情况（如覆盖百分比），则只需要上述5个参数即可。但是，如果还需要考虑星座中卫星的星下点对特定目标区域的过境情况，则还需要确定每个轨道平面的升交点赤经，以及每颗卫星的相位角。

设δ星座各轨道面的升交点赤经为 $\Omega_1, \Omega_2, \cdots, \Omega_P$，轨道面内各卫星的相位角为 u_{j1}、$u_{j2}, \cdots, u_{jS}$，这里 $j=1, 2, \cdots, P$ 表示轨道平面序号。设第 j 个轨道面上第 k 颗卫星的相位角为 $u_{j,k}$，则它与基准星的相位差应由两部分组成，一部分为由轨道面不同而定义的相位差 Δu_j，即

$$\Delta u_j = \frac{2\pi}{N}(j-1)F \tag{7-56}$$

另一部分为由卫星在该轨道面内所有卫星中的排序而定义的相位差 Δu_k，即

$$\Delta u_k = \frac{2\pi}{S}(k-1) \tag{7-57}$$

综上，第 j 个轨道面上第 k 颗卫星的相位角 $u_{j,k}$ 可表示为

$$u_{j,k} = u_1 + \Delta u_j + \Delta u_k = u_1 + \frac{2\pi}{N}(j-1)F + \frac{2\pi}{S}(k-1) \tag{7-58}$$

式中：u_1 为基准星的初始相位角，通常取δ星座中第一个轨道平面上的某颗卫星为基准星。

同样，设卫星的升交点赤经为 Ω_j，易知，它与基准星的升交点赤经差仅与轨道面有关，即

$$\Omega_j = \Omega_1 + \frac{2\pi}{P}(j-1) \tag{7-59}$$

式中：u_1 为基准星的升交点赤经。

综上所述，完整描述δ星座轨道构型的参数包括：卫星总数 N、轨道平面数 P、相位因子 F、轨道高度 h、轨道倾角 i、基准星的升交点赤经 Ω_1、基准星的初始相位角 u_1。

3）相位因子的设计方法

已知δ星座的相位因子 F 有 P 种可能的取值，即 $0, 1, 2, \cdots, P-1$；而每一种取值所对应的星座构型是不同的，尤其是对星座中卫星的分布影响很大。因此，相位因子的设计对于δ星座设计而言至关重要。

一般情况下，当δ星座的卫星数量和轨道平面数量确定以后，只需调整相邻轨道平面上

对应卫星的相对相位，以确保卫星在运行过程中能够尽可能在空间均匀分布。也就是说，相位因子的设计目标就是让星座中卫星的空间分布尽量均匀。

（1）方法 1：最小距离最大化。

目前使用较多的相位设计方法是“最小距离最大化”相位设计方法，其优化目标是使得相邻两颗卫星星下点之间的最小距离最大化，即

$$f(\Delta u) = \mathrm{Max}\{L_{\min}(\Delta u)\} \tag{7-60}$$

也就是说，对于任意相位差都存在着一个星间距离的最小值，从这些最小值中搜寻一个最大的，则其对应的相位差就是使得卫星星座空间分布最均匀的最优相位差。搜索最优相位差的过程是一个一维最优化问题，但是，由于目标函数是隐函数，故只能采用枚举法，且相位差的搜索空间为$\left\{0° \leqslant \Delta u < \dfrac{360°}{S}\right\}$，而对应相位因子的搜索空间为 $\{0 \leqslant F \leqslant P-1, F \in N\}$。

另外，作为目标函数的星间距离 L 也可以用两颗卫星的地心夹角 ϕ 来代替，如图 7-23 所示。

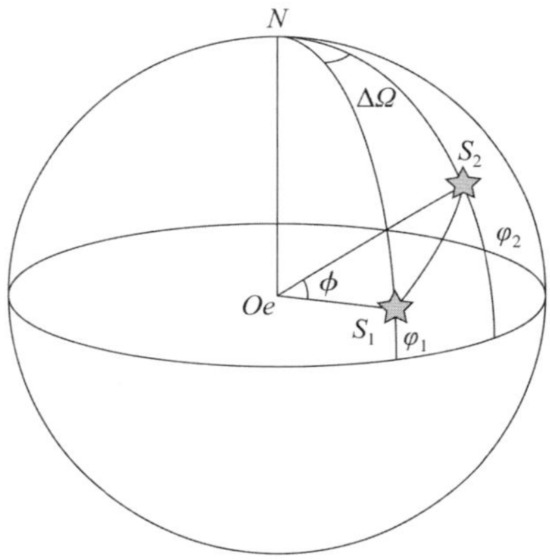

图 7-23　卫星星下点之间的距离示意图

图 7-23 中，S_1 和 S_2 分别代表星座中两颗卫星的星下点位置，N 为北极；φ_1 和 φ_2 分别为相位差为 Δu 时，某个时刻 t 两颗卫星星下点的纬度；$\Delta\Omega$ 为两颗卫星所在轨道平面之间的升交点赤经差。显然，在球面三角形 NS_1S_2 中，利用球面三角形计算公式即可求得星下点 S_1 和 S_2 之间的地心夹角 ϕ，即

$$\phi(\Delta u, t) = \arccos[\sin\varphi_1 \sin\varphi_2 + \cos\varphi_1 \cos\varphi_2 \cos\Delta\Omega] \tag{7-61}$$

式（7-61）表示的是在相位差为 Δu 时，t 时刻星座中任意两颗卫星之间的地心夹角，则

$$\phi_{\min}(\Delta u, t) = \mathrm{Min}_N\{\phi(\Delta u, t)\} \tag{7-62}$$

式（7-62）表示的是当相位差为 Δu 时，t 时刻星座中任意两颗卫星之间的地心夹角的最小值，式中 N 为星座中卫星总数。而式（7-63）表示的则是当相位差为 Δu 时，星座中任意两颗卫星之间地心夹角最小值在一个轨道周期内变化时的最小值，即

$$\phi_{\min}^{\min}(\Delta u) = \mathrm{Min}_t\{\phi_{\min}(\Delta u, t)\} \tag{7-63}$$

综上，按照“最小距离最大化”来进行相位设计的目标函数为

$$\mathrm{Max}_{\Delta u}\{\phi_{\min}^{\min}(\Delta u)\} \tag{7-64}$$

（2）方法 2：最小距离幅值最小化。

当每个轨道平面内卫星数量较少时，按照“最小距离最大化”进行星座相位差设计的结果并不理想。于是，通过分析星间相对运动的周期变化规律，提出了“最小距离幅值最小化”的相位设计方法。也就是说，在进行相位设计中选择卫星之间最小地心夹角的变化幅值作为相位差设计的目标函数，其数学描述如下：

$$\phi_{\mathrm{swing}}(\Delta u) = \phi_{\min}^{\max}(\Delta u) - \phi_{\min}^{\min}(\Delta u) \tag{7-65}$$

式中：$\phi_{\min}^{\max}(\Delta u)$为相位差为 Δu 时，星座中任意两颗卫星之间地心夹角的最小值在一个轨道周期内变化时的最大值；$\phi_{\mathrm{swing}}(\Delta u)$为 $\phi_{\min}(\Delta u, t)$的变化幅值。

下面分别利用上述两种相位差优化设计方法对 3 个典型 δ 星座的相位因子进行优化设计和仿真计算，仿真结果见表 7-2。

表 7-2　相位差优化设计方法对比

星座类型		导航星座		
星座构型		GPS 24/6：55° $\Omega=60°$	GLONASS 24/3：64.8° $\Omega=120°$	Galileo 27/3：54° $\Omega=120°$
轨道高度		20180km	19100km	23000km
相位差	方法 1	15°（$F=1$）	0°（$F=0$）	14°（$F=1$）
	方法 2	11°（$F=1$）	0°（$F=0$）	14°（$F=1$）

为了进一步检验两种相位差设计方法的优劣，下面选择了每个轨道面只有一颗卫星的特殊星座构型 20/20/F：55°。利用以上两种方法进行相位差设计，可得

①利用方法 1 设计的相位因子为：$F=14$

②利用方法 2 设计的相位因子为：$F=16$

可见，方法 2 的结果明显优于方法 1。由此说明，利用"最小距离幅值最小化"方法设计的星座相位差，其地面覆盖特性和鲁棒性都更好。

2. σ 星座

σ 星座为 δ 星座的子星座，属于一种特殊的 δ 星座。σ 星座中所有卫星的星下点沿着同一条类似正弦曲线的轨迹等间隔均匀分布，如图 7-24 所示。

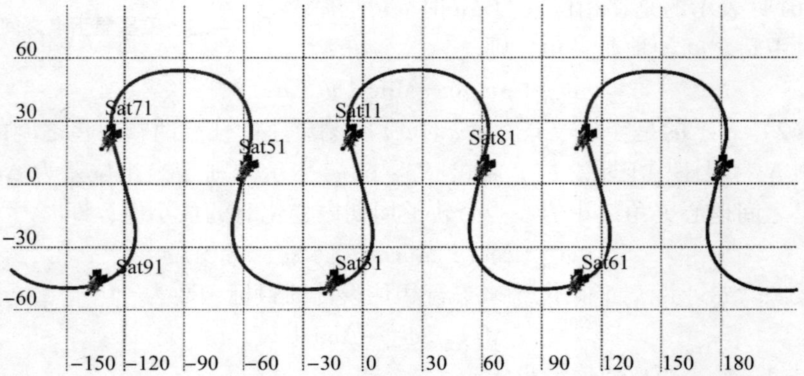

图 7-24　σ 星座星下点轨迹示意图

σ 星座的地面轨迹分离数为 1，即

$$N=H[SL+FD,PH[S,D]] \tag{7-66}$$

式中：$H[x,y]$表示取 x 和 y 的最大公因子，则有

$$\begin{cases} PH[S,D]=aN \\ SL+FD=bN \end{cases} \tag{7-67}$$

式中：a、b 均为互质的正整数。由于

$$S=\frac{N}{P} \tag{7-68}$$

可以解得地面轨迹分离数为 1 的 δ 星座必须满足以下关系式：

$$\begin{cases} S=H[D,N] \\ F=\left(\dfrac{S}{D}\right)(bP-L) \end{cases} \tag{7-69}$$

显然，这是一个 D 天 L 圈回归的 $N/P/F$ 构型的 δ 星座。然而，为了保证 σ 星座中的所有卫星沿着一条类似正弦曲线等间隔分布，它还需要具有如下特点，即

$$L=D+1 \tag{7-70}$$

也就是说，σ 星座中的卫星轨道是 D 天运行 $D+1$ 圈的准回归轨道。因此，σ 星座的设计模型为

$$\begin{cases} S=H[D,N] \\ P=\dfrac{N}{S} \\ F=\left(\dfrac{S}{D}\right)(bP-D-1) \end{cases} \tag{7-71}$$

式中：$H[x,y]$表示取 x 和 y 的最大公因子；F 为 $0\sim(P-1)$范围内的整数。

综上，σ 星座只需要用(N,D)两个参数就可以表示出 δ 星座的参考码 $N/P/F$。

由于 σ 星座所有卫星的星下点轨迹是一条类似正弦曲线的封闭曲线，且星座中的所有卫星沿该曲线均匀分布。因此，星下点轨迹上顺序相随的两颗卫星之间的相位差为

$$\Delta u=360^\circ\times\frac{D+1}{N} \tag{7-72}$$

7.4.3　典型的卫星星座

目前，卫星星座的应用主要集中在导航、通信和预警领域。从美国等航天大国近年的一系列规划中可以明显地看到越来越多的星座被列入了计划中。虽然这些卫星星座系统的发展经历了很多阶段，甚至有些方案被取消了，但是却提出了很多颇具典型意义的方案，这些不仅在卫星星座的发展过程中具有重要的标志性意义，而且对于卫星星座的研究具有借鉴意义。本节将简要介绍一些典型的卫星星座。

1. 导航卫星星座

导航卫星星座是目前世界上各种卫星星座中运用范围最广、部署最多的卫星星座。从第一个“子午仪”卫星导航系统到现在的 GPS（Global Position System）、GLONASS（Global Navigation Satellite System）、Galileo、北斗（BDS）四大卫星导航系统，导航卫星星座经历了长达半个世纪的发展，目前最具代表性的是 GPS 和北斗导航系统。

1）TRANSIT 卫星导航系统

TRANSIT 卫星导航系统（Transit Navigation Satellite System，TRANSIT）又称为“子午仪”卫星导航系统，是美国海军为满足“北极星”导弹核潜艇的精确定位而研制的低轨卫星导航系统，又称为海军导航卫星系统。美国的“子午仪”卫星导航系统是第一个中低轨道卫星星座的雏形。

1960 年 4 月第一颗“子午仪”卫星（代号 OSCAR）发射成功；1964 年 7 月系统部署完

成，形成了实用的导航能力，并正式交付给美国海军使用。1981 年发射了改进的“子午仪”卫星，并改名为“新星”（代号 NOVA），“新星”的质量为 136kg，显然属于微小卫星的范畴。“子午仪”卫星导航系统的军用定位精度为 6m，民用定位精度为 20 ~ 50m。

“子午仪”卫星星座的初始设计构型是由分别部署在 6 个极轨道平面上的 6 颗卫星组成，其中 5 颗为工作星，1 颗为备份星，轨道高度约 1075km，卫星以 7.3km/s 的速度绕地球运动，运行周期约 107min。“子午仪”卫星星座以 3 颗卫星为一组进行导航定位，图 7 – 25 显示的就是一组“子午仪”卫星的工作模式。

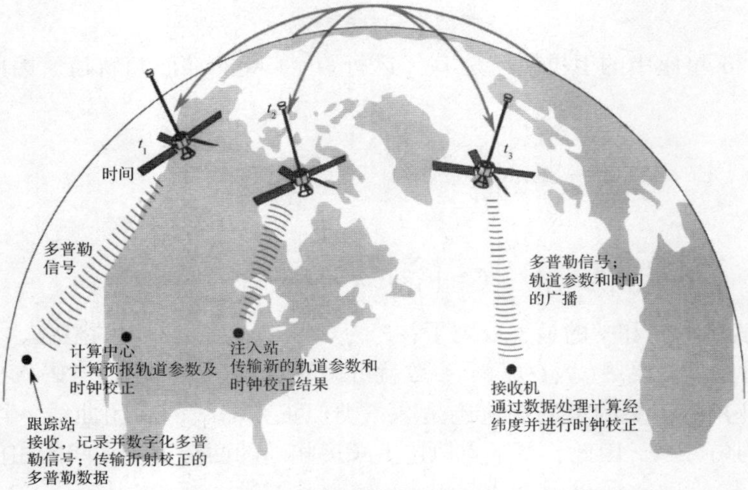

图 7 – 25 “子午仪”卫星星座的导航概念示意图

可见，“子午仪”卫星星座属于一个局部分布的卫星星座。虽然该系统能够提供全球范围内、全天候的二维导航服务，但是，由于该卫星星座对地覆盖存在时间间隔，所以，不能给用户提供连续的导航定位服务，而是平均每 1.5h，最长 8 ~ 12h 才能够提供一次定位服务。

在海湾战争开始时，还有 12 颗“子午仪”卫星（含工作星和备份星）在轨运行。但是，当海湾战争结束以后，“子午仪”卫星导航系统就迅速地退出现役，转为民用了。这主要是因为出现了一个新型的、性能更强的卫星导航系统——GPS 卫星导航系统。

2）GPS 卫星导航系统

GPS 卫星导航系统是 20 世纪 70 年代由美国陆海空三军联合研制的新一代卫星导航定位系统。1973 年美国开始研制 GPS 导航系统；1989 年 2 月 4 日发射了第一颗 GPS 工作卫星；1993 年 12 月开始提供服务；1994 年 3 月达到满站位运行能力。

GPS 卫星星座的标称轨道构型是由均匀分布在 6 个轨道面上的 24 颗卫星组成的 Walker – δ 星座，每个轨道面 4 颗卫星，倾角为 55°，轨道高度 20200km，如图 7 – 26 所示。自 1994 年满星座运行以来，实际卫星数量一直维持在 27 颗以上，2010 年 5 月在轨卫星已经达到 32 颗，显然，此时原先设计的标称轨道构型已经不是一种最佳的工作构型了。因此，2010 年 1 月美国军方宣布要将原先的 21 + 3 的 GPS 星座构型，配置为 24 + 3 的星座构型。通过增加 GPS 卫星星座的标称构型卫星数目，达到更加有效地利用目前在轨 GPS 卫星的目的，并且提出了 3 个轨道面和 6 个轨道面两种方案。

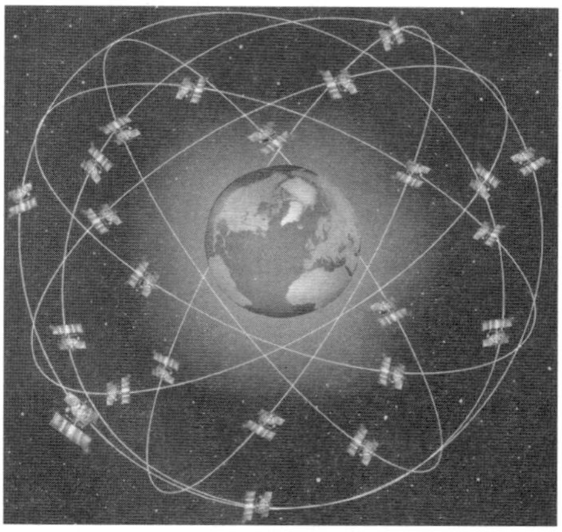

图 7-26　GPS 卫星星座的空间构型

3）北斗卫星导航系统

北斗卫星导航系统是中国着眼于国家安全和经济社会发展需要，自主建设运行的全球卫星导航系统，是为全球用户提供全天候、全天时、高精度的定位、导航和授时服务的国家重要时空基础设施。20 世纪后期，中国开始探索适合国情的卫星导航系统发展道路，逐步形成了三步走发展战略：2000 年底，建成北斗一号系统，向中国提供服务；2012 年年底，建成北斗二号系统，向亚太地区提供服务；2020 年，建成北斗三号系统，向全球提供服务。北斗系统秉承“中国的北斗、世界的北斗、一流的北斗”发展理念，愿与世界各国共享北斗系统建设发展成果，促进全球卫星导航事业蓬勃发展，为服务全球、造福人类贡献中国智慧和力量。

北斗卫星导航系统采用混合星座模式，由 24 颗 MEO 卫星（地球中圆轨道卫星）、3 颗 IGSO 卫星（倾斜地球同步轨道卫星）以及 3 颗 GEO 卫星 3 种不同轨道的 30 颗卫星组成。其中，MEO 卫星均匀分布在 3 个轨道平面的圆轨道上，升交点赤经分别相差 120°，轨道高度为 21500km，轨道倾角为 55°；IGSO 卫星分布在 3 个等间隔的轨道倾角为 55°的圆轨道面内，如图 7-27 所示。

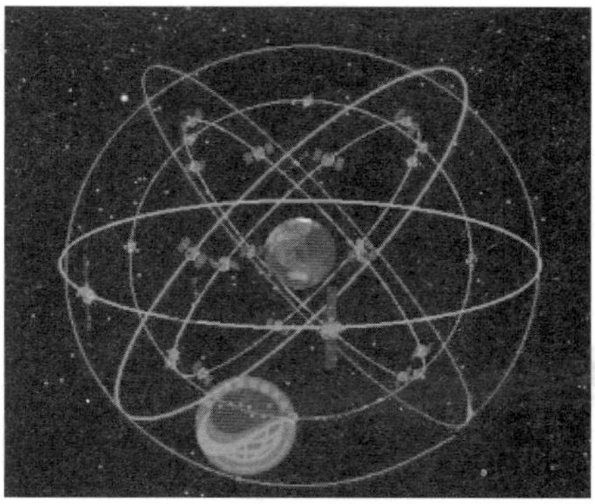

图 7-27　北斗卫星导航系统示意图

2. 通信卫星星座

在 20 世纪 90 年代，中低轨通信卫星星座开始盛行，最多时有十几个小卫星通信星座计划。但是，由于市场竞争和经济等因素的影响，通信卫星星座的发展并不顺利，例如：名震一时的铱星系统（Iridium）也曾宣布破产并最终被美国军方收购。目前，最具影响力的低轨通信星座当属美国星链（Starlink）系统。

北斗导航系统星座

1）Iridium 卫星通信系统

铱系统是美国摩托罗拉公司（Motorola）于 1987 年提出的低轨全球个人卫星移动通信系统，它与现有通信网结合，可实现全球数字化个人通信。该系统原设计为 77 颗小型卫星，分别围绕 7 个极地圆轨道运行，因卫星数与铱原子的电子数相同而得名。后来改为 66 颗卫星围绕 6 个极地圆轨道运行，但仍用原名称。Iridium 卫星星座的星座构型为玫瑰星座，极地圆轨道高度约 780km，每个轨道平面均匀分布 11 颗在轨运行卫星及 1 颗备用卫星，每颗卫星约重 700kg，备份星轨道高度 677km，如图 7 – 28 所示。

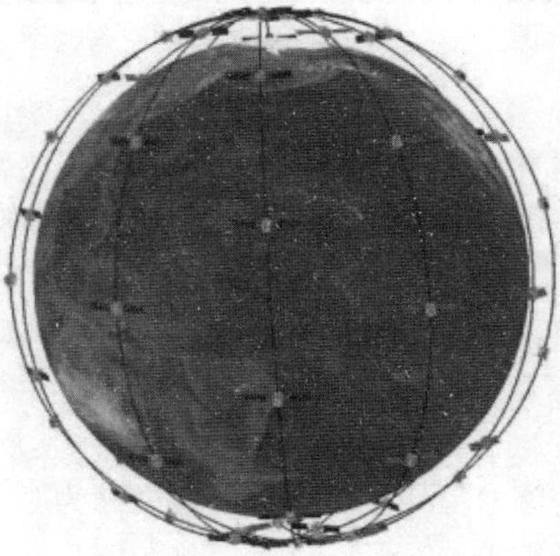

图 7 – 28　Iridium 卫星星座构型

2）Starlink 卫星通信系统

Starlink 是由美国太空探索技术公司于 2014 年提出的低轨卫星通信星座计划，采用 Walker – δ 星座构型。Starlink 计划经过多轮方案变更调整，截至 2022 年初共规划了 3 期系统，总规模接近 4.2 万颗卫星，如图 7 – 29 所示。

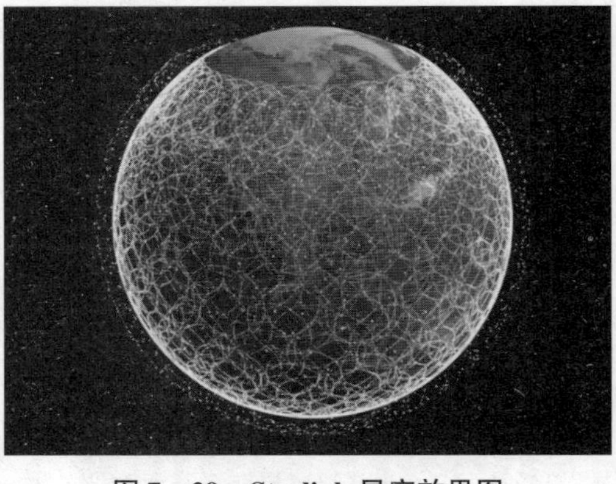

图 7 – 29　Starlink 星座效果图

Starlink 一期星座由轨道高度在 550km 左右的 4408 颗卫星组成。这些卫星主要采用 Ku、Ka 频段，单星通信容量约 20Gbps，全系统数据吞吐量可达 100Tbps。二期星座由 7518 颗工作在 340km 高度左右的甚低轨道卫星组成，所用频段在原 Ku、Ka 频段基础上增加了 V 频段。二期星座将与一期星座协同工作，进一步增强系统的覆盖与传输能力。三期星座由 3 万颗卫星组成，卫星频段在原 Ku、Ka 和 V 频段基础上，又增加了 E 频段，可用带宽增加了 3 倍，极大地增强了系统容量。自 2019 年 5 月 24 日美国太空探索技术公司发射首批 60 颗 Starlink 卫星以来，截至 2023 年 10 月 1 日，SpaceX 累计发射 5200 颗 Starlink 卫星，在轨 4849 颗，空间操作 4797 颗，正式运营 4199 颗。

习　　题

1. 星下点的形状与哪些轨道参数有关？具体有怎样的关系？
2. 卫星位于地球静止轨道，即 $h = 35787$km，则卫星的覆盖角及覆盖率分别是多少？
3. 按照轨道高度，卫星的近圆轨道可分为哪几种？
4. Walker − δ 星座的特点有哪些？
5. 典型的卫星星座有哪几种，各自的代表星座有哪些？

参考文献

[1] Curtis H D. Orbital Mechanics for Engineering Students [M]. 4th ed. UK：Butterworth Heinemann，2020.
[2] Bate R R，Mueller D D，White J E，et al. Fundamentals of Astrodynamics [M]. 2nd ed New York：Dover Publications，2020.
[3] 张洪波．航天器轨道力学理论与方法 [M]．北京：国防工业出版社，2015.
[4] 陈克俊，刘鲁华，孟云鹤．远程火箭飞行动力学与制导 [M]．北京：国防工业出版社，2014.
[5] 龙乐豪，余梦伦．总体设计（上册）[M]．北京：中国宇航出版社，1989.
[6] 程国采．弹道导弹制导方法与最优控制 [M]．长沙：国防科技大学出版社，1987.
[7] 孙达，蒲英霞．地图投影 [M]．南京：南京大学出版社，2012.
[8] 任萱．人造地球卫星轨道力学 [M]．长沙：国防科技大学出版社，1988 .
[9] 杨嘉墀．航天器轨道动力学与控制 [M]．北京：中国宇航出版社，1995 .
[10] Chobotov V A. Orbital Mechanics [M]. Third Edition Resto：AIAA，2002.

第 8 章　轨道机动

轨道机动是指航天器通过动力装置在控制系统作用下改变其轨道参数的过程。轨道机动有冲量法和制导法两大类。其中，冲量法亦称脉冲法，是假设发动机推力充分大，在瞬间就能获得所需要的速度增量，这一假设使轨道机动问题的研究大为简化。冲量法在 20 世纪 60 年代与 70 年代初得到充分研究，涌现出大量的文献资料。这一方法有良好的近似效果，多用于方案论证与初步设计阶段，包括轨道调整、轨道转移和轨道拦截等类型。制导方法考虑发动机推力是一个有限量，轨道根数的改变不是瞬间完成，而是有一定时间过程的，制导法主要是研究在轨道根数改变过程中发动机的工作程序。

8.1　轨道机动的内涵

8.1.1　轨道机动的概念

航天器在控制系统作用下使其轨道发生有意的改变称为轨道机动，或者说轨道机动是有目的地使航天器从已有的轨道出发，最终达到另一条预定轨道的操作过程。航天器的出发轨道称为初轨道（或称停泊轨道），预定要到达的轨道称为终轨道（或称预定轨道）。目前对航天器可控飞行轨道的研究已形成一个新的研究领域，成为天体力学的一个新分支，这个分支称为应用天体力学。

1. 轨道机动的作用

轨道机动是航天器完成预定任务的必备功能之一。在航天器发射过程中，由于地球引力场计算、导航测量、发动机推力等误差因素的影响，入轨轨道与设计标称轨道总会存在一定的偏差，有时运载火箭还可能没有足够的力直接将航天器送入目标轨道，这都需要通过机动才能进入标称轨道。

在运行过程中，由于各种摄动力和不确定因素的影响，航天器的真实轨道逐渐偏离任务轨道，这时也需要通过机动来消除偏差，重新进入标称轨道。随着航天技术的发展，人们对航天飞行任务提出越来越多的要求，比如大范围地改变任务轨道、交会对接、在轨维修或加注燃料等，轨道机动都发挥着重要的作用。

因此，轨道机动在航天任务中具有多方面的作用，包括完成复杂的飞行任务、消除干扰偏差、实现交会对接以及支持发射与返回等关键环节。这些作用共同构成了航天任务成功实施的重要保障。

2. 轨道机动的约束条件

首先，轨道机动的设计与实施必须严格遵循开普勒行星运动三定律，这些定律为航天器在宇宙空间中的运动轨迹提供了坚实的理论基础。具体而言，航天器的轨道参数（如半长轴、偏心率、倾角等）及其随时间的变化，均受到天体引力场的精确调控，呈现出典型的椭圆、抛物线或双曲线轨道形态。因此，在进行轨道机动时，必须采用高精度的轨道动力学模型，对航天器在不同轨道间的转移路径进行严谨的计算与预测，以确保其运动轨迹能够严格符合开普勒定律的约束条件，从而实现高效、稳定的轨道转移与姿态调整。

轨道机动的实施还面临着燃料资源有限性的严峻挑战。由于航天器在发射时需严格控制质量，以节省成本并提高运载效率，因此，其携带的燃料量往往受到严格限制。这要求轨道机动的设计必须充分考虑燃料的节约与高效利用，通过优化推力分配、调整轨道转移策略等手段，实现燃料消耗的最小化。同时，由于航天器远离地球，其操作主要依赖于远程控制，而控制指令的传输又受到通信延迟、信号衰减等物理因素的制约。这要求我们在设计轨道机动方案时，必须充分考虑远程控制指令的传输特性，采用先进的通信技术和数据压缩算法，以提高指令传输的可靠性和实时性。此外，还需要为航天器配备一定的自主导航与决策能力，以应对可能的指令丢失或延迟情况，确保轨道机动的顺利进行。

8.1.2　轨道机动的分类

航天器轨道机动可以分成以下 3 个类型（但这些并没有绝对的界限，而且没有实质的差别）：

（1）轨道改变或轨道转移（orbit change or orbit transfer）：这是指大幅度改变轨道要素，例如从低轨道转移到高轨道，从椭圆轨道转移到圆轨道，改变轨道平面等。这种转移的特点是需要大冲量的火箭发动机。

（2）轨道保持或轨道修正（orbit keeping or orbit correction）：这是为了克服轨道要素偏差而进行的小冲量修正，可以利用轨道摄动方程进行分析。

（3）空间交会（space rendezvous）：即主动航天器通过一系列的机动动作达到与被动航天器会合，这里主要控制航天器的相对运动。

按照持续时间，航天器轨道机动可以分为：

（1）脉冲式机动：发动机在非常短暂的时间内产生推力，使航天器获得脉冲速度。分析时可以认为速度变化是在一瞬间完成的，当然这是对实际问题的抽象化。

（2）连续式机动：在持续的一段时间内依靠小的作用力改变轨道。例如利用电离子火箭发动机、空气动力、太阳光压力等进行的机动。

为讨论方便起见，也可以将轨道机动区分为轨道改变与轨道转移。

当终轨道与初轨道相交（切）时，在交（切）点施加一次冲量即可使航天器由初轨道进入终轨道，这称为轨道改变。

当终轨道与初轨道不相交（切）时，则至少要施加两次冲量才能使航天器由初轨道进入终轨道，这称为轨道转移。连结初轨道与终轨道的过渡轨道称为转移轨道。

在轨道机动问题中，初轨道、转移轨道、终轨道可以是圆锥曲线中的任何一种轨道，但在这里只讨论椭圆轨道的情况。

轨道机动问题可在地心惯性坐标系中研究，也可在适当选择的动坐标系中进行研究。

8.1.3　脉冲速度增量的概念

单次脉冲机动可以使航天器的速度变化 Δv，可表示速度大小的变化或速度矢量方向的变化，或两者兼而有之。速度大小的增量 Δv 与燃料质量消耗间的关系可表示为

$$\frac{\Delta m}{m}=1-\mathrm{e}^{-\frac{\Delta v}{I_{\mathrm{sp}}g_0}} \tag{8-1}$$

式中：m 为航天器火箭燃烧前的质量；g_0 为标准的海平面引力加速度：I_{sp} 为燃料的比推力。比推力的定义如下：

$$I_{sp}=\frac{\text{推力}}{\text{所耗燃料在海平面引力加速度下的重量}} \tag{8-2}$$

比推力的单位为秒，且为火箭推进系统性能的一个度量。表 8－1 列出了一些常用燃料的 I_{sp}。由于在太空中没有燃料补给站，太空任务中的速度增量 Δv 需要仔细规划，以使在轨载荷中的燃料质量最小化。

表 8－1　一些典型燃料的比推力

燃料	比推力 I_{sp} （s）
冷气	50
单肼	230
固体燃料	290
硝酸/甲基肼	310
液氧/液氢	455
离子推力	>3000

8.2　轨道调整

8.2.1　摄动分析法

轨道调整是利用推力来消除轨道根数的微小偏差，所用的速度增量较小，相应的小推力加速度可视为摄动加速度，因此可以用轨道摄动的方法进行研究。

当发动机按冲量方式工作时，设冲量使航天器获得速度增量，在质心轨道坐标系 ***RSW*** 各轴上的分量分别为 Δv_r，Δv_t，Δv_h。把速度增量视为摄动加速度 f_r，f_t，f_h 与时间间隔 Δt 的乘积，根据摄动方程可知，冲量使轨道根数产生的瞬时变化为

$$\begin{cases}\Delta a=\dfrac{2}{n\sqrt{1-e^2}}[e\sin\theta\cdot\Delta v_r+(1+e\cos\theta)\Delta v_t]\\ \Delta e=\dfrac{\sqrt{1-e^2}}{na}[\sin\theta\cdot\Delta v_r+(\cos\theta+\cos E)\Delta v_t]\\ \Delta i=\dfrac{r\cos u}{na^2\sqrt{1-e^2}}\Delta v_h\\ \Delta\Omega=\dfrac{r\sin u}{na^2\sqrt{1-e^2}\sin i}\Delta v_h\\ \Delta\omega=\dfrac{\sqrt{1-e^2}}{nae}\left[-\cos\theta\cdot\Delta v_r+\left(1+\dfrac{r}{p}\right)\sin\theta\cdot\Delta v_t\right]-\cos i\cdot\Delta\Omega\\ \Delta M=n-\dfrac{1-e^2}{nae}\left[\left(2e\dfrac{r}{p}-\cos\theta\right)\Delta v_r+\left(1+\dfrac{r}{p}\right)\sin\theta\cdot\Delta v_t\right]\end{cases} \tag{8-3}$$

式中：Δa、Δe、Δi、$\Delta\Omega$、$\Delta\omega$、ΔM 为轨道根数的修正量。如果航天器实际运行的轨道与设计的标准轨道的根数偏差为 $\mathrm{d}a$，$\mathrm{d}e$，$\mathrm{d}i$，$\mathrm{d}\Omega$，$\mathrm{d}\omega$，$\mathrm{d}M$，则修正量必须满足 $\Delta a=-\mathrm{d}a$，$\Delta e=-\mathrm{d}e$，$\Delta i=-\mathrm{d}i$，$\Delta\Omega=-\mathrm{d}\Omega$，$\Delta\omega=-\mathrm{d}\omega$，$\Delta M=-\mathrm{d}M$。

由式（8-3）可以看出，Δa，Δe，ΔM 可由 Δv_r，Δv_t 提供，Δi，$\Delta\Omega$ 由 Δv_h 提供，$\Delta\omega$ 则需由 Δv_r，Δv_t，Δv_h 提供。下文讨论一些典型的轨道调整。

8.2.2　周期的调整

在设计回归轨道与准回归轨道时，为了满足地面覆盖要求，通常希望轨道周期保持不变，由轨道周期公式可得

$$\mathrm{d}T=3\pi\sqrt{\frac{a^3}{\mu}}\frac{\mathrm{d}a}{a} \tag{8-4}$$

或

$$\frac{\mathrm{d}T}{T}=\frac{3}{2}\frac{\mathrm{d}a}{a} \tag{8-5}$$

因此，可以利用 a 修正周期 T，根据式（8-3）有

$$-\frac{1}{3}\frac{\mathrm{d}T}{T}=\frac{a}{\sqrt{\mu p}}[e\sin\theta\cdot\Delta v_r+(1+e\cos\theta)\Delta v_t] \tag{8-6}$$

为了提供 Δv_r，Δv_t，则发动机推力方向必须在航天器轨道平面内，若航天器的纵平面与轨道面重合，安装在纵平面内的发动机提供的瞬时速度增量 Δv，在 $O-xyz$ 坐标系中 Δv 与 y 轴的夹角为 φ，如图 8-1 所示，则有

$$\begin{cases}\Delta v_r=\Delta v\sin\varphi\\ \Delta v_t=\Delta v\cos\varphi\end{cases} \tag{8-7}$$

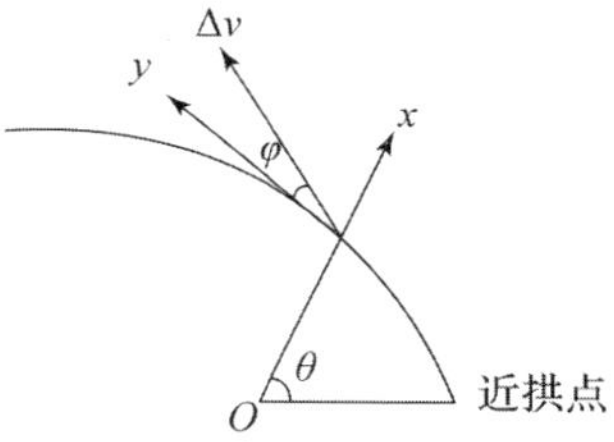

图 8-1　瞬时速度增量 Δv

将式（8-7）代入式（8-6）得

$$-\frac{1}{3}\frac{\mathrm{d}T}{T}=\frac{a}{\sqrt{\mu p}}[e\sin\theta\sin\varphi+(1+e\cos\theta)\cos\varphi]\Delta v=\frac{a}{\sqrt{\mu p}}F(\theta,\varphi)\Delta v \tag{8-8}$$

式中

$$F(\theta,\varphi)=e\sin\theta\sin\varphi+(1+e\cos\theta)\cos\varphi \tag{8-9}$$

式（8-9）说明，当$\frac{\mathrm{d}T}{T}$给定时，则修正 T 所需的 Δv 是航天器真近点角（即发动机在轨道上工作点的位置）和 φ 角（即 Δv 的方向）的函数，即

$$\Delta v=-\frac{1}{3}\frac{\mathrm{d}T}{T}\frac{\sqrt{\mu p}}{a}\frac{1}{F(\theta,\varphi)}>0 \tag{8-10}$$

式（8-10）中的 θ 和 φ 可以任意选择，选择时希望使所需的速度增量 Δv 达到最小 $\Delta v_{\min}$，即满足能量最省的要求。在式（8-10）中，设 F 的最大值为 $F_{\max}$。由于 Δv 恒大于 0，因此，当 $\mathrm{d}T<0$ 时，要使 $\Delta v=\Delta v_{\min}$，则要求 $F=F_{\max}>0$；当 $\mathrm{d}T>0$ 时，要使 $\Delta v=\Delta v_{\min}$，则要求 $F=F_{\min}<0$。因此，求 Δv 的极小值问题变为求 $F(\theta,\varphi)$的极大值问题。求解的步骤如下。

①先给定 θ，求 Δv 的局部极小值。

由式（8-9）可知

$$\frac{\partial F}{\partial \varphi}=e\sin\theta\cos\varphi-(1+e\cos\theta)\sin\varphi \tag{8-11}$$

求 F 的极值的必要条件为式（8-11）等于0，故可得

$$\tan\varphi=\frac{e\sin\theta}{1+e\cos\theta} \tag{8-12}$$

已知航天器的航迹角为

$$\tan\gamma=\frac{e\sin\theta}{1+e\cos\theta}$$

可得 F 取极值的条件为

$$\tan\varphi=\tan\gamma \tag{8-13}$$

即

$$\varphi=\gamma \tag{8-14}$$

或

$$\varphi=\pi+\gamma \tag{8-15}$$

再由式（8-11）可知

$$\begin{aligned}\frac{\partial^2 F}{\partial \varphi^2}&=-e\sin\theta\sin\varphi-(1+e\cos\theta)\cos\varphi=-\cos\varphi[e\sin\theta\tan\varphi+(1+e\cos\theta)]\\&=-\cos\varphi\left[\frac{e^2\sin^2\theta+(1+e\cos\theta)^2}{1+e\cos\theta}\right]\end{aligned} \tag{8-16}$$

由式（8-16）可知，方括号内的式子恒大于0，因此，$\frac{\partial^2 F}{\partial \varphi^2}$的符号取决于 $\cos\varphi$。当 $\varphi=\gamma$ 时，$\cos\varphi>0$，则$\frac{\partial^2 F}{\partial \varphi^2}<0$，所以 $F=F_{\max}$；当 $\varphi=\pi+\gamma$ 时，$\cos\varphi<0$，则$\frac{\partial^2 F}{\partial \varphi^2}>0$，所以 $F=F_{\min}$。因此，对于任意给定的发动机在轨道上的工作点 θ，当发动机沿此点的切线方向提供速度增量时，可以节省能量。即当 $\mathrm{d}T<0$ 时，则取 $\varphi=\gamma$，即推力沿速度方向；当 $\mathrm{d}T>0$ 时，则取 $\varphi=\pi+\gamma$，即推力沿速度反方向。

对于任意给定 θ，Δv 的极小值称为局部最小值，记为 $\Delta v_{\min}^*$，即

$$\begin{aligned}\Delta v_{\min}^*&=-\frac{1}{3}\frac{\mathrm{d}T}{T}\frac{\sqrt{\mu p}}{a}\frac{1}{\cos\varphi[e\sin\theta\tan\gamma+(1+e\cos\theta)]}\\&=\frac{\sqrt{\mu p}\frac{|\mathrm{d}T|}{T}}{3a|\cos\varphi|[e\sin\theta\tan\gamma+(1+e\cos\theta)]}\end{aligned} \tag{8-17}$$

因

$$|\cos\varphi|=\cos\gamma=\frac{v_t}{\sqrt{v_r^2+v_t^2}}=\frac{\dot{\theta}}{\sqrt{\left(\frac{\dot{\theta}e\sin\theta}{1+e\cos\theta}\right)^2+(\dot{\theta})^2}}=\frac{1+e\cos\theta}{\sqrt{(e\sin\theta)^2+(1+e\cos\theta)^2}} \tag{8-18}$$

将式（8-13）代入式（8-17），得

$$\Delta v_{\min}^*=\frac{\sqrt{\mu p}\frac{|\mathrm{d}T|}{T}}{3a\sqrt{1+e^2+2e\cos\theta}} \tag{8-19}$$

②选择 θ，求 Δv 的全局极小值。

局部极小值 $\Delta v_{\min}^*$ 是 θ 的函数，即 $\Delta v_{\min}^*(\theta)$。若发动机在轨道上的工作点 θ 还可选择，可使 $\Delta v_{\min}^*$ 为最小值，这一最小值为全局最小值，记为 $\Delta v_{\min}$，由式（8-19）可知，使 $\Delta v_{min}^*(\theta)$ 为极小的 $\theta=0°$，且

$$\Delta v_{\min}=\frac{\sqrt{\mu p}\frac{|\mathrm{d}T|}{T}}{3a(1+e)} \tag{8-20}$$

因此，调整轨道周期时，能量最小的方案是在轨道近地点沿轨道切线方向施加速度增量。由式（8-20）可知，相应的速度增量为

$$\Delta v_t=-\frac{\sqrt{\mu p}\frac{\mathrm{d}T}{T}}{3a(1+e)} \tag{8-21}$$

调整轨道周期的发动机可沿航天器纵轴安装，正向与反向各装一台。当航天器飞至近地点时，姿态控制系统把航天器纵轴调整至轨道切线方向（即当地水平线），并根据 $\mathrm{d}T$ 的符号启动相应的发动机。具体为：当 $\mathrm{d}T>0$ 时，启动反向发动机；当 $\mathrm{d}T<0$ 时，启动正向发动机。

8.2.3 长半轴和偏心率的调整

航天器对地观察的覆盖情况与轨道运动周期有关，而地面分辨率的均匀性则与偏心率有关。调整轨道周期时，可能给轨道偏心率带来交联影响。为了使轨道的长半轴和偏心率都能保持标准值，就必须同时调整 a 与 e。如果已知 $\mathrm{d}a$ 与 $\mathrm{d}e$，则由式（8-3）可知

$$\begin{cases}-\mathrm{d}a=\dfrac{2a^2}{\sqrt{\mu p}}[e\sin\theta\Delta v_r+(1+e\cos\theta)\Delta v_t]\\[2ex]-\mathrm{d}e=\dfrac{r}{\sqrt{\mu p}}[\sin\theta(1+e\cos\theta)\Delta v_r+(2\cos\theta+e+e\cos^2\theta)\Delta v_t]\end{cases} \tag{8-22}$$

不难反解得 Δv_r 与 Δv_t。为此记

$$\delta a=-\frac{h}{2a}\frac{\mathrm{d}a}{a} \tag{8-23}$$

$$\delta e=-\frac{h}{a}\frac{\mathrm{d}e}{1-e^2} \tag{8-24}$$

当 $\mathrm{d}a$ 和 $\mathrm{d}e$ 为已知时，δa 和 δe 为已知量，由式（8-3）可得

$$\begin{cases}\delta a=e\sin\theta\cdot\Delta v_r+\dfrac{p}{r}\Delta v_z\\[2ex]\delta e=\sin\theta\cdot\Delta v_r+\left[\left(1+\dfrac{r}{p}\right)\cos\theta+\dfrac{r}{p}e\right]\Delta v_t\end{cases} \tag{8-25}$$

反解得（当 $\sin\theta\neq0$）

$$\begin{cases}\Delta v_r=\dfrac{\delta a+\dfrac{p}{r}\cdot\dfrac{a}{r}(e\cdot\delta e-\delta a)}{e\sin\theta}\\[3ex]\Delta v_t=-\dfrac{a}{r}(e\cdot\delta e-\delta a)\end{cases} \tag{8-26}$$

将式（8-7）代入得

$$\begin{cases}\Delta v = \sqrt{\Delta v_r^2 + \Delta v_t^2} \\ \varphi = \arctan \dfrac{\Delta v_r}{\Delta v_t}\end{cases} \tag{8-27}$$

令

$$\begin{cases}Q = \dfrac{p}{r} \\ C = \dfrac{a(e \cdot \delta e - \delta a)}{p} \\ D = C[2\delta a - (1 - e^2)]\end{cases} \tag{8-28}$$

式中：Q 为 θ 的函数，且 Q 恒大于0，C 和 D 均为已知量。所以，式（8－26）可写为

$$\begin{cases}\Delta v_r^2 = \dfrac{(\delta a + CQ^2)^2}{e^2 - (Q-1)^2} \\ \Delta v_t^2 = C^2 Q^2\end{cases} \tag{8-29}$$

将式（8－29）代入式（8－27）的第一式，则有

$$\Delta v^2 = \frac{\delta a^2 + CDQ^2 + 2C^2Q^3}{(e^2-1) + 2Q - Q^2} = \Delta v^2(Q) \tag{8-30}$$

由式（8－30）可知，进行轨道调整的速度增量 Δv 是 Q 的函数，也就是 θ 的函数。由于 Q 可以选择，故可选择发动机在轨道上的工作点，使轨道调整所需的速度增量为最小，即 $\Delta v = \Delta v_{min}$ 须满足的必要条件为

$$\frac{\mathrm{d}(\Delta v^2)}{\mathrm{d}Q} = 0 \tag{8-31}$$

上述必要条件是 Q 的四次代数方程，一般要用数值方法求解。下面讨论两种特殊情形。

①只用 Δv_t 同时调整半长轴与偏心率。

当航天器姿态控制系统保持航天器纵轴与当地水平线一致时，则沿纵轴安装一对推力方向相反的发动机。在航天器轨道上任一点均可提供周向速度增量 Δv_t，即用 Δv_t 调整 a 和 e 可以简化推力方向的控制，亦即在式（8－27）的第二式中，恒有 $\varphi = 0°$ 或 $180°$。在此情况下，式（8－25）成为

$$\begin{cases}\delta a = \dfrac{p}{r}\Delta v_t = Q\Delta v_t \\ \delta e = \left[\left(1 + \dfrac{r}{p}\right)\cos\theta + \dfrac{r}{p}e\right]\Delta v_t = \left[\left(1 + \dfrac{1}{Q}\right)\cos\theta + \dfrac{e}{Q}\right]\Delta v_t\end{cases} \tag{8-32}$$

令

$$K = \frac{\dfrac{\Delta e}{1 - e^2}}{\dfrac{\Delta a}{a}} = \frac{\delta e}{2\delta a} \tag{8-33}$$

则 K 为已知量，则由式（8－32）得

$$K = \frac{\left(1 + \dfrac{1}{Q}\right)\cos\theta + \dfrac{e}{Q}}{2Q} \tag{8-34}$$

又由 $e\cos\theta = \frac{p}{r} - 1 = Q - 1$，所以

$$K = \frac{Q^2 - 1 + e^2}{2eQ} \tag{8-35}$$

或

$$(1 - 2Ke)Q^2 = 1 - e^2 \tag{8-36}$$

由于 Q 恒大于0，故有

$$Q = \sqrt{\frac{1 - e^2}{1 - 2Ke}} \tag{8-37}$$

要使式（8－37）有解，则 K 要满足 $K < \frac{1}{2e}$。根据式（8－28）的第一式可知

$$1 - e \leqslant Q \leqslant 1 + e \tag{8-38}$$

将式（8－37）代入式（8－38）可求相应的 K 还须满足

$$-\frac{1}{1 - e} \leqslant K \leqslant \frac{1}{1 + e} \tag{8-39}$$

因 $\frac{1}{1+e} \leqslant \frac{1}{2e}$，所以式（8－39）是使 Q 有解时 K 满足的条件。则当 $\mathrm{d}a$ 和 $\mathrm{d}e$ 给定后，由式（8－33）计算 K。如 K 满足式（8－39），则可由式（8－37）求解 Q，再由式（8－33）的第一式可确定 f 值。调整 a 和 e 的速度增量 Δv_t，可由式（8－32）求得

$$\Delta v_t = \frac{\delta a}{Q} = -\frac{h}{2a}\frac{\mathrm{d}a}{a} \cdot \frac{1}{Q} \tag{8-40}$$

例 8.1　某人造地球卫星的标准轨道根数为 $a = 6670\mathrm{km}$，$e = 0.015$。大气阻力使得 a 和 e 每飞行一圈的偏差量为 $\mathrm{d}a/a = -5 \times 10^{-5}$ 和 $\mathrm{d}e = -4.5 \times 10^{-5}$。由式（8－33）求得 $K = 0.9$，由式（8－39）可知 K 值应在 -1.015 与 0.985 之间，故 K 满足要求，即在轨道上存在同时调整 a 和 e 的工作点。由式（8－37）可求得 $Q = 1.014$，将此 Q 值代入式（8－28），可求得工作点的 f 值为 24.35°或 335.65°，由式（8－7）可求得 $\Delta v_t = 0.196\mathrm{m/s}$。$\Delta v_t$ 为正值，说明速度增量沿速度的正方向施加。

②只用 Δv_t 先调偏心率再调长半轴。

当 K 不满足式（8－39）时，不能用一次冲量对 a 和 e 同时进行调整，这时要采用多次冲量对 a 和 e 进行调整。用多次冲量对 a 和 e 进行调整有可能使消耗的能量小于一次冲量时消耗的能量。

若标准轨道为近圆轨道，其偏心率较小，可以略去 e^2 的项，则 $p = a(1 - e^2) \approx a$。当只使用 Δv_t 进行调整时，根据式（8－3）的第一式和第二式，并将 e 表示为 θ 可得

$$\begin{cases} n\Delta a = 2(1 + e\cos\theta)\Delta v_t \\ na\Delta e = (2\cos\theta + e\sin^2\theta)\Delta v_t \end{cases} \tag{8-41}$$

用 Δv_t 先调整 e 然后再调整 a。由式（8－3）可知，在单独对 e 进行调整时，将发动机的工作点选择在 $\theta = 0°$或 180°时，可使能量最省。此时所需的周向速度增量记为 $(\Delta v_t)_e$。

当 $\theta = 0°$

$$(\Delta v_t)_e = \frac{na\Delta e}{2} \tag{8-42}$$

当 $\theta=180°$

$$(\Delta v_t)_e=-\frac{na\Delta e}{2} \tag{8-43}$$

当 e 调整后，再调整 a，此时 a 需要的调整量为 Δa^*，它包括两部分，一部分是原来需要调整的量；另一部分是要修正由于调整 e 而引起的 a 的偏差，这部分调整量为 $-(\mathrm{d}a)_e$，因此 $\Delta a^*=\Delta a-(\mathrm{d}a)_e$。

所以当 $\theta=0°$，$\Delta a^*=\Delta a+(-e-1)a\Delta e$；当 $\theta=180°$，$\Delta a^*=\Delta a+(-e+1)a\Delta e$。即当 Δa 与 Δe 同号时，可选择 $\theta=0°$，异号时则取 $\theta=180°$。这样，在调整 e 时，已对 a 进行了部分需要的调整，可以节省能量。

在调整时，将发动机工作点选在 $\theta=0°$ 和 $\theta=180°$。在这两点发动机各工作一次，每次的周向速度增量相等，令其周向速度增量为 $(\Delta v_t)_a^*$，由式（8-3）的第一、二式可知，这样调整 a 则 e 不发生变化，由式（8-3）的第一式可知

$$(\Delta v_t)_a^*=\frac{n\Delta a^*}{4} \tag{8-44}$$

这样，用周向速度增量对 a 和 e 分别进行调整时，共需要两次冲量。具体为

（1）当 Δa 与 Δe 同号时，取 $\Delta a^*=\Delta a-(1+e)a\Delta e$，并且第一次冲量 Δv_{t1} 在 $\theta=0°$ 时施加，第二次冲量 Δv_{t2} 在 $\theta=180°$ 时施加，则

$$\begin{cases}\Delta v_{t1}=n\dfrac{a\Delta e+\dfrac{\Delta a^*}{2}}{2}=n\dfrac{\Delta a+(1-e)a\Delta e}{4}\\[2ex]\Delta v_{t2}=n\dfrac{\Delta a^*}{4}=n\dfrac{\Delta a-(1+e)a\Delta e}{4}\end{cases} \tag{8-45}$$

两次冲量的特征速度为

$$v_{\mathrm{ch}}=|\Delta v_{t1}|+|\Delta v_{t2}|=na\frac{\dfrac{|a|}{a}-e|\Delta e|}{2}=(\mu a)^{\frac{1}{2}}\frac{\left|\dfrac{|\Delta a|}{a}-e\right|\Delta e|}{2} \tag{8-46}$$

（2）当 Δa 与 Δe 异号时，取 $\Delta a^*=\Delta a-(1-e)a\Delta e$，并且第一次冲量 Δv_{t1} 在 $\theta=180°$ 时施加，第二次冲量 Δv_{t2} 在 $\theta=0°$ 时施加，则

$$\begin{cases}\Delta v_{t1}=n\dfrac{-a\Delta e+\dfrac{\Delta a^*}{2}}{2}=n\dfrac{\Delta a-(1+e)a\Delta e}{4}\\[2ex]\Delta v_{t2}=n\dfrac{\Delta a^*}{4}=n\dfrac{\Delta a(1-e)a\Delta e}{4}\end{cases} \tag{8-47}$$

两次冲量的特征速度为

$$v_{\mathrm{ch}}=|\Delta v_{t1}|+|\Delta v_{t2}|=na\frac{\dfrac{|\Delta a|}{a}+e|\Delta e|}{2}=(\mu a)^{\frac{1}{2}}\frac{\dfrac{|\Delta a|}{a}+e\Delta e}{2} \tag{8-48}$$

8.2.4 升交点赤经与倾角的调整

由式（8-3）的第四式和第三式可知

$$\begin{cases}\Delta\Omega=\dfrac{r\sin u\Delta v_h}{\sqrt{\mu p}\sin i}\\ \Delta i=\dfrac{r\cos u}{\sqrt{\mu p}}\Delta v_h\end{cases}\tag{8-49}$$

由式（8－49）可知，令 $u=0$ 或 $180°$，则用 Δv_h 可以单独调整 i 而不影响 Ω，令 $u=90°$ 或 $270°$，可以单独调整 Ω 而不影响 i。

对于圆轨道而言，由式（8－49）可知，单独调整 $\Delta\Omega$ 和 Δi 所需的速度增量 $(\Delta v_h)_\Omega$ 和 $(\Delta v_h)_i$ 分别为

$$\begin{aligned}\frac{(\Delta v_h)_\Omega}{v_c}&=\sin i\Delta\Omega\\ \frac{(\Delta v_h)_i}{v_c}&=\Delta i\end{aligned}\tag{8-50}$$

式中：v_c 为圆轨道速度，当 $(\Delta v_h)_\Omega$ 和 $(\Delta v_h)_i$ 为正值时，速度增量与 $\hat{\boldsymbol{h}}$ 同向，反之则反向，由于卫星上携带的燃料有限，因而只能提供有限的速度增量，若 $|\Delta v_{h\max}|/v_c\leqslant 0.01$，则单独调整 i 时，Δi 的调整范围只有 $\pm0.57°$；单独调整 Ω 时，Ω 的调整范围与 i 有关，如 i 小，调整范围较大，若 $i=70°$，则 $\Delta\Omega$ 的调整范围只有 $\pm0.61°$，因此，对于一般的应用技术卫星，Ω 和 i 的调整范围不大。

对于椭圆（或圆）轨道卫星，若存在 $\Delta\Omega$ 和 Δi，由式（8－49）可知，在对 Ω 和 i 进行调整时，发动机的工作点 u 和速度增量 Δv_h 这两个量可以选择，因而，可以用一次冲量对 Ω 和 i 同时进行调整。以式（8－49）中的第二式除第一式，可求得发动机的工作点的 u 值为

$$u=\arctan\left(\sin i\frac{\Delta\Omega}{\Delta i}\right)\tag{8-51}$$

由式（8－49）可求得 Δv_h 为

$$\Delta v_h=\frac{\sqrt{\mu p}\Delta i}{r\cos\left[\arctan\left(\sin i\dfrac{\Delta\Omega}{\Delta i}\right)\right]}\tag{8-52}$$

例 8.2　某太阳同步近圆轨道卫星，其标称轨道根数为 $a=6670\text{km}$，$e=0.015$，$i=96.64°$，$\omega=0°$。由于入轨误差使 i 的实际值为 $96.5°$。需要调整 Ω 或 i 使卫星成为太阳同步轨道。具体为

（1）当只调整 Ω 时，发动机工作点为 $u=90°$，由地球扁率摄动运动方程的第四式可知 Ω 的每日修正量为

$$\Delta\Omega=\frac{3J_2}{2}\left(\frac{a_E}{a}\right)^{3.5}\frac{\cos96.64°-\cos96.5°}{(1-e^2)^2}=-0.0206\tag{8-53}$$

因此，由式（8－49）的第一式可知每日所需的速度增量为

$$(\Delta v_h)_\Omega=\sqrt{\frac{\mu}{p}}\sin i\Delta\Omega=-2.76(\text{m/s})\tag{8-54}$$

（2）当调整 i 时，则 i 的修正量 $\Delta i=96.64°-96.5°=0.14°$。发动机工作点为 $u=0°$，调整 i 所需的速度增量为

$$(\Delta v_h)_i=\sqrt{\frac{\mu}{p}}(1+e)\Delta i=19.17(\text{m/s})\tag{8-55}$$

不论调整 a 和 e 还是调整 Ω，在施加冲量后还将引起 ω 的交联改变。不过，对于近圆轨道的对地观测卫星，ω 的变化对完成预定任务的影响不大，故可不考虑。

8.3 双脉冲轨道转移

霍曼轨道转移动画

8.3.1 霍曼轨道转移

在两个共面且有一个公共焦点的圆轨道间的轨道转移中，霍曼转移是能量最省的双脉冲机动。如图 8-2 所示，霍曼转移是一个与两圆在拱线上均相切的椭圆轨道。转移椭圆轨道的近地点和远地点，分别为内圆与外圆的半径。显然，一次机动只需飞行半个椭圆即可。转移既可以是从内圆至外圆，也可以是外圆到内圆。

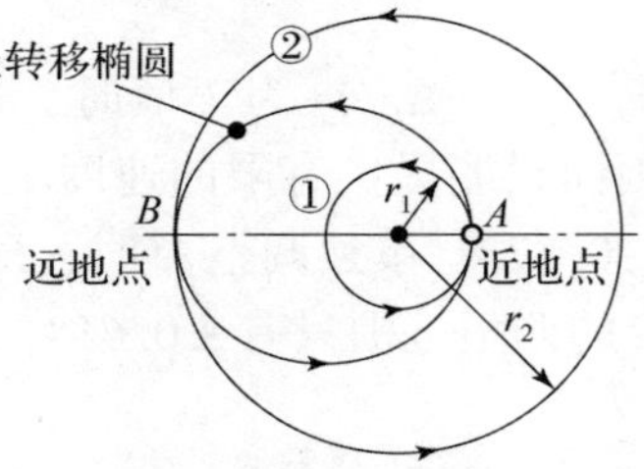

图 8-2　霍曼转移

在分析轨道转移的策略中，利用轨道的能量仅取决于长半轴这一事实是相当有用的。注意到，对于椭圆来说，其比机械能为负值

$$\varepsilon = -\frac{\mu}{2a} \tag{8-56}$$

要增加能量，需减小 ε 的绝对值。因此，长半轴越大，轨道的能量越高。在图 8-2 中，当轨道从内圆转移至外圆时，其能量增加。

由内圆的 A 点为起点，要使航天器上升进入更高能量的椭圆轨道，需在其飞行方向上给予一定的速度增量 Δv_A。在由 A 飞行至 B 后，另一向前的速度增量 Δv_B 使得航天器转移至更高能量的外圆。如果没有后面的速度增量，则航天器将沿着霍曼转移椭圆轨道返回 A 点。总的能量消耗可由总的速度增量来表示，$\Delta v_{总} = \Delta v_A + \Delta v_B$。

若转移以外圆的 B 为起点，则所需要的总速度增量与此前是相同的。因为是转移至低能量轨道的内圆，所以需要降低航天器的能量，即 Δv 需通过点火制动来完成。也就是说，机动火箭的推力方向要与飞行方向相反，以便产生制动作用。由于 Δv 表示同样的燃料消耗，而不涉及推力的方向。因此对于 Δv，我们仅关心其大小。

霍曼转移的初始轨道一般为椭圆，而不是圆，因为实际中没有完全的圆轨道，我们需将霍曼转移这一概念一般化为两共轴椭圆轨道间的双脉冲转移。所谓共轴是指图 8-3 所示的拥有同一条拱线。转移椭圆需与初始椭圆 1 和目标椭圆 2 均相切。由图可知，存在着两条转移轨道 3 和 3′，很难直接得知哪一条转移轨道所消耗的燃料最低。

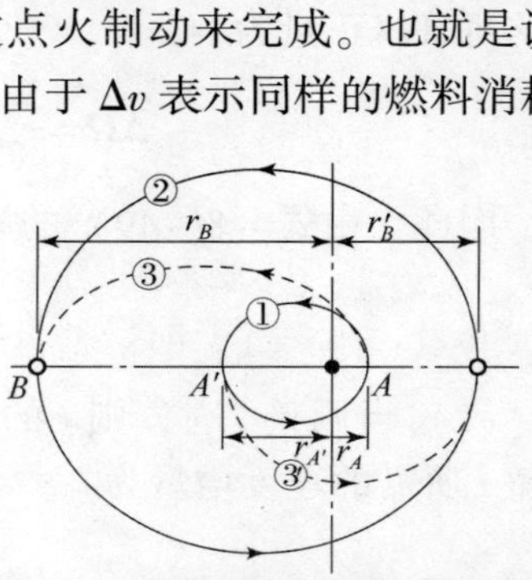

图 8-3　共轴椭圆轨道间的霍曼转移

为了确定哪一条是最好的转移轨道，需分别计算出轨道 3 和 3’ 所需要的总速度增量。这就需要求出每一条轨道在 A、A'、B、B'处的速度。为此，可知对于椭圆

$$e=\frac{r_a-r_p}{r_a+r_p} \tag{8-57}$$

式中：r_p 和 r_a 分别为近地点和远地点的半径。计算轨道方程在近地点处的值

$$r_p=\frac{h^2}{\mu}\frac{1}{1+e}=\frac{h^2}{\mu}\frac{1}{1+\frac{r_a-r_p}{r_a+r_p}}v_A)_1=\frac{h_1}{r_A} \tag{8-58}$$

可得用近地点和远地点半径所表示的角动量为

$$h=\sqrt{2\mu}\sqrt{\frac{r_ar_p}{r_a+r_p}} \tag{8-59}$$

用式（8－59）计算出图 8－3 中 4 个轨道的两个角动量值如下：

$$h_1=\sqrt{2\mu}\sqrt{\frac{r_Ar_{A'}}{r_A+r_{A'}}},h_3=\sqrt{2\mu}\sqrt{\frac{r_Ar_B}{r_A+r_B}}$$

$$h_1=\sqrt{2\mu}\sqrt{\frac{r_Br_{B'}}{r_B+r_{B'}}},h_{3'}=\sqrt{2\mu}\sqrt{\frac{r_{A'}r_{B'}}{r_{A'}+r_{B'}}} \tag{8-60}$$

由此，可得速度为

$$v_A)_3=\frac{h_3}{r_A}$$

$$v_B)_2=\frac{h_2}{r_B},v_B)_3=\frac{h_3}{r_B}$$

$$v_{A'})_1=\frac{h_1}{r_{A'}},v_{A'})_{3'}=\frac{h_{3'}}{r_{A'}}$$

$$v_{B'})_2=\frac{h_2}{r_{B'}},v_{B'})_{3'}=\frac{h_{3'}}{r_{B'}} \tag{8-61}$$

进而可知，速度增量为

$$\Delta v_A=|v_A)_3-v_A)_1|,\Delta v_B=|v_B)_2-v_B)_3|$$

$$\Delta v_{A'}=|v_{A'})_{3'}-v_{A'})_1|,\Delta v_{B'}=|v_{B'})_2-v_{B'})_{3'}| \tag{8-62}$$

最后，可知两转移轨道总的速度增量分别为

$$\Delta v_{总})_3=\Delta v_A+\Delta v_B,\Delta v_{总})_{3'}=\Delta v_{A'}+\Delta v_{B'} \tag{8-63}$$

若$\Delta v_{总})_{3'}/\Delta v_{总})_3>1$，则轨道 3 效率高；反之，若$\Delta v_{总})_{3'}/\Delta v_{总})_3<1$，则轨道 3′效率高。

对于图 8－3 中 3 种不同形状的内轨道 1，图 8－4 给出了$\Delta v_{总})_{3'}/\Delta v_{总})_3$ 的轮廓线。图 8－4（a）中，$r_{A'}/r_A=3$，即与图 8－3 相一致，点 A 为初始椭圆轨道的近地点。图 8－4（b）中，$r_{A'}/r_A=1$，即初始轨道为圆轨道。在图 8－4（c）中，$r_{A'}/r_A=1/3$，即初始轨道与图 8－3 中轨道 1 形状相一致，但 A 为远地点而不是近地点。图 8－4（a）中，当 $r_{A'}>r_A$，即 A 为轨道 1 的近地点时，转移轨道 3 为效率最高的。图 8－4（c）中，当 $r_{A'}<r_A$，即 A'为轨道 1 的近地点时，转移轨道 3′效率高。由此可得：不考虑外部目标轨道的形状时，从内部轨道 1 动能最大的近地点处开始的转移轨道效率最高。若初始轨道为圆轨道，图 8－4（b）

表明，当 $r_{B'}>r_B$ 时，转移轨道 3′更具效率。也就是说，对于一个内部的圆轨道，最有效率的转移椭圆轨道，应终止于外部椭圆目标轨道速度最小的远地点处。

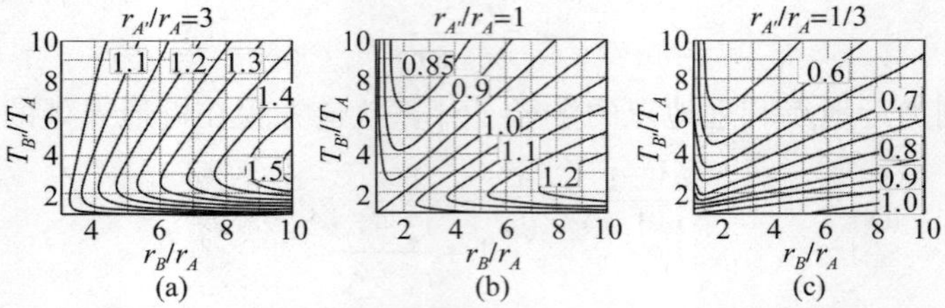

图 8-4　对于不同的椭圆 $\Delta v_{总})_{3'}/\Delta v_{总})_3$ 的轮廓线

若进行相反方向的霍曼转移，即从高能量轨道转移至低能量轨道，则上述结论仍然成立。因为，无论霍曼转移是向内还是向外，所需要的速度增量均是一样的。因此，对于一个外部的圆或椭圆轨道转移至内部的椭圆轨道，最省能量的转移轨道应终止于内部目标轨道的近地点处。若内部目标轨道为一圆，则转移椭圆轨道应开始于外部椭圆轨道的远地点处。

8.3.2　调相机动

调相机动是一种双脉冲霍曼转移，但其离开并返回同一轨道，如图 8-5 所示。此时的霍曼转移椭圆轨道是某一周期选定的调相轨道，以使航天器能够在规定的时刻内返回原来的主轨道。调相机动常用来变换航天器在轨道上的位置。如果要使处在同一轨道上不同位置的两个航天器交会，则需对其中一个进行调相机动以追上另一个。地球同步轨道上的通信和气象卫星常用调相机动在赤道上空移动到新的位置。此时的交会点仅为空间中的一个点，而不是一个实际的目标。图 8-5 中，调相轨道 1 是用来以小于一个主轨道周期的时间返回点 P。当目标位置领先于追击者位置时，此轨道是适用的。注意，在 P 点处进入轨道 1 需要相应的制动点火。也就是说，为了相对于主轨道加速，有必要先把航天器的速度降下来。若追击者领先于目标，则此时应采用周期较长的轨道 2。为了将速度减慢，需要先脉冲向前点火以使航天器加速。

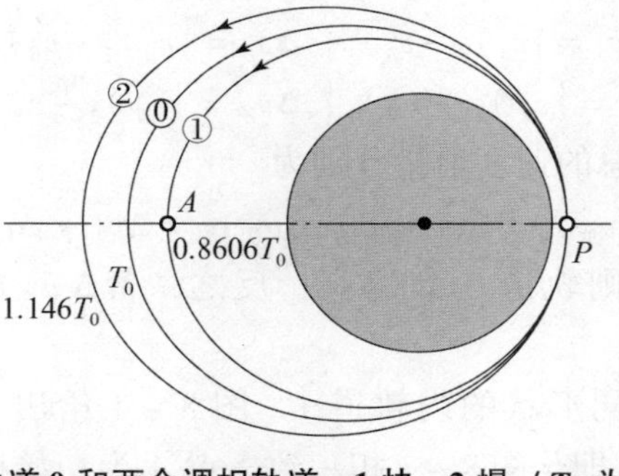

图 8-5　主轨道 0 和两个调相轨道，1 快、2 慢（T_0 为主轨道周期）

一旦知道了调相轨道的周期 T，可确定调相椭圆轨道的长半轴为

$$a=\left(\frac{T\sqrt{\mu}}{2\pi}\right)^{\frac{2}{3}} \tag{8-64}$$

有了此长半轴，则由 $2a=r_P+r_A$ 就可以得知 A 点相对于 P 点的半径。继而很明显，不管

P 为近地点还是远地点，都可以计算出调相椭圆轨道的偏心率。角动量也因此可以由 A 点处或 P 点处的轨道方程求出。至此，也就确定了调相轨道的特征。

轨道卫星如何追赶

8.4　轨道拦截

8.4.1　兰伯特固定时间拦截

1. 兰伯特问题

如图 8－6 所示，质点 m 绕质点 M 运行，点 P_1 和 P_2 的位置矢量分别为 $\boldsymbol{r}_1$ 和 $\boldsymbol{r}_2$。

$\boldsymbol{r}_1$ 和 $\boldsymbol{r}_2$ 决定的真近点角变化 $\Delta\theta$ 为

$$\cos\Delta\theta = \frac{\boldsymbol{r}_1 \cdot \boldsymbol{r}_2}{r_1 r_2} \tag{8-65}$$

式中

$$r_1 = \sqrt{\boldsymbol{r}_1 \cdot \boldsymbol{r}_1}, r_2 = \sqrt{\boldsymbol{r}_2 \cdot \boldsymbol{r}_2} \tag{8-66}$$

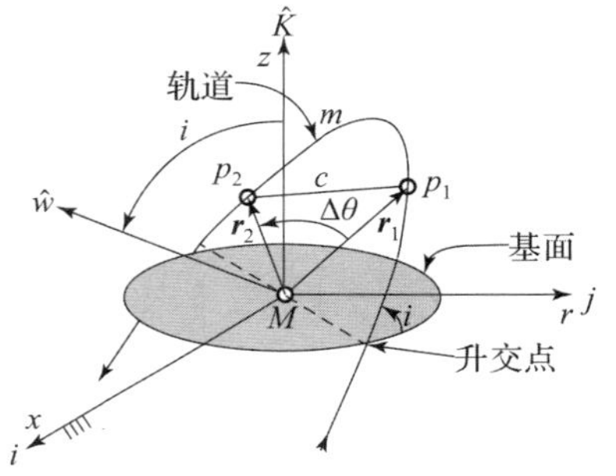

图 8－6　兰伯特问题

然而，若 $\cos\Delta\theta > 0$，则 $\Delta\theta$ 位于第一或第四象限；若 $\cos\Delta\theta < 0$，则 $\Delta\theta$ 位于第二或第三象限。要解决此象限不清问题，先要计算出 $\boldsymbol{r}_1 \times \boldsymbol{r}_2$ 在 Z 轴的分量

$$(\boldsymbol{r}_1 \times \boldsymbol{r}_2)_Z = \hat{\boldsymbol{K}} \cdot (\boldsymbol{r}_1 \times \boldsymbol{r}_2) = \hat{\boldsymbol{K}} \cdot (r_1 r_2 \sin\Delta\theta \hat{w}) = r_1 r_2 \sin\Delta\theta (\hat{\boldsymbol{K}} \cdot \hat{w}) \tag{8-67}$$

式中：$\hat{\boldsymbol{w}}$ 为垂直于轨道平面的单位矢量。因此，$\hat{\boldsymbol{K}} \cdot \hat{\boldsymbol{w}} = \cos i$，$i$ 为轨道倾角，所以

$$(\boldsymbol{r}_1 \times \boldsymbol{r}_2)_Z = r_1 r_2 \sin\Delta\theta \cos i \tag{8-68}$$

我们可以用标量 $(\boldsymbol{r}_1 \times \boldsymbol{r}_2)_Z$ 的符号来确定 $\Delta\theta$ 的正确象限。

要考虑两种情况：顺行轨道 $0 < i < 90°$ 和逆行轨道 $90° < i < 180°$。对于顺行轨道（图 8－6），$\cos i > 0$，当 $(\boldsymbol{r}_1 \times \boldsymbol{r}_2)_Z > 0$ 时，由式（8－68）可知 $\sin\Delta\theta > 0$，即 $0° < \Delta\theta < 180°$。因此，$\Delta\theta$ 位于第一或第二象限，即 $\Delta\theta$ 由 $\arccos(\boldsymbol{r}_1 \cdot \boldsymbol{r}_2 / r_1 r_2)$ 决定。另一方面，当 $(\boldsymbol{r}_1 \times \boldsymbol{r}_2)_Z < 0$ 时，由式（8－68）可知 $\sin\Delta\theta < 0$，即 $180° < \Delta\theta < 360°$。此时 $\Delta\theta$ 位于第三或第四象限，且由式 $360° - \arccos(\boldsymbol{r}_1 \cdot \boldsymbol{r}_2 / r_1 r_2)$ 给出。对于逆行轨道，$\cos i < 0$，因此，若 $(\boldsymbol{r}_1 \times \boldsymbol{r}_2)_Z > 0$，则 $\sin\Delta\theta < 0$，即 $\Delta\theta$ 位于第三或第四象限。类似地，若 $(\boldsymbol{r}_1 \times \boldsymbol{r}_2)_Z < 0$，则 $\Delta\theta$ 位于第一或第二象限。上述结论可总括如下：

$$\Delta\theta = \begin{cases} \left.\begin{array}{l} \arccos\left(\dfrac{\boldsymbol{r}_1 \cdot \boldsymbol{r}_2}{r_1 r_2}\right), (\boldsymbol{r}_1 \times \boldsymbol{r}_2)_Z \geqslant 0 \\ 360° - \arccos\left(\dfrac{\boldsymbol{r}_1 \cdot \boldsymbol{r}_2}{r_1 r_2}\right), (\boldsymbol{r}_1 \times \boldsymbol{r}_2)_Z < 0 \end{array}\right\} \text{顺行轨道} \\ \arccos\begin{cases} \left(\dfrac{\boldsymbol{r}_1 \cdot \boldsymbol{r}_2}{r_1 r_2}\right), (\boldsymbol{r}_1 \times \boldsymbol{r}_2)_Z < 0 \\ 360° - \arccos\left(\dfrac{\boldsymbol{r}_1 \cdot \boldsymbol{r}_2}{r_1 r_2}\right), (\boldsymbol{r}_1 \times \boldsymbol{r}_2)_Z \geqslant 0 \end{cases} \text{逆行轨道} \end{cases} \tag{8-69}$$

兰伯特（1728—1777 年）是一位德国籍天文学、物理学和数学家。根据兰伯特原理：由点 P_1 至点 P_2 的飞行时间 Δt 与偏心率无关，仅取决于位置矢量模的和 r_1+r_2，长半轴 a，及连接 P_1 和 P_2 两点间的弦长 c。值得一提的是轨道周期（椭圆）以及比机械能也和偏心率无关。

若由 P_1 点至 P_2 点的飞行时间 Δt 已知，兰伯特问题是如何确定连接 P_1 和 P_2 两点的飞行轨迹。如果我们能求出速度 $\boldsymbol{v}_1$，则可确定出所求轨迹，因此，已知 $\boldsymbol{r}_1$ 和 $\boldsymbol{v}_1$，按照图 8-6 中的标记可写为

$$\boldsymbol{r}_2=f\boldsymbol{r}_1+g\boldsymbol{v}_1 \tag{8-70}$$

$$\boldsymbol{v}_2=\dot{f}\boldsymbol{r}_1+\dot{g}\boldsymbol{v}_1 \tag{8-71}$$

从中解出 $\boldsymbol{v}_1$

$$\boldsymbol{v}_1=\frac{1}{g}(\boldsymbol{r}_2-f\boldsymbol{r}_1) \tag{8-72}$$

将此结果代入式（8-71），可得

$$\boldsymbol{v}_2=\dot{f}\boldsymbol{r}_1+\frac{\dot{g}}{g}(\boldsymbol{r}_1-f\boldsymbol{r}_1)=\frac{\dot{g}}{g}\boldsymbol{r}_1-\frac{f\dot{g}-\dot{f}g}{g}\boldsymbol{r}_1 \tag{8-73}$$

但由拉格朗日系数可知，$f\dot{g}-\dot{f}g=1$，因此

$$\boldsymbol{v}_2=\frac{1}{g}(\dot{g}\boldsymbol{r}_2-\boldsymbol{r}_1) \tag{8-74}$$

已知 $\boldsymbol{r}_1$ 和 $\boldsymbol{v}_1$，或 $\boldsymbol{r}_2$ 和 $\boldsymbol{v}_2$ 就可以求出轨道根数。详细计算过程如下。

算法 8.1 已知状态矢量求解轨道根数。运用此算法求解其他行星或太阳轨道根数时，只需重新定义一个坐标系并代入适当的引力参数 μ 即可。

（1）计算出距离：

$$r=\sqrt{\boldsymbol{r}\cdot\boldsymbol{r}}=\sqrt{X^2+Y^2+Z^2}$$

（2）计算出速度大小：

$$v=\sqrt{\boldsymbol{v}\cdot\boldsymbol{v}}=\sqrt{v_X^2+v_Y^2+v_Z^2}$$

（3）计算出径向速度大小：

$$v_r=\frac{\boldsymbol{r}\cdot\boldsymbol{v}}{r}=\frac{(Xv_X+Yv_Y+Zv_Z)}{r}$$

注意：若 $v_r>0$，则卫星正飞离近地点；若 $v_r<0$，则卫星正飞向近地点。

（4）计算出比角动量：

$$\boldsymbol{h}=\boldsymbol{r}\times\boldsymbol{v}=\begin{vmatrix}\hat{\boldsymbol{I}} & \hat{\boldsymbol{J}} & \hat{\boldsymbol{K}}\\ X & Y & Z\\ v_X & v_Y & v_Z\end{vmatrix}$$

（5）计算出比角动量的模：

$$h=\sqrt{\boldsymbol{h}\cdot\boldsymbol{h}}$$

即第一个轨道根数。

（6）计算出倾角：

$$i=\arccos\left(\frac{h_Z}{h}\right) \tag{a}$$

此为第二个轨道根数。

注意：i 位于 $0°\sim180°$，不存在象限不清问题。若 $90° < i \leqslant 180°$，则此轨道为逆行轨道。

（7）计算出 $\boldsymbol{N}$：

$$\boldsymbol{N} = \hat{\boldsymbol{K}} \times \boldsymbol{h} = \begin{vmatrix} \hat{\boldsymbol{I}} & \hat{\boldsymbol{J}} & \hat{\boldsymbol{K}} \\ 0 & 0 & 1 \\ h_X & h_Y & h_Z \end{vmatrix} \tag{b}$$

该矢量定义了交线。

（8）计算出 N 的模：

$$N = \sqrt{\boldsymbol{N} \cdot \boldsymbol{N}}$$

（9）计算出升交点赤经：

$$\Omega = \arccos\left(\frac{N_X}{N}\right)$$

这是第三个轨道根数。若 $\left(\frac{N_X}{N}\right) > 0$，则 Ω 位于第一或第四象限；若 $\left(\frac{N_X}{N}\right) < 0$，则 Ω 位于第二或第三象限。要将 Ω 放置于合适的象限，注意到：若 $N_Y > 0$，则升交点位于 XZ 垂直平面的正向（$0 \leqslant \Omega < 180°$）；反之，若 $N_Y < 0$，则升交点位于 XZ 平面的负方向（$180° \leqslant \Omega < 360°$）。因此，$N_Y > 0$ 时，$0 \leqslant \Omega < 180°$；$N_Y < 0$ 时，$180° \leqslant \Omega < 360°$。总结如下：

$$\Omega = \begin{cases} \arccos\left(\dfrac{N_X}{N}\right), & N_Y \geqslant 0 \\ 360° - \arccos\left(\dfrac{N_X}{N}\right), & N_Y < 0 \end{cases} \tag{c}$$

（10）计算出偏心率矢量：

由式（3－31）可知

$$\boldsymbol{e} = \frac{1}{\mu}\left[\boldsymbol{v} \times \boldsymbol{h} - \mu\frac{\boldsymbol{r}}{r}\right] = \frac{1}{\mu}\left[\boldsymbol{v} \times (\boldsymbol{r} \times \boldsymbol{v}) - \mu\frac{\boldsymbol{r}}{r}\right] = \frac{1}{\mu}\left[\overbrace{\boldsymbol{r}v^2 - \boldsymbol{v}(\boldsymbol{r} \cdot \boldsymbol{v})}^{bac-cab\text{法则}} - \mu\frac{\boldsymbol{r}}{r}\right]$$

即

$$\boldsymbol{e} = \frac{1}{\mu}\left[\left(v^2 - \frac{\mu}{r}\right)\boldsymbol{r} - rv_r\boldsymbol{v}\right] \tag{d}$$

（11）计算出偏心率：

$$e = \sqrt{\boldsymbol{e} \cdot \boldsymbol{e}}$$

即第四个轨道根数。代其入式（d），可得仅由标量组成的等式

$$e = \frac{1}{\mu}\sqrt{(2\mu - rv^2)rv_r^2 + (\mu - rv^2)^2} \tag{e}$$

（12）计算出近地点幅角：

$$\omega = \arccos\left(\frac{\boldsymbol{N} \cdot \boldsymbol{e}}{Ne}\right)$$

这是第五个轨道根数。若 $\boldsymbol{N} \cdot \boldsymbol{e} > 0$，则 ω 位于第一或第四象限；若 $\boldsymbol{N} \cdot \boldsymbol{e} < 0$，则 ω 位于第二或第四象限。要将 ω 置于合适的象限，根据观察可知：若 e 方向向上（Z 轴正半轴），则近地点位于赤道平面上方（$0 \leqslant \omega < 180°$）；若 e 方向向下，则近地点位于赤道平面下方

（$180° \leqslant \omega < 360°$）。因此，$e_Z \geqslant 0$ 时，$0 \leqslant \omega < 180°$；$e_Z < 0$ 时，$180° \leqslant \omega < 360°$。总结如下：

$$\omega = \begin{cases} \arccos\left(\dfrac{\boldsymbol{N} \cdot \boldsymbol{e}}{Ne}\right), & e_Z \geqslant 0 \\ 360° - \arccos\left(\dfrac{\boldsymbol{N} \cdot \boldsymbol{e}}{Ne}\right), & e_Z < 0 \end{cases} \tag{f}$$

（13）计算出真近点角：

$$\theta = \arccos\left(\frac{\boldsymbol{e} \cdot \boldsymbol{r}}{er}\right)$$

这是第六个也是最后一个轨道根数。若 $\boldsymbol{e} \cdot \boldsymbol{r} > 0$，则 θ 位于第一或第四象限；若 $\boldsymbol{e} \cdot \boldsymbol{r} < 0$，则 θ 位于第二或第三象限。要确定 θ 的正确象限，注意到：若卫星正飞离近地点（$\boldsymbol{r} \cdot \boldsymbol{v} \geqslant 0$），则 $0 \leqslant \theta < 180°$；若卫星正飞向近地点（$\boldsymbol{r} \cdot \boldsymbol{v} < 0$），则 $180° \leqslant \theta < 360°$。因此，由第（3）步的结果可知

$$\theta = \begin{cases} \arccos\left(\dfrac{\boldsymbol{e} \cdot \boldsymbol{r}}{er}\right), & v_r \geqslant 0 \\ 360° - \arccos\left(\dfrac{\boldsymbol{e} \cdot \boldsymbol{r}}{er}\right), & v_r < 0 \end{cases} \tag{g}$$

将（g）代入式（d），此表达式可另写为

$$\theta = \begin{cases} \arccos\left[\dfrac{1}{e}\left(\dfrac{h^2}{\mu r} - 1\right)\right], & v_r \geqslant 0 \\ 360° - \arccos\left[\dfrac{1}{e}\left(\dfrac{h^2}{\mu r} - 1\right)\right], & v_r < 0 \end{cases}$$

上述计算轨道根数的方法并不是唯一的。

显然，一旦确定了拉格朗日系数 f、g、$\dot{f}$、$\dot{g}$，兰伯特问题便可迎刃而解。我们将利用 Bate 等（1971）以及 Bond 等（1996）提出的方法来确定拉格朗日系数。

由拉格朗日系数与真近点角关系式可知，拉格朗日系数 f、g 及其导数与真近点角变化值 $\Delta\theta$ 间的函数关系为

$$f = 1 - \frac{\mu r_2}{h^2}(1 - \cos\Delta\theta), g = \frac{r_1 r_2}{h}\sin\Delta\theta \tag{8-75}$$

$$\dot{f} = \frac{\mu}{h}\frac{1 - \cos\Delta\theta}{\sin\Delta\theta}\left[\frac{\mu}{h^2}(1 - \cos\Delta\theta) - \frac{1}{r_1} - \frac{1}{r_2}\right], \dot{g} = 1 - \frac{\mu r_1}{h^2}(1 - \cos\Delta\theta) \tag{8-76}$$

由拉格朗日系数表达式，给出了上述函数与全局近点角 χ 之间的关系

$$f = 1 - \frac{\chi^2}{r_1}C(z), g = \Delta t - \frac{1}{\sqrt{\mu}}\chi^3 S(z) \tag{8-77}$$

$$\dot{f} = \frac{\sqrt{\mu}}{r_1 r_2}\chi[zS(z) - 1], \dot{g} = 1 - \frac{\chi^2}{r_2}C(z) \tag{8-78}$$

式中：$z = a\chi^2$。函数 f、g 均与偏心率无关，因此这是解决兰伯特问题的较佳选择。先不讨论 $z = a\chi^2$，则上述各式中的未知量为 h、χ 和 z，而 $\Delta\theta$、Δt、r_1 和 r_2 均为已知。

观察可知，$\Delta\theta$ 出现于式（8-75）、式（8-76）中，而时间间隔 Δt 则未出现。但在式（8-77）中有 Δt 这一项，令式（8-75）和式（8-77）中关于 g 的表达式相等，可得 $\Delta\theta$ 和 Δt 之间的关系

$$\frac{r_1 r_2}{h}\sin\Delta\theta = \Delta t - \frac{1}{\sqrt{\mu}}\chi^3 S(z) \tag{8-79}$$

为了消去未知量 h，可令式（8－75）和式（8－77）中关于 f 的表达式相等

$$1 - \frac{\mu r^2}{h^2}(1-\cos\Delta\theta) = 1 - \frac{\chi^2}{r_1}C(z) \tag{8-80}$$

从中解出

$$h = \sqrt{\frac{\mu r_1 r_2 (1-\cos\Delta\theta)}{\chi^2 C(z)}} \tag{8-81}$$

将式（8－81）代入式（8－79）中，化简后，可得

$$\sqrt{\mu}\Delta t = \chi^3 S(z) + \chi\sqrt{C(z)}\left(\sin\Delta\theta\sqrt{\frac{r_1 r_2}{1-\cos\Delta\theta}}\right) \tag{8-82}$$

式（8－82）右边括号中的项均为已知数组成的常量。将其记作 A，即

$$A = \sin\Delta\theta\sqrt{\frac{r_1 r_2}{1-\cos\Delta\theta}} \tag{8-83}$$

因此式（8－82）可简写为

$$\sqrt{\mu}\Delta t = \chi^3 S(z) + A\chi\sqrt{C(z)} \tag{8-84}$$

式（8－84）的右边包含两个未知量 χ 和 z。我们不能利用 $z = a\chi^2$ 将未知量消除至一个，原因在于 α 为长半轴的倒数，而长半轴又是未知量。

为了找出 χ 和 z 之间的关系，并且此关系不涉及轨道根数，令式（8－76）和式（8－78）中关于 $\dot{f}$ 的两个表达式相等，可得

$$\frac{\mu}{h}\frac{1-\cos\Delta\theta}{\sin\Delta\theta}\left[\frac{\mu}{h^2}(1-\cos\Delta\theta) - \frac{1}{r_1} - \frac{1}{r_2}\right] = \frac{\sqrt{\mu}}{r_1 r_2}\chi[zS(z) - 1]$$

两边同乘以 $r_1 r_2$ 并将式（8－81）中的角动量代入，可得

$$\frac{\mu}{\sqrt{\frac{\mu r_1 r_2(1-\cos\Delta\theta)}{\chi^2 C(z)}}}\frac{1-\cos\Delta\theta}{\sin\Delta\theta}\left[\frac{\mu}{\frac{\mu r_1 r_2(1-\cos\Delta\theta)}{\chi^2 C(z)}}(1-\cos\Delta\theta) - r_1 - r_2\right] \tag{8-85}$$
$$= \sqrt{\mu}\chi[zS(z) - 1]$$

化简上式并约去公因子，可得

$$\frac{\sqrt{1-\cos\Delta\theta}}{\sqrt{r_1 r_2}\sin\Delta\theta}\sqrt{C(z)}[\chi^2 C(z) - r_1 - r_2] = zS(z) - 1 \tag{8-86}$$

注意到等式左边有 A 的倒数，可以将式（8－86）另写为 $\chi^2 C(z) = r_1 + r_2 + A\frac{zS(z)-1}{\sqrt{C(z)}}$。

等式右边仅与 z 有关，将其表示为函数 y（z），所以

$$\chi = \sqrt{\frac{y(z)}{C(z)}} \tag{8-87}$$

式中

$$y(z) = r_1 + r_2 + A\frac{zS(z)-1}{\sqrt{C(z)}} \tag{8-88}$$

式（8－87）即为χ和z之间的关系。将其代回式（8－84），可得

$$\sqrt{\mu}\Delta t = \left[\frac{y(z)}{C(z)}\right]^{\frac{3}{2}} S(z) + A\sqrt{y(z)} \tag{8-89}$$

已知时间间隔Δt，可以用迭代法解出z。使用牛顿法，建立如下函数：

$$F(z) = \left[\frac{y(z)}{C(z)}\right]^{\frac{3}{2}} S(z) + A\sqrt{y(z)} - \sqrt{\mu}\Delta t \tag{8-90}$$

及其导数

$$F'(z) = \frac{1}{2\sqrt{y(z)C(z)^5}}\left\{\begin{array}{l}[2C(z)S'(z) - 3C'(z)S(z)]y^2(z) \\ + [AC(z)^{\frac{5}{2}} + 3C(z)S(z)y(z)]y'(z)\end{array}\right\} \tag{8-91}$$

式中：$C'(z)$和$S'(z)$为斯达姆夫函数的导数。对式（8－88）中的$y(z)$微分可得

$$y'(z) = \frac{A}{2C(z)^{\frac{3}{2}}}\{[1 - zS(z)]C'(z) + 2[S(z) + zS'(z)]C(z)\} \tag{8-92}$$

将斯达姆夫函数的导数代入此式，可得更简单的表达式

$$y'(z) = \frac{A}{4}\sqrt{C(z)} \tag{8-93}$$

将斯达姆夫函数分别用三角函数表示，运算后亦可得出式（8－93）。将式（8－93）连同斯达姆夫函数的导数一起代入式（8－91），可得

$$F'(z) = \begin{cases} \left[\dfrac{y(z)}{C(z)}\right]^{\frac{3}{2}}\left\{\dfrac{1}{2z}\left[C(z) - \dfrac{3}{2}\dfrac{S(z)}{C(z)}\right] + \dfrac{3}{4}\dfrac{S(z)^2}{C(z)}\right\} \\ + \dfrac{A}{8}\left[3\dfrac{S(z)}{C(z)}\sqrt{y(z)} + A\sqrt{\dfrac{C(z)}{y(z)}}\right], z \neq 0 \\ \dfrac{\sqrt{2}}{40}y(0)^{\frac{3}{2}} + \dfrac{A}{8}\left[\sqrt{y(0)} + A\sqrt{\dfrac{1}{2y(0)}}\right], z = 0 \end{cases} \tag{8-94}$$

由于式（8－94）的花括号中含有分母为z的项，因此，计算$F'(z)$在$z=0$处的值时必须小心（要将其视作一种特殊情况）。要在$z=0$时求值，假设z非常小（接近但不等于零），所以只保留$C(z)$和$S(z)$级数展开式的前两项

$$C(z) = \frac{1}{2} - \frac{z}{24} + \cdots, S(z) = \frac{1}{6} - \frac{z}{120} + \cdots \tag{8-95}$$

现在计算花括号中的各项值

$$\begin{aligned} \frac{1}{2z}\left[C(z) - \frac{3}{2}\frac{S(z)}{C(z)}\right] &\approx \frac{1}{2z}\left[\left(\frac{1}{2} - \frac{z}{24}\right) - \frac{3}{2}\frac{\left(\frac{1}{6} - \frac{z}{120}\right)}{\left(\frac{1}{2} - \frac{z}{24}\right)}\right] \\ &= \frac{1}{2z}\left[\left(\frac{1}{2} - \frac{z}{24}\right) - 3\left(\frac{1}{6} - \frac{z}{120}\right)\left(1 - \frac{z}{12}\right)^{-1}\right] \\ &\approx \frac{1}{2z}\left[\left(\frac{1}{2} - \frac{z}{24}\right) - 3\left(\frac{1}{6} - \frac{z}{120}\right)\left(1 + \frac{z}{12}\right)\right] \\ &= \frac{1}{2z}\left(-\frac{7z}{120} + \frac{z^2}{480}\right) \end{aligned} \tag{8-96}$$

第三步，运用二项式展开定理

$$(a+b)^n = a^n + na^{n-1}b + \frac{n(n-1)}{2!}a^{n-2}b^2 + \frac{n(n-1)(n-2)}{3!}a^{n-3}b^3 + \cdots \tag{8-97}$$

当 z 趋于零时，可令 $(1-z/12)^{-1} \approx 1+z/12$，则当 $z=0$ 时，可得

$$\frac{1}{2z}\left[C(z) - \frac{3}{2}\frac{S(z)}{C(z)}\right] = -\frac{7}{240} \tag{8-98}$$

类似地，可以求出 $F'(z)$ 中其他项的值。

式（8-90）中的 $F(z)$ 以及式（8-94）中的 $F'(z)$，均被用在牛顿公式中，用来进行迭代运算：

$$z_{i+1} = z_i - \frac{F(z_i)}{F'(z_i)} \tag{8-99}$$

关于 z 的初始值的选取，注意 $z=(1/a)\chi^2$，由全局变量与近点角之间的关系可知，对于椭圆，$z=E^2$；对于双曲线，$z=-F^2$。由于并不知道轨道为何种类型，因此，令 $z_0=0$ 为简单合理的选择。此外，也可以绘制出 $F(z)$ 的函数图，选取在 $F(z)$ 值符号发生改变时附近的点作为 z_0。

将式（8-87）和式（8-89）代入式（8-77）可得只与 z 有关的拉格朗日系数

$$f = 1 - \frac{\left[\sqrt{\frac{y(z)}{C(z)}}\right]^2}{r_1}C(z) = 1 - \frac{y(z)}{r_1} \tag{8-100}$$

$$g = \frac{1}{\sqrt{\mu}}\left\{\left[\frac{y(z)}{C(z)}\right]^{\frac{3}{2}}S(z) + A\sqrt{y(z)}\right\} - \frac{1}{\sqrt{\mu}}\left[\frac{y(z)}{C(z)}\right]^{\frac{3}{2}}S(z) = A\sqrt{\frac{y(z)}{\mu}} \tag{8-101}$$

$$\dot{f} = \frac{\sqrt{\mu}}{r_1 r_2}\sqrt{\frac{y(z)}{C(z)}}[zS(z) - 1] \tag{8-102}$$

$$\dot{g} = 1 - \frac{\left[\sqrt{\frac{y(z)}{C(z)}}\right]^2}{r_2}C(z) = 1 - \frac{y(z)}{r_2} \tag{8-103}$$

下面用全局变量方法，来求解兰伯特问题。

算法 8.2　已知 $\boldsymbol{r}_1$、$\boldsymbol{r}_2$ 和 Δt，求解过程如下：

（1）由式（8-66）计算出 r_1 和 r_2。

（2）选取一个顺行或逆行轨道，并用式（8-69）计算出 $\Delta\theta$。

（3）计算出式（8-83）中的 A。

（4）采用迭代法，利用式（8-90）、式（8-94）和式（8-99）从式（8-89）中解出 z，由 z 的符号可知轨道类型为双曲线（$z<0$）、抛物线（$z=0$）还是椭圆（$z>0$）。

（5）由式（8-88）计算出 y。

（6）由式（8-100）计算出拉格朗日函数 f、$\dot{f}$、g 和 $\dot{g}$。

（7）由式（8-72）和式（8-74）计算出 v_1 和 v_2。

（8）由算法 8.1 用 $\boldsymbol{r}_1$ 和 v_1（或 $\boldsymbol{r}_2$ 和 v_2）计算出轨道根数。

2. 固定时间拦截

在轨道机动中，霍曼转移与调相机动是能量效率高，但需要一定前提条件（如共轴的椭圆或轨道）的机动方法，而固定时间拦截轨道则回答了这样的问题：如何在给定的时间

内，由空间中的 A 点到达 B 点？行星附近轨道拦截所需要的速度增量，已超出目前所能达到的技术水平，所以，其大多为理论上的探讨而不是实际中的应用，可将其称为“星战机动”。追击轨道可通过求解兰伯特问题来加以解决。

例 8.3 如图 8-7 所示，航天器 B 和 C 均位于地心椭圆轨道 1 上。由图可知真近点角 $\theta_B=45°$，$\theta_C=150°$。在图示时刻，航天器 B 进行脉冲机动，进入轨道 2，并于 1h 后准确拦截 C。计算出拦截轨道 2 的参数 e 和 h，以及此次追击机动所需要的总的速度增量。

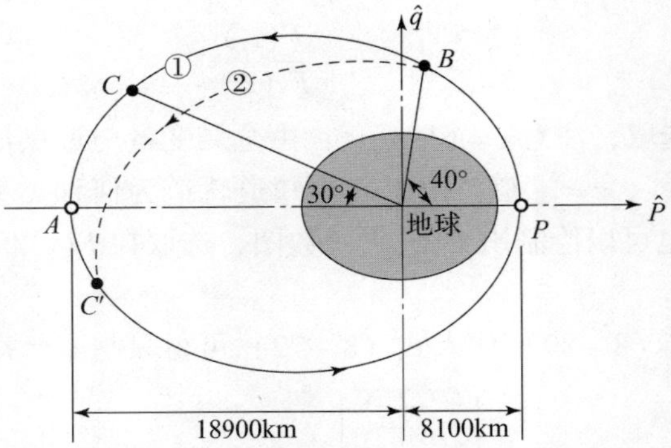

图 8-7 1h 后 B 追上 C 的拦截轨道 2

利用常规方法确定轨道 1 的参数。根据图中给出的近地点和远地点数据可得偏心率为

$$e_1=\frac{18900-8100}{18900+8100}=0.4000$$

利用轨道方程，可得

$$r_p=\frac{h_1^2}{\mu}\frac{1}{1+e_1\cos(0)}\Rightarrow 8100=\frac{h_1^2}{398600}\frac{1}{1+0.4}\Rightarrow h_1=67232(\text{km}^2/\text{s})$$

由椭圆轨道的轨道周期可知

$$T_1=\frac{2\pi}{\mu^2}\left(\frac{h_1}{\sqrt{1-e_1^2}}\right)^3=\frac{2\pi}{398600^2}\left(\frac{67232}{\sqrt{1-0.4^2}}\right)^3=15610(\text{s})$$

由近焦点坐标系中的轨道运动方程可知 B 的位置矢量为

$$\begin{aligned}\boldsymbol{r}_B&=\frac{h_1^2}{\mu}\frac{1}{1+e_1\cos\theta_B}(\cos\theta_B\hat{\boldsymbol{p}}+\sin\theta_B\hat{\boldsymbol{q}})\\&=\frac{67232^2}{398600}\frac{1}{1+0.4\cos45°}(\cos45°\hat{\boldsymbol{p}}+\sin45°\hat{\boldsymbol{q}})\end{aligned}$$

或

$$\boldsymbol{r}_B=6250.6\hat{\boldsymbol{p}}+6250.6\hat{\boldsymbol{q}}(\text{km}) \tag{a}$$

同样地，由近焦点坐标系中的轨道运动方程可知轨道 1 上 B 点的速度为

$$\boldsymbol{v}_{B_1}=\frac{\mu}{h}[-\sin\theta_B\hat{\boldsymbol{p}}+(e+\cos\theta_B)\hat{\boldsymbol{q}}]=\frac{398600}{67232}[-\sin45°\hat{\boldsymbol{p}}+(0.4+\cos45°)\hat{\boldsymbol{q}}]$$

所以

$$\boldsymbol{v}_{B_1}=-4.1922\hat{\boldsymbol{p}}+6.5637\hat{\boldsymbol{q}}(\text{km/s}) \tag{b}$$

现在需要将航天器 C 沿轨道 1 于 1h 后运行到 C' 点，如同假定的一样与航天器 B 交会。

为此，需先计算出自近地点到达 C'点的时间。由于真近点角已知，由式（4－14b）可知偏近点角为

$$\tan\frac{E_C}{2}=\sqrt{\frac{1-e_1}{1+e_1}}\tan\frac{\theta_C}{2}=\sqrt{\frac{1-0.4}{1+0.4}}\tan\frac{150°}{2}=2.4432\Rightarrow E_C=2.3646(\text{rad})$$

将此值代入开普勒方程，可得自近地点之后的时间

$$t_C=\frac{T_1}{2\pi}(E_C-e_1\sin E_C)=\frac{15610}{2\pi}(2.3646-0.4\times\sin 2.3646)=5178(\text{s})$$

1h 后，航天器将到达拦截位置 C 点

$$t_{C'}=t_C+\Delta t=5178+3600=8778(\text{s})$$

相应的平近点角为

$$M_e)_{C'}=2\pi\frac{t_{C'}}{T_1}=2\pi\frac{8778}{15610}=3.5331(\text{rad})$$

有了此平近点角，开普勒方程可写为

$$E_{C'}-e_1\sin E_{C'}=3.5331$$

利用算法 8.1 对此方程进行求解，可得

$$E_{C'}=3.4223(\text{rad})$$

将此结果代入式（4－14b），可得 C'处的真近点角

$$\tan\frac{\theta_{C'}}{2}=\sqrt{\frac{1+0.4e_1}{1-0.4}}\tan\frac{3.4223}{2}=-10.811\Rightarrow\theta_{C'}=190.57°$$

现在可以计算出轨道 1 上 C'点在近焦点坐标系中的位置矢量和速度矢量

$$\boldsymbol{r}_{C'}=\frac{67232^2}{398600}\frac{1}{1+0.4\cos 190.57°}(\cos 190.57°\hat{\boldsymbol{p}}+\sin 190.57°\hat{\boldsymbol{q}})$$
$$=-18372\hat{\boldsymbol{p}}-3428.1\hat{\boldsymbol{q}}\ (\text{km})$$
$$\boldsymbol{v}_{C'}=\frac{398600}{67232}[-\sin 190.57°\hat{\boldsymbol{p}}+(0.4+\cos 190.57°)\hat{\boldsymbol{q}}]$$
$$=1.0875\hat{\boldsymbol{p}}-3.4566\hat{\boldsymbol{q}}\ (\text{km/s})$$

通过对兰伯特问题求解可得连接 B 和 C'两点的轨道。$\boldsymbol{r}_B$ 和 $\boldsymbol{r}_{C'}$ 及 $\Delta t=3600s$ 代入算法 8.2，可得

$$\boldsymbol{v}_{B_2}=-8.1394\hat{\boldsymbol{p}}+4.0506\hat{\boldsymbol{q}}(\text{km/s})\tag{c}$$
$$\boldsymbol{v}_{C'_2}=-3.4745\hat{\boldsymbol{p}}-4.7943\hat{\boldsymbol{q}}(\text{km/s})\tag{d}$$

由式（b）和式（d），可得

$$\Delta\boldsymbol{v}_B=\boldsymbol{v}_{B_2}-\boldsymbol{v}_{B_1}=-3.9426\hat{\boldsymbol{p}}-2.5132\hat{\boldsymbol{q}}(\text{km/s})$$

由式（c）和式（d），可得

$$\Delta\boldsymbol{v}_{C'}=\boldsymbol{v}_{C'_1}-\boldsymbol{v}_{C'_2}=4.5620\hat{\boldsymbol{p}}+1.3376\hat{\boldsymbol{q}}(\text{km/s})$$

正如所预期的，追击要求的速度增量非常大，是这两个矢量的模的和

$$\Delta v=\|\Delta\boldsymbol{v}_B\|+\|\Delta\boldsymbol{v}_{C'}\|=4.6755+4.7540=9.430(\text{km/s})$$

轨道 2 为椭圆。可根据算法 8.1，由 r_B 和 v_{B_2}计算出轨道根数：

$$h_2=76176\text{km}^2/\text{s}$$
$$e_2=0.8500$$

$$a_2 = 52499\text{km}$$
$$\theta_{B_2} = 319.52°$$

8.4.2 最小能量拦截

最小能量拦截轨道是指过两个已知点的椭圆轨道簇中满足 $\Delta v = \Delta v_{\min}$ 的椭圆轨道。为此，必须先将 Δv 表示为 q（q 是 r_1 的无量纲表达，$q = p/r_1$），e（或 p，e）的函数，然后再利用 e 与 q 的关系式消去 e，可得 $\Delta v = \Delta v(q)$。通过求 $\Delta v(q)$ 关于 q 的极小值，确定 q，则拦截轨道 F 便可确定，具体推导如下。

1. 初、终轨道面的夹角

如图 8-8 所示，$\boldsymbol{r}_1$ 和 $\boldsymbol{v}_I$ 决定了初轨道 I，$\boldsymbol{r}_1$ 和 $\boldsymbol{r}_2$ 决定了终轨道 F。设初、终轨道的动量矩单位矢量分别为 $\hat{\boldsymbol{h}}_I$ 和 $\hat{\boldsymbol{h}}_F$，则有

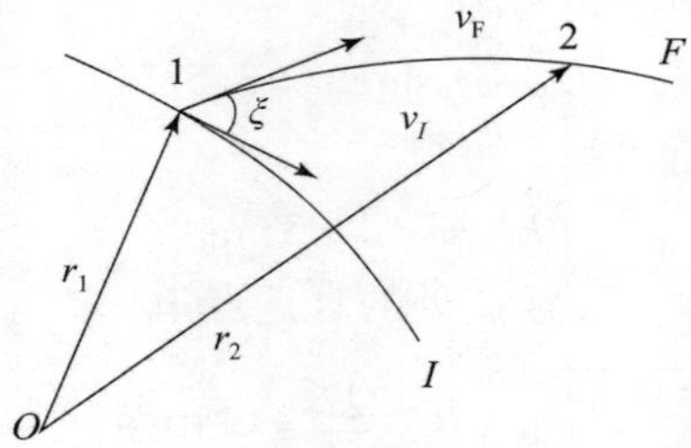

图 8-8 轨道拦截

$$\begin{cases}\hat{\boldsymbol{h}}_I = \dfrac{\boldsymbol{r}_1 \times \boldsymbol{v}_I}{|\boldsymbol{r}_1 \times \boldsymbol{v}_I|} \\ \hat{\boldsymbol{h}}_F = \dfrac{\boldsymbol{r}_1 \times \boldsymbol{r}_2}{|\boldsymbol{r}_1 \times \boldsymbol{r}_2|}\end{cases} \tag{8-104}$$

故

$$\begin{cases}\cos\xi = \hat{\boldsymbol{h}}_I \cdot \hat{\boldsymbol{h}}_F \\ \sin\xi = (\hat{\boldsymbol{h}}_I \times \hat{\boldsymbol{h}}_F) \cdot \dfrac{\boldsymbol{r}_1}{r_1}\end{cases} \tag{8-105}$$

则

$$\xi = \arctan\left[\frac{(\hat{\boldsymbol{h}}_I \times \hat{\boldsymbol{h}}_F)}{\hat{\boldsymbol{h}}_I \cdot \hat{\boldsymbol{h}}_F}\frac{\boldsymbol{r}_1}{\boldsymbol{r}_1}\right] \tag{8-106}$$

2. 以 q 表示的速度冲量 Δv

根据 $\boldsymbol{r}_1$、$\boldsymbol{v}_I$ 和 $\boldsymbol{r}_2$ 可以确定 v_I、ϕ_I 和 ξ。v_F 和 ϕ_F 是终轨道 F 的运动参数，根据活力公式、动量矩守恒和 e 与 p 的无量纲化表达式可得

$$\begin{cases}v_F = \left[\dfrac{2\mu}{r_1} - \dfrac{\mu}{a}\right]^{\frac{1}{2}} = \sqrt{\dfrac{u}{r_1}}\left(2 - \dfrac{1-e^2}{q}\right)^{\frac{1}{2}} \\ v_F\cos\phi_F = \sqrt{\dfrac{\mu p}{r_1^2}} = \sqrt{\dfrac{\mu q}{r_1}}\end{cases} \tag{8-107}$$

由式（8－107）可得

$$v_F\sin\phi_F = \left[v_F^2 - (v_F\cos\phi_F)^2\right]^{\frac{1}{2}} \tag{8-108}$$

$$= \sqrt{\frac{\mu}{r_1}}\left[(c_2-1)\ q + \ (2+c_1)\ + \frac{c_0-1}{q}\right]^{\frac{1}{2}} \tag{8-109}$$

所以，非共面轨道速度冲量公式中可将 Δv 表示成 q 的函数

$$\begin{aligned}\Delta v^2 &= v_I^2 + v_F^2 - 2v_Iv_F(\sin\phi_I\sin\phi_F + \cos\phi_I\cos\phi_F\cos\xi)\\ &= v_I^2 + \frac{\mu}{r_1}\left(2 + c_1 + c_2q + \frac{c_0-1}{q}\right) - \\ &\quad 2v_I\sqrt{\frac{\mu}{r_1}}\cdot\sin\phi_I\sqrt{(c_2-1)q + 2 + c_1 + \frac{c_0-1}{q}} + \cos\Theta_I\cos\xi\sqrt{q}\end{aligned} \tag{8-110}$$

式（8－110）是 q 表示的速度冲量 Δv。

使 $\Delta v = \Delta v_{\min}$ 的必要条件为 Δv 对 q 求导等于零，便唯一确定 q。再由 e 与 p 的无量纲化表达式的第一式即可求出相应的 p。

一般情况下非共面轨道改变的变轨要求初、终轨道的交点 C 仅满足 $\boldsymbol{r}_I = \boldsymbol{r}_F = \boldsymbol{r}$ 而 $\boldsymbol{v}_F \neq \boldsymbol{v}_I$，$\Theta_F \neq \Theta_I$，这里 Θ 表示位置矢量与速度矢量夹角的余角，称为水平航迹角。则初轨道、终轨道的根数 a_I，e_I，i_I，Ω_I，ω_I，τ_I 和 a_F，e_F，i_F，Ω_F，ω_F，τ_F 均不相等。为此，首先在终轨道面内引入一条中间轨道 M，通过施加一次速度冲量 $\Delta\boldsymbol{v}_1 = \boldsymbol{v}_M - \boldsymbol{v}_I$ 使其在交点 C 状态满足 $v_M = v_I$，$\Theta_M = \Theta_I$。然后，根据共面轨道改变的方法，通过终轨道面内再施加一次速度冲量 $\Delta\boldsymbol{v}_2 = \boldsymbol{v}_F - \boldsymbol{v}_M$，实现中间轨道向终轨道的改变。所以，一般情况下的非共面轨道改变可看做是前述两种轨道改变的综合，称为复合机动，$\Delta\boldsymbol{v} = \Delta\boldsymbol{v}_1 + \Delta\boldsymbol{v}_2$。具体情况如图 8－9 所示。

将 $\boldsymbol{v}_F$ 和 $\boldsymbol{v}_I$ 分别向初轨道交点 C 的轨道坐标系 $C-x_Iy_Iz_I$ 投影，则可得

$$\begin{cases}\Delta v_{x_I} = v_F\sin\Theta_F - v_I\sin\Theta_I\\ \Delta v_{y_I} = v_F\cos\Theta_F\cos\xi - v_I\cos\Theta_I\\ \Delta v_{z_I} = v_F\cos\Theta_F\sin\xi\end{cases} \tag{8-111}$$

为了描述 Δv 的方向，引入俯仰角 φ_a 和偏航角 ψ_a，如图 8－10 所示，则

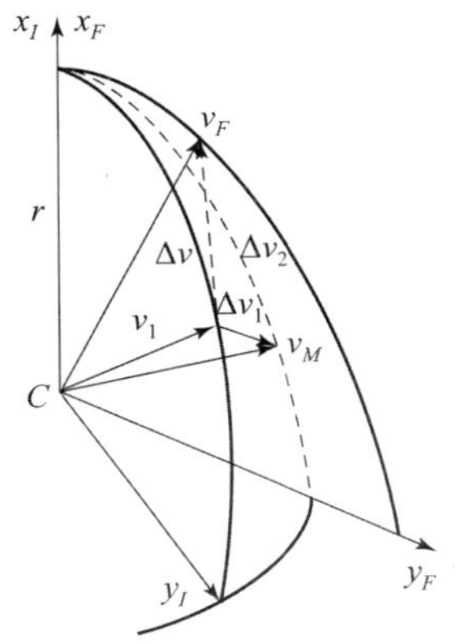

图 8－9 非共面轨道改变的一般情况

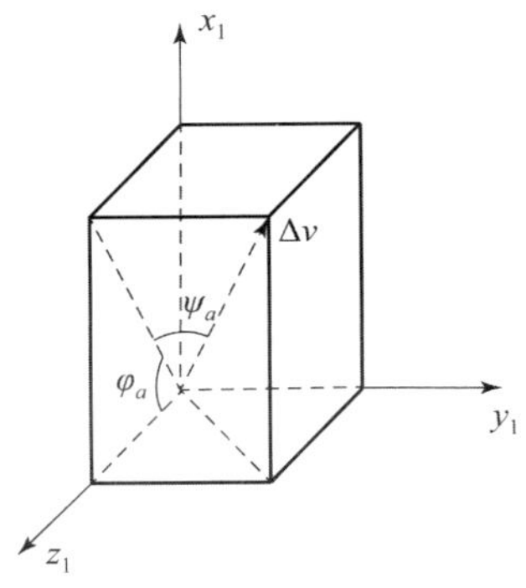

图 8－10 Δv 的俯仰角 φ_a 与偏航角 ψ_a

$$\begin{cases}\Delta v_x = \Delta v\cos\psi_a\sin\varphi_a \\ \Delta v_y = \Delta v\cos\psi_a\cos\varphi_a \\ \Delta v_z = \Delta v\sin\psi_a\end{cases} \tag{8-112}$$

则

$$\begin{cases}\Delta v = (\Delta v_{x_I}^2 + \Delta v_{y_I}^2 + \Delta v_{z_I}^2)^{\frac{1}{2}} \\ \varphi_a = \arctan\left(\dfrac{\Delta v_{x_I}}{\Delta v_{y_I}}\right) \\ \psi_a = \arctan\left(\dfrac{\Delta v_{z_I}}{\sqrt{\Delta v_{x_I}^2 + \Delta v_{y_I}^2}}\right)\end{cases} \tag{8-113}$$

$$\Delta v^2 = v_I^2 + v_F^2 - 2v_I v_F(\sin\Theta_I\sin\Theta_F + \cos\Theta_I\cos\Theta_F\cos\xi) \tag{8-114}$$

例 8.4 当轨道 I 为圆轨道时，求 q 的极小值。

当轨道 I 为圆轨道时，则有 $v_I = \sqrt{\mu/r_1}$，$\phi_I = 0°$，则

$$\Delta v = v_I\sqrt{3 + c_1 + c_2 q + \frac{c_0 - 1}{q} - 2\sqrt{q}\cos\xi} \tag{8-115}$$

由 $\dfrac{\mathrm{d}(\Delta v)}{\mathrm{d}q} = 0$，可得

$$c_2 - \frac{c_0 - 1}{q^2} - \frac{\cos\xi}{\sqrt{q}} = 0 \tag{8-116}$$

令

$$Y = \frac{1}{\sqrt{q}} \tag{8-117}$$

可得

$$(1 - c_0)Y^4 - Y\cos\xi + c_2 = 0 \tag{8-118}$$

或

$$Y^4 + p_1 Y + q_1 = 0 \tag{8-119}$$

式中

$$\begin{cases}p_1 = -\dfrac{\cos\xi}{1 - c_0} = \cos\xi\cot^2\dfrac{\Delta f}{2} \\ q_1 = \dfrac{c_2}{1 - c_0} = \dfrac{-\csc^4\dfrac{\Delta f}{2}\left(1 - \dfrac{2}{m}\cos\Delta f + \dfrac{1}{m^2}\right)}{4}\end{cases} \tag{8-120}$$

Y 有多解，满足 $\dfrac{\mathrm{d}^2(\Delta v)}{\mathrm{d}q^2} > 0$ 的解才是真解。由式（8-120）可知：当 $-90° \leqslant \xi \leqslant 90°$ 时，$p_1 \geqslant 0$；当 $90° < \xi < 270°$ 时，$p_1 < 0$。

由于

$$\left(1 - \frac{1}{m}\right)^2 \leqslant \left(1 - \frac{2}{m}\cos\Delta f + \frac{1}{m^2}\right) \leqslant \left(1 + \frac{1}{m}\right)^2 \tag{8-121}$$

因而有 $q_1 < 0$。由笛卡儿符号法则可知，式（8-119）有一个正实根。按照定义，Y 为

正值，因而由式（8－119）求得的正根，即为所求的解。

考虑到 $90° < \xi < 270°$时的变轨能量过大，故在求解（8－119）时将限于 $-90° \leqslant \xi \leqslant 90°$ 的情况，即 $p_1 \geqslant 0$ 的情况。

先作一个系数与 p_1 和 q_1 有关的三次代数方程如下

$$Z^3 + aZ + b = 0 \tag{8-122}$$

式中

$$\begin{cases} a = -4q_1 \\ b = -p_1^2 \end{cases} \tag{8-123}$$

由于 $a > 0$，$b < 0$，故式（8－122）的判别式为

$$\Delta = \left(\frac{b}{2}\right)^2 + \left(\frac{a}{3}\right)^3 > 0 \tag{8-124}$$

因此，式（8－122）有一个实根和两个复根，且由笛卡儿符号法则可知，实根必为正根，注意到

$$\Delta = \left(\frac{b}{2}\right)^2 \left(1 + \frac{4a^3}{27b^2}\right) > \left(\frac{b}{2}\right)^2 \tag{8-125}$$

因而有$\sqrt{\Delta} > -\dfrac{b}{2}$。由卡尔丹公式可求得此正根

$$R^* = \left(-\frac{b}{2} + \Delta^{\frac{1}{2}}\right)^{\frac{1}{3}} + \left(-\frac{b}{2} - \Delta^{\frac{1}{2}}\right)^{\frac{1}{3}} \tag{8-126}$$

将式（8－123）代入式（8－121），则有

$$R^* = \left(\frac{p_1^2}{2}\right)^{\frac{1}{3}} \left\{ \left[1 + \left(1 - \frac{256q_1^3}{27p_1^4}\right)^{\frac{1}{2}}\right]^{\frac{1}{3}} + \left[1 - \left(1 - \frac{256q_1^3}{27p_1^4}\right)^{\frac{1}{2}}\right]^{\frac{1}{3}} \right\} \tag{8-127}$$

若令

$$\begin{cases} \zeta = \dfrac{R^* - \dfrac{p_1}{(R^*)^{\frac{1}{2}}}}{2} \\ \eta = \dfrac{R^* + \dfrac{P_1}{(R^*)^{\frac{1}{2}}}}{2} \end{cases} \tag{8-128}$$

式（8－119）可改写为

$$[Y^2 + (R^*)^{\frac{1}{2}} Y + \zeta][Y^2 - (R^*)^{\frac{1}{2}} Y + \eta] = 0 \tag{8-129}$$

注意到 $R^* > 0$，而 $\zeta\eta = q_1 < 0$，因此，当 $p_1 \geqslant 0$ 时，由式（8－128）第二式可知 $\eta > 0$，故有 $\zeta < 0$，从而可得

$$R^* - 4\eta < 0, R^* - 4\zeta > 0 \tag{8-130}$$

因此，当 $p_1 \geqslant 0$ 时，式（8－119）的实根为如下方程的解

$$Y^2 + (R^*)^{\frac{1}{2}} Y + \zeta = 0 \tag{8-131}$$

由于 $Y > 0$，故由式（8－131）可解得

$$Y = \frac{(R^*)^{\frac{1}{2}}}{2} \left[\left(1 - \frac{4\zeta}{R^*}\right)^{\frac{1}{2}} - 1\right] \tag{8-132}$$

式（8 - 132）求得的 Y 值即为满足极值必要条件的解。

为判断 Y 值是否满足充分条件，由式（8 - 116）求出 $\mathrm{d}^2(\Delta v)/\mathrm{d}q^2$，并将必要条件的解代入后可知，二阶导数的正负号与 $(c_0-1)Y^3+\cos\zeta/4$ 的正负号相同。当 Y 为正值时，二阶导数显然为正值，因此，由式（8 - 132）求得的 Y 值满足变轨能量最小的要求。

求最小能量变轨所需速度冲量 Δv 的步骤：

（1）由 e 与 p 的无量纲化表达式的第二式计算 m；

（2）由 $\boldsymbol{r}_1$、$\boldsymbol{r}_2$ 的函数计算 c_0，c_1，c_2；

（3）由式（8 - 120）计算 p_1，q_1；

（4）由式（8 - 123）~式（8 - 126）计算 R^*；

（5）由式（8 - 128）计算 ζ，η；

（6）由式（8 - 131）计算 Y；

（7）计算：$q=\sqrt{Y}$，$p=qr_1$；

（8）由 e 与 q 的关系式计算 e；

（9）由过两点椭圆轨道簇方程的第一和第二式求出 f_1，应特别注意 f_1 的象限；

（10）由式（8 - 104）计算 ξ；

（11）计算 2 点与 1 点的真近点角之差 Δf；

（12）由式（8 - 107），式（8 - 108）计算出 v_F 和 ϕ_F；

（13）由式（8 - 111）求出 Δv_x，Δv_y，Δv_z；

（14）由式（8 - 113）求出 Δv，φ_a，ψ_a。

例 8.5 一卫星 S 沿轨道运动，轨道半径 $r_1=6670\text{km}$，在此轨道面内有一目标 T，目标与卫星的角距为 $\Delta f=60°$，地心距 $r_2=7000\text{km}$。试求卫星拦截目标的最优轨道的半通径和偏心率。

解：由 e 与 p 的无量纲化表达式的第二式可得

$$m=r_2/r_1=1.0495$$

由 r_1、r_2 的函数可得

$$c_2=\left(1-\frac{2}{m}\cos\Delta f+\frac{1}{m^2}\right)\csc^2\Delta f=1.2734$$

$$c_1=-\left(1+\frac{1}{m}\right)\sec^2\frac{\Delta f}{2}=-2.6038$$

$$c_0=\sec^2\frac{\Delta f}{2}=1.3333$$

由式（8 - 120）可得

$$p_1=\cot^2\frac{\Delta f}{2}=3$$

$$q_1=\frac{c_2}{1-c_0}=-3.8203$$

由式（8 - 123）可得

$$a=-4q_1=15.2813$$

$$b=-p_1^2=-9$$

由式（8－124）可得

$$\Delta=\left(\frac{b}{2}\right)^2+\left(\frac{a}{3}\right)^3=152.4138$$

所以，$\sqrt{\Delta}=12.3456$，由式（8－122）可得 $R^*=\left(-\frac{b}{2}+\sqrt{\Delta}\right)^{\frac{1}{3}}-\left(\frac{b}{2}+\sqrt{\Delta}\right)^{\frac{1}{3}}=0.5764$。所以，由式（8－128）可得

$$\zeta=\frac{R^*-\frac{p_1}{(R^*)^{\frac{1}{2}}}}{2}=-1.6875$$

由式（8－132）可得

$$Y=\frac{(R^*)^{\frac{1}{2}}}{2}\left[\left(1-\frac{4\zeta}{R^*}\right)^{\frac{1}{2}}-1\right]=0.9738$$

由式（8－117）可得

$$q=\left(\frac{1}{Y}\right)^2=1.0546$$

由 e 与 q 的关系式可得

$$e=[c_2q^2+c_1q+c_0]^{\frac{1}{2}}=0.0605$$

由 e 与 p 的无量纲化表达式可得

$$p=qr_1=7034.40\text{km}$$

8.5　拱线转动和异面轨道机动

8.5.1　拱线转动

图 8－11 给出了两条相交的轨道，这两条轨道有一个公共焦点但不共拱线。显然，霍曼转移在这两条轨道间是无法进行的。要通过单脉冲机动从一轨道转移至另一轨道，则只能在两条轨道的相交处进行机动，即图中的 I 和 J 两点。由图可知：拱线转动的角度 η，就是交点处两真近点角（均以近地点为测量起点）的差值，也就是说

$$\eta=\theta_1-\theta_2 \tag{8-133}$$

下面讨论两种拱线转动情况。

第一种情况为拱线的转动角 η 已知，两轨道的参数 e 和 h 也已知。所要做的是分别求出两条轨道在 I 和 J 处的真近点角，交点 I 处的半径由下式给出：

$$r_{I1}=\frac{h_1^2}{\mu}\frac{1}{1+e_1\cos\theta_1}\quad r_{I2}=\frac{h_2^2}{\mu}\frac{1}{1+e_2\cos\theta_2} \tag{8-134}$$

因为 $r_{I1}=r_{I2}$，可令上述两式相等并重新整理各项，可得

$$e_1h_2^2\cos\theta_1-e_2h_1^2\cos\theta_2=h_1^2-h_2^2 \tag{8-135}$$

设 $\theta_1=\theta_2-\eta$，并利用三角函数性质 $\cos(\theta_2-\eta)=\cos\theta_1\cos\eta+\sin\theta_1\sin\eta$ 可得到关于 θ_1 的方程

$$a\cos\theta_1+b\sin\theta_1=c \tag{8-136}$$

式中

$$a=e_1h_2^2-e_2h_1^2\cos\eta \quad b=-e_2h_1^2\sin\eta \quad c=h_1^2-h_2^2 \tag{8-137}$$

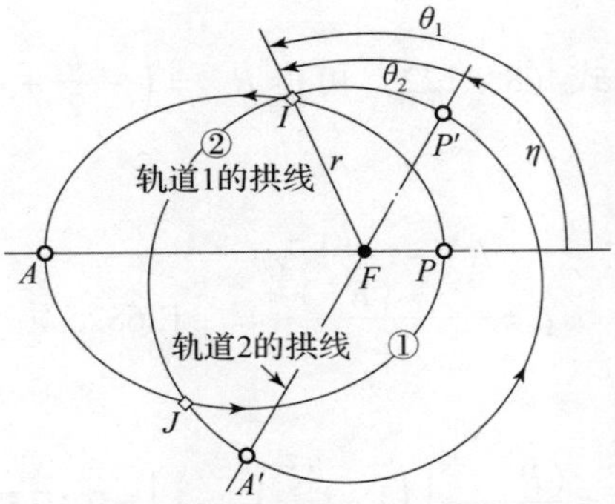

图 8-11 拱线不重合的两条相交轨道

式（8-136）有两个根，分别对应于两轨道的两个交点 I 和 J。

$$\theta_1=\phi\pm\arccos\left(\frac{c}{a}\cos\phi\right) \tag{8-138}$$

式中

$$\phi=\arctan\frac{b}{a} \tag{8-139}$$

求出 θ_1 后，可由式（8-133）计算出 θ_2。之后，可以求解脉冲机动的 Δv，具体过程可参考例 8.6。

例 8.6 某地球卫星在 8000～16000km（图 8-12 中的轨道 1）的轨道上运行。轨道 2 的近地点为 7000km，远地点为 21000km，其拱线为轨道 1 的拱线逆时针旋转 25°所得。计算出由轨道 1 转移至轨道 2 所需要的速度增量和真近点角 θ_1，并给出 Δv 相对于当地地平面的方位 ϕ。

解：

两轨道的偏心率分别为

$$e_1=\frac{r_{A1}-r_{P1}}{r_{A1}+r_{P1}}=\frac{16000-8000}{16000+8000}=0.33333$$

$$e_2=\frac{r_{A2}-r_{P2}}{r_{A2}+r_{P2}}=\frac{21000-7000}{21000+7000}=0.5$$

由轨道方程可得角动量

$$r_{P1}=\frac{h_1^2}{\mu}\frac{1}{1+e_1\cos(0)}\Rightarrow 8000=\frac{h_1^2}{398600}\frac{1}{1+0.33333}\Rightarrow h_1=65205\mathrm{km^2/s}$$

$$r_{P1}=\frac{h_2^2}{\mu}\frac{1}{1+e_2\cos(0)}\Rightarrow 7000=\frac{h_2^2}{398600}\frac{1}{1+0.5}\Rightarrow h_2=64694\mathrm{km^2/s}$$

利用这些轨道参数及 $\eta=25°$，可以得出式（8-137）中的各项

$a=e_1h_2^2-e_2h_1^2\cos\eta=0.3333\cdot 64694^2-0.5\cdot 65205^2\cdot\cos 25°=-5.3159\times 10^8\mathrm{km^4/s^2}$

$b=-e_2h_1^2\sin\eta=-0.5\cdot 65205^2\cdot\sin 25°=8.9843\times 10^8\mathrm{km^4/s^2}$

$c=h_1^2-h_2^2=65205^2-64694^2=66433\times 10^7\mathrm{km^4/s^2}$

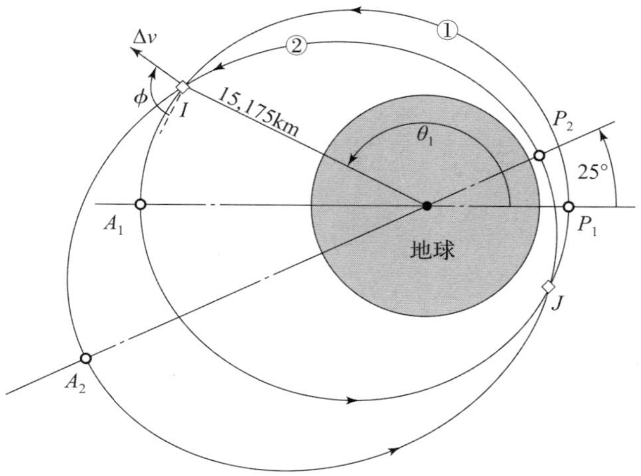

图 8-12 Δv 使拱线转动

此后，由式（8-138）和式（8-139），可得

$$\phi = \arctan\frac{-8.9843\times10^{8}}{-5.3159\times10^{8}} = 59.388°$$

$$\theta_1 = 59.388° \pm \left[\frac{6.6433\times10^{7}}{-5.31596.6433\times10^{8}}\cos 59.388°\right] = 59.388° \pm 93.649°$$

因此，交点 I 处的真近点角为

$$\theta_1 = 153.04°$$

（对于 J 点，$\theta_1 = 325.74°$）

有了真近点角，可以计算出机动点处的半径

$$r = \frac{h_1^2}{\mu}\frac{1}{1+e_1\cos 153.04°} = 15175\text{km}$$

轨道 1 上的点 I 处的速度分量及航迹角为

$$v_{\perp 1} = \frac{h_1}{r} = \frac{65205}{15175} = 4.2968\text{km/s}$$

$$v_{r1} = \frac{\mu}{h_1}e_1\sin 153.04° = \frac{398600}{65205}\cdot 0.33333\cdot\sin 153.04° = 0.92393\text{km/s}$$

$$\gamma_1 = \arctan\frac{v_{r1}}{v_{\perp 1}} = 12.135°$$

因此，轨道 1 上卫星的速度为

$$v_1 = \sqrt{v_{r1}^2 + v_{\perp 1}^2} = 4.395\text{km/s}$$

同样地，对于轨道 2

$$v_{\perp 2} = \frac{h_2}{r} = \frac{64694}{15175} = 4.2631\text{km/s}$$

$$v_{r2} = \frac{\mu}{h_2}e_2\sin(153.04° - 25°) = \frac{398600}{64694}\cdot 0.5\cdot\sin 128.04° = 2.4264\text{km/s}$$

$$\gamma_2 = \tan^{-1}\frac{v_{r2}}{v_{\perp 2}} = 29.647°$$

$$v_2 = \sqrt{v_{r2}^2 + v_{\perp 2}^2} = 4.9053\text{km/s}$$

由余弦定理可得

$$\begin{aligned}\Delta v &= \sqrt{v_1^2 + v_2^2 - 2v_1v_2\cos(\gamma_2 - \gamma_1)} \\ &= \sqrt{4.395^2 + 4.9053^2 - 2\cdot 4.395\cdot 4.9053\cdot\cos(29.647° - 12.135°)} \\ &= 1.503\text{km/s}\end{aligned}$$

由此可知 Δv 相对于当地地平的方位

$$\phi = \arctan\frac{\Delta v_r}{\Delta v_\perp} = \arctan\frac{\Delta v_{r2} - \Delta v_{r1}}{\Delta v_{\perp 2} - \Delta v_{\perp 1}} = \arctan\frac{2.4264 - 0.92393}{4.2631 - 4.2968} = 91.28°$$

拱线转动的第二种情形为脉冲机动发生在轨道 1 上给定真近点角 θ_1 的某处，问题就是要确定出新轨道的旋转角 η 和偏心率 e_2。

脉冲机动将使轨道 1 上 I 点处速度的径向和切向分量发生变化。由角动量方程 $h = rv_\perp$，可知轨道 2 的角动量为

$$h_2 = r(v_\perp + \Delta v_\perp) = h_1 + r\Delta v_\perp \tag{a}$$

在轨道 2 的 I 点处运用径向速度方程 $v_r = (\mu/h)e\sin\theta$，其中 $v_{r2} = v_{r1} + \Delta v_r$ 和 $\theta_2 = \theta_1 - \eta$，可得

$$v_{r1} + \Delta v_r = \frac{\mu}{h_2}e_2\sin\theta_2$$

将式（a）代入此表达式，可得

$$\sin\theta_2 = \frac{1}{e_2}\frac{(h_1 + r\Delta v_\perp)(\mu e_1\sin\theta_1 + h_1\Delta v_r)}{\mu h_1} \tag{b}$$

在点 I 处，利用轨道方程

$$r = \frac{h_1^2}{\mu}\frac{1}{1 + e_1\cos\theta_1}(\text{轨道 }1)$$

$$r = \frac{h_2^2}{\mu}\frac{1}{1 + e_2\cos\theta_2}(\text{轨道 }2)$$

令两个表达式相等，并将式（a）代入，可得

$$\cos\theta_2 = \frac{1}{e_2}\frac{(h_1 + r\Delta v_\perp)^2 e_1\cos\theta_1 + (2h_1 + r\Delta v_\perp)r\Delta v_\perp}{h_1^2} \tag{c}$$

最后，将式（b）和式（c）代入三角函数性质 $\tan\theta_2 = \sin\theta_2/\cos\theta_2$，可得一个不涉及偏心率 e_2 的 θ_2 公式，为

$$\tan\theta_2 = \frac{h_1}{\mu}\frac{(h_1 + r\Delta v_\perp)(\mu e_1\sin\theta_1 + h_1\Delta v_r)}{(h_1 + r\Delta v_\perp)^2 e_1\cos\theta_1 + (2h_1 + r\Delta v_\perp)r\Delta v_\perp} \tag{d}$$

用 $h_1 v_{r1}$ 代替 $\mu e_1\sin\theta_1$，用 $rv_{\perp 1}$ 代替 h_1，则式（d）可简化为

$$\tan\theta_2 = \frac{(v_{\perp 1} + \Delta v_\perp)(v_{r1} + \Delta v_r)}{(v_{\perp 1} + \Delta v_\perp)^2 e_1\cos\theta_1 + (2v_{\perp 1} + \Delta v_\perp)\Delta v_\perp(\mu/r)} \tag{e}$$

式（d）和式（e）表明了如何根据真近点角 θ_1 处的速度 Δv 的分量确定拱线的转动角 $\eta = \theta_1 - \theta_2$。注意，若 $\Delta v_r = -v_{r1}$，则 $\theta_2 = 0$。这表明机动点在新轨道的拱线上。

从式（d）或式（e）中解出 θ_2 后，将其代入式（b）或式（c）中计算出轨道 2 的偏心率 e_2。因此，从式（a）中解出 h_2 后，转动后的轨道 2 即可完全确定。

若脉冲机动发生在轨道 1 的近地点处，$\theta_1 = v_r = 0$ 且 $\Delta v_\perp = 0$，则式（e）应写为

$$\tan\eta = \frac{rv_{\perp 1}}{\mu e_1}\Delta v_r \text{（近地点处径向脉冲）}$$

因此，若在近地点处给速度矢量向外的径向分量，则 $\eta < 0$，即拱线将相对于原轨道顺时针旋转。也就是说，$v_r > 0$ 意味着航天器正飞离其新的近地点。同样，近地点处向内的径向速度分量，将使拱线相对于原轨道逆时针转动。

8.5.2　异面轨道机动

一般来讲，有一个公共焦点 F 的两轨道并不一定共面。图 8－13 给出了这样的两条轨道，其交线为 BD。点 A 和点 P 分别为远地点和近地点。由于共有的焦点位于每一个轨道平面内，所以也必位于两轨道的交线上。若某航天器要通一次脉冲机动，由轨道 1 平面变换为轨道 2 平面，则其必须在两轨道的交线处施加速度增量。这两次机会位于如图 8－13（a）所示的 B 点和 D 点。

从交线上方看，由 B 点至 D 点，如图 8－13（b）所示。这样，可以看到这两轨道平面的二面角 δ。显然，B 点处速度的切向分量 $v_\perp$ 也处于此范围内，而径向速度分量 v_r，与交线相一致，垂直于视平面（看起来为一个点）。容易看出要变换轨道 1 的平面，只需简单将 $v_\perp$ 绕交线旋转角度 δ 即可。若 v_r 和 $v_\perp$ 的大小在旋转过程中保持不变，则所做的是轨道面的刚体转动。也就是说，除了空间方位发生变化外，轨道保持不变。若在旋转过程中，v_r 和 $v_\perp$ 发生了变化，则旋转后的轨道就有了大小和形状的变化。

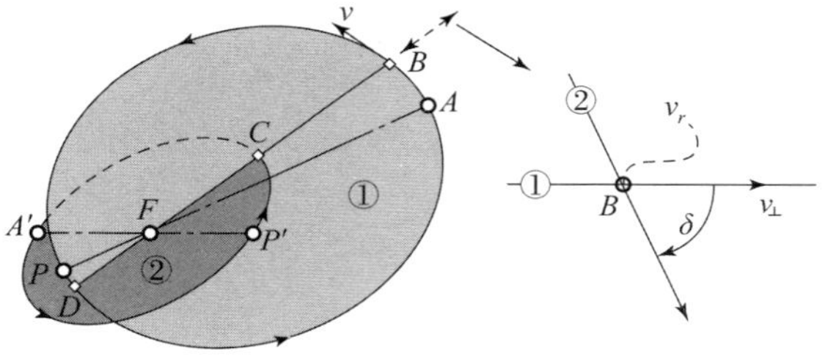

图 8－13　（a）共焦点的两个非共面轨道，（b）由两轨道交线向下观察

要求出轨道面变换中的单次速度增量，可令 $\boldsymbol{v}_1$ 为机动前的速度，$\boldsymbol{v}_2$ 为脉冲机动后的速度，则

$$\begin{cases} \boldsymbol{v}_1 = v_{r_1}\hat{\boldsymbol{u}}_r + v_{\perp_1}\hat{\boldsymbol{u}}_{\perp 1} \\ \boldsymbol{v}_2 = v_{r_2}\hat{\boldsymbol{u}}_r + v_{\perp_2}\hat{\boldsymbol{u}}_{\perp 2} \end{cases} \tag{8-140}$$

式中：$\hat{\boldsymbol{u}}_r$ 为径向单位矢量，方向指向两轨道的交线。$\hat{\boldsymbol{u}}_r$ 在轨道机动过程中不发生改变。切向单位矢量 $\hat{\boldsymbol{u}}_\perp$ 与 $\hat{\boldsymbol{u}}_r$ 相垂直且位于轨道平面内，因此，其由初始方位 $\hat{\boldsymbol{u}}_{\perp 1}$ 旋转二面角 δ 后至最终位置 $\hat{\boldsymbol{u}}_{\perp 2}$。

速度矢量的变化 $\Delta\boldsymbol{v}$ 为 $\Delta\boldsymbol{v} = \boldsymbol{v}_2 - \boldsymbol{v}_1 = (v_{r_2} - v_{r_1})\hat{\boldsymbol{u}}_r + v_{\perp 2}\hat{\boldsymbol{u}}_{\perp 2} - v_{\perp 1}\hat{\boldsymbol{u}}_{\perp 1}$。将 $\Delta\boldsymbol{v}$ 与其自身点乘，可得 $\Delta v^2 = \Delta\boldsymbol{v}\cdot\Delta\boldsymbol{v} = [(v_{r_2} - v_{r_1})\hat{\boldsymbol{u}}_r + v_{\perp 2}\hat{\boldsymbol{u}}_{\perp 2} - v_{\perp 1}\hat{\boldsymbol{u}}_{\perp 1}]\cdot[(v_{r_2} - v_{r_1})\hat{\boldsymbol{u}}_r + v_{\perp 2}\hat{\boldsymbol{u}}_{\perp 2} - v_{\perp 1}\hat{\boldsymbol{u}}_{\perp 1}]$。

进行点乘运算，且代入 $\hat{\boldsymbol{u}}_r\cdot\boldsymbol{u}_{\perp 1} = \hat{\boldsymbol{u}}_r\cdot\boldsymbol{u}_{\perp 2} = 0$，可得

$$\Delta v^2=(v_{r_2}-v_{r_1})^2+v_{\perp 1}^2+v_{\perp 2}^2-2v_{\perp 1}v_{\perp 2}(\boldsymbol{u}_{\perp 1}\cdot\boldsymbol{u}_{\perp 2})。$$

但 $\hat{\boldsymbol{u}}_{\perp_1}\cdot\hat{\boldsymbol{u}}_{\perp_2}=\cos\delta$。所以最终可得关于轨道面变换速度增量 Δv 的一般公式

$$\Delta v=\sqrt{(v_{r_2}-v_{r_1})^2+v_{\perp 1}^2+v_{\perp 2}^2-2v_{\perp 1}v_{\perp 2}\cos\delta} \tag{8-141}$$

由航迹角定义（图 8-14）

$$\begin{cases}v_{r_1}=v_1\sin\gamma_1,v_{\perp 1}=v_1\cos\gamma_1\\ v_{r_2}=v_2\sin\gamma_2,v_{\perp 2}=v_2\cos\gamma_2\end{cases} \tag{8-142}$$

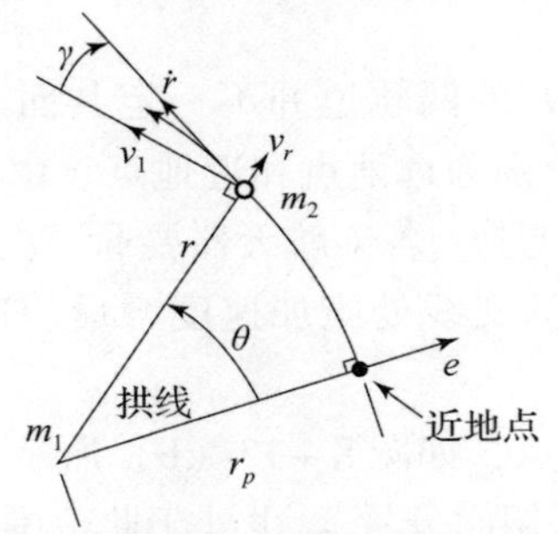

图 8-14　m_2 在以 m_1 为中心的极坐标系的位置和速度、真近点角 θ 以及航迹角 γ

将上述关系式代入式（8-141），展开后合并同类项并运用三角函数性质，可得 Δv 的另一表达式

$$\Delta v=\sqrt{v_1^2+v_2^2-2v_1v_2[\cos\Delta\gamma-\cos\Delta\gamma_2\cos\Delta\gamma_1(1-\cos\delta)]} \tag{8-143}$$

式中：$\Delta\gamma=\gamma_2-\gamma_1$。若不进行轨道面变换（即 $\delta=0$），则 $\cos\delta=1$。式（8-139）简化为

$$\Delta v=\sqrt{v_1^2+v_2^2-2v_1v_2\cos\Delta\gamma} \tag{8-144}$$

式（8-139）就是在共面机动中，用来计算 Δv 的余弦定理。

要使 Δv 最小，由式（8-141）易知，在轨道面变换机动时径向速度应保持不变。同理，显然变换机动应选在 $v_\perp$ 最小点，即远地点处进行。图 8-15 给出了远地点处的一次轨道面变换机动。此时，$v_{r_1}=v_{r_2}=0$，所以 $v_{\perp 1}=v_1$，$v_{\perp 2}=v_2$。式（8-141）可简化为

$$\Delta v=\sqrt{v_1^2+v_2^2-2v_1v_2\cos\Delta\delta} \tag{8-145}$$

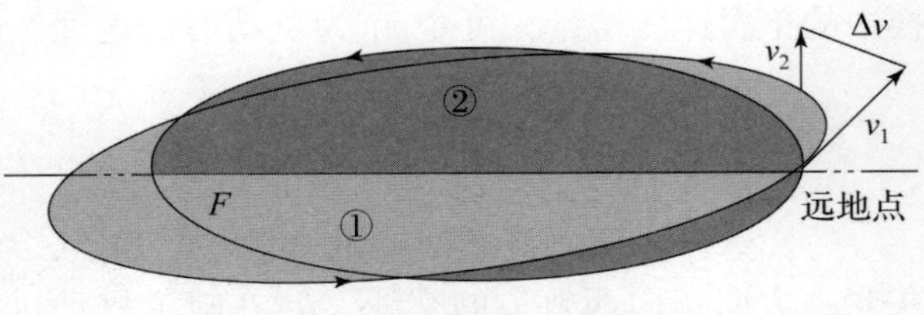

图 8-15　远地点处的轨道面改变

式（8-145）为轨道面变换时速度发生的变化，如图 8-16（a）所示利用三角函数性质

$$\cos\delta=1-2\sin^2\frac{\delta}{2} \tag{8-146}$$

可将式（8-145）另写为

$$\Delta v_{\mathrm{I}}=\sqrt{(v_2-v_1)^2+4v_1v_2\sin^2\frac{\delta}{2}} \tag{8-147}$$

若速度不发生变化，即 $v_2=v_1$，则式（8－147）变为

$$\Delta v_\delta=2v\sin\frac{\delta}{2} \tag{8-148}$$

式中：下标 δ 表示此速度增量仅为速度矢量旋转角度 δ 所需要的速度增量。

如图 8－16（b）所示，先旋转速度矢量，然后再改变其大小，此时的速度增量为

$$\Delta v_{\mathrm{II}}=2v_1\sin\frac{\delta}{2}+|v_2-v_1| \tag{8-149}$$

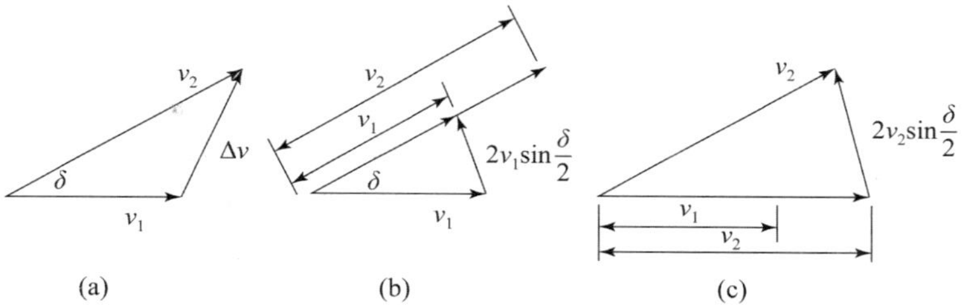

图 8－16　近或远地点处的轨道面改变

（a）速度与轨道面同时改变；（b）速度伴随轨道面改变；（c）轨道面伴随速度改变。

如图 8－16（c）所示，先改变速度大小，然后再旋转速度矢量，此时

$$\Delta v_{\mathrm{III}}=|v_2-v_1|+2v_2\sin\frac{\delta}{2} \tag{8-150}$$

由于三角形任何两边的长度之和必须大于第三条边的长度，从图 8－16 中可以看出 v_{II} 和 v_{III} 都大于 v_{I} 由此可知：在上述 3 种机动中，轨道面变换的同时，速度亦发生变化的机动为效率最高的一种。

图 8－17 给出了式（8－148）中速度增量与速度矢量旋转角变化的关系。从中我们可以得知，为何大的轨道面变换机动所需要的燃料消耗是如此之大。例如，轨道面变换 24°所需要的速度增量等于逃逸轨道所需要的速度增量的 41.4%。60°的轨道面变换所需要的速度增量等于航天器自身的速度大小，如在绕地轨道上运行时为 7.5km/s。这就需要在轨道上，部署一部大小能够将卫星发射至预定轨道的运载航天器。但是运载航天器发射升空本身也要消耗一大部分能量。航天飞机自身的燃料载荷能力仅能供其将轨道面变换约 3°，因此，轨道平面的调整尽可能要在有能量可用的动力上升阶段进行。

然而，对于一些太空任务来说，必须在轨进行轨道面变换。通常的例子为将 GEO 卫星机动进入指定位置。卫星需在赤道平面绕地球旋转，但是在非赤道区域直接将卫星发射至赤道平面上是不可能的。如果我们注意到轨道平面，必须包含地心（焦点）和卫星的入轨点，如图 8－18 所示，就不难理解这一点。所以，当入轨点位于非赤道上的任意点时，轨道平面均将与地球赤道倾斜相交。根据轨道倾角定义可知，赤道平面和轨道平面间的夹角称为轨道倾角 i。

向东发射卫星可以充分利用地球的自转速度，在赤道处约为 0.5km/s，而在两极处减少为 0。

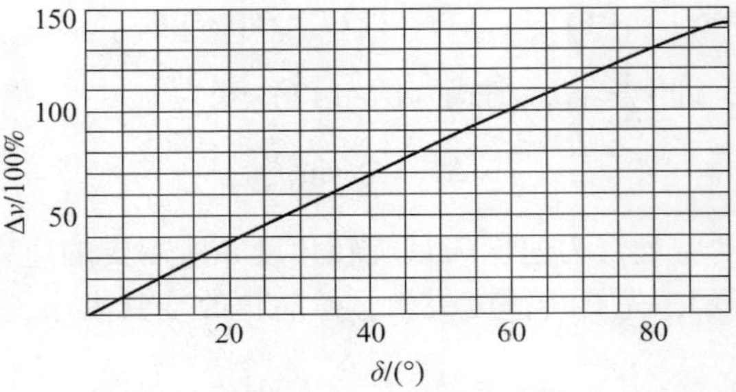

图 8－17　将速度矢量转过的 δ 与所需速度增量 Δv 间的关系

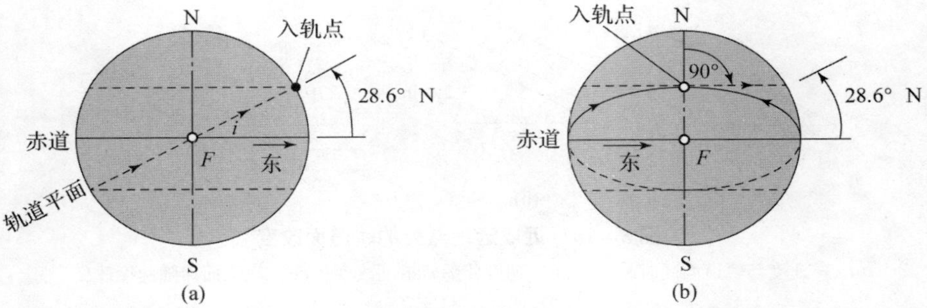

图 8－18　在北纬 28.6°向东发射卫星的两幅轨道图

（a）在轨道平面侧向观察；（b）向交点的子午线观察。

图 8－18 给出了某向东发射至低地轨道的航天器，发射场纬度 ϕ 为北纬 28.6°，即为肯尼迪航天中心。由图可见：轨道倾角为 28.6°，绕地球 1/4 后，卫星将穿越赤道；1/2 后将到达纬度最南处，南纬 28.6°；此后向北运行，3/4 处再次穿越赤道；之后在一圈完整的运行后返回北纬 28.6°。

发射方位角 A 为入轨点的飞行方向，在当地子午线上由北顺时针测量，因此 $A=90°$ 为正东。若发射方向并非正东，则轨道的倾角将大于发射场地的纬度值，如图 8－19 所示。图中发射处为北纬 28.6°。东北方向（$0°<A<90°$）或东南方向（$90°<A<180°$）的发射均只利用了地球的部分自转速度，并且均为倾角 i 比发射场纬度大，但小于 90°的情形。由于这两种轨道均有一个向东的速度分量，称为顺行轨道。向西发射，将产生倾角位于 90°～180°的逆行轨道。向正北或正南发射将形成极地轨道。

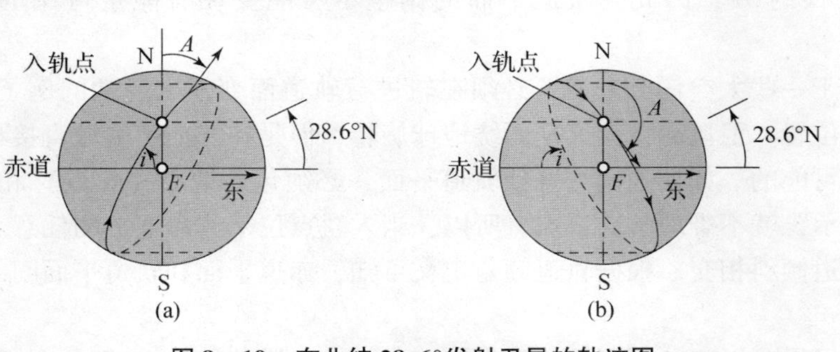

图 8－19　在北纬 28.6°发射卫星的轨迹图

（a）在北纬 28.6°向东北方向发射（$0°<A<90°$）；（b）向东南方向发射（$90°<A<180°$）。

要建立轨道倾角 i、发射场纬度 ϕ 和发射方位角 A 三者间的关系，需要利用球面三角知识，即

$$\cos i = \cos\phi \sin A \tag{8-151}$$

由此可以证实，当 $A=90°$时，$i=\phi$，与上述内容相一致。图 8－20 给出了相应的关系图，而图 8－21 则列举了发射场纬度 $\phi=28°$时的轨道方向。

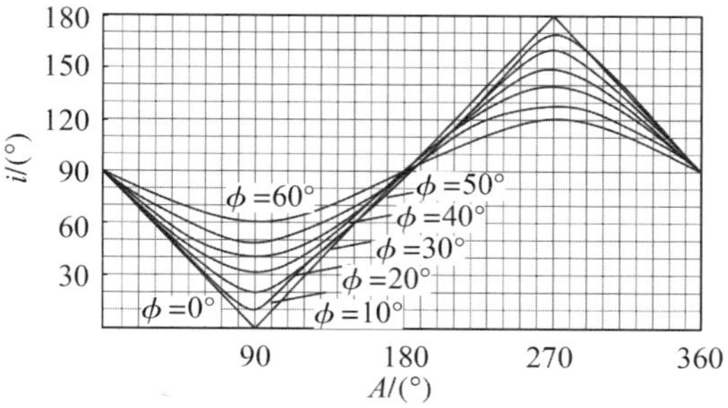

图 8－20　对于不同纬度发射方位角 A 与轨道倾角 i 的关系

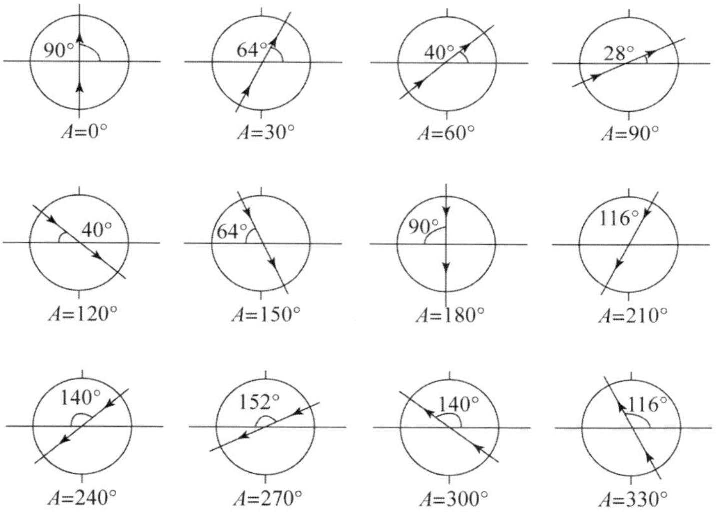

图 8－21　纬度 $\phi=28°$时发射方位角与轨道倾角的关系（当 $A>180°$时为逆行轨道）

习　　题

1. 某卫星的近地点为 500km，近地点处的速度为 8km/s。此时点燃制动火箭，以使其到达最小高度为 200km 的轨道上，求所需的速度增量。

（答：473m/s）

2. 一个航天器处于 500km 高度的圆形地球轨道上，不考虑大气影响，计算出为与地球上的下列点（B、C）相撞，在 A 点处所需的速度增量。

（答：B 点为 －0.192km/s；C 点为 －7.61km/s）

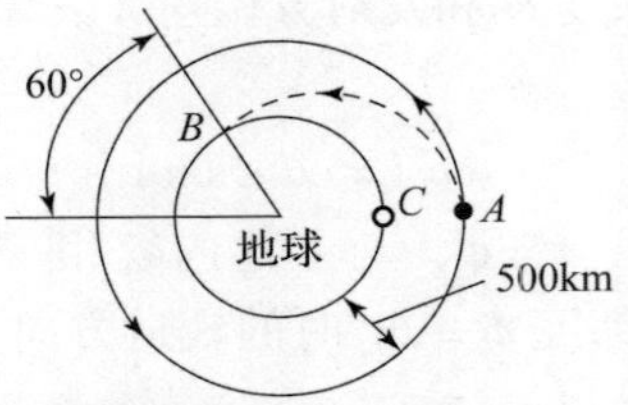

3. 卫星 A 和 B 均位于半径为 r 的圆轨道上，B 领先于 $A180°$。若 A 经一圈调相轨道后与 B 交会，则此调相轨道的长半轴为多少？

（答：$a=0.63r$）

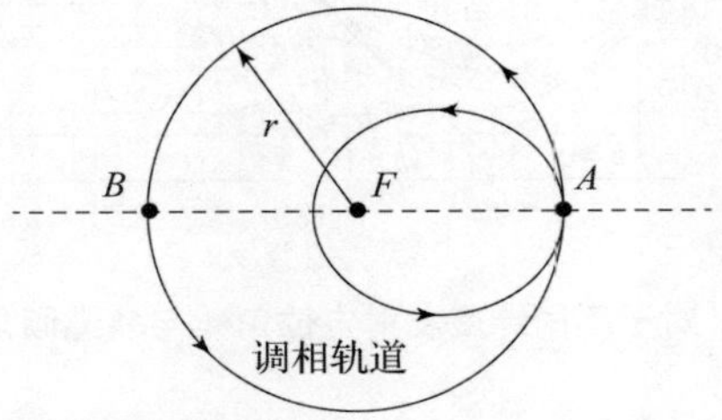

4. 某航天器位于 300km 的圆轨道上。求：

（a）通过霍曼转移将其置于 3000km 的共面圆轨道上所需要的速度增量。

（b）轨道转移所需时间。

（答：（a）1.198km/s；（b）59 分 39 秒）

5. 一颗地球卫星的轨道要素如下：$a=15000\text{km}$，$e=0.5$，$\Omega=45°$，$\omega=30°$，和 $i=10°$。要把倾角减少到零，所需最小速度增量为多少？

（答：0.588km/s）

参考文献

[1] Curtis H D. Orbital Mechanics for Engineering Students [M] 4th ed. UK：Butterworth Heinemann，2020.
[2] Bate R R，Mueller D D，White J E，et al. Fundamentals of Astrodynamics [M]. 2nd ed. New York：Dover Publications，2020.
[3] 张洪波. 航天器轨道力学理论与方法 [M]. 北京：国防工业出版社，2015.
[4] 任萱. 人造地球卫星轨道力学 [M]. 长沙：国防科技大学出版社，1988 .
[5] 杨嘉墀. 航天器轨道动力学与控制 [M]. 北京：中国宇航出版社，1995 .
[6] Robbins H M. An Analytical Study of the Impulsive Approximation [J] . AIAA Journal，1966，4 (8)：1417 - 1423.
[7] 程国采. 航天飞行器最优控制理论与方法 [M]. 北京：国防工业出版社，1999.
[8] 解学书. 最优控制理论与应用 [M]. 北京：清华大学出版社，1987.
[9] 袁建平. 航天器轨道机动动力学 [M]. 北京：中国宇航出版社，2010.
[10] 唐国金，罗亚中，雍恩米. 航天器轨迹优化理论、方法及应用 [M]. 北京：科学出版社，2012.
[11] 解永春. 航天器动力学与控制 [M]. 北京：北京理工大学出版社，2015.
[12] 袁建平. 航天器对抗轨道动力学 [M]. 北京：中国宇航出版社，2014.

第 9 章　相对轨道

到目前为止，所讨论的轨道运动大多是在相对于引力中心（如地心）的非旋转坐标系中进行的。在交会机动中，两航天器均从自身自由旋转的、非惯性坐标系中观察另一对象。为了根据一个运动坐标系的观测数据来进行脉冲机动，需要将所观测到的相对速度和相对加速度转化为惯性坐标系下相应的量。本章旨在通过对相对运动的分析，来使读者理解一个航天器相对于另一航天器的机动问题，特别是当两者相距很近时的机动问题。

9.1　相对运动方程

9.1.1　轨道上的相对运动

交会机动通常包括一个被动的目标航天器和一个追踪航天器。追踪航天器完成与目标航天器交会所需要的机动。常见的一个例子为航天飞机（追踪器）与国际空间站（目标航天器）的交会。目标在地心赤道坐标系中的位置矢量为 $\boldsymbol{r}_0$。如图 9－1 所示，运动坐标系以目标为坐标原点。x 轴沿 $\boldsymbol{r}_0$ 方向，即沿半径向外。y 轴与 $\boldsymbol{r}_0$ 相垂直且指向目标航天器当地地平方向。因此，x 轴和 y 轴均位于目标航天器轨道平面内，而 z 轴则垂直于此平面。

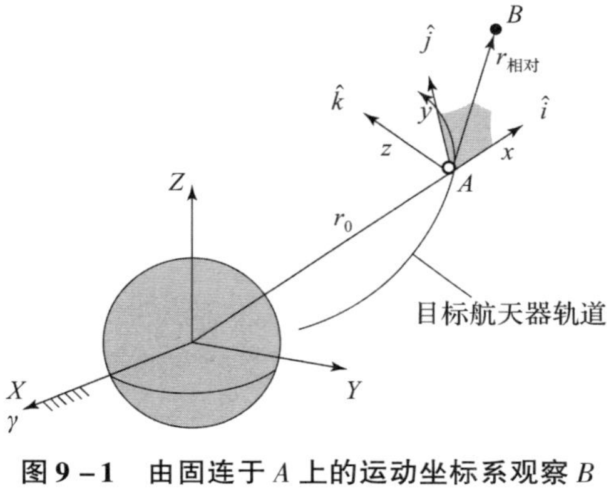

图 9－1　由固连于 A 上的运动坐标系观察 B

固连于目标航天器上的 xyz 轴的角速度即为位置矢量 $\boldsymbol{r}_0$ 的角速度，可由下式求出：

$$\boldsymbol{h}=\boldsymbol{r}_0\times\boldsymbol{v}_0=(r_0v_0)\hat{\boldsymbol{k}}=(r_0^2\Omega)\hat{\boldsymbol{k}}=r_0^2\boldsymbol{\Omega}$$

即

$$\boldsymbol{\Omega}=\frac{\boldsymbol{r}_0\times\boldsymbol{v}_0}{r_0^2}\tag{9-1}$$

要求出角加速度 $\dot{\boldsymbol{\Omega}}$，对式（9－1）中的 $\boldsymbol{\Omega}$ 求导，可得

$$\dot{\boldsymbol{\Omega}}=\frac{1}{r_0^2}(\dot{\boldsymbol{r}}_0\times\boldsymbol{v}_0+\boldsymbol{r}_0\times\dot{\boldsymbol{v}}_0)-\frac{2}{r_0^3}\dot{r}_0(\boldsymbol{r}_0\times\boldsymbol{v}_0)\tag{9-2}$$

但

$$\dot{\boldsymbol{r}}_0 \times \boldsymbol{v}_0 = \boldsymbol{v}_0 \times \boldsymbol{v}_0 = 0 \tag{9-3}$$

由式（3-9）可知，目标航天器的加速度 $\dot{\boldsymbol{v}}_0$ 为

$$\dot{\boldsymbol{v}}_0 = -\frac{\mu}{r_0^3}\boldsymbol{r}_0$$

因此

$$\boldsymbol{r}_0 \times \dot{\boldsymbol{v}}_0 = \boldsymbol{r}_0 \times \left(-\frac{\mu}{r_0^3}\boldsymbol{r}_0\right) = -\frac{\mu}{r_0^3}(\boldsymbol{r}_0 \times \boldsymbol{r}_0) = 0 \tag{9-4}$$

将式（9-1）、式（9-3）和式（9-4）代入式（9-2），可得

$$\dot{\boldsymbol{\Omega}} = -\frac{2}{r_0}\dot{r}_0\boldsymbol{\Omega}$$

最后，由点乘法则可得

$$\dot{\boldsymbol{\Omega}} = -\frac{2(\boldsymbol{r}_0 \cdot \boldsymbol{v}_0)}{r_0^2}\boldsymbol{\Omega} \tag{9-5}$$

式（9-1）和式（9-5）为确定运动坐标系中角速度和角加速度的方法，并用在相对速度公式（式（2-65））和相对加速度公式中（式（2-69））。

在轨道上，某航天器相对于另一航天器的运动轨迹很难进行可视化，图 9-2 可供参考。轨道 1 为圆轨道，轨道 2 为偏心率 $e=0.125$ 的椭圆。两轨道有相同的长半轴，所以其周期相同。如图 9-2 所示，运动坐标系固连在圆轨道 1 上的观察者 A 上。历元时刻 I 时，椭圆轨道 2 上的航天器 B 位于观察者 A 的正下方。换言之，A 需沿 x 轴负方向绘制一箭头，以表示在较低轨道 B 的位置矢量。图中给出了 8 个不同的历元时刻（Ⅰ，Ⅱ，Ⅲ，…，Ⅷ），将圆八等分，在每一时刻处观察者 A 建立指向在椭圆轨道上 B 的位置矢量。当然，由于 x 轴需始终沿地心半径指向外，所以，固连于 A 的坐标系是转动的。观测者 A 却感觉不到自身的转动，并在相对于自身固定的 xy 平面内记录观测数据，如图下方所示。当 A 沿其圆轨道匀速行进时，在它看来其他的航天器将围绕他顺时针沿着豌豆形状的路径行进。此时，由于地球的作用，两个航天器间的距离不会相差太远。

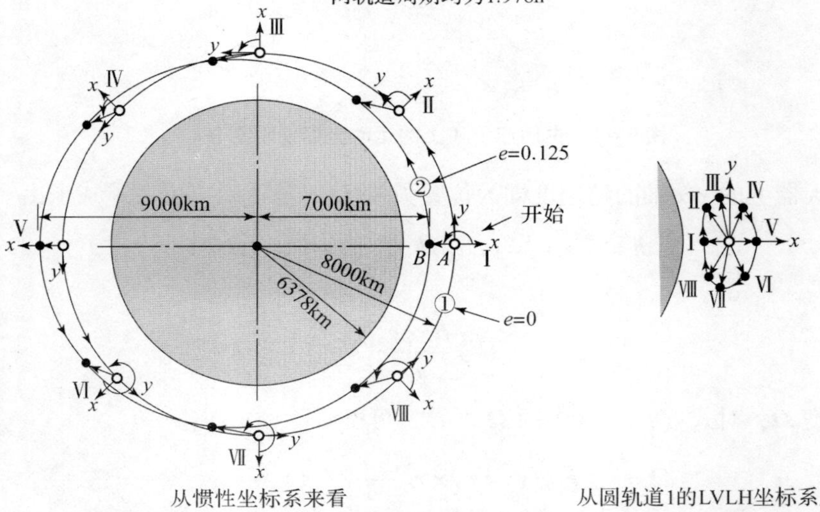

从惯性坐标系来看　　从圆轨道1的LVLH坐标系来看

图 9-2　圆轨道 1 的观察者 A 观察椭圆轨道上的航天器 B

若将观察者 A 看作惯性坐标系，那么他所面临的任务便是解释保持 B 在其豌豆形轨道上运行所受的力从何而来，当然这种力是不存在的。显然，该路径是由两航天器相对地球运动的合成运动而形成的。当 B 位于 A 下方（其 x 坐标为负）时，由角动量守恒可知：B 的速度将大于 A，向 y 轴正方向加速运行至Ⅲ和Ⅳ之间的轨道相交处（$x=0$）。当 B 的 x 坐标为正时，即 B 位于 A 上方时，根据动量守恒定律可知：B 将减速，并向 y 轴负方向运行至Ⅵ和Ⅶ的轨道相交处。此后，B 位于 A 下方并开始加速，上述过程将重复下去。在惯性空间中，在相交轨道上的两个航天器的运动将与在上述运动坐标系中所看到的轨道运动完全不同。

9.1.2　轨道相对运动方程的线性化

图 9－3 所示为绕地球轨道运行的两个航天器。目标航天器 A 的惯性位置矢量为 $\boldsymbol{r}_0$，追踪航天器 B 的位置矢量为 $\boldsymbol{r}$，追踪航天器相对于目标航天器的位置矢量为 $\delta\boldsymbol{r}$，即

$$\boldsymbol{r}=\boldsymbol{r}_0+\delta\boldsymbol{r} \tag{9-6}$$

标记 δ 用来说明：与 $\boldsymbol{r}_0$（或 $\boldsymbol{r}$）的大小相比，相对位置矢量的模很小，也就是说

$$\frac{\delta \boldsymbol{r}}{\boldsymbol{r}_0}\ll 1 \tag{9-7}$$

式中：$\delta r=\|\delta\boldsymbol{r}\|$，$r_0=\|\boldsymbol{r}_0\|$。当两个航天器相距很近，如交会机动时，这一结论是成立的。本节将建立追踪航天器相对于目标航天器的运动方程。

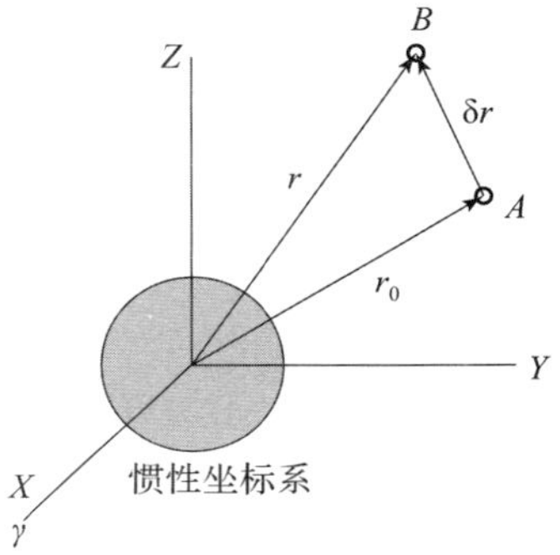

图 9－3　追踪航天器 B 相对于目标航天器 A 的位置

追踪航天器 B 的运动方程为

$$\ddot{\boldsymbol{r}}=-\mu\frac{\boldsymbol{r}}{r^3} \tag{9-8}$$

式中：$r=\|\boldsymbol{r}\|$。将式（9－6）代入式（9－8）中可得，追踪航天器相对于目标航天器的运动方程为

$$\delta\ddot{\boldsymbol{r}}=-\ddot{\boldsymbol{r}}_0-\mu\frac{\boldsymbol{r}_0+\delta\boldsymbol{r}}{r^3} \tag{9-9}$$

由式（9－7）可知 $\|\delta\boldsymbol{r}\|$ 很小，可以利用这一结果来简化式（9－9）。注意到

$$r^2=\boldsymbol{r}\cdot\boldsymbol{r}=(\boldsymbol{r}_0+\delta\boldsymbol{r})\cdot(\boldsymbol{r}_0+\delta\boldsymbol{r})=\boldsymbol{r}_0\cdot\boldsymbol{r}_0+2\boldsymbol{r}_0\cdot\delta\boldsymbol{r}+\delta\boldsymbol{r}\cdot\delta\boldsymbol{r}$$

由于 $\boldsymbol{r}_0\cdot\boldsymbol{r}_0=r_0^2$，$\delta\boldsymbol{r}\cdot\delta\boldsymbol{r}=\delta r^2$，可将右边 r_0^2 提出，得到

$$r^2=r_0^2\left[1+\frac{2\boldsymbol{r}_0\cdot\delta\boldsymbol{r}}{r_0^2}+\left(\frac{\delta r}{r_0}\right)^2\right]$$

利用式（9－7），可以略去括号中的最后一项，得到

$$r^2=r_0^2\left(1+\frac{2\boldsymbol{r}_0\cdot\delta\boldsymbol{r}}{r_0^2}\right) \tag{9-10}$$

事实上，无论其在何处出现，都将忽略 $\delta r/r_0$ 一次方以上的高阶项。由于 $r^{-3}=(r^2)^{-\frac{3}{2}}$，式（9－10）可写为

$$r^{-3}=r_0^{-3}\left(1+\frac{2\boldsymbol{r}_0\cdot\delta\boldsymbol{r}}{r_0^2}\right)^{-\frac{3}{2}} \tag{9-11}$$

利用二项式定理（式（5－82）），并舍去 $\delta r/r_0$ 一次方以上的高阶项，可得

$$\left(1+\frac{2\boldsymbol{r}_0\cdot\delta\boldsymbol{r}}{r_0^2}\right)^{-\frac{3}{2}}=1+\left(-\frac{3}{2}\right)\left(\frac{2\boldsymbol{r}_0\cdot\delta\boldsymbol{r}}{r_0^2}\right)$$

因此，式（9－11）可写为

$$r^{-3}=r_0^{-3}\left(1-\frac{3}{r_0^2}\boldsymbol{r}_0\cdot\delta\boldsymbol{r}\right)$$

也可写为

$$\frac{1}{r^3}=\frac{1}{r_0^3}-\frac{3}{r_0^5}\boldsymbol{r}_0\cdot\delta\boldsymbol{r} \tag{9-12}$$

将式（9－12）代入式（9－9）（运动方程）中，可得

$$\begin{aligned}\delta\ddot{\boldsymbol{r}}&=-\ddot{\boldsymbol{r}}_0-\mu\left(\frac{1}{r_0^3}-\frac{3}{r_0^5}\boldsymbol{r}_0\cdot\delta\boldsymbol{r}\right)(\boldsymbol{r}_0+\delta\boldsymbol{r})\\&=-\ddot{\boldsymbol{r}}_0-\mu\left[\frac{\boldsymbol{r}_0+\delta\boldsymbol{r}}{r_0^3}-\frac{3}{r_0^5}(\boldsymbol{r}_0\cdot\delta\boldsymbol{r})(\boldsymbol{r}_0+\delta\boldsymbol{r})\right]\\&=-\ddot{\boldsymbol{r}}_0-\mu\left[\frac{\boldsymbol{r}_0}{r_0^3}+\frac{\delta\boldsymbol{r}}{r_0^3}-\frac{3}{r_0^5}(\boldsymbol{r}_0\cdot\delta\boldsymbol{r})\boldsymbol{r}_0+\overbrace{\delta\boldsymbol{r}\text{ 高于一阶的项}}^{\text{略去}}\right]\end{aligned}$$

因此

$$\delta\ddot{\boldsymbol{r}}=-\ddot{\boldsymbol{r}}_0-\mu\frac{\boldsymbol{r}_0}{r_0^3}-\frac{\mu}{r_0^3}\left[\delta\boldsymbol{r}-\frac{3}{r_0^2}(\boldsymbol{r}_0\cdot\delta\boldsymbol{r})\boldsymbol{r}_0\right] \tag{9-13}$$

目标航天器的运动方程为

$$\ddot{\boldsymbol{r}}_0=-\mu\frac{\boldsymbol{r}_0}{r_0^3}$$

将其代入式（9－13），最终可得

$$\delta\ddot{\boldsymbol{r}}=-\frac{\mu}{r_0^3}\left[\delta\boldsymbol{r}-\frac{3}{r_0^2}(\boldsymbol{r}_0\cdot\delta\boldsymbol{r})\boldsymbol{r}_0\right] \tag{9-14}$$

式（9－14）是式（9－8）的线性化，即追踪航天器相对于目标航天器的运动方程。式（9－14）之所以是线性的，是因为 $\delta\boldsymbol{r}$ 仅在分子中出现，且只有一次方项出现。当式（9－7）成立时，通过舍去很多可以忽略的高阶项来得到式（9－14）。

9.1.3 Clohessy－Wiltshire 方程

如图 9－4 所示，设一运动坐标系 xyz 固连于目标航天器 A 上。与图 9－1 相类似，但不同的是 $\delta\boldsymbol{r}$ 满足式（9－7）的约束条件。运动坐标系的原点为 A。x 轴沿着 $\boldsymbol{r}_0$ 方向，所以

$$\hat{i}=\frac{\boldsymbol{r}_0}{r_0} \tag{9-15}$$

易知，这一运动坐标系即为前文所述的质心轨道坐标系。

y 轴与当地地平方向相一致，z 轴垂直于 A 的轨道平面，即 $\hat{k}=\hat{i}\times\hat{j}$。运动坐标系的惯性角速度为 $\boldsymbol{\Omega}$，惯性角加速度为 $\dot{\boldsymbol{\Omega}}$。

根据相对加速度公式（式（2－69）），可知

$$\ddot{\boldsymbol{r}}=\ddot{\boldsymbol{r}}_0+\boldsymbol{\Omega}\times\delta\boldsymbol{r}+\boldsymbol{\Omega}\times(\boldsymbol{\Omega}\times\delta\boldsymbol{r})+2\boldsymbol{\Omega}\times\delta v_{\text{相对}}+\delta a_{\text{相对}} \tag{9-16}$$

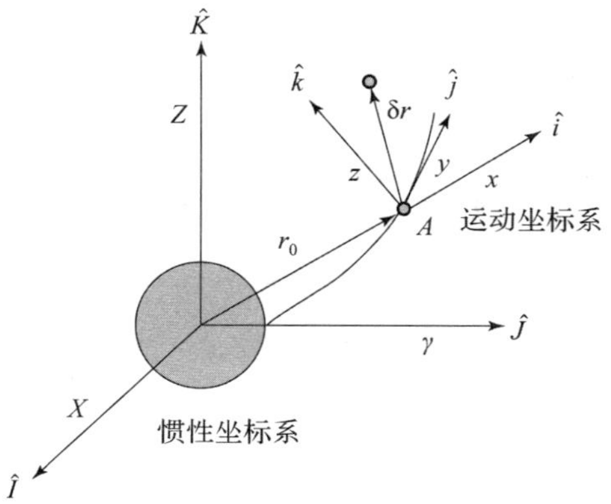

图 9-4 C-W 运动坐标系

在 C-W 运动坐标系中可将相对位置、相对速度和相对加速度分别表示如下：

$$\delta \boldsymbol{r} = x\hat{\boldsymbol{i}} + y\hat{\boldsymbol{j}} + z\hat{\boldsymbol{k}} \tag{9-17a}$$

$$\delta \boldsymbol{v}_{相对} = \dot{x}\hat{\boldsymbol{i}} + \dot{y}\hat{\boldsymbol{j}} + \dot{z}\hat{\boldsymbol{k}} \tag{9-17b}$$

$$\delta \boldsymbol{a}_{相对} = \ddot{x}\hat{\boldsymbol{i}} + \ddot{y}\hat{\boldsymbol{j}} + \ddot{z}\hat{\boldsymbol{k}} \tag{9-17c}$$

简单起见，此时设目标航天器 A 的运行轨道为圆（对于低地轨道的空间站，此假设显然成立）。因此 $\dot{\boldsymbol{\Omega}}=0$。将其和式（9-6）一起代入式（9-16），可得

$$\delta \ddot{\boldsymbol{r}} = \boldsymbol{\Omega} \times (\boldsymbol{\Omega} \times \delta \boldsymbol{r}) + 2\boldsymbol{\Omega} \times \delta v_{相对} + \delta a_{相对}$$

对右边第一项运用矢量运算法则，可得

$$\delta \ddot{\boldsymbol{r}} = \boldsymbol{\Omega}(\boldsymbol{\Omega} \cdot \delta \boldsymbol{r}) - \boldsymbol{\Omega}^2 \delta \boldsymbol{r} + 2\boldsymbol{\Omega} \times \delta v_{相对} + \delta a_{相对} \tag{9-18}$$

由于 A 的轨道为圆，可以将角速度写为

$$\boldsymbol{\Omega} = n\hat{\boldsymbol{k}} \tag{9-19}$$

式中：n 为平均角速度，为常量，因此

$$\boldsymbol{\Omega} \cdot \delta \boldsymbol{r} = n\hat{\boldsymbol{k}} \cdot (x\hat{\boldsymbol{i}} + y\hat{\boldsymbol{j}} + z\hat{\boldsymbol{k}}) = nz \tag{9-20}$$

以及

$$\boldsymbol{\Omega} \times \delta \boldsymbol{v}_{相对} = n\hat{\boldsymbol{k}} \times (\dot{x}\hat{\boldsymbol{i}} + \dot{y}\hat{\boldsymbol{j}} + \dot{z}\hat{\boldsymbol{k}}) = -n\dot{y}\hat{\boldsymbol{i}} + n\dot{x}\hat{\boldsymbol{j}} \tag{9-21}$$

将式（9-19）~式（9-21）连同式（9-17）一起代入式（9-18），可得

$$\delta \ddot{\boldsymbol{r}} = n\hat{\boldsymbol{k}}(nz) - n^2(x\hat{\boldsymbol{i}} + y\hat{\boldsymbol{j}} + z\hat{\boldsymbol{k}}) + 2(-n\dot{y}\hat{\boldsymbol{i}} + n\dot{x}\hat{\boldsymbol{j}}) + \ddot{x}\hat{\boldsymbol{i}} + \ddot{y}\hat{\boldsymbol{j}} + \ddot{z}\hat{\boldsymbol{k}}$$

最后，合并同类项，可得

$$\delta \ddot{\boldsymbol{r}} = (-n^2x - 2n\dot{y} + \ddot{x})\hat{\boldsymbol{i}} + (-n^2y + 2n\dot{x} + \ddot{y})\hat{\boldsymbol{j}} + \ddot{z}\hat{\boldsymbol{k}} \tag{9-22}$$

式（9-22）给出了追踪航天器相对加速度矢量在运动坐标系中的各分量。

由于 A 的轨道为圆轨道，其平均角速度为

$$n = \frac{v}{r_0} = \frac{1}{r_0}\sqrt{\frac{\mu}{r_0}} = \sqrt{\frac{\mu}{r_0^3}}$$

因此

$$\frac{\mu}{r_0^3} = n^2 \tag{9-23}$$

由式（9－15）和式（9－17a），可得

$$\boldsymbol{r}_0 \cdot \delta\boldsymbol{r} = (r_0\hat{\boldsymbol{i}}) \cdot (x\hat{\boldsymbol{i}} + y\hat{\boldsymbol{j}} + z\hat{\boldsymbol{k}}) = r_0 x \tag{9-24}$$

将式（9－17a）、式（9－23）和式（9－24）代入式（9－14），可得

$$\delta\ddot{\boldsymbol{r}} = -n^2\left[x\hat{\boldsymbol{i}} + y\hat{\boldsymbol{j}} + z\hat{\boldsymbol{k}} - \frac{3}{r_0^2}(r_0 x)r_0\hat{\boldsymbol{i}}\right] = 2n^2x\hat{\boldsymbol{i}} - n^2y\hat{\boldsymbol{j}} - n^2z\hat{\boldsymbol{k}} \tag{9-25}$$

结合式（9－22）（运动学关系）和式（9－25）（运动方程），可得

$$(-n^2x - 2n\dot{y} + \ddot{x})\hat{\boldsymbol{i}} + (-n^2y + 2n\dot{x} + \ddot{y})\hat{\boldsymbol{j}} + \ddot{z}\hat{\boldsymbol{k}} = 2n^2x\hat{i} - n^2y\hat{\boldsymbol{j}} - n^2z\hat{\boldsymbol{k}}$$

合并同类项后，可得

$$(\ddot{x} - 3n^2x - 2n\dot{y})\hat{\boldsymbol{i}} + (\ddot{y} + 2n\dot{x})\hat{\boldsymbol{j}} + (\ddot{z} + n^2z)\hat{\boldsymbol{k}} = 0$$

即

$$\ddot{x} - 3n^2x - 2n\dot{y} = 0 \tag{9-26a}$$

$$\ddot{y} + 2n\dot{x} = 0 \tag{9-26b}$$

$$\ddot{z} + n^2z = 0 \tag{9-26c}$$

这就是 Clohessy－Wiltshire（C－W）方程。当使用这些方程时，将对应 C－W 方程的运动坐标系称为 Clohessy－Wiltshire 坐标系（或 C－W 坐标系，即质心轨道坐标系）。式（9－26）为一组耦合的二阶常系数微分方程。其初始条件为

$$t = 0, x = x_0, y = y_0, z = z_0$$

$$\dot{x} = \dot{x}_0, \dot{y} = \dot{y}_0, \dot{z} = \dot{z}_0 \tag{9-27}$$

根据式（9－26b）

$$\frac{\mathrm{d}}{\mathrm{d}t}(\dot{y} + 2nx) = 0$$

即

$$\dot{y} + 2nx = c$$

通过计算左边部分在 $t=0$ 时刻的值，可以求得常量 c，因此

$$\dot{y} + 2nx = \dot{y}_0 + 2nx_0$$

所以

$$\dot{y} = \dot{y}_0 + 2n(x_0 - x) \tag{9-28}$$

将结果代入式（9－26a），可得

$$\ddot{x} - 3n^2x - 2n[\dot{y}_0 + 2n(x_0 - x)] = 0$$

整理可得

$$\ddot{x} + n^2x = 2n\dot{y}_0 + 4n^2x_0 \tag{9-29}$$

此微分方程的解为

$$x = \overbrace{A\sin nt + B\cos nt}^{\text{通解}} + \overbrace{\frac{1}{n^2}(2ny_0 + 4n^2x_0)}^{\text{特解}}$$

或

$$x = A\sin nt + B\cos nt + \frac{2}{n}\dot{y}_0 + 4x_0 \tag{9-30}$$

对此方程微分一次，可得

$$\dot{x} = nA\cos nt - nB\sin nt \tag{9-31}$$

计算式（9－30）在 $t=0$ 时的值，可得

$$x_0 = B + \frac{2}{n}\dot{y}_0 + 4x_0 \Rightarrow B = -3x_0 - 2\frac{\dot{y}_0}{n}$$

计算式（9－31）在 $t=0$ 时的值，可得

$$\dot{x}_0 = nA \Rightarrow A = \frac{\dot{x}_0}{n}$$

将 A 和 B 的值代回式（9－30），可得

$$x = \frac{\dot{x}_0}{n}\sin nt + \left(3x_0 - 2\frac{\dot{y}_0}{n}\right)\cos nt + \frac{2}{n}\dot{y}_0 + 4x_0$$

合并同类项后，可得

$$x = (4 - 3\cos nt)x_0 + \frac{\sin nt}{n}\dot{x}_0 - \frac{2}{n}(1 - \cos nt)\dot{y}_0 \tag{9-32}$$

因此

$$\dot{x} = 3n\sin nt x_0 + \cos nt\dot{x}_0 + 2\sin nt\dot{y}_0 \tag{9-33}$$

将式（9－32）代入式（9－28），可得

$$\dot{y} = \dot{y}_0 + 2n\left[x_0 - (4 - 3\cos nt)x_0 - \frac{\sin nt}{n}\dot{x}_0 - \frac{2}{n}(1 - \cos nt)\dot{y}_0\right]$$

化简后

$$\dot{y} = 6n(\cos nt - 1)x_0 - 2\sin nt\dot{x}_0 + (4\cos nt - 3)\dot{y}_0 \tag{9-34}$$

对此表达式进行积分，可得

$$y = 6n\left(\frac{1}{n}\sin nt - t\right)x_0 + \frac{2}{n}\cos nt\dot{x}_0 + \left(\frac{4}{n}\sin nt - 3t\right)\dot{y}_0 + C \tag{9-35}$$

计算 y 在 $t=0$ 时的值，可得

$$y_0 = \frac{2}{n}\dot{x}_0 + C \Rightarrow C = y_0 - \frac{2}{n}\dot{x}_0$$

将 C 值代入式（9－35），可得

$$y = 6(\sin nt - nt)x_0 + y_0 + \frac{2}{n}(\cos nt - 1)\dot{x}_0 + \left(\frac{4}{n}\sin nt - 3t\right)\dot{y}_0 \tag{9-36}$$

最后，式（9－26c）的解为

$$z = D\cos nt + E\sin nt \tag{9-37}$$

所以

$$\dot{z} = -nD\sin nt + nE\cos nt \tag{9-38}$$

通过计算式（9－37）和式（9－38）在 $t=0$ 时刻的值，可以得到如下积分常量：

$$z_0 = D$$

$$\dot{z}_0 = nE$$

将 D 和 E 的值代入式（9－36）和式（9－38），可得

$$z = \cos nt z_0 + \frac{1}{n}\sin nt\dot{z}_0 \tag{9-39}$$

$$\dot{z} = -n\sin nt z_0 + \cos nt\dot{z}_0 \tag{9-40}$$

现在已经完成了 C－W 方程的求解，下面将标记稍做变换：将运动坐标系中相对速度的 x、y 和 z 分量，分别记为 $\dot{x}$、$\dot{y}$ 和 $\dot{z}$。

相对速度的初始条件应为

$$\dot{x}=\dot{x}_0,\dot{y}=\dot{y}_0,\dot{z}=\dot{z}_0$$

利用此标记可以将式（9－32）~式（9－34）、式（9－36）、式（9－39）和式（9－40）分别写为如下形式：

$$x=(4-3\cos nt)x_0+\frac{\sin nt}{n}\dot{x}_0+\frac{2}{n}(1-\cos nt)\dot{y}_0$$

$$y=6(\sin nt-nt)x_0+y_0+\frac{2}{n}(\cos nt-1)\dot{x}_0+\frac{1}{n}(4\sin nt-3nt)\dot{y}_0$$

$$z=\cos nt z_0+\frac{1}{n}\sin nt\dot{z}_0 \tag{9-41}$$

$$\dot{x}=3n\sin nt x_0+\cos nt\dot{x}_0+2\sin nt\dot{y}_0$$

$$\dot{y}=6n(\cos nt-1)x_0-2\sin nt\dot{x}_0+(4\cos nt-3)\dot{y}_0$$

$$\dot{z}=-n\sin nt z_0+\cos nt\dot{z}_0$$

引入矩阵标记来定义相对位置矢量和速度矢量

$$\delta\boldsymbol{r}(t)=\begin{bmatrix}x(t)\\y(t)\\z(t)\end{bmatrix},v(t)=\begin{bmatrix}\dot{x}(t)\\\dot{y}(t)\\\dot{z}(t)\end{bmatrix}$$

初始值为

$$\delta\boldsymbol{r}_0=\begin{bmatrix}x_0\\y_0\\z_0\end{bmatrix},\delta\boldsymbol{v}_0=\begin{bmatrix}\dot{x}_0\\\dot{y}_0\\\dot{z}_0\end{bmatrix}$$

与式（9－17）相比，略去了下标“相对”，因为在交会分析中所有的运动量均是相对于 C－W 坐标系，因此下标是多余的。利用矩阵的概念，式（9－41）可以进一步简写为

$$\delta\boldsymbol{r}(t)=\boldsymbol{\Phi}_{rr}(t)\delta\boldsymbol{r}_0+\boldsymbol{\Phi}_{rv}(t)\delta\boldsymbol{v}_0 \tag{9-42a}$$

$$\delta\boldsymbol{v}(t)=\boldsymbol{\Phi}_{vr}(t)\delta\boldsymbol{r}_0+\boldsymbol{\Phi}_{vv}(t)\delta\boldsymbol{v}_0 \tag{9-42b}$$

其中的 C－W 矩阵为

$$\boldsymbol{\Phi}_{rr}(t)=\begin{bmatrix}4-3\cos nt & 0 & 0\\6(\sin nt-nt) & 1 & 0\\0 & 0 & \cos nt\end{bmatrix}$$

$$\boldsymbol{\Phi}_{rv}(t)=\begin{bmatrix}\frac{1}{n}\sin nt & \frac{2}{n}(1-\cos nt) & 0\\\frac{2}{n}(\cos nt-1) & \frac{1}{n}(4\sin nt-3nt) & 0\\0 & 0 & \frac{1}{n}\sin nt\end{bmatrix} \tag{9-43}$$

$$\boldsymbol{\Phi}_{vr}(t)=\begin{bmatrix}3n\sin nt & 0 & 0\\6n(\cos nt-1) & 0 & 0\\0 & 0 & -n\sin nt\end{bmatrix}$$

$$\Phi_{vv}(t)=\begin{bmatrix}\cos nt & 2\sin nt & 0\\ -2\sin nt & 4\cos nt-3 & 0\\ 0 & 0 & \cos nt\end{bmatrix}$$

9.1.4　相对运动方程的特点

将相对运动 C – W 方程的解即式（9 – 41），以时间为变量重组，可将追踪航天器相对目标航天器的位置和速度的表达式改写为

$$\begin{cases}x=\dfrac{\dot{x}_0}{n}\sin nt-\left(3x_0+\dfrac{2}{n}\dot{y}_0\right)\cos nt+2\left(2x_0+\dfrac{\dot{y}_0}{n}\right)\\ y=2\left(\dfrac{2\dot{y}_0}{n}+3x_0\right)\sin nt+\dfrac{2\dot{x}_0}{n}\cos nt-(3\dot{y}_0+2nx_0)t+\left(y_0-\dfrac{2\dot{x}_0}{n}\right)\\ z=\dfrac{\dot{z}_0}{n}\sin nt+z_0\cos nt\\ \dot{x}=(3nx_0+2\dot{y}_0)\sin nt+\dot{x}_0\cos nt\\ \dot{y}=-2\dot{x}_0\sin nt+(6nx_0+4\dot{y}_0)\cos nt-3(\dot{y}_0+2n\dot{x}_0)\\ \dot{z}=-nz_0\sin t+\dot{z}_0\cos nt\end{cases}\tag{9-44}$$

从式（9 – 44）可以看出，在质心轨道坐标系（C – W 坐标系）下相对运动具有的基本特性：

（1）相对运动可以分解为轨道平面内和垂直于轨道平面（z 方向）的两个相互独立的运动，而在轨道平面内 x、y 方向的运动是耦合的。

（2）z 方向的运动，是周期为 n 的简谐运动。

（3）对于轨道面内 x、y 耦合运动，通过适当的数学变换消去方程中的时间参数 t，则可得如下的相对运动椭圆方程：

$$\frac{(x-x_{c0})^2}{b^2}+\frac{(y-y_{c0}+1.5x_{c0}nt)^2}{(2b)^2}=1\tag{9-45}$$

其中

$$\begin{cases}x_{c0}=4x_0+\dfrac{2\dot{y}_0}{n}\\ y_{c0}=y_0-\dfrac{2\dot{x}_0}{n}\\ b=\sqrt{\left(\dfrac{2\dot{y}_0}{n}+3x_0\right)^2+\left(\dfrac{\dot{x}_0}{n}\right)^2}\end{cases}\tag{9-46}$$

相对运动 C – W 方程及其解、相对运动椭圆方程为相对运动轨道的理论基础。

9.2　航天器的交会和伴飞

9.2.1　交会接近的过程

在过去的数十年，主要航天大国开展了数十次低地球轨道空间站交会对接任务，比较典

型的是国际空间站和中国空间站的交会对接，当然还有较多的微小卫星空间自主交会飞行试验任务，如早期开展的试验卫星系统 -11（XSS -11），自主交会技术验证（DART）等，以及航天器在轨服务交会操作任务，如美国的低轨轨道快车任务（OE），高轨的任务拓展飞行器计划（MEV），以及日本的工程试验卫星项目。上述任务的在轨成功实施也标志着近地轨道交会对接技术的不断发展成熟，早期的空间站的交会对接可以基于地面控制中心以及航天员的控制完成，现在也逐步发展到无人自主的快速交会对接。同时微小卫星也具备了在轨自主完成交会接近目标的任务能力。此外，在轨服务卫星还能在远距离接近目标后，完成对目标的在轨服务操作，卫星的智能性和自主性得到了巨大的发展。

从发射入轨后开始，交会对接飞行阶段一般分为 4 个阶段：远距离导引段、近距离导引段、平移靠拢段和对接段，如图 9 -5 所示。

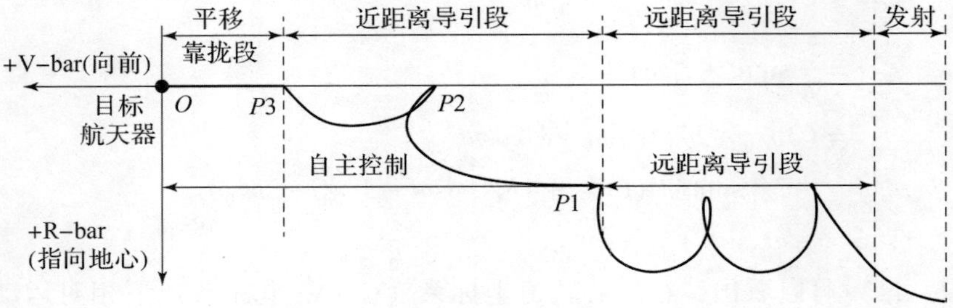

图 9 -5　交会对接的飞行阶段

1. 远距离导引段

远距离导引段是指追踪航天器入轨后，在地面控制下完成若干次轨道机动，到追踪航天器上的敏感器捕获到目标航天器为止。根据航天器轨道和地面测控系统的制导能力，该捕获范围约为一百多千米至几十千米。当追踪航天器捕获到目标航天器，并开始确定测量信息和建立通信联系时，就转入近距离导引阶段。国际上通常将该阶段称之为调相段，国内则称之为远距离导引段或者地面导引段。远距离导引段的轨道机动任务主要是调整两个航天器的相位角，并修正初始轨道平面偏差。

2. 近距离导引段

近距离导引段从星上敏感器捕获到目标航天器起，到星载交会控制系统将追踪航天器导引到目标航天器附近某一点（例如保持点或接近走廊外一点）为止。根据星载交会测量敏感器的性能、目标航天器的控制区域定义和对接机构的对接轴方向，近距离导引段终点通常位于目标航天器轨道平面内，距离目标航天器几百米。根据控制目标及任务不同，近距离导引段通常分为两个小的阶段：寻的段和接近段。寻的交会也称远距离交会。寻的段的主要任务是捕获目标轨道，减小接近速度。寻的段通常从两个航天器相距几十千米开始到相距几千米结束。接近段的目标是减小两个航天器的相对距离，从两个航天器相距几千米开始到相距几百米结束。

3. 平移靠拢段

平移靠拢段是指从追踪航天器进入接近走廊开始到追踪航天器与目标航天器对接机构开始接触为止的飞行段。在平移靠拢段中，追踪航天器在接近走廊内逼近目标航天器，沿准直线做受迫运动，直到两航天器对接机构接触。为此，要求精确调整两者之间的横向位置和相对姿态以及最终对接速度，以满足对接初始条件的要求。

4. 对接段和组合体飞行段

从追踪航天器与目标航天器对接机构首次接触开始，到对接机构将两个航天器连接为一个整体并进行气密性等项检查为对接段。从对接机构完成对接起，经两个航天器组合飞行，到追踪航天器与目标航天器分离为止称为组合体飞行段。

9.2.2 双脉冲交会机动

图 9－6 给出了交会机动的图示说明。在 $t=0^-$ 时刻（$t=0$ 之前瞬时），追踪航天器 B 相对于目标航天器 A 的位置矢量 $\delta \boldsymbol{r}_0$ 和速度 $\delta \boldsymbol{v}_0^-$ 为已知。在 $t=0$ 时刻进行脉冲机动，在时刻 $t=0^+$（$t=0$ 之后瞬时）瞬间将速度变为 $\delta \boldsymbol{v}_0^+$。$\delta \boldsymbol{v}_0^+$ 时的分量如图 9－6 所示。要确定出交会机动轨道开始处的速度分量 δu_0^+、δv_0^+、δw_0^+，以使 B 能于规定的 t_i 时刻准确到达目标航天器处。

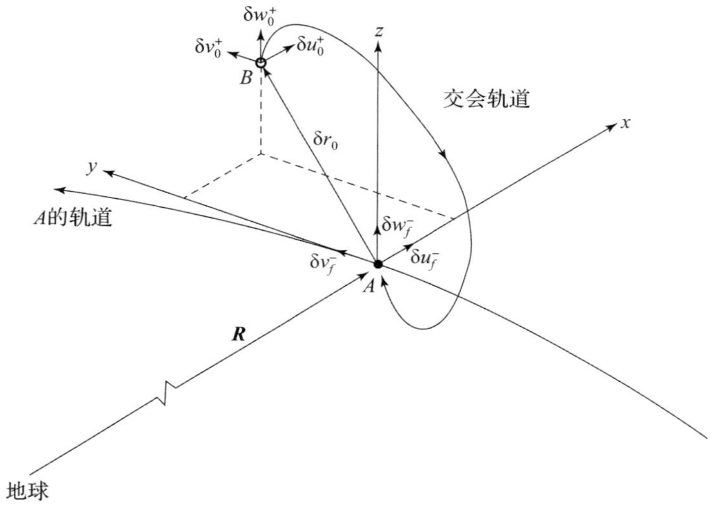

图 9－6 双脉冲交会机动

将 B 置于交会轨道所需要的速度增量为

$$\Delta \boldsymbol{v}_0 = \delta v_0^+ - \delta v_0^- = \begin{bmatrix} \delta u_0^+ \\ \delta v_0^+ \\ \delta w_0^+ \end{bmatrix} - \begin{bmatrix} \delta u_0^- \\ \delta v_0^- \\ \delta w_0^- \end{bmatrix} \tag{9-47}$$

在 t_f 时刻，B 将到达运动坐标系的原点 A 处，即 $\delta \boldsymbol{r}_f = \delta \boldsymbol{r}(t_f) = 0$。计算式（9－42a）在 t_f 时刻的值，可得

$$0 = \boldsymbol{\Phi}_{rr}(t_f)\delta \boldsymbol{r}_0 + \boldsymbol{\Phi}_{rv}(t_f)\delta \boldsymbol{v}_0^+ \tag{9-48}$$

由此解出

$$\delta \boldsymbol{v}_0^+ = -\boldsymbol{\Phi}_{rv}^{-1}(t_f)\boldsymbol{\Phi}_{rr}(t_f)\delta \boldsymbol{r}_0 \tag{9-49}$$

式中：$\boldsymbol{\Phi}_{rv}^{-1}(t_f)$ 为 $\boldsymbol{\Phi}_{rv}(t_f)$ 的逆矩阵。知道了机动开始处的 $\delta \boldsymbol{v}_0^+$ 后，将式（9－49）代入式（9－42b），可得 B 于 $t=t_f^-$ 时刻到达 A 时的速度 $\delta \boldsymbol{v}_f^-$ 为

$$\delta v_f^- = \boldsymbol{\Phi}_{vr}(t_f)\delta \boldsymbol{r}_0 + \boldsymbol{\Phi}_{vv}(t_f)\delta \boldsymbol{v}_0^+ = \boldsymbol{\Phi}_{vr}(t_f)\delta \boldsymbol{r}_0 + \boldsymbol{\Phi}_{vv}(t_f)(-\boldsymbol{\Phi}_{rv}^{-1}(t_f)\boldsymbol{\Phi}_{rr}(t_f)\delta \boldsymbol{r}_0)$$

化简后，可得

$$\delta v_f^- = (\boldsymbol{\Phi}_{vr}(t_f) - \boldsymbol{\Phi}_{vv}(t_f)\boldsymbol{\Phi}_{rv}^{-1}(t_f)\boldsymbol{\Phi}_{rr}(t_f))\delta \boldsymbol{r}_0 \tag{9-50}$$

显然，在 $t = t_f$ 时刻需要一个脉冲机动，以使得 B 相对于 A 是静止的（$\delta v_f^+ = 0$）。

$$\delta v_f = \delta v_f^+ - \delta v_f^- = 0 - \delta v_f^- = -\delta v_f^- \tag{9-51}$$

注意到在式（9－47）和式（9－51）中，使用相对速度的差值来计算本应由绝对速度之差得出的速度增量。为了说明这一结论同样可行，由式（2－65）可知

$$\boldsymbol{v}^- = \boldsymbol{v}_0^- + \boldsymbol{\Omega}^- \times \boldsymbol{r}_{相对}^- + \boldsymbol{v}_{相对}^-$$

$$\boldsymbol{v}^+ = \boldsymbol{v}_0^+ + \boldsymbol{\Omega}^- \times \boldsymbol{r}_{相对}^+ + \boldsymbol{v}_{相对}^+ \tag{9-52}$$

由于目标为被动的一方，脉冲机动对其状态矢量没有影响，所以 $\boldsymbol{v}_0^+ = \boldsymbol{v}_0^-$ 以及 $\boldsymbol{\Omega}^+ = \boldsymbol{\Omega}^-$。而且，由脉冲机动的定义可知其位置不发生改变，即 $\boldsymbol{r}_{相对}^+ = \boldsymbol{r}_{相对}^-$。由式（9－52）可知

$$\boldsymbol{v}^+ - \boldsymbol{v}^- = \boldsymbol{v}_{相对}^+ - \boldsymbol{v}_{相对}^- \text{或} \Delta v = \Delta v_{相对}$$

例题 9－1 目标航天器和追踪航天器均位于 300km 的绕地圆轨道上。追踪航天器在目标航天器后 2km 处，执行一次双脉冲交会机动以便于 1.49h 后与目标航天器相交会，求所需要的总速度增量。

解：

对于圆轨道为

$$v = \sqrt{\frac{\mu}{r}} = \sqrt{\frac{398600}{6378 + 300}} = 7.7258\text{km/s}$$

平均角速度为

$$n = \frac{v}{r} = \frac{7.7258}{6678} = 0.0011569\text{rad/s}$$

对于此平均角速度以及交会时间 $t = 1.49\text{h} = 5364\text{s}$，C－W 矩阵为

$$\boldsymbol{\Phi}_{rr} = \begin{bmatrix} 1.0090 & 0 & 0 \\ -37.699 & 1 & 0 \\ 0 & 0 & 0.99700 \end{bmatrix}, \boldsymbol{\Phi}_{rv} = \begin{bmatrix} -66.946 & 5.1928 & 0 \\ -5.1928 & -16360 & 0 \\ 0 & 0 & -66.946 \end{bmatrix}$$

$$\boldsymbol{\Phi}_{vr} = \begin{bmatrix} -2.6881 \times 10^{-4} & 0 & 0 \\ -2.0851 \times 10^{-5} & 1 & 0 \\ 0 & 0 & 8.9603 \times 10^{-5} \end{bmatrix}, \boldsymbol{\Phi}_{vv} = \begin{bmatrix} 0.99700 & -0.15490 & 0 \\ 0.15490 & 0.98798 & 0 \\ 0 & 0 & 0.99700 \end{bmatrix}$$

追踪航天器在 C－W 坐标系中的初始和最终位置分别为

$$\boldsymbol{r}_0 = \begin{bmatrix} 0 \\ -2 \\ 0 \end{bmatrix} (\text{km}) \quad \boldsymbol{r}_f = \begin{bmatrix} 0 \\ 0 \\ 0 \end{bmatrix} (\text{km})$$

因为 $z_0 = \Omega_0 = 0$，在 z 方向没有运动即 $z(t) = 0$，所以只需要采用 C－W 矩阵的左上角 2×2 部分，将其作为参考轨道平面内的二维问题。

因此，解第一个 C－W 方程：$\boldsymbol{r}_f = \boldsymbol{\Phi}_{rr}\boldsymbol{r}_0 + \boldsymbol{\Phi}_{n}\boldsymbol{v}_0$，可得

$$\boldsymbol{v}_0 = -\begin{bmatrix} -0.014937 & -4.7412 \times 10^{-6} \\ 4.7412 \times 10^{-6} & -6.1124 \times 10^{-5} \end{bmatrix} \begin{bmatrix} 1.0090 & 0 \\ -37.699 & 1 \end{bmatrix} \begin{bmatrix} 0 \\ -2 \end{bmatrix} = \begin{bmatrix} -9.4824 \times 10^{-6} \\ -1.2225 \times 10^{-4} \end{bmatrix}$$

由第二个 C－W 方程：$\boldsymbol{v}_f = \boldsymbol{\Phi}_{vr}\boldsymbol{r}_0 + \boldsymbol{\Phi}_{vv}\boldsymbol{v}_0$，可得

$$\boldsymbol{v}_f=\begin{bmatrix}-2.6881\times10^{-4} & 0\\ -2.0851\times10^{-5} & 0\end{bmatrix}\begin{bmatrix}0\\ -2\end{bmatrix}+\begin{bmatrix}0.99700 & -0.15490\\ 0.15490 & 0.98798\end{bmatrix}\begin{bmatrix}-9.4824\times10^{-6}\\ -1.2225\times10^{-4}\end{bmatrix}=\begin{bmatrix}9.4824\times10^{-6}\\ -1.2225\times10^{-4}\end{bmatrix}$$

由于追踪航天器与目标航天器位于同一圆轨道上，所以初始时刻的相对速度为零，因此

$$\Delta\boldsymbol{v}_0=\begin{bmatrix}9.4824\times10^{-6}\\ -1.2225\times10^{-4}\end{bmatrix}-0=\begin{bmatrix}9.4824\times10^{-6}\\ -1.2225\times10^{-4}\end{bmatrix}(\mathrm{km/s})$$

即

$$\|\Delta\boldsymbol{v}_0\|=0.1226\mathrm{m/s}$$

在交会机动的最后时刻 $\boldsymbol{v}_f=0$，所以

$$\Delta\boldsymbol{v}_f=0-\begin{bmatrix}9.4824\times10^{-6}\\ -1.2225\times10^{-4}\end{bmatrix}=\begin{bmatrix}-9.4824\times10^{-6}\\ 1.2225\times10^{-4}\end{bmatrix}(\mathrm{km/s})$$

因此

$$\|\Delta\boldsymbol{v}_f\|=0.1226\mathrm{m/s}$$

所需要的总的速度增量为

$$\Delta v_{总}=\|\Delta v_0\|+\|\Delta v_f\|=0.2452\mathrm{m/s}$$

相对于 C－W 坐标系的共面交会轨迹如图 9－7 所示。注意，在 C－W 坐标系中，圆形轨道显示为平行于 y 轴的直线。这是根据式（9－7）进行了线性化。

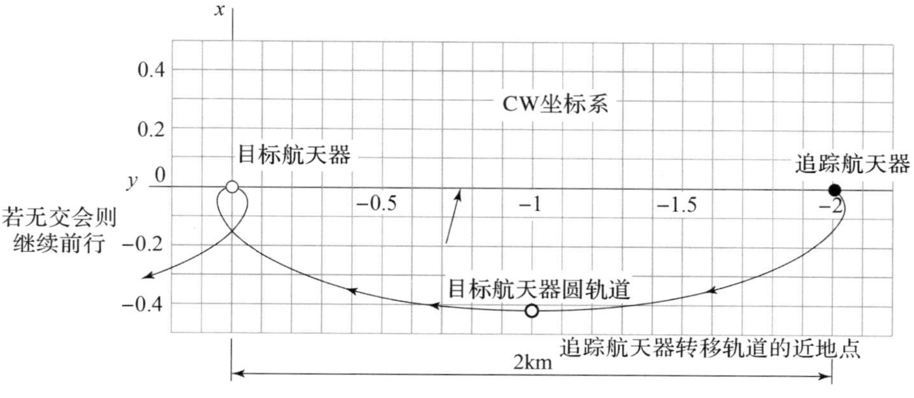

图 9－7 追踪航天器相对于目标航天器的运动

9.2.3 伴随飞行理论基础

若追踪航天器的目的不是与目标航天器交会对接，而是形成伴飞，则可以用相对运动椭圆方程进行研究。根据式（9－45）可知，只有满足 $x_{c0}=0$，才能构成封闭的椭圆（如图 9－8a 所示）。且椭圆的长半轴为短半轴的 2 倍，即轨道平面内运动具有固定的偏心率 0.866。椭圆的中心位于 y 轴，椭圆运动周期为 $2\pi/n$。否则，平面运动的中心将延 y 方向随时间漂移，形成螺旋运动（图 9－8b），其漂移速度与 x_{c0} 成正比，不能形成伴飞。

根据式（9－46）可以导出伴随飞行的必要条件：

$$\dot{y}_0=-2nx_0 \tag{9-53}$$

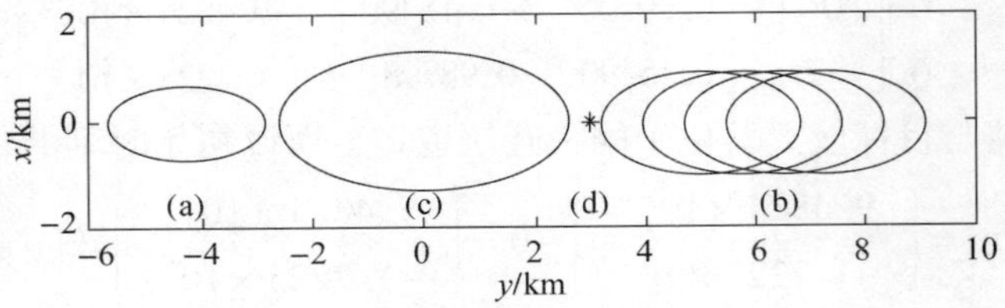

图 9-8　轨道平面内的相对运动

若进一步满足 $y_{c0}=0$，则封闭椭圆的中心将位于 Hill 坐标系的原点，表明伴随航天器将环绕参考航天器运动，此时伴随航天器称为环绕航天器（图 9-7c）。根据式（9-46）可以得到

$$\begin{cases} y_0 = 2\dfrac{\dot{x}_0}{n} \\ \dot{y}_0 = -2nx_0 \end{cases} \tag{9-54}$$

这就构成了伴随飞行的另一个约束条件。

若再满足 $b=0$，则椭圆退化为 y 轴上的一个固定点 $y=y_0$，如图 9-8d 所示。

9.3　航天器编队飞行

9.3.1　航天器编队概念

航天器编队是由多个航天器（特别是现代小卫星）共同完成航天任务，是一种非常有效的工作模式，通常是以若干个航天器以星座和编队飞行方式来实现的。编队飞行是指多个航天器在围绕地球运动的同时，彼此之间形成特定的一个整体构型。这种飞行方式称为“航天器编队”或“编队航天器群”，也可以看做是一个“虚拟航天器”或“分布式航天器”。航天器编队一般有一个作为编队的参考基准的航天器，称做主星或参考星，其轨道特性代表了整个编队绕引力中心运动的特性。编队中的其他航天器均是围绕其运动的，称这种编队为绕飞编队或旋转编队。参考星只是表示一个位置，不一定必须有真实航天器，有时也称为虚拟星。

航天器编队是由物理上互不相连、共同实现同一空间任务的多颗卫星构成的空间系统，通常具有如下基本特点：由多颗（$N\geqslant 2$）航天器组成，在整体功能上相当于一颗大的虚拟卫星；航天器间的距离较小，一般为几百米至几十千米，为典型的相对运动动力学问题；轨道半长轴严格相等，其他轨道要素有微小差别。航天器编队并不意味着单颗卫星功能的简单相加，而是通过星间协作实现了多颗卫星的功能重组，在功能上发生了本质变化，不仅能够完成某些传统任务，而且可以实现一些单星系统无法实现的功能，如空间长基线干涉测量、大范围立体成像、间断式定位导航等，如图 9-9 所示。

与传统大卫星相比，航天器编队的优势主要体现在以下几个方面：①具有物理上不受限制的长基线，突破了单个卫星结构大小的限制；②多星协同工作模式可实现单颗卫星不能实现的功能，拓宽卫星应用领域；③航天器编队的成员卫星可以进行批量生成，从而大大降低成本；④具有很强的灵活性，可根据要求灵活变换构型完成新的任务，也可以替换成员卫星

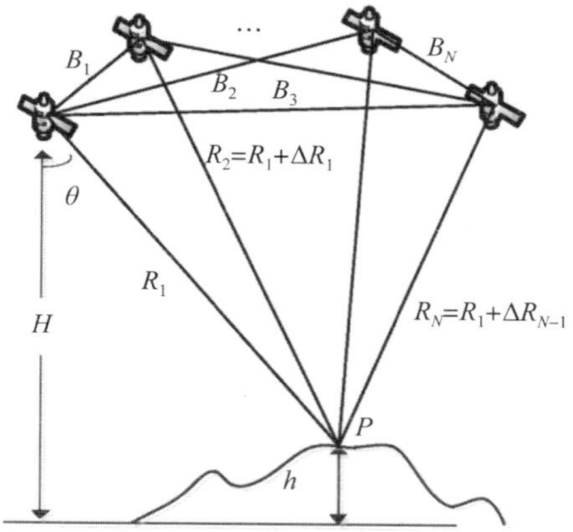

图 9－9　航天器编队示意图

实现系统升级；⑤具有比传统卫星更高的生存能力，分散的结构增强了系统的抗毁伤能力，个别卫星失效时，任务可重新分配或通过构型重组来降级使用。

记参考航天器为 s，伴随航天器为 c。航天器在近圆轨道上运动，取参考航天器的质心轨道坐标系 $s-xyz$ 作为相对运动坐标系，即 C－W 坐标系。分析编队飞行的基本特性、进行编队的初步设计都是基于 C－W 方程进行分析。

9.3.2　航天器编队构型

航天器编队构型的设计实质上就是根据参考航天器的初始轨道根数以及伴随航天器的设计变量设计出伴随航天器的初始轨道根数。航天器编队构型设计是在航天器伴随飞行理论的基础上进行的。将伴随飞行的约束条件 $x_{c0}=0$ 即 $\dot{y}_0=-2nx_0$ 代入式（9－44）可以得到C－W 方程的变解

$$\begin{cases} x=\dfrac{\dot{x}_0}{n}\sin nt-x_0\cos nt \\ y=-2x_0\sin nt+\dfrac{2\dot{x}_0}{n}\cos nt+y_0-\dfrac{2\dot{x}_0}{n} \\ z=\dfrac{\dot{z}_0}{n}\sin nt+z_0\cos nt \\ \dot{x}=-nx_0\sin nt+\dot{x}_0\cos nt \\ \dot{y}=-2\dot{x}_0\sin nt-2nx_0\cos nt \\ \dot{z}=-nz_0\sin t+\dot{z}_0\cos nt \end{cases} \tag{9-55}$$

该方程提供了一般编队飞行的理论基础。通过编队参数的设计和参考航天器轨道根数的确定，得到伴随航天器在 C－W 坐标系中的坐标，最后得到伴随航天器在惯性系中的坐标。有关航天器编队构型设计的内容不在本书讨论范围内，下面重点介绍几种常见的构型。

1. 串行编队

串行编队亦称纵向编队或跟飞编队，伴随卫星与中心卫星按照一定的前后顺序运行在同一条轨道上，是最为简单的一种编队队形，它是指若干编队航天器与参考航天器按照一定的顺序和间隔运行在同一轨道上的编队方式。因航天器都是在同一轨道上运行，无 z 方向的相对运动，所以 z、$\dot{z}$ 均为 0。相当于轨道平面内椭圆伴飞运动状态，只是此时椭圆退化为 x 轴

上的一个固定点，所以，纵向编队只有一个自由度即纬度幅角之差 Δu。

对于串行编队，相对运动方程的解为

$$\begin{cases}x=0\\y=y_0\\z=0\end{cases}\quad\begin{cases}\dot{x}=0\\\dot{y}=y_0\\\dot{z}=0\end{cases}\tag{9-56}$$

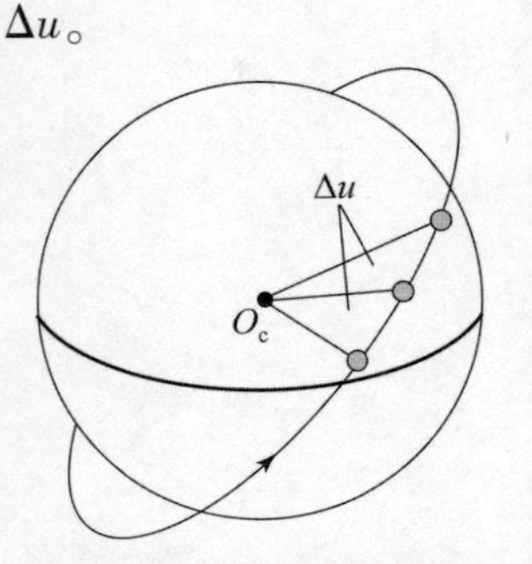

图 9-10 串行编队示意图

在式（9-56）中，若 $z=0$、$\dot{z}=0$，其他不为 0，则伴随航天器将在参考轨道平面内沿椭圆轨迹运动，椭圆中心位于 y 轴上，长半轴是短半轴的 2 倍，即固定偏心率为 0.866，此时称为轨道面编队。

2. 跟踪编队

跟踪编队又称为同星下点轨迹编队或沿航向编队，编队中的所有航天器的星下点轨迹重合，也就是说伴随航天器沿着参考航天器的星下点轨迹运动。在星下点轨迹上看，各航天器的星下点在参考航天器的星下点轨迹上按一定的间隔串行编队。这种编队在对地观测任务中有很大的应用价值，可以对同一目标进行一定时间的连续观测。

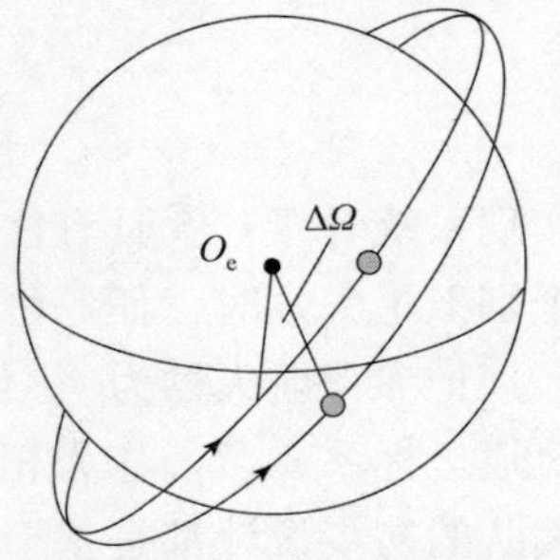

图 9-11 跟踪编队示意图

跟踪编队中，伴随航天器与参考航天器之间只剩下一个自由度，跟踪编队的相对运动方程的解为

$$\begin{cases}x=0\\y=y_0\\z=\dfrac{\omega_e}{n}y_0\sin i\cos nt\end{cases}\quad\begin{cases}\dot{x}=0\\\dot{y}=0\\\dot{z}=-\omega_e y_0\sin i\sin nt\end{cases}\tag{9-57}$$

3. 空间圆编队

在空间绕飞轨道上的伴飞航天器在运行过程中，到参考航天器的距离是恒定的，也就是说伴飞航天器形成对参考航天器的圆形环绕飞行。这种良好的特性有着广泛的应用领域，成为空间绕飞轨道的首选。

由定义作空间圆绕飞轨道运动的环绕卫星，应当满足

$$x^2+y^2+z^2=r_c^2\tag{9-58}$$

空间圆编队中的伴随航天器具有相同的偏心率，近地点幅角和平近地点角都有所不同。空间圆轨道平面垂至于 $x-z$ 平面，与 $y-z$ 水平面的夹角为 30°、150°，如图 9-12 所示。空间圆编队在 $x-y$ 轨道面内的投影为椭圆，长半轴为 r、半短轴为 $r_c/2$；在 $y-z$ 水平面内的投影为椭圆，长半轴为 r_c、半短轴为 $\sqrt{3}r_c/2$。

如果选取倾斜 30°的情况，空间圆编队 C-W 方程的解为

相对轨道运动示意图

$$\begin{cases}x=\dfrac{\dot{x}_0}{n}\sin nt+x_0\cos nt\\y=-2x_0\sin nt+\dfrac{2}{n}\dot{x}_0\cos nt\\z=\dfrac{\sqrt{3}\dot{x}_0}{n}\sin nt+\sqrt{3}x_0\cos nt\end{cases}\tag{9-59}$$

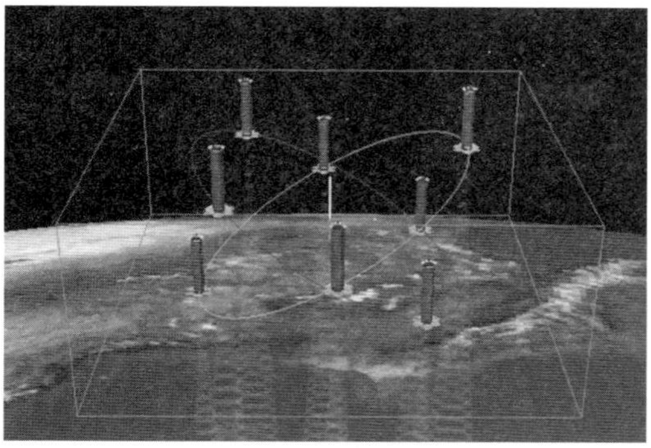

图 9－12　空间圆示意图

$$\begin{cases}\dot{x} = \dot{x}_0\cos nt - nx_0\sin nt \\ \dot{y} = -2nx_0\cos nt - 2\dot{x}_0\sin nt \\ \dot{z} = -\sqrt{3}nx_0\sin nt + \sqrt{3}\dot{x}_0\cos nt\end{cases}$$

空间圆编队仅有 2 个自由度，即初始条件参数 x_0、$\dot{x}_0$。这两个初始条件可以形象地用空间圆的半径和初始位置的相位角表示。

4. 水平圆编队

水平圆编队是指在水平面（$y-z$ 平面）内伴随航天器与参考航天器间的距离保持固定，即满足约束条件：

$$x^2 + y^2 = r_c^2 \tag{9-60}$$

水平圆垂至于 $x-z$ 平面，与 $y-z$ 水平面夹角为 26.565°、153.435°；在 $x-y$ 即轨道平面内的投影为椭圆，长半轴为 r_c，半短轴为 $r_c/2$。如果选取倾斜 26.565°的情况，水平圆编队 C－W 方程的解为

$$\begin{cases}x = \dfrac{\dot{x}_0}{n}\sin nt + x_0\cos nt \\ y = -2x_0\sin nt + \dfrac{2\dot{x}_0}{n}\cos nt \\ z = \dfrac{2\dot{x}_0}{n}\sin nt + 2x_0\cos nt\end{cases} \tag{9-61}$$

$$\begin{cases}\dot{x} = \dot{x}_0\cos nt - nx_0\sin nt \\ \dot{y} = -2nx_0\cos nt - 2\dot{x}_0\sin nt \\ z = -2nx_0\sin nt + 2\dot{x}_0\cos nt\end{cases}$$

水平圆编队亦仅有 2 个自由度，即初始条件参数 x_0、$\dot{x}_0$。这两个初始条件可以形象地用水平圆的半径和初始位置的相位角表示。

9.4　巡游和悬停轨道

9.4.1　巡游轨道

巡游轨道是一种以特定目标轨道或者是特定目标轨道上的某一弧段为参照物的相对

运行轨道。巡游轨道是通过对巡游航天器轨道参数的设计，使得巡游航天器相对于目标轨道的运动近似螺旋进动的方式，从而形成螺旋绕飞的相对轨道构型，如图 9－13 所示。

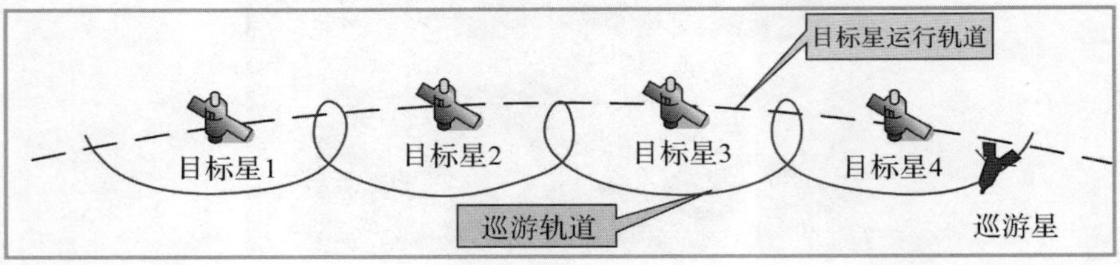

图 9－13　巡游轨道示意图

根据式（9－46）当 $x_{c0} \neq 0$ 时，伴随航天器将沿航迹方向不断偏离参考航天器，在参考航天器轨道坐标系中形成螺旋状轨迹，该相对运动轨迹是中心沿参考航天器轨道航迹方向漂移的椭圆，中心漂移的速度与 x_{c0} 成正比。

这种条件下，椭圆轨道方程（9－15）可以表示为

$$\frac{(x - x_{c0})^2}{b^2} + \frac{(y - y_{c0} + 1.5x_{c0}nt)^2}{(2b)^2} = 1 \tag{9-62}$$

此时，每周期漂移的距离为

$$L = |3\pi x_{c0}|$$

巡游速度可表示为

$$v = 1.5x_{c0}n$$

轨道巡游动画

巡游方向由 x_{c0} 确定：$x_{c0} < 0$ 时正向巡游，$x_{c0} > 0$ 时反向巡游。

9.4.2　悬停轨道

悬停轨道是一种受控的航天器相对运动，通常可分为定点悬停和区域悬停两种形式，即要求伴随航天器相对参考航天器在指定的坐标系下保持相对静止或维持有限区域相对运动，典型的悬停区域在目标航天器的正上方或正下方。定点悬停需连续变推力控制才能实现，区域悬停则可通过脉冲推力控制。悬停轨道相对运动方程可表述为

$$\begin{cases} \ddot{x} - 3n^2x - 2n\dot{y} = f_x \\ \ddot{y} + 2n\dot{x} = f_y \\ \ddot{z} + n^2z = f_z \end{cases} \tag{9-63}$$

显然，相比于 C－W 方程，式（9－63）中 f_x、f_g、f_z 不再为 0。

水滴型悬停轨道是一种典型的脉冲区域悬停轨道，其原理为：在 Hill 系下，伴随航天器从某一位置出发，经过短时间（小于目标轨道周期）的飞行之后又回到出发位置，实现了运动轨迹闭合，该闭合轨迹被称为水滴构型或雨滴构型，如图 9－14 所示。

随着航天技术的发展，航天任务多样性日益增加，航天器之间的受控相对运动为实现多样性的航天任务提供了基础，在轨服务、空间碎片抓捕等任务中运用了轨道悬停技术。

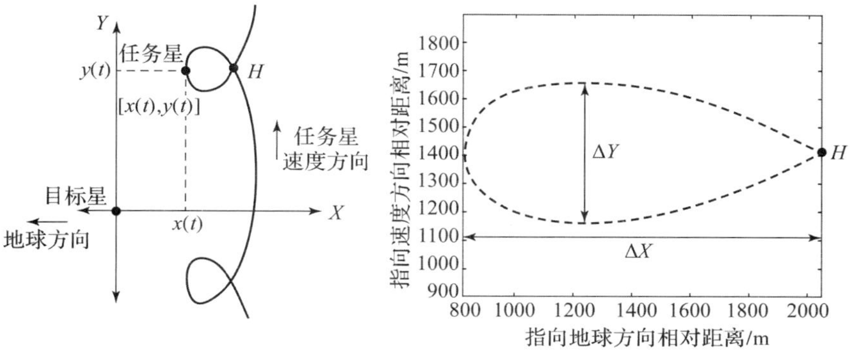

(a)相对运动轨迹　　(b)水滴型轨道

图 9－14　水滴型悬停轨道示意图

习　　题

1. 试述相对运动方程的特点。

2. 试述典型的相对运动轨道。

3. 已知 $\ddot{x}+10x+2\dot{y}=0$，$\ddot{y}+3\dot{x}=0$，及初始条件：$x(0)=1$，$y(0)=2$，$\dot{x}(0)=-3$ 和 $\dot{y}(0)=4$，求 $t=5$ 时的 x 和 y。

（答：x（5）=6.460，y（5）=97.31）

4. 空间站的轨道周期为 90min。$t=0$ 时刻，某卫星相对固连于空间站的 C－W 坐标系的位置分量和速度分量如下：$\delta \boldsymbol{r}=[1\quad 0\quad 0]^{\mathrm{T}}$km，$\delta \boldsymbol{v}=[0\quad 10\quad 0]^{\mathrm{T}}$km/s，则 15min 后卫星与空间站之间的距离为多少？

（答：11.2km）

5. 航天器 A 和 B 均位于周期 2h 的绕地圆轨道上。B 位于 A 前方 6km 处。$t=0$ 时刻，B 在轨产生一个 3m/s 的制动脉冲。利用固连于 A 的 C－W 坐标系，求 $t=30$min 时，A 和 B 之间的距离以及 B 相对于 A 的速度。

（答：$\delta r=10.9$km，$\delta v=10.8$m/s）

参考文献

[1] Curtis H D. Orbital Mechanics for Engineering Students [M]. 4th ed. UK：Butterworth Heinemann，2020.

[2] Bate R R，Mueller D D，White J E，et al. Fundamentals of Astrodynamics [M]. 2rd ed. New York：Dover Publications，2020.

[3] 张雅声．空间特殊轨道理论与设计方法 [M]．北京：国防工业出版社，2015.

[4] 张洪波．航天器轨道力学理论与方法 [M]．北京：国防工业出版社，2015.

[5] 杨乐平．航天器相对运动轨迹规划与控制 [M]．北京：国防工业出版社，2010.

[6] 杨嘉墀．航天器轨道动力学与控制 [M]．北京：中国宇航出版社，1995 .

第 10 章　深空轨道

我国将深空定义为距离地球约等于或大于地月距离（约38 万 km）的宇宙空间，将对地球以外天体开展的空间探测活动称为深空探测。深空轨道飞行目前主要是飞向月球和行星，未来还要到达更遥远的深空。深空轨道飞行过程中，当深空探测器距离地球较近时，地球引力在探测器运动过程中（不考虑探测器主动控制情况）起到了主导作用，其他天体的引力则可以看作是量级较小的摄动力。然而，当探测器距离地球较远时，例如与地球距离达百万千米，太阳的引力作用也将成为影响探测器运动的主要作用力之一，研究其运动需要同时考虑太阳和地球的引力作用，这就涉及太阳、地球和卫星构成的三体系统。三体系统的运动问题称为三体问题。在三体问题中存在一类非常奇特的力学平衡点，即拉格朗日点，对这些特殊点的利用能够给人们带来意想不到的收获。本章即从三体问题以及特殊的拉格朗日点出发，阐述探月轨道和行星际探测轨道中的基本轨道理论。

10.1　限制性三体问题与拉格朗日点

质量分布是球对称的 N 个天体，除受彼此间的引力作用外，不受其他外力作用，此一质点系统称为 N 体系统。已知 N 体系统中各质点在 t_0时刻的位置和速度，求它们在任意时刻 t 的位置和速度，称为 N 体问题。

深空飞行中的三体问题，其特殊性可以归结为限制性三体问题。限制性三体问题是指在三体系统中，一质点的质量远小于其他两质点，设 P_1的质量为 m_1，P_2的质量为 m_2，P 的质量为 m，$m_1 > m_2 \gg m$，这样可以假定 P_1、P_2的运动不受 P 的影响，研究 P 的运动规律的问题。若在限制性三体问题中，P_1、P_2围绕质心做圆周运动，则称为圆型限制性三体问题。

10.1.1　限制性三体问题

设两物体 m_1和 m_2仅在相互引力的作用下运动，且它们之间相互绕行的轨道是半径为 r_{12}的圆。设一非惯性坐标系，如图 10-1 所示，以二体系统的质心 G 为坐标原点，其 x 轴指向 m_2，y 轴位于轨道平面内，z 轴与轨道平面相垂直，该坐标系与两物体一同转动，称为旋转坐标系，又称为会合坐标系。在此坐标系中，m_1 和 m_2看起来是静止不动的。

此坐标系的匀速角速度 $\boldsymbol{\Omega}$ 为

$$\boldsymbol{\Omega} = \Omega \hat{\boldsymbol{k}} \tag{10-1}$$

式中：$\Omega = \dfrac{2\pi}{T}$；T 为两物体旋转周期，$T = 2\pi \dfrac{r_{12}^{\frac{3}{2}}}{\sqrt{\mu}}$。

因此

$$\Omega = \sqrt{\frac{\mu}{r_{12}^3}} \tag{10-2}$$

若 M 为系统的总质量

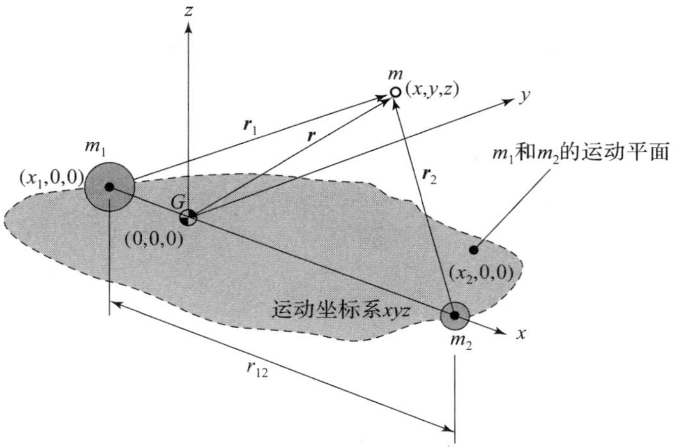

图 10-1 圆轨道上的两个主要天体 m_1 和 m_2 以及第三体 m

$$M = m_1 + m_2 \tag{10-3}$$

则

$$\mu = GM \tag{10-4}$$

m_1 和 m_2 均位于轨道平面内，所以它们的 y 和 z 坐标均为零。要确定它们在 x 轴上的位置，可以利用质心的定义

$$m_1x_1 + m_2x_2 = 0 \tag{10-5}$$

由于 m_1 和 m_2 的 x 方向距离为 r_{12}，所以

$$x_2 = x_1 + r_{12} \tag{10-6}$$

由式（10-5）和式（10-6），可知

$$x_1 = -\pi_2 r_{12}, x_2 = \pi_1 r_{12} \tag{10-7}$$

式中：无量纲的质量比 π_1、π_2 分别为

$$\pi_1 = \frac{m_1}{m_1 + m_2}, \pi_2 = \frac{m_2}{m_1 + m_2} \tag{10-8}$$

引入质量为 m 的第三个物体，其质量与 m_1 和 m_2 相比可以忽略不计，就如同航天器质量与太阳系中行星或月球质量相比可以忽略一样，这就是所谓的限制性三体问题，因为质量 m 很小，所以可以认为第三体对原先两物体的运动没有影响。现在要研究在 m_1 和 m_2 引力场的作用下，m 的运动情况。与二体问题不同，这种运动没有一般的、封闭形式的解。但可以建立运动方程，并推导出一些限制性三体问题共同的结论。在旋转坐标系中，质点 m 相对于 m_1 的位置矢量为

$$\boldsymbol{r}_1 = (x - x_1)\hat{\boldsymbol{i}} + y\hat{\boldsymbol{j}} + z\hat{\boldsymbol{k}} = (x + \pi_2 r_{12})\hat{\boldsymbol{i}} + y\hat{\boldsymbol{j}} + z\hat{\boldsymbol{k}} \tag{10-9}$$

相对于 m_2 的位置矢量为

$$\boldsymbol{r}_2 = (x - \pi_1 r_{12})\hat{\boldsymbol{i}} + y\hat{\boldsymbol{j}} + z\hat{\boldsymbol{k}} \tag{10-10}$$

相对于质心的位置矢量为

$$\boldsymbol{r} = x\hat{\boldsymbol{i}} + y\hat{\boldsymbol{j}} + z\hat{\boldsymbol{k}} \tag{10-11}$$

对式（10-11）求导可求解 m 的惯性速度。但相对于惯性空间，旋转坐标系以角速度 $\boldsymbol{\Omega}$ 旋转，所以单位矢量 $\hat{\boldsymbol{i}}$、$\hat{\boldsymbol{j}}$ 的导数并不为零。对于旋转坐标系

$$\dot{\boldsymbol{r}} = \boldsymbol{v}_G + \boldsymbol{\Omega} \times \boldsymbol{r} + \boldsymbol{v}_{相对} \tag{10-12}$$

式中：$\boldsymbol{v}_G$ 为质心（即坐标原点）的惯性速度；$\boldsymbol{v}_{相对}$ 为运动坐标系中 m 的速度，即

$$\boldsymbol{v}_{相对} = \dot{x}\hat{\boldsymbol{i}} + \dot{y}\hat{\boldsymbol{j}} + \dot{z}\hat{\boldsymbol{k}} \tag{10-13}$$

利用“五项”相对加速度式，可以求得 m 的绝对加速度

$$\ddot{\boldsymbol{r}} = \boldsymbol{a}_G + \dot{\boldsymbol{\Omega}} \times \boldsymbol{r} + \boldsymbol{\Omega} \times (\boldsymbol{\Omega} \times \boldsymbol{r}) + 2\boldsymbol{\Omega} \times \boldsymbol{v}_{相对} + \boldsymbol{a}_{相对} \tag{10-14}$$

质心的速度 $\boldsymbol{v}_G$ 为常量，所以 $\boldsymbol{a}_G = 0$。又由于圆轨道的角速度为常量，所以 $\dot{\boldsymbol{\Omega}} = 0$。因此，式（10－14）可化简为

$$\ddot{\boldsymbol{r}} = \boldsymbol{\Omega} \times (\boldsymbol{\Omega} \times \boldsymbol{r}) + 2\boldsymbol{\Omega} \times \boldsymbol{v}_{相对} + \boldsymbol{a}_{相对} \tag{10-15}$$

式中

$$\boldsymbol{a}_{相对} = \ddot{x}\hat{\boldsymbol{i}} + \ddot{y}\hat{\boldsymbol{j}} + \ddot{z}\hat{\boldsymbol{k}} \tag{10-16}$$

将式（10－1）、式（10－11）、式（10－13）及式（10－16）代入式（10－15），可得

$$\begin{aligned}\ddot{\boldsymbol{r}} &= (\Omega\hat{\boldsymbol{k}}) \times [(\Omega\hat{\boldsymbol{k}}) \times (x\hat{\boldsymbol{i}} + y\hat{\boldsymbol{j}} + z\hat{\boldsymbol{k}})] + 2(\Omega\hat{\boldsymbol{k}}) \times (\dot{x}\hat{\boldsymbol{i}} + \dot{y}\hat{\boldsymbol{j}} + \dot{z}\hat{\boldsymbol{k}}) + \ddot{x}\hat{\boldsymbol{i}} + \ddot{y}\hat{\boldsymbol{j}} + \ddot{z}\hat{\boldsymbol{k}} \\ &= [-\Omega^2(x\hat{\boldsymbol{i}} + y\hat{\boldsymbol{j}})] + (2\Omega\dot{x}\hat{\boldsymbol{i}} - 2\Omega\dot{y}\hat{\boldsymbol{j}}) + \ddot{x}\hat{\boldsymbol{i}} + \ddot{y}\hat{\boldsymbol{j}} + \ddot{z}\hat{\boldsymbol{k}}\end{aligned} \tag{10-17}$$

合并同类项，可得

$$\ddot{r} = (\ddot{x} - 2\Omega\dot{y} - \Omega^2 x)\hat{\boldsymbol{i}} + (\ddot{y} + 2\Omega\dot{x} - \Omega^2 y)\hat{\boldsymbol{j}} + \ddot{z}\hat{\boldsymbol{k}} \tag{10-18}$$

对第三体（即后引进的 m）运用牛顿第二定律

$$m\ddot{\boldsymbol{r}} = \boldsymbol{F}_1 + \boldsymbol{F}_2 \tag{10-19}$$

$\boldsymbol{F}_1$ 和 $\boldsymbol{F}_2$ 分别为 m_1 和 m_2 施加在 m 上的力，可知

$$\boldsymbol{F}_1 = -\frac{Gm_1 m}{r_1^2}\boldsymbol{u}_{r_1} = -\frac{\mu_1 m}{r_1^3}\boldsymbol{r}_1, \boldsymbol{F}_2 = -\frac{Gm_2 m}{r_2^2}\boldsymbol{u}_{r_2} = -\frac{\mu_2 m}{r_2^3}\boldsymbol{r}_2 \tag{10-20}$$

式中

$$\mu_1 = Gm_1, \mu_2 = Gm_2 \tag{10-21}$$

将式（10－20）代入式（10－19）中并消去 m，得

$$\ddot{\boldsymbol{r}} = -\frac{\mu_1}{r_1^3}\boldsymbol{r}_1 - \frac{\mu_2}{r_2^3}\boldsymbol{r}_2 \tag{10-22}$$

最后，将式（10－18）代入式（10－22）左边，式（10－9）和式（10－10）代入右边，可得

$$\begin{aligned}&(\ddot{x} - 2\Omega\dot{y} - \Omega^2 x)\hat{\boldsymbol{i}} + (\ddot{y} + 2\Omega\dot{x} - \Omega^2 y)\hat{\boldsymbol{j}} + \ddot{z}\hat{\boldsymbol{k}} \\ &= -\frac{\mu_1}{r_1^3}[(x + \pi_2 r_{12})\hat{\boldsymbol{i}} + y\hat{\boldsymbol{j}} + z\hat{\boldsymbol{k}}] - \frac{\mu_2}{r_2^3}[(x - \pi_1 r_{12})\hat{\boldsymbol{i}} + y\hat{\boldsymbol{j}} + z\hat{\boldsymbol{k}}]\end{aligned} \tag{10-23}$$

令方程两边 $\hat{\boldsymbol{i}}$、$\hat{\boldsymbol{j}}$ 和 $\hat{\boldsymbol{k}}$ 的系数分别相等，就得到 3 个关于限制性三体问题的标量方程

$$\begin{cases}\ddot{x} - 2\Omega\dot{y} - \Omega^2 x = -\dfrac{\mu_1}{r_1^3}(x + \pi_2 r_{12}) - \dfrac{\mu_2}{r_2^3}(x - \pi_1 r_{12}) \\ \ddot{y} + 2\Omega\dot{x} - \Omega^2 y = -\dfrac{\mu_1}{r_1^3}y - \dfrac{\mu_2}{r_2^3}y \\ \ddot{z} = -\dfrac{\mu_1}{r_1^3}z - \dfrac{\mu_2}{r_2^3}z\end{cases} \tag{10-24}$$

10.1.2　影响球

太阳是太阳系中的主天体，其质量是最大的行星——木星质量的 1000 多倍，是地球质量的 300000 倍。根据牛顿万有引力定律，太阳的引力将所有的行星（太阳系内）紧紧地拉住。然而在一个行星的附近，该行星自身的引力则超过太阳的引力。例如，地球表面的引力比太阳引力要大 1600 多倍。引力的平方反比性质意味着引力 F_g将随着与引力中心距离 r 的增大而迅速减少。设 F_{g0}为半径 r_0的行星表面的引力，图 10－2 表明了引力随着距离的增加而快速减小。当距离为 10 倍半径时，引力只有表面的 1%。

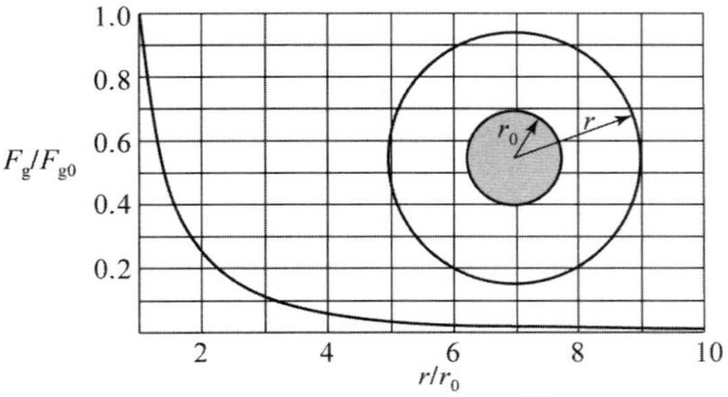

图 10－2　引力随着与行星距离的增加而减少

为了估计行星引力场影响球的作用半径，考虑一个如图 10－3 所示的三体系统：由质量 m_p 的行星 p、质量 m_s 的太阳 s 及质量 m_v 的航天器 v 组成。行星和航天器相对于以太阳为中心的惯性坐标系的位置矢量分别为 $\boldsymbol{R}$ 和 $\boldsymbol{R}_v$，航天器相对于行星的位置矢量为 $\boldsymbol{r}$，（本章中用大写字母表示相对于太阳的位置、速度和加速度；小写字母表示相对于行星的位置、速度和加速度）。行星作用在航天器上的引力记为 $\boldsymbol{F}_P^{(v)}$，太阳作用在航天器上的引力记为 $\boldsymbol{F}_s^{(v)}$。同样地，作用在行星上的力为 $\boldsymbol{F}_s^{(p)}$ 和 $\boldsymbol{F}_v^{(p)}$，作用在太阳上的力为 $\boldsymbol{F}_v^{(s)}$ 和 $\boldsymbol{F}_P^{(s)}$。由牛顿定律，可知这些力为

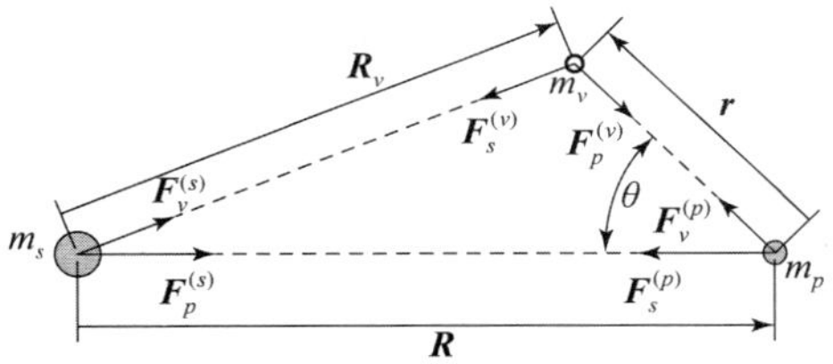

图 10－3　三体间相对位置矢量与引力矢量

$$\boldsymbol{F}_P^{(v)} = -\frac{Gm_v m_p}{r^3}\boldsymbol{r} \tag{10－25}$$

$$\boldsymbol{F}_s^{(v)} = -\frac{Gm_v m_s}{R_v^3}\boldsymbol{R}_v \tag{10－26}$$

$$\boldsymbol{F}_s^{(p)} = -\frac{Gm_p m_s}{R^3}\boldsymbol{R} \tag{10－27}$$

注意到

$$\boldsymbol{R}_v = \boldsymbol{R} + \boldsymbol{r} \tag{10－28}$$

由余弦定理可知

$$R_v = (R^2 + r^2 - 2Rr\cos\theta)^{\frac{1}{2}} = R\left[1 - 2\frac{r}{R}\cos\theta + \left(\frac{r}{R}\right)^2\right]^{\frac{1}{2}} \tag{10-29}$$

假定在行星的引力范围内 $r/R \ll 1$。因此，含有 r/R 的所有项均可舍去，式（10－29）可近似写为

$$R_v = R \tag{10-30}$$

航天器在以太阳为中心的惯性坐标系中的运动方程为

$$m_v \ddot{\boldsymbol{R}}_v = \boldsymbol{F}_s^{(v)} + \boldsymbol{F}_p^{(v)} \tag{10-31}$$

从中解出 $\ddot{\boldsymbol{R}}_v$，并将式（10－25）、式（10－26）中的引力代入，可得

$$\ddot{\boldsymbol{R}}_v = \frac{1}{m_v}\left(-\frac{Gm_v m_s}{R_v^3}\boldsymbol{R}_v\right) + \left(-\frac{Gm_v m_p}{r^3}\boldsymbol{r}\right) = -\frac{Gm_s}{R_V^3}\boldsymbol{R}_v - \frac{Gm_p}{r^3}\boldsymbol{r} \tag{10-32}$$

将其写为

$$\ddot{\boldsymbol{R}}_v = \boldsymbol{A}_s + \boldsymbol{P}_p \tag{10-33}$$

其中

$$\boldsymbol{A}_s = -\frac{Gm_s}{R_v^3}\boldsymbol{R}_v, \boldsymbol{P}_p = -\frac{Gm_p}{r^3}\boldsymbol{r} \tag{10-34}$$

式中：$\boldsymbol{A}_s$ 为在太阳引力作用下航天器的主加速度，而 $\boldsymbol{P}_p$ 为在行星作用下产生的次加速度或摄动加速度。$\boldsymbol{A}_s$ 和 $\boldsymbol{P}_p$ 的大小分别为

$$A_s = \frac{Gm_s}{R^2}, P_p = \frac{Gm_p}{r^2} \tag{10-35}$$

这里利用了式（10－30）的近似。摄动加速度与主加速度的比值为

$$\frac{P_p}{A_s} = \frac{\dfrac{Gm_p}{r^2}}{\dfrac{Gm_s}{R^2}} = \frac{m_p}{m_s}\left(\frac{R}{r}\right)^2 \tag{10-36}$$

行星相对于惯性坐标系的运动方程为

$$m_p \ddot{\boldsymbol{R}} = \boldsymbol{F}_v^{(p)} + \boldsymbol{F}_s^{(p)} \tag{10-37}$$

从中解出 $\ddot{\boldsymbol{R}}$，注意到 $\boldsymbol{F}_v^{(p)} = -\boldsymbol{F}_p^{(v)}$，利用式（10－25）和式（10－27），可得

$$\ddot{\boldsymbol{R}} = \frac{1}{m_p}\left(\frac{Gm_v m_p}{r^3}\boldsymbol{r}\right) + \frac{1}{m_p}\left(\frac{Gm_p m_s}{R^3}\boldsymbol{R}\right) = \frac{Gm_v}{r^3}\boldsymbol{r} - \frac{Gm_s}{R^3}\boldsymbol{R} \tag{10-38}$$

从式（10.32）减去式（10－38），整理后，可得

$$\ddot{\boldsymbol{R}}_v - \ddot{\boldsymbol{R}} = -\frac{Gm_p}{r^3}\boldsymbol{r}\left(1 + \frac{m_v}{m_p}\right) - \frac{Gm_s}{R_v^3}\left[\boldsymbol{R}_v - \left(\frac{R_v}{R}\right)^3\boldsymbol{R}\right] \tag{10-39}$$

利用式（10－28），可将式（10－39）另写为

$$\ddot{\boldsymbol{r}} = -\frac{Gm_p}{r^3}\boldsymbol{r}\left(1 + \frac{m_v}{m_p}\right) - \frac{Gm_s}{R_v^3}\left\{\boldsymbol{r} + \left[1 - \left(\frac{R_v}{R}\right)^3\right]\boldsymbol{R}\right\} \tag{10-40}$$

式（10－40）即为航天器相对于行星的运动方程。利用式（10－30）以及 $m_v \ll m_p$，可将其近似写为

$$\ddot{\boldsymbol{r}} = \boldsymbol{a}_p + \boldsymbol{p}_s \tag{10-41}$$

其中

$$\boldsymbol{a}_p = -\frac{Gm_p}{r^3}\boldsymbol{r}, \boldsymbol{p}_s = -\frac{Gm_s}{R^3}\boldsymbol{r} \tag{10-42}$$

式中：$\boldsymbol{a}_p$ 为由于行星作用而产生的航天器主加速度；$\boldsymbol{p}_s$ 为太阳所引起的摄动。两矢量的大小为

$$a_p = \frac{Gm_p}{r^2}, p_s = \frac{Gm_s}{R^3}r \tag{10-43}$$

摄动加速度与主加速度大小之比为

$$\frac{p_s}{a_p} = \frac{Gm_s\dfrac{r}{R^3}}{\dfrac{Gm_p}{r^2}} = \frac{m_s}{m_p}\left(\frac{r}{R}\right)^3 \tag{10-44}$$

比值 p_s/a_p 反映了航天器的轨道偏离行星单独作用时的开普勒轨道的程度。同样地，P_p/A_s 则反映了行星对航天器在太阳作用下的轨道的影响，若

$$\frac{p_s}{a_p} < \frac{P_p}{A_s} \tag{10-45}$$

则太阳对绕行星飞行的航天器轨道摄动影响要小于行星对绕太阳飞行航天器轨道的摄动影响。因此，可以说航天器位于行星的影响球范围内。将式（10－36）和式（10－44）代入式（10－45），可得

$$\frac{m_s}{m_p}\left(\frac{r}{R}\right)^3 < \frac{m_p}{m_s}\left(\frac{R}{r}\right)^2 \tag{10-46}$$

即

$$\left(\frac{r}{R}\right)^5 < \left(\frac{m_p}{m_s}\right)^2 \tag{10-47}$$

或记为

$$\frac{r}{R} < \left(\frac{m_p}{m_s}\right)^{\frac{2}{5}} \tag{10-48}$$

令 r_{SOI} 为影响球半径。则在行星的影响球范围内

$$\frac{r_{\mathrm{SOI}}}{R} = \left(\frac{m_p}{m_s}\right)^{\frac{2}{5}} \tag{10-49}$$

航天器的运动由相对于行星的运动方程式（10－40）决定，而在影响球范围之外，航天器的轨道则由相对于太阳的运动方程式（10－32）确定。

式（10－49）中给出的影响球作用半径并非一个精确值，只是一个简单合理的估计，大于这个距离太阳的引力作用将超过行星的引力作用。

例 10.1　求地球的影响球半径。

由附录 A 可知

$$m_{地球} = 5.974 \times 10^{24}\,\mathrm{kg}$$

$$m_{太阳} = 1.989 \times 10^{30}\,\mathrm{kg}$$

$$R_{地球}=149.6\times10^{6}\mathrm{km}$$

将上述数据代入式（10－49），可得

$$r_{\mathrm{SOI}}=149.6\times10^{6}\times\left(\frac{5.974\times10^{24}}{1.989\times10^{30}}\right)^{\frac{2}{5}}=9.25\times10^{5}(\mathrm{km})$$

由于地球的半径为6378km，则

$$r_{\mathrm{SOI}}=145\ 个地球半径$$

相对于地球而言，此影响球作用范围是很大的。然而相对于太阳来说，则是极其微小的，如图10－4所示。

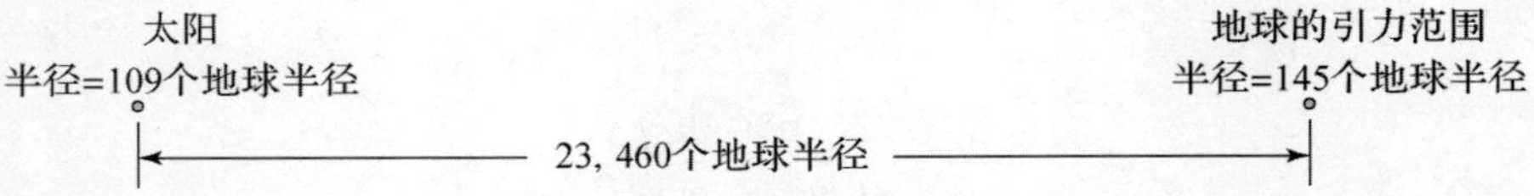

图10－4　太阳与地球的影响球大小

在对行星际轨道研究时，假定当航天器位于行星的影响球范围之外时，其绕太阳的轨道为无摄的开普勒轨道。由于行星际距离非常大，因此，对于日心轨道，可以忽略影响球的大小并将其看作与所围绕的行星一样，均为空间中的一个点，且该点与其相对应的行星中心重合。在每一个行星的影响球之内，航天器绕行星的轨道为无摄的开普勒轨道。从整个太阳系的尺度来看，行星的引力影响球仅为一个点，而从行星自身角度来看则是非常巨大的，甚至可以看作延伸至无穷远处。

10.1.3　拉格朗日点

尽管式（10－24）并未给出封闭解析解，但可以用来确定平动点的位置，即 m 在旋转坐标系中速度为零且加速度也为零的位置，也就是 m 相对于 m_1 和 m_2 似乎永远静止不动的点，也称为平衡点或拉格朗日点。因此，平动点的约束条件为

$$\dot{x}=\dot{y}=\dot{z}=0,\ddot{x}=\ddot{y}=\ddot{z}=0 \tag{10－50}$$

将此条件代入式（10－24），可得

$$-\Omega^{2}x=-\frac{\mu_1}{r_1^3}(x+\pi_2 r_{12})-\frac{\mu_2}{r_2^3}(x-\pi_1 r_{12}) \tag{10－51}$$

$$-\Omega^{2}y=-\frac{\mu_1}{r_1^3}y-\frac{\mu_2}{r_2^3}y \tag{10－52}$$

$$0=-\frac{\mu_1}{r_1^3}z-\frac{\mu_2}{r_2^3}z \tag{10－53}$$

由式（10－53）可知

$$\left(\frac{\mu_1}{r_1^3}+\frac{\mu_2}{r_2^3}\right)z=0 \tag{10－54}$$

由于 $\mu_1/r_1^3>0$ 和 $\mu_2/r_2^3>0$，因此 z 必为零。也就是说：平动点位于两质量大物体的运动平面内。

显然，由式（10－8）可知

$$\pi_1=1-\pi_2 \tag{10－55}$$

利用式（10－55）并结合式（10－2），假设 $y \neq 0$，则式（10－51）和式（10－52）可另写为

$$(1-\pi_2)(x+\pi_2 r_{12})\frac{1}{r_1^3}+\pi_2(x+\pi_2 r_{12}-r_{12})\frac{1}{r_2^3}=\frac{x}{r_{12}^3} \tag{10-56}$$

$$(1-\pi_2)\frac{1}{r_1^3}+\pi_2\frac{1}{r_2^3}=\frac{1}{r_{12}^3} \tag{10-57}$$

式中

$$\pi_1=\frac{\mu_1}{\mu} \tag{10-58}$$

$$\pi_2=\frac{\mu_2}{\mu} \tag{10-59}$$

将式（10－56）和式（10－57）看成是关于$\frac{1}{r_1^3}$和$\frac{1}{r_2^3}$的两个线性方程，求解可得

$$\frac{1}{{r_1}^3}=\frac{1}{{r_2}^3}=\frac{1}{{r_{12}}^3}\text{或者 } r_1=r_2=r_{12} \tag{10-60}$$

利用式（10－60）并结合 $z=0$ 和式（10－55），从式（10－9）和式（10－10）可以分别得出

$$r_{12}^2=(x+\pi_2 r_{12})^2+y^2 \tag{10-61}$$

$$r_{12}^2=(x+\pi_2 r_{12}-r_{12})^2+y^2 \tag{10-62}$$

由式（10－61）和式（10－62）右边相等，可得

$$x=\frac{r_{12}}{2}-\pi_2 r_{12} \tag{10-63}$$

将式（10－63）代入式（10－61）或式（10－62）中，解出

$$y=\pm\frac{\sqrt{3}}{2}r_{12} \tag{10-64}$$

至此，求出了平动点中的两个拉格朗日点 L_4 和 L_5。由式（10－60）可知：平动点与 m_1 之间、平动点与 m_2 之间以及 m_1 和 m_2 之间的距离均为 r_{12}，且在旋转坐标系中的坐标为

$$L_4: x=\frac{r_{12}}{2}-\pi_2 r_{12}, y=\frac{\sqrt{3}}{2}r_{12}, z=0 \tag{10-65}$$

$$L_5: x=\frac{r_{12}}{2}-\pi_2 r_{12}, y=-\frac{\sqrt{3}}{2}r_{12}, z=0 \tag{10-66}$$

因此，原先的两个物体和这两个拉格朗日点分别构成等边三角形，如图 10－5 所示，称为三角平动点。

其余的平动点可通过令 $y=0$ 和 $z=0$ 求得。此时，式（10－52）和式（10－53）也成立。式（10－9）和式（10－10）可写为

$$\boldsymbol{r}_1=(x+\pi_2 r_{12})\hat{\boldsymbol{i}} \tag{10-67}$$

$$\boldsymbol{r}_2=(x-\pi_1 r_{12})\hat{\boldsymbol{i}}=(x+\pi_2 r_{12}-r_{12})\hat{\boldsymbol{i}} \tag{10-68}$$

因此

$$r_1=|x+\pi_2 r_{12}| \tag{10-69}$$

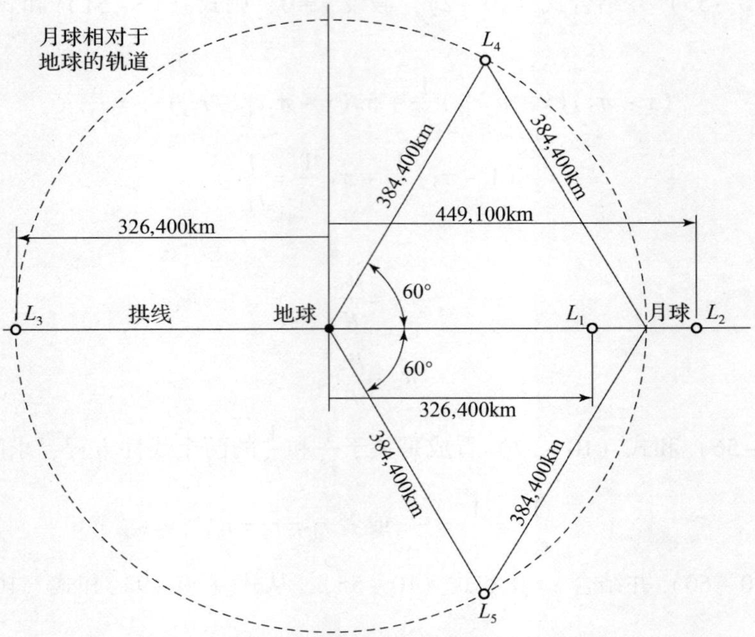

图 10-5　地月系拉格朗日平动点的位置

$$r_2 = |x + \pi_2 r_{12} - r_{12}| \tag{10-70}$$

将式（10-69）和式（10-70）与式（10-2）、式（10-55）、式（10-58）和式（10-59）一同代入式（10-51）中，可得

$$\frac{1-\pi_2}{|x+\pi_2 r_{12}|^3}(x+\pi_2 r_{12}) + \frac{\pi_2}{|x+\pi_2 r_{12} - r_{12}|^3}(x+\pi_2 r_{12} - r_{12}) - \frac{1}{r_{12}^3}x = 0 \tag{10-71}$$

将 x 无量纲化，定义参数

$$\xi = \frac{x}{r_{12}} \tag{10-72}$$

利用 ξ，式（10-71）可简化

$$f(\xi) = \frac{1-\pi_2}{|\xi+\pi_2|^3}(\xi+\pi_2) + \frac{\pi_2}{|\xi+\pi_2-1|^3}(\xi+\pi_2-1) - \xi = 0 \tag{10-73}$$

根据式（10-70）的根可得除 L_4 和 L_5 之外的另外 3 个平动点。要将其求出，需先将质量比 π_2 赋予具体数值，然后运用数学工具来求出其根。例如，设原先两物体 m_1 和 m_2 分别为地球和月球，则

$$m_1 = 5.974 \times 10^{24}\,\text{kg},\quad m_2 = 7.348 \times 10^{22}\,\text{kg},\quad r_{12} = 3.844 \times 10^5\,\text{km} \tag{10-74}$$

同时

$$\pi_2 = \frac{m_2}{m_1 + m_2} = 0.01215 \tag{10-75}$$

将 π_2 的值代入式（10-73），绘出函数曲线如图 10-6 所示。通过精确测定穿过 ξ 轴的曲线分支，可以求得地月系统另外 3 个拉格朗日点均位于拱线上，称为共线平动点：

$$\begin{aligned} L_1: x = 0.8369,\quad r_{12} = 3.217 \times 10^5\,\text{km} \\ L_2: x = 1.156,\quad r_{12} = 4.444 \times 10^5\,\text{km} \end{aligned} \tag{10-76}$$

$$L_3: x = -1.005,\quad r_{12} = -3.863\times10^5\,\text{km}$$

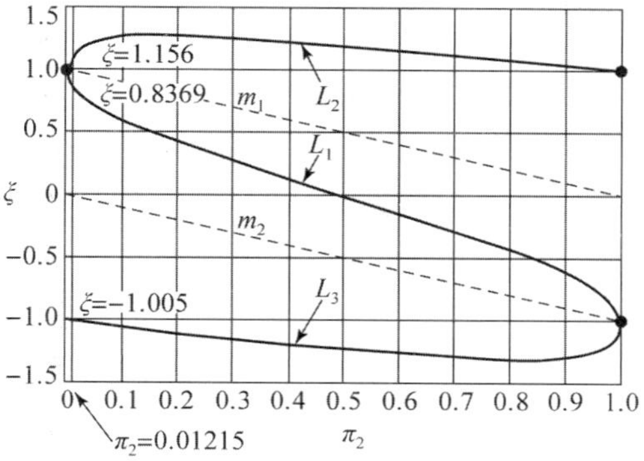

图 10－6　地月系函数曲线

地月系统的 5 个拉格朗日点分布如图 10－5 所示。为方便起见，图示中所有的位置均相对于地心，而不是相对于质心。地月系统的质心位于距地心 4670km 处，即位于地球半径的 73% 处。既然拉格朗日点相对于地月均是固定的，它们也以与月球相同的周期绕地球运行。

若一平动点是稳定的，则放于此处的小质量物体，由于外力扰动作用偏离此点后仍能返回原位置。因此，将物体放在稳定平动点处的轨道，不要求太多的位置保持。相反，若一物体位于不稳定的平动点处，则在轻微扰动作用下将产生发散振荡，并最终完全偏离原位置。研究表明：位于拱线上的拉格朗日点 L_1、L_2、L_3 是不稳定的；而 L_4、L_5（在轨道上超前和滞后月球 60°相位）则是稳定的。

10.1.4　晕轨道

“晕”（halo）指的是一种天文光学现象，即某些特定情况下，出现在天体周围的光环，如日晕、月晕。“晕轨道”顾名思义，从地球上看，该类轨道就像是笼罩在某星体外的光环一样，也称为晕轮轨道、光晕轨道。从物理内涵上，晕轨道（halo orbit）是一种环绕共线拉格朗日点运行的周期性三维轨道，是限制性三体问题中的一个重要概念。

晕轨道的概念即源于地月拉格朗日 L_2点。1968 年，美国天体动力学家法夸尔在其博士论文中，提出将一个航天器布置在月球远离地球的一侧，即地月 L_2点，使其环绕一个特定的“晕轨道”运行，并能够作为“阿波罗”计划探索月球背面的中继站来使用。如果将航天器直接布置在地月 L_2点上，则其将和月球一起以相等的角速度围绕地球运动，这时航天器始终在月球背后，从地球上总是看不到它。采用晕轨道后，航天器可以不间断地获取月背和地球的视角。但是到最后，“阿波罗”计划的中继星并未发射，故所有的月球着陆均在朝向地球一面完成。直到 2018 年 5 月，随着中国第一次将通信中继卫星送入地月 L_2点的晕轨道，如图 10－7 所示，法夸尔的观点最终得以实现。2019 年 3 月，“嫦娥”四号在经由“鹊桥”号中继星与地面实现信息互联后，最终着陆在月背的“冯・卡门”火山口，实现了人类第一次真正意义上的月背软着陆。

首颗采用晕轨道的航天器为绕日地拉格朗日 L_1点运行的国际日地探测卫星 3 号，该星于 1978 年发射，由欧洲航天局和美国宇航局共同研制。第二个采用晕轨道的航天器为 1995 年发射的太阳及太阳风层探测器，它使用了和国际日地探测卫星 3 号相似的轨道。

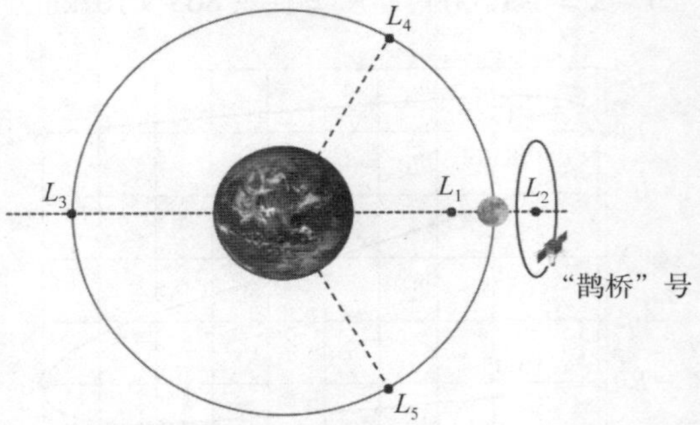

图 10－7 “鹊桥”号中继卫星在地月拉格朗日 L_2 点的晕轨道

日地拉格朗日 L_2 点位于日地连线上、地球外侧约 150 万 km 处。2001 年美国发射的威尔金森微波各向异性探测器，成为第一个到达并运行在日地拉格朗日 L_2 点的人类航天器。2011 年，中国嫦娥二号受控准确进入距离地球约 150 万 km 的日地拉格朗日 L_2 点的晕轨道，在国际上首次实现了从月球轨道飞往日地 L_2 点的转移和试验方案。2021 年，为了保持星上科学仪器处于极端低温的工作环境，美国宇航局将新一代太空望远镜韦伯望远镜放在日地拉格朗日 L_2 点的晕轨道，如图 10－8 所示，这也是日地 L_2 点晕轨道所具有的特点。

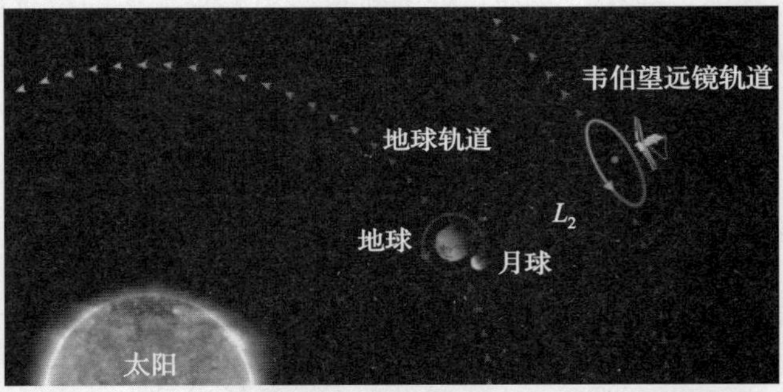

图 10－8 韦伯望远镜放在日地拉格朗日 L_2 点的晕轨道

10.2 探月轨道

精确的月球轨道只有用运动方程的数值积分才能算出。在求解运动方程中特别要考虑地球的扁形、太阳扰动、太阳辐射压力和月球引力等各种影响因素。由于月球运动的复杂性，实际飞行任务的筹划都有赖于月球星历表，此表按年月顺序列出月球的位置。因此，奔月飞行任务是按一个月一个月、一天一天、一小时一小时计划的。

一般的方法是先假定入轨点的初始条件位置矢量 $\boldsymbol{r}_0$ 和速度矢量 $\boldsymbol{v}_0$，然后用龙格－库塔法或类似的数值方法确定轨道。对不同的初始值，相应的轨道可能与月球相撞或飞离月球。用试错法调整入轨点条件，直到找出合适的登月轨道为止。

10.2.1 简单的地月轨道

1. 一些简化假设

为了研究奔月轨道的基本动力学，假定月球轨道是半径为 384,400km 的圆。实际的月球轨道平均偏心率仅为 0.0549，故此假设不会引入太大的误差。再假定月球引力可以忽略，仅研究某些与月球轨道相交的飞行轨道。

在以下的分析中还假设奔月轨道与月球轨道是共面的。在精确的登月轨道计算中，要选择适当的发射时间，使得登月轨道与月球轨道仍近似共面，以使完成飞行任务所需的 Δv 为最小，因为用速度改变量来改变轨道面的代价很大。

2. 飞行时间随入轨速度的变化

用上述假设条件来研究月球探测器的入轨速度对飞行时间的影响。飞行轨道的能量和角动量为

$$E = \frac{v_0^2}{2} - \frac{\mu}{r_0} \tag{10-77}$$

$$h = r_0 v_0 \cos\gamma_0 \tag{10-78}$$

同时，焦参数、半长轴和偏心率为

$$p = \frac{h^2}{\mu} \tag{10-79}$$

$$a = \frac{-\mu}{2E} \tag{10-80}$$

$$e = \sqrt{1 - p/a} \tag{10-81}$$

解圆锥曲线的极坐标方程，可得真近点角

$$\cos\theta = \frac{p - r}{er} \tag{10-82}$$

若在式（10－82）中设 $r = r_0$，即可解得 θ_0；若设 r 等于月球轨道半径，就能求出到达月球轨道时的真近点角。

图 10－9 所示为飞行时间随入轨速度变化的曲线，入轨高度为 320km，航迹角为 0°。事实上，曲线与入轨时的航迹角几乎无关。

从该曲线可以看出，略微提高入轨速度即可大大缩短飞行时间。对于载人飞行任务来说，飞行时间延长会提高对生命保障系统的要求。所以，略微提高一点入轨速度来缩短飞行时间是合算的。

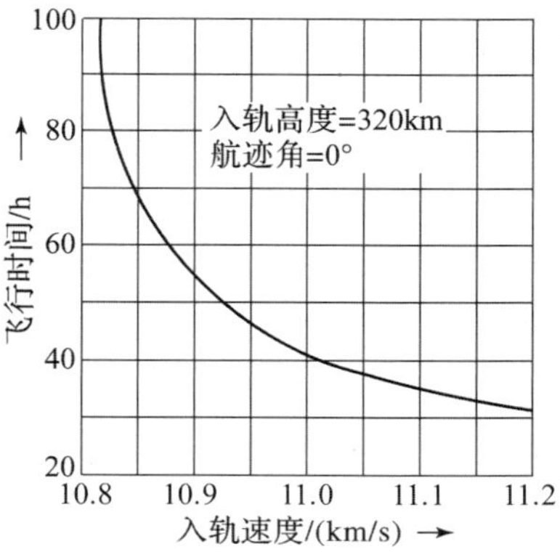

图 10－9　奔月轨道飞行时间随入轨速度的变化

3. 最小能量飞行轨道

假定探测器在近地点以 $\gamma_0 = 0°$的角度进入奔月轨道，就不难看出入轨速度对轨道的影响。图 10－10 所示为具有不同入轨速度的一组飞行轨道。

当入轨速度为无穷大的极限情况时，其轨道是一条直线，而飞行时间为零。随着入轨速度减小，轨道的形状由双曲线变为抛物线，再变为椭圆，而相应的飞行时间也在增加。若继续降低入轨速度，则最后可得到如图 10－10 中用粗虚线画出的轨道，其远地点正好到达月球轨道。假定入轨点高度为 0.05 个地球半径（320km），则最小入轨速度为 10.82km/s。如果月球探测器的速度小于 10.82km/s，则无法到达月球轨道，得出图 10－10 中用细虚线画出的轨道。

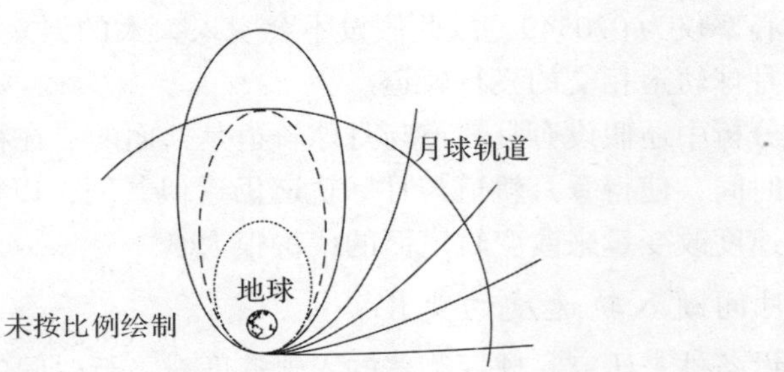

图 10-10 入轨速度对飞行轨道形状的影响

最小能量奔月轨道的飞行时间是 7172min，约为 120h。这是奔月任务的最长飞行时间，到达月球轨道的其他奔月轨道飞行时间都少于 120h。如果令飞行速度再慢一些，飞行时间再长一些，则根本无法到达月球。最小能量飞行轨道的偏心率是 0.966。这是从前面假定的入轨点开始，能到达月球的轨道中偏心率最小的椭圆轨道。

假定月球引力不存在，则沿最小能量轨道到达月球轨道时的速度为 0.188km/s。这是本例中到达月球轨道时的最慢速度。月球的轨道速度约为 1km/s，所以月球会从探测器后面撞上探测器，导致探测器同月球前缘相撞。若探测器到达月球轨道的速度再大一些，则探测器将撞在月球面向地球一侧的某处。

从图 10-10 可以看出，随着入轨速度的减小，月球探测器从入轨点至与月球轨道的交点所扫过的地心角将由 0°增加到最小能量轨道的 180°。一般说来，若入轨高度和航迹角固定，则探测器所扫过的地心角是入轨速度的函数，地心角增大（直至 180°）则入轨速度就相应地减小。若要使入轨速度为最小，就要选择一条扫过的地心角接近 180°的轨道。

4. 入轨误差造成的登月误差

若要探测器直接降落在月球上，就要很好地选择发射时间，以使得在月球到达预定交会点的瞬间探测器正好与月球轨道相交。应用地月系统的简化模型，并忽略月球引力，便可解答出如下问题：由于制导误差或其他因素造成的入轨条件误差导致的探测器降落点离月球中心有多远？

当入轨条件有误差时，探测器所扫过的地心角和飞行时间都与它们的正常值不同，探测器飞行轨道与月球轨道相交的时间和位置也与预计值不一样。在顺向（朝东）发射的情况下，入轨误差的影响趋向于相互抵消，这可以从图 10-11 中看出来。

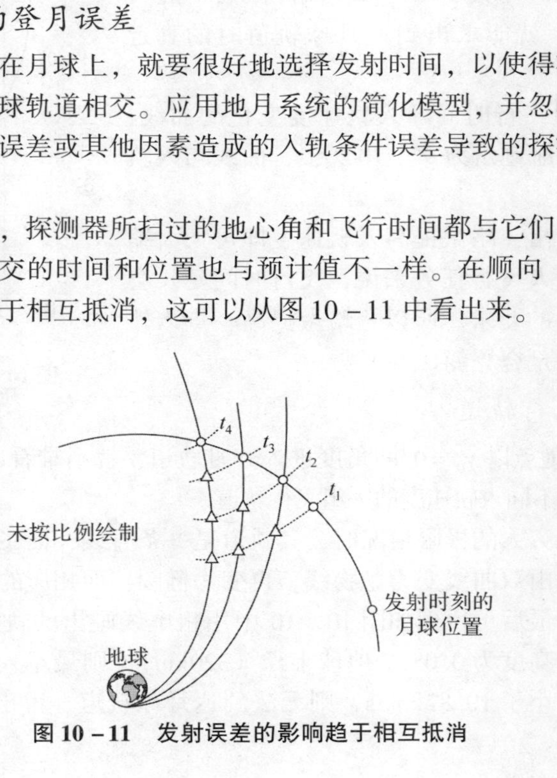

图 10-11 发射误差的影响趋于相互抵消

例如，若初始速度太大，地心扫角将比预计值小，这就是说，探测器将在比预计交点偏西 $\Delta\psi$ 处与月球轨道相交。但是飞行时间也将缩短 Δt，所以月球也将处在比预定点偏西 $\omega_m \Delta t$ 处，这里 ω_m 为月球沿轨道运动的角速度。忽略月球引力，则沿月球轨道的脱靶角度是 $\Delta\psi$ 与 $\omega_m \Delta t$ 之差。

可以证明，入轨速度约为 11.0km/s 时，地心扫角为 160°，则入轨高度和速度误差的影响可以完全抵消。实际上，与月球交会时的交会误差仅仅是航迹角的函数。在上述条件下，航迹角 1°的误差将导致 1300km 的交会误差。月球引力的影响会使这一交会误差变小。

10.2.2 圆锥曲线拼接法

在探测器进入月球引力“作用范围”之前，认为它仅在地球引力的影响下运动；而当它进入月球引力“作用范围”后，则认为它仅在月球引力的影响下运动。实际上就是在月球附近选取一点，认为它从该点起“脱离了地球引力，而进入了月球引力场”。该方法只是一种近似法。从地心引力下的运动过渡到月心引力下的运动（即以月球为中心的运动）是一个渐变的过程，它发生在飞行轨道的一段有限弧长上，在这一段上地球和月球同时影响着飞行轨道。但实际结果表明，作为飞行任务的初步分析方法，在月球“作用范围”的边缘将两个圆锥曲线轨道拼接在一起的方法是一种相当好的近似法，称为圆锥曲线拼接法。然而，对于返回地球的轨道计算来说，圆锥曲线拼接分析法并不适用。这是由月球引力作用范围的误差所造成的。基于同样的原因，用该方法计算月球卫星的近月点高度和绕月轨道面的方位也不合适。这种方法只适用于初步估算飞向月球所需要的 Δv。

根据 10.1.2 节，月球作用范围以月球为中心，以 R_s 为半径，并且由式（10-49）得

$$R_s = 66,300\text{km} \tag{10-83}$$

此值约为从月球到地球距离的 1/6。

1. 地心出发轨道

图 10-12 给出了地心出发轨道的几何参数，其中能完全确定轨道几何形状的 4 个量是 $\boldsymbol{r}_0$，$\boldsymbol{v}_0$，γ_0 和 ϕ_0，其中 ϕ_0 为出发点的相角。

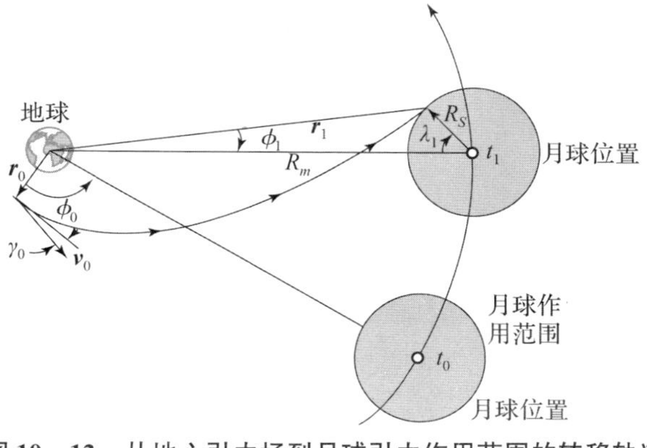

图 10-12 从地心引力场到月球引力作用范围的转移轨道

选择这 4 个量作为独立变量会带来一些困难：要确定地心出发轨道与月球作用范围的相交点，必须使用迭代法，而且在此迭代过程中，每次都要计算出飞行时间。如果选择 3 个初始条件和一个到达终端的条件作为独立变量就可以绕过上述困难。选择下列 4 个变量将会特

别方便：$\boldsymbol{r}_0$，$\boldsymbol{v}_0$，γ_0 和 λ_1，其中，角度 λ_1 规定了地心出发轨道与月球作用范围的交点。

有了这 4 个量就可以计算出其余的到达条件 $\boldsymbol{r}_1$，$\boldsymbol{v}_1$，γ_1 和 ϕ_1。假定地心出发轨道是顺行轨道，且在其轨道高度未达远地点之前就已到达月球。转移轨道的能量和角动量为

$$E = \frac{v_0^2}{2} - \frac{\mu}{r_0} \tag{10-84}$$

$$h = r_0 v_0 \cos\gamma_0 \tag{10-85}$$

由余弦定理得出，到达月球时的轨道半径为

$$r_1 = \sqrt{{R_m}^2 + R_s^2 - 2R_m R_s \cos\lambda_1} \tag{10-86}$$

由能量和动量守恒定律可得出，到达月球时的速度和航迹角为

$$v_1 = \sqrt{2(E + \mu/r_1)} \tag{10-87}$$

$$\cos\gamma_1 = \frac{h}{r_1 \boldsymbol{v}_1} \tag{10-88}$$

式中：γ_1 在 0°和 90°之间，因为前面已假定探测器在到达其轨道远地点之前就已到达月球。

由几何关系可得

$$\sin\phi_1 = \frac{R_S}{r_1}\sin\lambda_1 \tag{10-89}$$

出发点真近点角 θ_0 和到达点真近点角 θ_1 确定之后，就可以算出从入轨点至月球引力作用范围的飞行时间 $t_1 - t_0$。在求真近点角之前，必须先求出地心出发轨道的 p，a 和 e。

$$p = \frac{h^2}{\mu} \tag{10-90}$$

$$a = \frac{-\mu}{2E} \tag{10-91}$$

$$e = \sqrt{1 - p/a} \tag{10-92}$$

由圆锥曲线的极坐标方程可得出 θ_0 和 θ_1

$$\cos\theta_0 = \frac{p - r_0}{r_0 e} \tag{10-93}$$

$$\cos\theta_1 = \frac{p - r_1}{r_1 e} \tag{10-94}$$

再由下列公式求出偏近点角 E_0 和 E_1

$$\cos E_0 = \frac{e + \cos\theta_0}{1 + e\cos\theta_0} \tag{10-95}$$

$$\cos E_1 = \frac{e + \cos\theta_1}{1 + e\cos\theta_1} \tag{10-96}$$

最后，求出飞行时间

$$t_1 - t_0 = \sqrt{\frac{a^3}{\mu}}[(E_1 - e\sin E_1) - (E_0 - e\sin E_0)] \tag{10-97}$$

从入轨点至到达月球作用范围的这段时间内，月球转过一个角度 $\omega_m(t_1 - t_0)$，其中 ω_m 是月球在其轨道上的运动角速度。基于简化的地月系统模型，$\omega_m = 2.649 \times 10^{-6}$ rad/s。

出发点的相角 ϕ_0 可由下式求出

$$\phi_0 = \theta_1 - \theta_0 - \phi_1 - \omega_m(t_1 - t_0) \tag{10-98}$$

根据上述过程可知，用 $\boldsymbol{r}_0$，$\boldsymbol{v}_0$，γ_0 和 $\boldsymbol{\lambda}_1$ 四个参数就能够完全确定出发轨道的几何形状。因此，可以先任意选择这几个参数的数值，直到得出一条令人满意的奔月轨道或着月点后，再计算飞行时间和出发点的相角。在下一节将讨论这个问题。如果对得出的奔月轨道不满意，则可继续调整 $\boldsymbol{r}_0$，$\boldsymbol{v}_0$，γ_0 和 $\boldsymbol{\lambda}_1$ 的值，直到得出满意的结果之后，再根据式（10－90）至（10－98）进行计算。

在讨论圆锥曲线的拼接条件之前，有必要先研究一下式（10－87）。地心出发轨道的能量完全由 $\boldsymbol{r}_0$ 和 $\boldsymbol{v}_0$ 决定，而到达月球的地心半径 r_1 则完全由 $\boldsymbol{\lambda}_1$ 决定。有可能出发轨道并没有足够的能量到达 $\boldsymbol{\lambda}_1$ 所决定的月球上的预定点。若出现这种情况，则式（10－87）中根号内的数将是负数，因此，整个计算过程将无法进行下去。

2. 圆锥曲线拼接点的条件

在讨论月球作用范围内的轨道时，假设只有月球引力作用在飞行器上，此时月球是中心物体，所以需要求出飞行器相对于月球中心的速度和方向。

若以下标 2 表示相对于月心的初始条件，则月心半径 r_2 为

$$r_2 = R_S \tag{10-99}$$

飞行器相对于月心的速度为

$$\boldsymbol{v}_2 = \boldsymbol{v}_1 - \boldsymbol{v}_m \tag{10-100}$$

式中：$\boldsymbol{v}_m$ 为月球相对于地心的速度。对于所用的简化地月模型，月球的轨道速度为

$$v_m = 1.018\text{km/s} \tag{10-101}$$

对图 10－13 中的矢量三角形应用余弦定理，即可得出到达月心的速度：

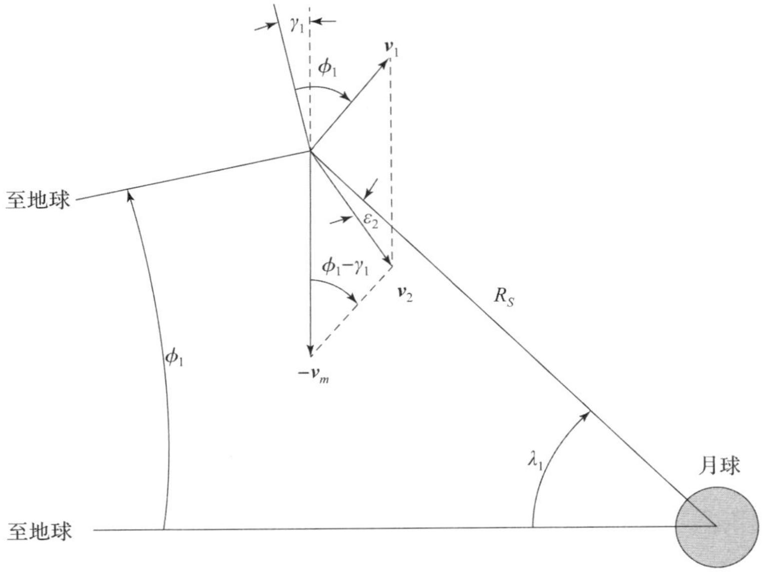

图 10－13　圆锥曲线拼接点的条件

$$v_2 = \sqrt{v_1^2 + v_m^2 - 2v_1 v_m \cos(\gamma_1 - \phi_1)} \tag{10-102}$$

角 ε_2 定义了相对于月心的初始速度的方向。由 v_2 垂直于 r_2 分量的表达式相等，可得

$$v_2 \sin\varepsilon_2 = v_m \cos\lambda_1 - v_1 \cos(\lambda_1 + \phi_1 - \gamma_1) \tag{10-103}$$

由式（10－103）得出

$$\varepsilon_2 = \arcsin\left[\frac{v_m}{v_2}\cos\lambda_1 - \frac{v_1}{v_2}\cos(\lambda_1 + \phi_1 - \gamma_1)\right] \tag{10-104}$$

显然，为了要正中月球中心，ε_2 必须为零。

3. 进入月心引力场的轨道

在知道月心引力场的初始条件 $\boldsymbol{r}_2$，$\boldsymbol{v}_2$ 和 ε_2 之后，就可以算出轨道上其他点的终端条件。不同性质的飞行任务均有一些重要的终端条件。例如：

（1）登上月球。登月飞行首先要确定轨道的近月点半径是否小于月球半径。若 $r_p < r_m$，则算出飞行器的着月速度。月球半径 r_m 可取为1738km。

（2）月球卫星轨道。对于这类飞行任务，需要算出发射以近月点高度为半径的圆轨道月球卫星所需的速度增量。

（3）绕月飞行。对于这种情况，要算出近月点条件和飞出月球作用范围的条件。

无论上述哪种情况，近月点的条件都是相当重要的，并且可能是量度轨道特性的最佳单项指标。

相对于月心，轨道的能量和角动量由下式给出

$$E = \frac{v_2^2}{2} - \frac{\mu_m}{r_2} \tag{10-105}$$

$$h = r_2 v_2 \sin\varepsilon_2 \tag{10-106}$$

式中：μ_m 为月球的引力参数。因为月球质量是地球质量的1/81.3，所以 μ_m 可计算为 $\mu_m = \frac{\mu_\oplus}{81.3} = 4.9028 \times 10^3 \text{km}^3/\text{s}^2$。

月心轨道的参数和偏心率可由下式算出

$$p = \frac{h^2}{\mu_m} \tag{10-107}$$

$$e = \sqrt{1 + 2Eh^2/\mu_m^2} \tag{10-108}$$

近月点条件可由下式得到

$$r_p = \frac{p}{1+e} \tag{10-109}$$

$$v_p = \sqrt{2(E + \mu_m/r_p)} \tag{10-110}$$

若轨道未能满足这两个近月点条件，则需要通过逐次逼近法来调整入轨条件 $\boldsymbol{r}_0$，$\boldsymbol{v}_0$，γ_0 和 λ_1，直至得到合适的轨道为止。

例 10.2 若向月球发射一个探测器，轨道的入轨条件为

$$r_0 = 6{,}697.0\text{km}, v_0 = 10.8462\text{km/s}, \gamma_0 = 0°$$

到达月球作用范围时的 $\lambda_1 = 30°$。求初始相角 ϕ_0 和探测器离月球最近时的高度。

由式（10－84）和式（10－85）可得

$$E = -0.6995\text{km}^2/\text{s}^2, h = 72{,}637\text{km}^2/\text{s}$$

已知

$$R_m = 384{,}400\text{km}, R_S = 66{,}300\text{km}$$

由式（10－86）和式（10－87）可得

$$r_1 = \sqrt{R_m{}^2 + R_S^2 - 2R_mR_S\cos\lambda_1} = 328,660\text{km}$$

$$v_1 = \sqrt{2\left(E + \frac{\mu}{r_1}\right)} = 1.1033\text{km/s}$$

由式（10－88）可得

$$\gamma_1 = \arccos\left(\frac{h}{r_1v_1}\right) = 77.401°$$

因探测器在到达其轨道远地点之前就进入月球作用范围，故 $\gamma_1 < 90°$。

由式（10－89）可得出到达月球作用范围时的相角

$$\phi_1 = \arcsin\left(\frac{R_S}{r_1}\sin\lambda_1\right) = 5.789° = 0.101\text{rad}$$

为了计算到达月球作用范围的飞行时间，需要先算出地心引力场的轨道参数 p，a，e，E_0 和 E_1。由式（10－90）～式（10－92）可得

$$p = 13,237\text{km}, a = 284,930\text{km}, e = 0.9765$$

因为 $\gamma_0 = 0°$（探测器在近地点熄火），所以 $\theta_0 = 0°$，由式（10－94）可得

$$\theta_1 = 169.37° = 2.956\text{rad}$$

因为 $\theta_0 = 0°$，所以 $E_0 = 0°$，由式（10－96）可得

$$E_1 = 97.043° = 1.7286\text{rad}$$

由式（10－97）求出飞行时间为

$$t_1 - t_0 = \sqrt{\frac{a^3}{\mu}}[(E_1 - e\sin E_1) - (E_0 - e\sin E_0)] = 1.8411\times10^5\text{s} = 51.1416\text{h}$$

由式（10－98）可得出发点的相角

$$\phi_0 = \theta_1 - \theta_0 - \phi_1 - \omega_m(t_1 - t_0) = 2.3673\text{rad} = 135.64°$$

其中，$\omega_m = 2.6847\times10^{-6}\text{rad/s}$。

在月球作用范围边界上，需将 v_1 和 R_S 换算为以月球为引力中心的量，因此

$$\mu_m = \frac{\mu_\oplus}{81.3} = 4.903\times10^3\text{km}^3/\text{s}^2, v_m = 1.018\text{km/s}$$

由式（10－102）可得

$$v_2 = 1.198\text{km/s}$$

由式（10－104）可得

$$\varepsilon_2 = 8.9387°$$

由式（10－105）～式（10－109）计算，

$$h = 13,036\text{km}^2/\text{s}$$

$$E = \frac{v_2^2}{2} - \frac{\mu_m}{R_S} = 0.7267\text{km}^2/\text{s}^2$$

$$p = \frac{h^2}{\mu_m} = 34,662\text{km}, e = \sqrt{1 + \frac{2Eh^2}{m_m^2}} = 3.3580$$

$$r_p = 7,953.8\text{km}$$

可算出逼近月球最小距离为

$$h_p = r_p - r_m = 6215.8\text{km}$$

h_p 就是逼近月球时，探测器离月球最近时的高度。

10.2.3 非共面的奔月轨道

上述分析是以奔月轨道同月球轨道共面为基础的。月球轨道倾角在18.2°~28.3°之间变化，变化周期为18.6年。因为将地球卫星发射至轨道倾角小于发射场纬度的轨道不具可能性，比如从西昌发射场（其纬度为28.25°）射入共面轨道，只有在月球轨道倾角为最大值的条件下才可能实现。

不在上述时间条件下发射，必定形成非共面轨道。下面将讨论非共面轨道的情况，并研究如何选择发射日期和入轨条件。

1. 奔月轨道的一些典型约束条件

如果对飞行器的发射条件或它逼近月球的条件没有任何限制，则对朔望月的时间（在此时间内飞行器能逼近月球）也就不会有限制。实际上要考虑发射场的位置、靶场安全、精度容限和可达到的入轨条件的范围等，这些都会给月球交会点赤纬的允许范围加上种种限制。分析一下其中某些约束条件对探月飞行任务可发射时间的限制是很有趣的。

设计探月飞行任务的一个典型限制条件，是由月相决定的月球表面光照条件。对于特定的某一年，月球在给定相位的赤纬在其最大值与最小值之间变化，大致对应于该年月球轨道的平均倾角。

另一个典型的限制条件是从一个特定的靶场发射时的允许发射方向。

以西昌发射场为例进行分析，该发射场的纬度是28.25°，发射方位角 β_0 必须限制在40°~115°之间。

2. 地心扫角的确定

在确定适当的发射时间时，要用到的一个重要参数是总地心扫角，它是飞行器从发射到与月球交会时所扫过的角度。总扫角 ψ_t 等于自由飞行段扫角 ψ_{ff}（从入轨到交会）加上从发射到入轨的地心角 ψ_c。对于不同的发射技术，ψ_c 的算法不一样，在入轨前有滑行段的发射中其角度是推进段弧长加上滑行段经过的角距。

ψ_c 可以任意选择，而自由飞行段扫角 ψ_{ff} 则由入轨条件 $\boldsymbol{r}_0$，$\boldsymbol{v}_0$ 和 ϕ_0 确定。ψ_{ff} 正好是入轨点和月球交会点之间真近点角之差。在图10-14中，对于入轨高度为320km，在384,400km处与月球交会的情况，图10-15给出了与 $\boldsymbol{v}_0$ 和 ϕ_0 值对应的自由飞行段扫角。

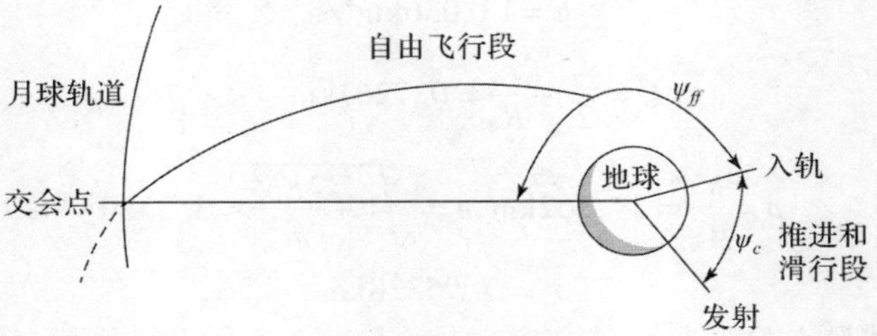

图10-14 地心扫角

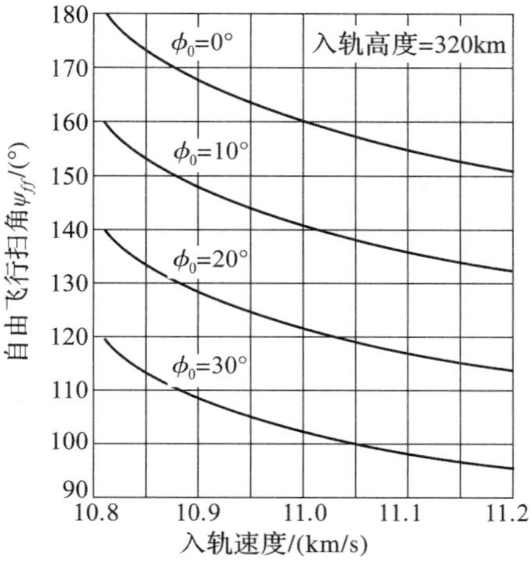

图 10 – 15　自由飞行段扫角随入轨速度的变化

选定了入轨条件 $\boldsymbol{r}_0$，$\boldsymbol{v}_0$ 和 γ_0，即可确定 ψ_{ff}。若任意选择 ψ_c，则总扫角为

$$\psi_t = \psi_{ff} + \psi_c \tag{10-111}$$

已知发射场的纬度或赤纬，若知道了发射方位角 β_0，则可求出飞行器飞完弧长 ψ_t 之后的赤纬。这实质上是一个球面三角学问题，如图 10 – 16 所示。

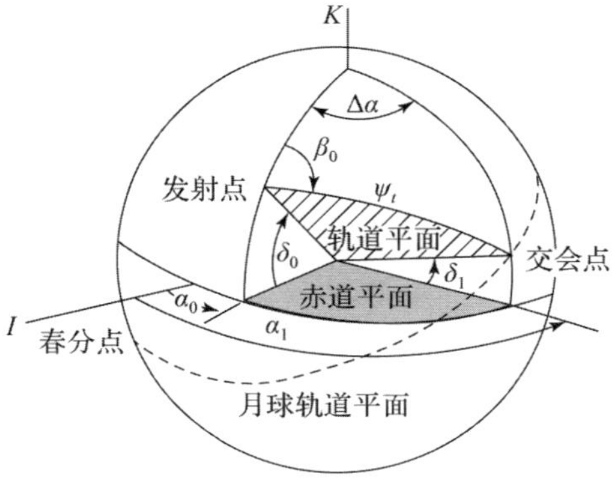

图 10 – 16　月球交会角关系

由球面三角余弦定理可得

$$\sin\delta_1 = \sin\delta_0\cos\psi_t + \cos\delta_0\sin\psi_t\cos\beta_0 \tag{10-112}$$

图 10 – 17 为 β_0 随总扫角变化的曲线图，发射方位角限制在 40° ~ 115°内。由于在交会时月球的赤纬只能限制在 +28. 5° ~ –28. 5°之间，加之靶场安全对发射方位角提出的限制，所以图上的阴影部分是不允许的发射条件。

图 10 – 17 中有几个特点值得一提。只有在月球最靠赤纬值 –28. 5°与月球交会时，总扫角才有可能为 180°，而且此条件对任何发射方位角均成立。

从图 10 – 15 可以看出，自由飞行段扫角不可能小于 120°，除非入轨速度或航迹角很大，而这两种情况都是要避免的。因此，对于直接上升式或采用滑行段短到使 $\psi_t < 180°$的发射方式来说，如果取最小入轨速度，则必须在月球接近其最南端的赤纬值时进行交会。然而，若滑行段较长，使得 $\psi_t > 180°$，则可在沿月球轨道的任意点上与月球交会。

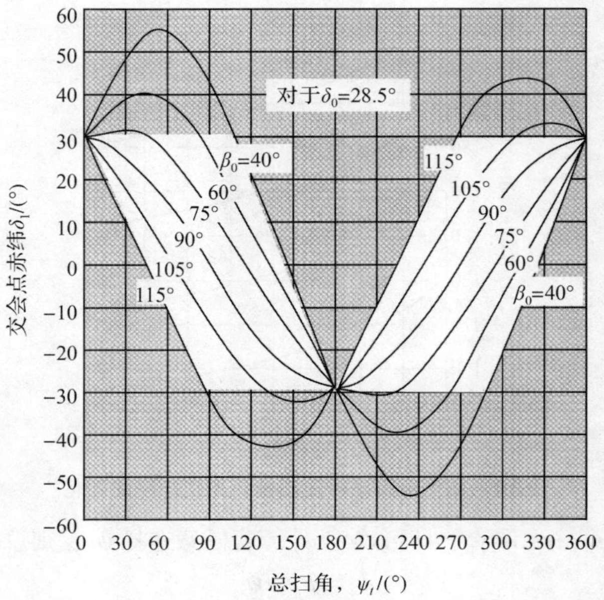

图 10－17　交会点赤纬随扫角的变化（发射场方位角在 40°～115°之间）

由式（10－112）和图 10－17 可以看出，发射方位角和交会点的月球赤纬值并不是相互独立的，若已知 ψ_t，则选定发射方位角就可以确定交会点的赤纬，反之亦然。若交会点的赤纬已定，则发射方位角可直接从图 10－17 中读出，或由下式更精确地算出

$$\cos\beta_0 = \frac{\sin\delta_1 - \sin\delta_0\cos\psi_t}{\cos\delta_0\sin\psi_t} \tag{10-113}$$

3. 选择合适的发射日期

确定交会点的月球赤纬之后，下一步就是从月球星历表中找出月球正好在这一赤纬上的时间。如果还要考虑光照条件，则必须找出赤纬和月相同时满足要求的时间。

假定选择时刻 t_1 与月球交会，它同时满足赤纬和光照约束条件，则从星历表中找出 t_1 时刻的赤经，这就是图 10－16 中的角 α_1。

从图 10－16 中所示的几何关系可以看出，发射点和交会点之间的赤经差 $\Delta\alpha$ 是固定的，将余弦定理用于图 10－16 中的球面三角形可得

$$\cos\Delta\alpha = \frac{\cos\psi_t - \sin\delta_0\sin\delta_1}{\cos\delta_0\cos\delta_1} \tag{10-114}$$

下一步是确定精确的发射时刻 t_0 和发射场在发射时刻的赤经 α_0。为了求出 t_0，需要先计算从发射点至交会点的总飞行时间，它等于从入轨点到交会点的自由飞行段时间加上穿过助推弧段和滑行弧段 ψ_c 的飞行时间。从入轨点到交会点的自由飞行段时间可由入轨条件算出。因此，总飞行时间 t_t 为

$$t_t = t_{ff} + t_c \tag{10-115}$$

式中：t_{ff}为自由飞行段时间；t_c 为助推段加滑行段时间。

发射时间 t_0 可由下式得出

$$t_0 = t_1 - t_t \tag{10-116}$$

发射点的赤经 α_0 等于发射点的地方恒星时 θ:

$$\alpha_0 = \theta = \theta_g + \lambda_E \tag{10-117}$$

式中：λ_E 为发射场的东经；θ_g 为 t_0 时刻的格林尼治恒星时。星历表只列出了各年中每天的世界时零时（0^hUT）的 θ_g 值，故任意时间的 θ_g 值可用插值法求得。

如果 $\alpha_1 - \alpha_0$ 与由式（10－114）算出的 $\Delta\alpha$ 值相同，那只是一种十分偶然的巧合，一般都要进行迭代计算。因为月球的赤经变化很缓慢，而发射点的赤经一天中要变化 360°，所以要在略微调整 t_1 后重新计算 t_0 和 α_0，直到 $\alpha_1 - \alpha_0$ 与式（10－114）算出的 $\Delta\alpha$ 一致为止。在调整 t_1 时，月球交会点的赤纬会有些小变化，要回到式（10－113）重新计算发射方位角 β_0。

至此，已经求出了满足前述所有约束条件的入轨条件 $\boldsymbol{r}_0$，$\boldsymbol{v}_0$，ϕ_0 和 β_0，精确的发射日期及发射时刻，以及与月球交会的时刻。这些数据为进一步用数值方法精确计算奔月轨道提供了较为确切的初始条件。

10.3　行星际轨道

在行星际轨道方面，先从最容易，也是最省能量的霍曼转移开始探讨。假设涉及的行星轨道位于同一平面，并且行星处在能够进行霍曼转移的位置，推导出出发点的日心速度和所需时间。行星的影响球半径与太阳系的大小相比，是非常小的，利用圆锥曲线拼接法可将行星际轨道分为 3 个阶段：相对于出发行星的双曲线出发轨道、相对于太阳的巡航椭圆轨道和相对于目标行星的双曲线到达轨道。先将航天器在出发阶段行星影响球的速度与巡航阶段边界处的初始速度相匹配，然后确定双曲线出发轨道的近地点半径以决定出发点处所需要的速度增量。通过确定目标行星影响球的速度和双曲线到达轨道的近地点，可确定与目标行星交会所需要的速度增量或进行行星飞越所需要的双曲线轨道方向。随后介绍的是行星飞越机动，包括前侧飞越和后侧飞越。

10.3.1　日心转移轨道

在考虑飞行器向其他行星转移的问题时，可以把大多数行星的轨道都看作是共面圆轨道。前面已讨论过共面圆轨道转移的问题，并发现从轨道转移所需的 Δv 来看，最省能量的轨道转移方法是霍曼转移法。图 10－18 画出了地球和火星间的霍曼转移。

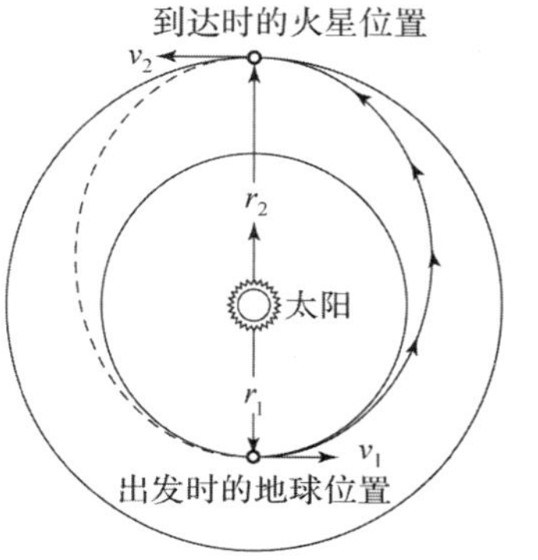

图 10－18　从地球至火星的霍曼转移

在飞行器飞离地球时，通常要求其转移轨道与地球轨道相切，并希望在远地点之前就与火星轨道相交，若飞行器还要返回地球则更是如此。如果飞行器越过预定的行星后还要继续往前飞行，则霍曼转移无法提供一条合适的返回轨道。对于不考虑返回的单程飞行来说，这当然无关紧要。然而，对于要回收的探测器或是载人飞行任务而言，则必须考虑这一点。用霍曼转移轨道到达火星要花费 8～9 个月，若飞行器越过火星后继续飞行，然后又返回到原来的飞离点时，将发现地球几乎是在其轨道的对面。因此，要么让飞行器在火星附近徘徊约 6 个月，要么改变原来的轨道，使飞行器再次与地球轨道相交时，正好能与地球相遇。

霍曼转移法提供了确定行星际飞行任务所需的最小 Δv 的简便衡量准则。霍曼转移轨道的能量由下式给出

$$E_{\text{太阳}} = -\mu_{\text{太阳}}/(r_1 + r_2) \tag{10-118}$$

式中：$\mu_{\text{太阳}}$ 为太阳的引力参数；r_1 为出发行星的轨道半径；r_2 为到达行星的轨道半径。

出发点所需的日心速度为

$$v_1 = \sqrt{2\left(\frac{\mu_{\text{太阳}}}{r_1} + E_t\right)} \tag{10-119}$$

因为飞行器的出发点是在近日点，到达点是在远日点，所以它在霍曼转移轨道上的飞行时间正好是转移轨道周期的一半。设 t_1 是飞行器的出发时间，t_2 是到达时间，则

$$t_2 - t_1 = \pi\sqrt{\frac{a_t^3}{\mu_{\text{太阳}}}} = \pi\sqrt{\frac{(r_1 + r_2)^3}{8\mu_{\text{太阳}}}} \tag{10-120}$$

表 10－1 列出了飞行器飞离时所需的日心速度和用霍曼转移轨道飞往太阳系内所有主要行星的飞行时间。

表 10－1　从地球出发的霍曼转移轨道

行星	出发点的日心速度，v_1	飞行时间 $t_2 - t_1$	
	km/s	天	年
水星	22.28	105.5	—
金星	27.28	146.1	—
火星	32.73	258.9	—
木星	38.57	—	2.74
土星	40.05	—	6.04
天王星	41.07	—	16.16
海王星	41.42	—	30.78

地球的轨道速度是 29.78km/s。从表 10－1 可以清楚地看到，若要转移到内行星，则需要从与地球轨道运动相反的方向发射飞行器，以便抵消一部分地球轨道速度；而要转移到外行星，则需要从平行于地球轨道速度的方向上发射飞行器。

上面讨论的是飞行器飞离地球时所需的日心速度和飞行时间。下面讨论由内行星到外行星和由外行星到内行星进行霍曼转移情况下所需的速度增量。图 10－19 给出了由内部行星 1 转移至外部行星 2 的霍曼转移。此转移轨道的出发点 D 为近地点（近日点），到达点位于远地点（远日点）。行星 1 相对于太阳的圆轨道速度为

$$V_1 = \sqrt{\frac{\mu_{\text{太阳}}}{R_1}} \tag{10-121}$$

根据椭圆转移轨道相对于太阳的单位角动量 h，在此轨道上出发点 D 处航天器的速度为

$$V_D^{(v)} = \frac{h}{R_1} = \sqrt{2\mu_{\text{太阳}}}\sqrt{\frac{R_2}{R_1(R_1 + R_2)}} \tag{10-122}$$

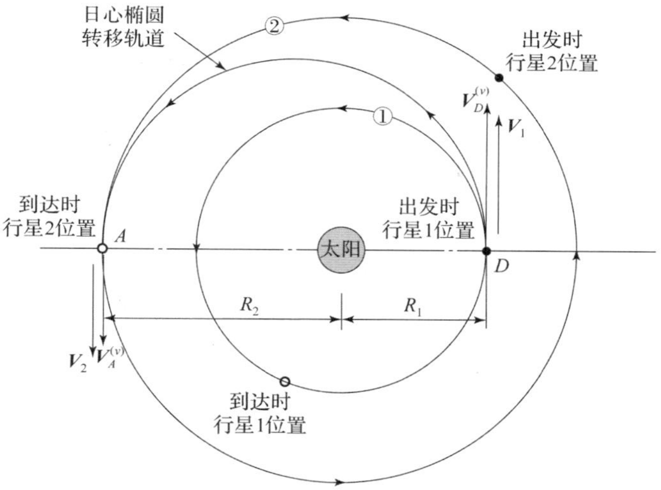

图 10－19 由内行星 1 到外行星 2 的霍曼转移轨道

此速度大于行星的速度，因此，D 点处所需要的速度增量为

$$\Delta V_D = V_D^{(v)} - V_1 = \sqrt{\frac{\mu_{太阳}}{R_1}}\left(\sqrt{\frac{2R_2}{R_1 + R_2}} - 1\right) \tag{10-123}$$

同样地，到达点 A 处的速度增量为

$$\Delta V_A = V_2 - V_A^{(v)} = \sqrt{\frac{\mu_{太阳}}{R_2}}\left(1 - \sqrt{\frac{2R_1}{R_1 + R_2}}\right) \tag{10-124}$$

如同 D 点一样，此速度增量为正，因为行星 2 的速度比到达点 A 处航天器的速度要快。

对于如图 10－20 所示的外部行星转移至内部行星的计划，由式（10－123）和式（10－124）计算出的均为负值，而不是正值。这是因为此时的出发点和到达点分别为转移轨道的远日点和近日点。在出发点 D 处，航天器的速度必须减少才能够进入能量较低的椭圆转移轨道，且在到达点 A 处，其速度需再次减少以到达能量更低的行星 2 的圆轨道。

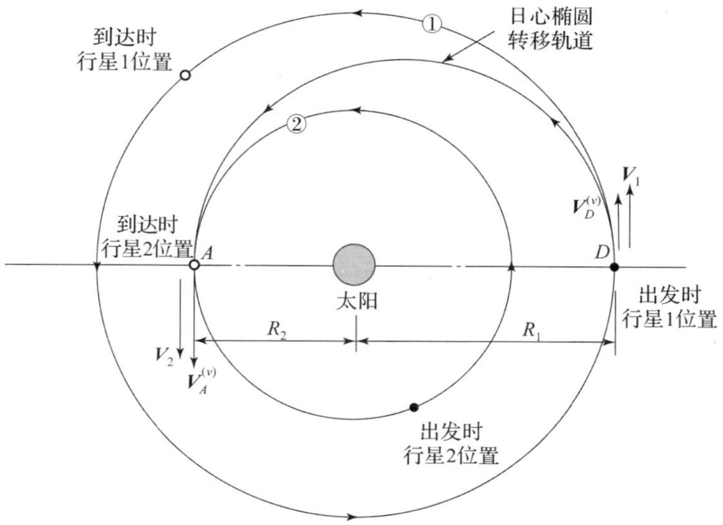

图 10－20 由外行星 1 到内行星 2 的霍曼转移轨道

10.3.2 行星际出发

要逃离行星的引力场，航天器必需相对行星以双曲线轨道飞行，并且以大于零的相对速度 $\boldsymbol{v}_\infty$（双曲线剩余速度）到达行星影响球的边界。对于抛物线轨道，航天器到达影响球边界时（$r=\infty$），其相对速度将为零。在这种情况下，航天器将和行星位于同一轨道上，而不能进入日心椭圆轨道。

图 10－21 中，航天器由行星 1 出发，经霍曼转移轨道到达距太阳更远的行星 2。在穿越影响球时，航天器的日心速度 $\boldsymbol{V}_D^{(v)}$ 与出发双曲线轨道的渐近线平行，也与行星的日心速度矢量 $\boldsymbol{V}_1$ 相平行。对于霍曼转移而言，要使式（10－123）中的 ΔV_D 为正，$\boldsymbol{V}_D^{(v)}$ 和 $\boldsymbol{V}_1$ 需相互平行且方向相同。显然，$\Delta \boldsymbol{V}_D$ 是出发双曲线轨道的剩余速度

$$\Delta V_D = v_\infty = \sqrt{\frac{\mu_{\text{太阳}}}{R_1}}\left(\sqrt{\frac{2R_2}{R_1+R_2}}-1\right) \tag{10-125}$$

图 10－21 中，C 为双曲线的中心。

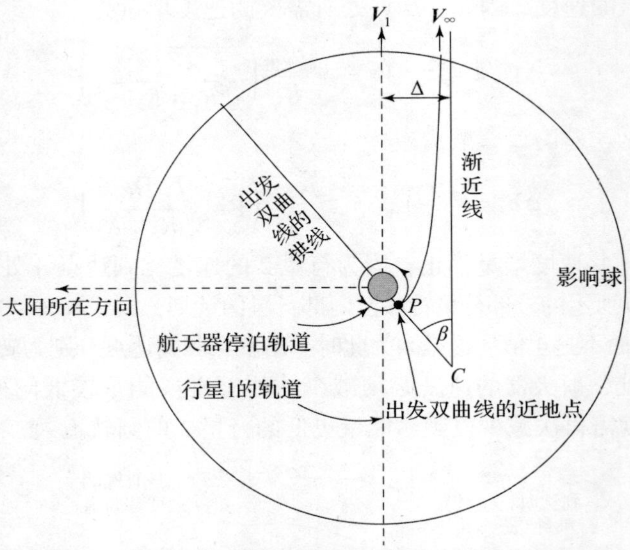

图 10－21 航天器由内行星到外行星的转移

航天器通常是由圆停泊轨道发射至某行星际轨道。停泊轨道的半径等于出发双曲线轨道的近地点半径。该近地点的半径为

$$r_p = \frac{h^2}{\mu_1}\frac{1}{1+e} \tag{10-126}$$

式中：h 为出发双曲线轨道的角动量（相对于行星 1）；e 为双曲线轨道的偏心率；μ_1 为行星 1 的引力常数。

双曲线轨道的剩余速度可由式 $v_\infty = \dfrac{\mu_1}{h}e\sin\theta_\infty = \dfrac{\mu_1}{h}\sqrt{e^2-1}$ 求出，从中可得

$$h = \frac{\mu_1\sqrt{e^2-1}}{v_\infty} \tag{10-127}$$

将此关于角动量的表达式代入式（10－126），解出偏心率为

$$e = 1 + \frac{r_p v_\infty^2}{\mu_1} \tag{10-128}$$

将此结果再代回式（10－127），可得如下关于角动量的表达式：

$$h = r_p \sqrt{v_\infty^2 + \frac{2\mu_1}{r_p}} \tag{10-129}$$

由于双曲线轨道的剩余速度是由式（10－125）决定的，因此，当出发近地点 r_p 选定时，出发双曲线轨道的参数 e 和 h 便可确定。由角动量可知近地点的速度为

$$v_p = \frac{h}{r_p} = \sqrt{v_\infty^2 + \frac{2\mu_1}{r_p}} \tag{10-130}$$

圆停泊轨道的速度

$$v_c = \sqrt{\frac{\mu_1}{r_p}} \tag{10-131}$$

根据式（10－130）和式（10－131）可得航天器送入双曲线出发轨道所需要的速度增量为

$$\Delta v = v_p - v_c = v_c \left(\sqrt{2 + \left(\frac{v_\infty}{v_c}\right)^2} - 1 \right) \tag{10-132}$$

脉冲机动必须位于近地点处，由 $\beta = \arccos\left(\frac{1}{e}\right)$和式（10－128），可得

$$\beta = \arccos\left(\frac{1}{e}\right) = \arccos\left(\frac{1}{1 + \frac{r_p v_\infty^2}{\mu_1}}\right) \tag{10-133}$$

β 给出了双曲线的拱线相对于行星日心速度矢量的方位。

应当指出，对于出发双曲线的轨道面方位的唯一要求就是只需包含行星的质心及其相对速度矢量 $\boldsymbol{v}_\infty$。因此，如图 10－22 所示，双曲线轨道可以沿穿过行星质心的 $A-A$ 线旋转，并且与 $\boldsymbol{v}_\infty$ 相平行（对于霍曼转移，显然也与 $\boldsymbol{V}_1$ 平行）。沿此直线旋转，双曲线将扫过一个旋转面，而所有可能的出发双曲线轨道均位于此旋转面上。双曲线的近地点轨迹是一个圆，对于给定的近地点半径 r_p，所有可能进入出发双曲线轨道上的点均位于此圆周上。该圆为顶点位于行星质心的锥面底部。可以确定其半径为 $r_p \sin\beta$，其中 β 由式（10－133）给出。

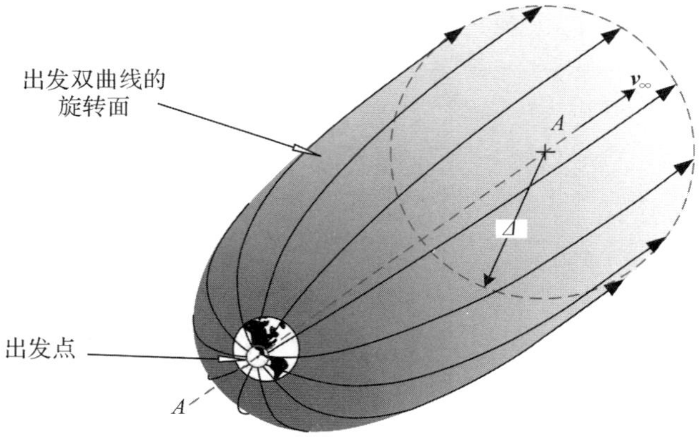

图 10－22　对于给定的 v_∞ 和 r_p 可能的出发轨迹

停泊轨道面或直接上升轨道面需包含 $A-A$ 线和发射时刻的发射场方位。对于顺行轨道来说，其可能的倾角范围为 i_{min}（发射场地的纬度）至 i_{max}（小于90°）。出于发射场安全性考虑，倾角范围亦会有所限制。例如，西昌发射场（北纬 28.25°）发射的航天器倾角范围为 28.25°~52.5°。对于图 10-23 中的情形，发射场地的位置限定了，出发双曲线轨道的近地点只能位于 a 和 b 之间。图 10-23 表明，一天中存在两次将航天器发射至停泊轨道的机会。

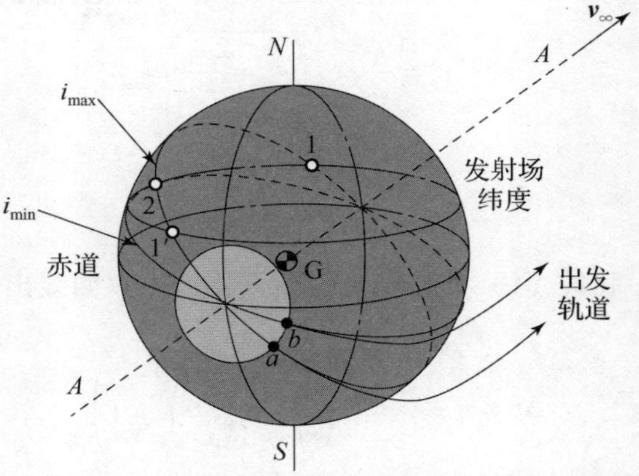

图 10-23 对于给定发射场纬度的停泊和出发轨道

一旦航天器被置于停泊轨道，每一个轨道周期内都有一次发射至出发双曲线轨道的机会。如果航天器由外部行星转移至内部行星，则航天器在出发时的日心速度 $\boldsymbol{V}_D^{(v)}$ 要小于行星的速度。也就是说，航天器要从影响球的后面进入，且相对速度 v_∞ 与 $\boldsymbol{V}_1$ 方向相反，如图 10-24 所示。

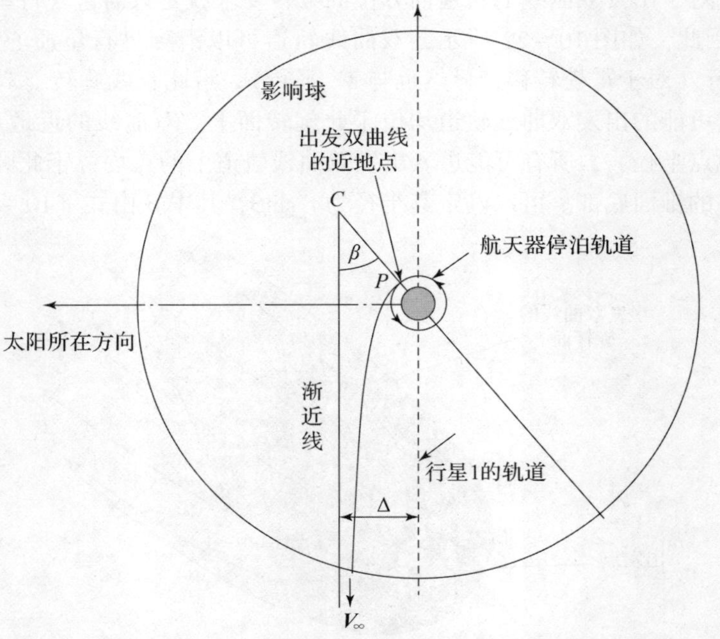

图 10-24 由外行星到内行星的航天器轨道转移

例题 10.3　航天器要经过 300km 的圆停泊轨道发射至火星。求：(1) 所需要的速度增量；(2) 出发双曲线近地点的位置；(3) 对某耗时 300s 的脉冲机动所需要推进剂的质量与点火前航天器质量的百分比。

解：太阳和地球的引力常数分别为

$$\mu_{太阳}=1.327\times10^{11}\mathrm{km^3/s^2},\mu_{地球}=398600\mathrm{km^3/s^2}$$

地球和火星的轨道半径分别为

$$R_{地球}=149.6\times10^6\mathrm{km},R_{火星}=227.9\times10^6\mathrm{km}$$

(1) 由式 (10-125) 可知，双曲线剩余速度为

$$\begin{aligned}v_\infty&=\sqrt{\frac{\mu_{太阳}}{R_{地球}}}\left(\sqrt{\frac{2R_{火星}}{R_{地球}+R_{火星}}}-1\right)\\&=\sqrt{\frac{1.327\times10^{11}}{149.6\times10^6}}\left(\sqrt{\frac{2(227.9\times10^6)}{149.6\times10^6+227.9\times10^6}}-1\right)\\&=2.943\mathrm{km/s}\end{aligned}$$

由式 (10-131) 可知，航天器在 300km 停泊轨道上的速度为

$$v_c=\sqrt{\frac{\mu_{地球}}{r_{地球}+300}}=\sqrt{\frac{398600}{6678}}=7.726\mathrm{km/s}$$

最后，由式 (10-132) 可以计算出进入出发双曲线轨道所需要的速度增量为

$$\Delta v=v_p-v_c=v_c\left(\sqrt{2+\left(\frac{v_\infty}{v_c}\right)^2}-1\right)=7.726\left(\sqrt{2+\left(\frac{2.943}{7.726}\right)^2}-1\right)=3.590\mathrm{km/s}$$

(2) 由式 (10-133) 可知，出发双曲线的近地点相对于地球轨道速度矢量

$$\beta=\arccos\left(\frac{1}{1+\frac{r_pv_\infty^2}{\mu_{地球}}}\right)=\arccos\left(\frac{1}{1+\frac{6678\times2.943^2}{398600}}\right)=29.16^\circ$$

图 10-25 表明，近地点既可以位于地球的背阴面，也可以位于地球的向阳面。

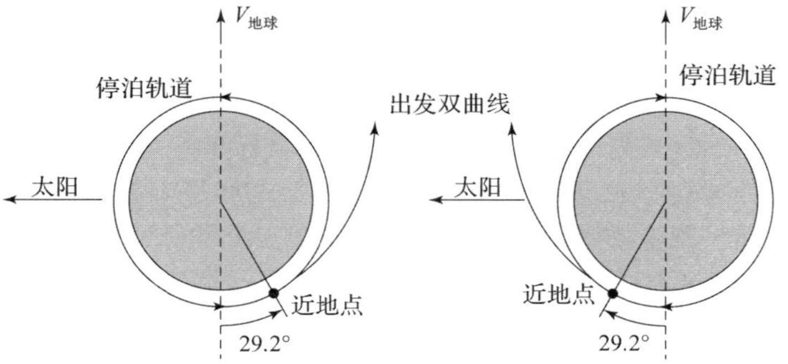

(a) 由地球的背阴面出发　　(b) 由地球的向阳面出发

图 10-25　到火星的出发轨迹

(3) 速度大小的增量 Δv 与燃料质量消耗 Δm 间的关系

$$\frac{\Delta m}{m}=1-e^{-\frac{\Delta v}{I_{sp}g_0}}$$

代入 $\Delta v=3.590\mathrm{km/s}$，$I_{sp}=300\mathrm{s}$，$g_0=9.81\times10^{-3}\mathrm{km/s^2}$，可得

$$\frac{\Delta m}{m}=0.705$$

也就是说，在脉冲机动之前，推进剂质量占航天器总质量的70%还多。

10.3.3　行星际交会

航天器将以相对于目标行星的双曲线剩余速度 v_∞ 到达该目标行星的影响球。在图 10－19 中，航天器由内行星 1 到外行星 2（如地球至火星），航天器的日心到达速度 $\boldsymbol{V}_A^{(v)}$ 的大小要小于行星的速度 $\boldsymbol{V}_2$。因此，航天器将在影响球的前侧穿过，如图 10－26 所示。对于霍曼转移，$\boldsymbol{V}_A^{(v)}$ 和 $\boldsymbol{V}_2$ 相平行，所以双曲线剩余速度为

$$\boldsymbol{v}_\infty=\boldsymbol{V}_2-\boldsymbol{V}_A^{(v)} \tag{10-134}$$

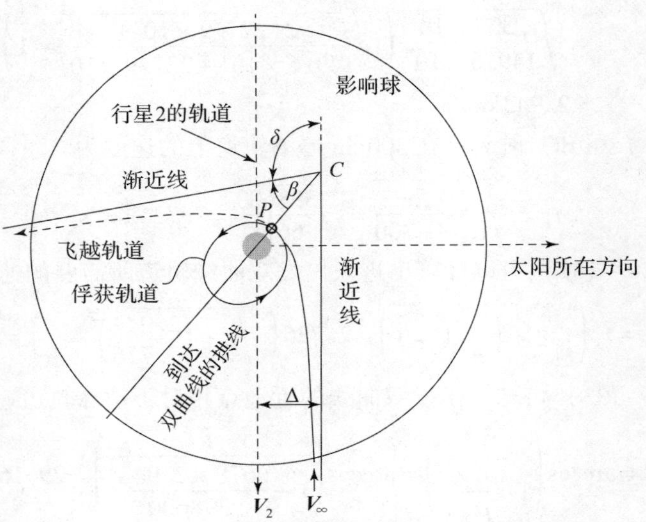

图 10－26　航天器由内行星到外行星的霍曼转移

若太空任务如图 10－20 所示，由外行星至内行星（如地球至金星），则 $\boldsymbol{V}_A^{(v)}$ 大于 $\boldsymbol{V}_2$，并且航天器将在影响球的后侧穿过，如图 10－27 所示。此时

$$\boldsymbol{v}_\infty=\boldsymbol{V}_A^{(v)}-\boldsymbol{V}_2 \tag{10-135}$$

进入影响球之后的轨道则取决于任务需要。如果目标是撞击行星（或其大气层），则到达双曲线轨道的瞄准半径 $\boldsymbol{\Delta}$ 必须使得双曲线近地点 r_p 与行星半径相等。如果想让航天器进入绕行星运行的轨道，则应选择合适的 $\boldsymbol{\Delta}$ 以使得近地点处的脉冲机动位于行星上方正确的位置。若既不相撞，也不进入绕行星的俘获轨道，则航天器经过近地点后，将沿飞越轨道以与进入时相同的速度 v_∞ 飞出该影响球，但速度矢量旋转了角度 δ，可得

$$\delta=2\arcsin\left(\frac{1}{e}\right) \tag{10-136}$$

给定双曲线剩余速度 v_∞ 及近地点半径 r_p 后，到达双曲线的偏心率便可由式（10－128）给出

$$e=1+\frac{r_p v_\infty^2}{\mu_2} \tag{10-137}$$

式中：μ_2 为行星 2 的引力常数。由此可得旋转角为

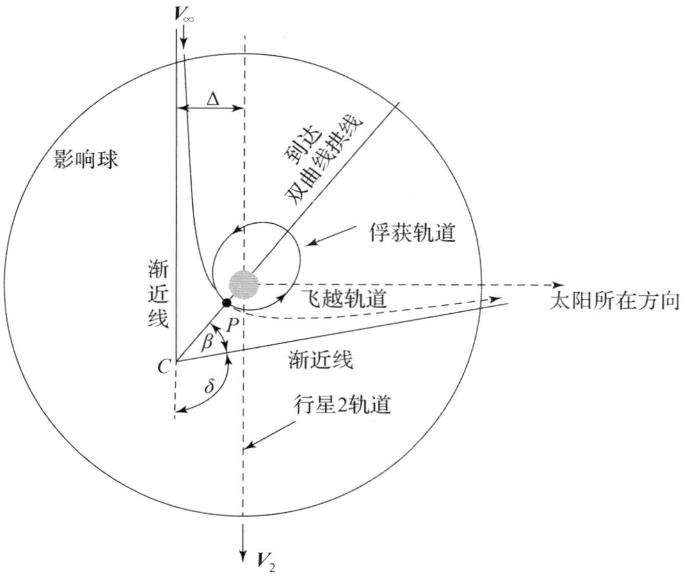

图 10-27　航天器由外行星到内行星的霍曼转移

$$\delta = 2\arcsin\left(\frac{1}{1+\frac{r_p v_\infty^2}{\mu_2}}\right) \tag{10-138}$$

关于瞄准半径的表达式为

$$\Delta = \frac{h^2}{\mu_2}\frac{1}{\sqrt{e^2-1}} \tag{10-139}$$

由式（10-129）可知，到达双曲线轨道相对于行星的角动量为

$$h = r_p\sqrt{v_\infty^2 + \frac{2\mu_2}{r_p}} \tag{10-140}$$

将式（10-137）和式（10-140）代入式（10-139），可以得到用近地点半径和双曲线剩余速度所表示的瞄准半径

$$\Delta = r_p\sqrt{1+\frac{2\mu_2}{r_p v_\infty^2}} \tag{10-141}$$

如同前面讨论的出发双曲线一样，到达双曲线也并不位于唯一确定的平面内。将图 10-26 和图 10-27 中的双曲线沿平行于 $\boldsymbol{v}_\infty$ 并且过目标行星质心的 $A-A$ 线旋转，得到如图 10-28 所示的图形。图中的到达双曲线轨道均终止于近地点圆周。图 10-29 则给出了 $\boldsymbol{v}_\infty$ 相同、$\boldsymbol{\Delta}$ 不同时的双曲线轨道的形状。

假定任务目标是进入绕行星运行的偏心率为 e 的椭圆轨道。这要求在近地点 P（也是椭圆的近地点，见图 10-26 和图 10-27）处进行相应的脉冲机动。由式（10-130）可知，双曲线轨道近地点处的速度为

$$v_p)_{双曲} = \sqrt{v_\infty^2 + \frac{2\mu_2}{r_p}} \tag{10-142}$$

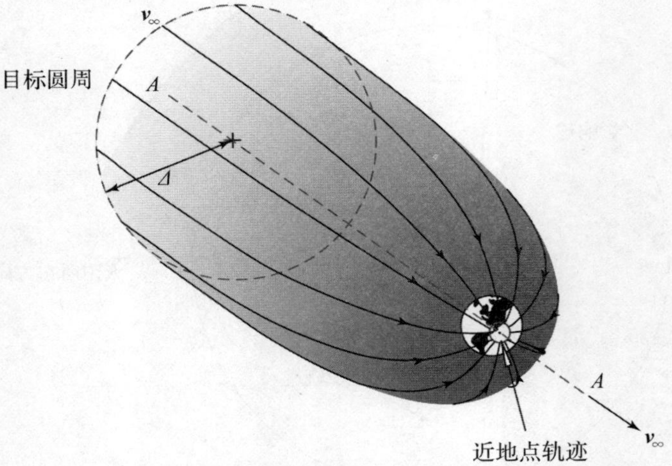

图 10－28　至目标行星的到达双曲线轨道

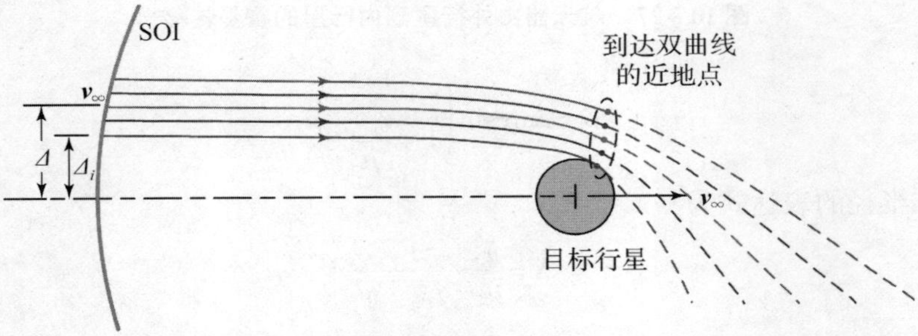

图 10－29　具有相同 $\boldsymbol{v}_\infty$ 和不同 $\boldsymbol{\Delta}$ 的到达双曲线族

令 $h = r_p v_p$，俘获轨道在近地点处的速度

$$v_p)_{俘获} = \sqrt{\frac{\mu_2(1+e)}{r_p}} \tag{10-143}$$

因此，所需要的速度增量为

$$\Delta v = v_p)_{双曲} - v_p)_{俘获} = \sqrt{v_\infty^2 + \frac{2\mu_2}{r_p}} - \sqrt{\frac{\mu_2(1+e)}{r_p}} \tag{10-144}$$

对于给定的 $\boldsymbol{v}_\infty$，Δv 显然依赖近地点半径 r_p 以及俘获轨道偏心率 e 的选择。要求机动点位于俘获轨道的近地点，意味着当俘获轨道为圆时 Δv 最大，且随着偏心率 e 的增大而逐渐减少直到 $\Delta v = 0$，即无俘获（飞越）。

为了确定出最优的俘获半径，可以将式（10－144）表达成如下无量纲形式：

$$\frac{\Delta v}{v_\infty} = \sqrt{1 + \frac{2}{\xi}} - \sqrt{\frac{1+e}{\xi}} \tag{10-145}$$

式中

$$\xi = \frac{r_p v_\infty^2}{\mu_2} \tag{10-146}$$

$\Delta v/v_\infty$ 关于 ξ 的一阶和二阶导数分别为

$$\frac{\mathrm{d}}{\mathrm{d}\xi}\frac{\Delta v}{v_\infty}=\left(-\frac{1}{\sqrt{\xi+2}}+\frac{\sqrt{1+e}}{2}\right)\frac{1}{\xi^{\frac{3}{2}}} \tag{10-147}$$

$$\frac{\mathrm{d}^2}{\mathrm{d}\xi^2}\frac{\Delta v}{v_\infty}=\left(\frac{2\xi+3}{(\xi+2)^{\frac{3}{2}}}-\frac{4}{3}\sqrt{1+e}\right)\frac{1}{\xi^{\frac{5}{2}}} \tag{10-148}$$

令一阶导数等于零，并解出

$$\xi=2\frac{1-e}{1+e} \tag{10-149}$$

将此值代入式（10－148），可得

$$\frac{\mathrm{d}^2}{\mathrm{d}\xi^2}\frac{\Delta v}{v_\infty}=\frac{\sqrt{2}(1+e)^3}{64(1-e)^{\frac{3}{2}}} \tag{10-150}$$

当轨道为椭圆时 $0\leqslant e<1$，此表达式为正，即 ξ 取式（10－149）所给出的值时，Δv 最小。因此，由式（10－146）可知燃料消耗最优的近地点半径为

$$r_p=\frac{2\mu_2}{v_\infty^2}\frac{1-e}{1+e} \tag{10-151}$$

由于

$$\frac{1-e}{1+e}=\frac{r_p}{r_a} \tag{10-152}$$

式中：r_a 为远地点半径。因此，由式（10－151）可知

$$r_a=\frac{2\mu_2}{v_\infty^2} \tag{10-153}$$

也就是说，俘获椭圆轨道的远地点与偏心率无关，并且等于最优圆轨道的半径。

将式（10－149）代入式（10－145），可得最小 Δv 为

$$\Delta v=v_\infty\sqrt{\frac{1-e}{2}} \tag{10-154}$$

最后，将最优的 r_p 代入式（10－141）中，得到 Δv 取最小值时的瞄准半径为

$$\Delta=2\sqrt{2}\frac{\sqrt{1-e}}{1+e}\frac{\mu_2}{v_\infty^2}=\sqrt{\frac{2}{1-e}}r_p \tag{10-155}$$

显然，当俘获椭圆轨道偏心率很大（$e\to1$）时，最优 Δv（及近地点高度）会显著减少。但是，应当指出的是：最优 Δv 的选择常因受到其他发射制约而做出相应调整。

例题 10.4　航天器从地球经霍曼转移后，要使其进入周期为 7h 的绕火星轨道，计算出所需要的最小速度增量，同时计算出近地点半径、瞄准半径以及近地点与火星速度矢量间的夹角。

解：太阳、金星、地球和火星的相关参数为

$$\mu_{太阳}=1.32712\times10^{11}\mathrm{km^3/s^2}$$

$$\mu_{金星}=42828\mathrm{km^3/s^2}$$

$$R_{地球}=149.6\times10^6\mathrm{km}$$

$$R_{火星}=227.9\times10^6\mathrm{km}$$

$$R_{火星}=3396\text{km}$$

由式（10－124）可知双曲线剩余速度为

$$\begin{aligned}v_\infty=\Delta V_A &= \sqrt{\frac{\mu_{太阳}}{R_{火星}}}\left(1-\sqrt{\frac{2R_{地球}}{R_{地球}+R_{火星}}}\right)\\ &= \sqrt{\frac{1.327\times10^{11}}{227.9\times10^6}}\left(1-\sqrt{\frac{2\times149.6\times10^6}{149.6\times10^6+227.9\times10^6}}\right)\\ &=2.648\text{km/s}\end{aligned}$$

将俘获轨道的长半轴 a 用周期 T 表示如下：

$$a=\left(\frac{T\sqrt{\mu_{火星}}}{2\pi}\right)^{\frac{2}{3}}$$

代入 $T=7\times3600=25200(\text{s})$，可得

$$a=\left(\frac{25200\sqrt{42830}}{2\pi}\right)^{\frac{2}{3}}=8832\text{km}$$

同时

$$a=\frac{r_p}{1-e}$$

代入式（10－151）给出的最优近地点半径，可得

$$a=\frac{2\mu_{火星}}{v_\infty^2}\frac{1}{1+e}$$

由此可得

$$e=\frac{2\mu_{火星}}{av_\infty^2}-1=\frac{2\times42830}{8832\times2.648^2}-1=0.3833$$

由式（10－154）可得

$$\Delta v=v_\infty\sqrt{\frac{1-e}{2}}=2.648\sqrt{\frac{1-0.3833}{2}}=1.470\text{km/s}$$

根据式（10－151）和式（10－155），可知近地点半径为

$$r_p=\frac{2\mu_{火星}}{v_\infty^2}\frac{1-e}{1+e}=\frac{2\times42830}{2.648^2}\frac{1-0.3833}{1+0.3833}=5447\text{km}$$

瞄准半径为

$$\Delta=r_p\sqrt{\frac{2}{1-e}}=5447\sqrt{\frac{2}{1-0.3833}}=9809\text{km}$$

最后，由式（10－133）可知相对于近地点的角度为

$$\beta=\arccos\left(\frac{1}{1+\dfrac{r_pv_\infty^2}{\mu_{火星}}}\right)=\arccos\left(\frac{1}{1+\dfrac{5447\times2.648^2}{42830}}\right)=58.09°$$

图 10－30 给出了火星到达双曲线及俘获轨道，图中到达双曲线轨道是从向阳的一侧进入，当然，到达双曲线轨道也可以从背阴的一侧抵达。此时的到达双曲线及俘获椭圆轨道，将为图 10－30 的镜像。

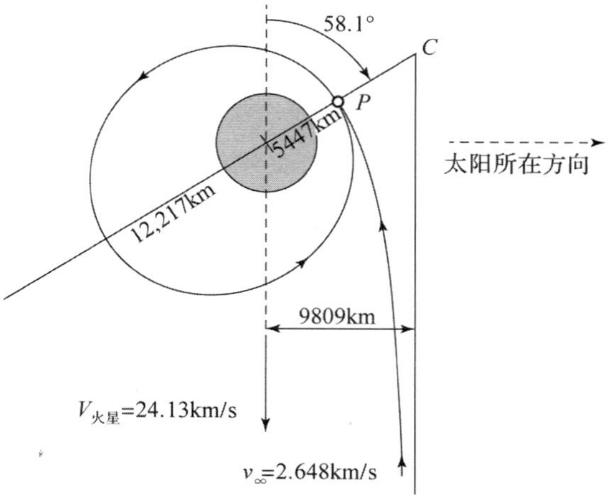

图 10－30 火星到达双曲线及俘获轨道

10.3.4 行星际飞越

如果进入行星影响球的航天器既不与行星相碰撞也不绕其运行，而是将继续沿其双曲线轨道前进，经过近地点 P 后再次离开影响球。图 10－31 给出了一个双曲线飞越轨道及其渐近线和拱线。这是一个前侧飞越，因为近地点位于行星面向运动方向的一侧。同样地，图 10－32 给出了一个后侧飞越。在进入的交点处，航天器的日心速度 $\boldsymbol{V}_1^{(v)}$ 等于行星的日心速度 $\boldsymbol{V}$ 与双曲线剩余速度 $v_{\infty 1}$（航天器相对于行星）的和

$$\boldsymbol{V}_1^{(v)} = \boldsymbol{V} + \boldsymbol{v}_{\infty 1} \tag{10-156}$$

类似地，在离开交点处

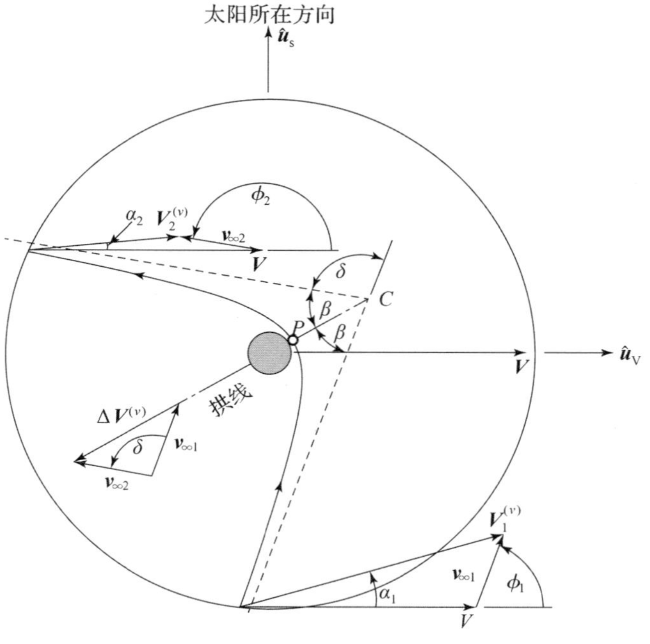

图 10－31 行星前侧飞越

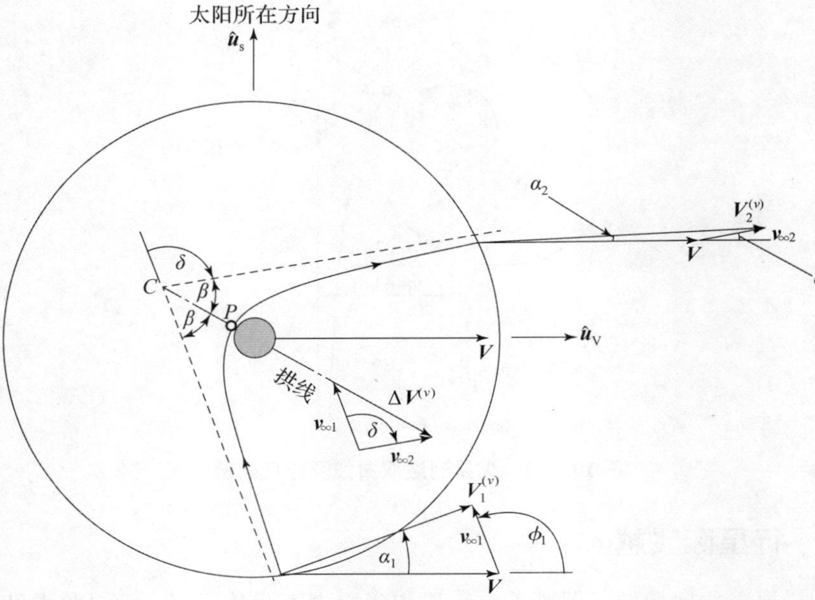

图 10－32　行星后侧飞越

$$V_2^{(v)}=V+v_{\infty 2} \tag{10-157}$$

航天器的日心速度变化值为

$$\Delta V^{(v)}=V_2^{(v)}-V_1^{(v)}=(V+v_{\infty 2})-(V+v_{\infty 1})=v_{\infty 2}-v_{\infty 1}=\Delta v_{\infty} \tag{10-158}$$

剩余速度 $v_{\infty 1}$ 和 $v_{\infty 2}$ 均沿着双曲线的渐近线方向，因此与拱线间的倾角均为 β，且 $v_{\infty 1}$ 指向中心 C，而 $v_{\infty 2}$ 则由 C 指向外。两者有同样大小的 v_{∞}，且 $v_{\infty 2}$ 可由 $v_{\infty 1}$ 旋转角度 δ 后得到。因此，Δv_{∞} 或 $\Delta V^{(v)}$ 为沿着拱线的一个矢量且由近地点指向外部，如图 10－31 和图 10－32 所示。从这两幅图中可以看出，对于前侧飞越，$\Delta V^{(v)}$ 在行星速度方向上的分量为负，而对于后侧飞越则为正。也就是说，前侧飞越将使得航天器的日心速度减小，而后侧飞越则将使其增加。

对于飞越问题的分析，可按如下步骤进行：首先，令 $\hat{u}_V$ 为行星的日心速度 V 方向的单位矢量，$\hat{u}_S$ 为由行星指向太阳方向的单位矢量。在进入影响球的交点处，航天器的日心速度为

$$V_1^{(v)}=[V_1^{(v)}]_V\hat{u}_V+[V_1^{(v)}]_S\hat{u}_S \tag{10-159}$$

式中：$V_1^{(v)}$ 的标量分量为

$$[V_1^{(v)}]_V=V_1^{(v)}\cos\alpha_1,\ [V_1^{(v)}]_S=V_1^{(v)}\sin\alpha_1 \tag{10-160}$$

式中：α_1 为 $V_1^{(v)}$ 和 V 之间的夹角，所有的角度均以逆时针方向为正。α_1 的大小，即为航天器进入与太阳相距 R 的行星影响球（看作一个点）时航天器日心轨道的航迹角 γ，而且

$$[V_1^{(v)}]_V=V_{\perp_1},\ [V_1^{(v)}]_S=-V_{r_1} \tag{10-161}$$

$V_{\perp_1}$ 和 V_{r_1} 分别为

$$V_{\perp_1}=\frac{\mu_{太阳}}{h_1}H(1+e_1\cos\theta_1),\ V_{r_1}=\frac{\mu_{太阳}}{h_1}e_1\sin\theta_1 \tag{10-162}$$

式中：e_1、h_1 和 θ_1 分别为双曲线到达轨道的偏心率、角动量和真近点角。

行星相对于太阳的速度为

$$\boldsymbol{V}=V\hat{\boldsymbol{u}}_V \tag{10-163}$$

式中：$V=\sqrt{\frac{\mu_{太阳}}{R}}$。在行星影响球的进入交点处，航天器的双曲线剩余速度为

$$\boldsymbol{v}_{\infty 1}=\boldsymbol{V}_1^{(v)}-\boldsymbol{V}=(v_{\infty 1})_V\hat{\boldsymbol{u}}_V+(v_{\infty 1})_S\hat{\boldsymbol{u}}_S \tag{10-164}$$

式中：$\boldsymbol{v}_{\infty 1}$的标量分量为

$$(v_{\infty 1})_V=V_1^{(v)}\cos\alpha_1-V,(v_{\infty 1})_S=V_1^{(v)}\sin\alpha_1 \tag{10-165}$$

v_∞为$v_{\infty 1}$的大小

$$v_\infty=\sqrt{v_{\infty 1}\cdot v_{\infty 1}}=\sqrt{[V_1^{(v)}]^2+V^2-2V_1^{(v)}V\cos\alpha_1} \tag{10-166}$$

此时v_∞为已知，所以确定近地点半径r_p后，可以由式（10－128）和式（10－129）计算出飞越双曲线轨道（相对于行星）的角动量h和偏心率e：

$$h=r_p\sqrt{v_\infty^2+\frac{2\mu}{r_p}},e=1+\frac{r_pv_\infty^2}{\mu} \tag{10-167}$$

式中：μ为行星的引力常数。

$v_{\infty 1}$和行星的日心速度之间的夹角为ϕ_1。可由式（10－165）中$v_{\infty 1}$的分量求出

$$\phi_1=\arctan\frac{(v_{\infty 1})s}{(v_{\infty 1})v}=\arctan\frac{V_1^{(v)}\sin\alpha_1}{V_1^{(v)}\cos\alpha_1-V} \tag{10-168}$$

在离开交点处，$v_{\infty 2}$和V之间的夹角为

$$\phi_2=\phi_1+\delta \tag{10-169}$$

对于图 10－31 中的前侧飞越，旋转角δ为正（逆时针），而在图 10－32 中则为负。由于$v_{\infty 2}$的大小为v_∞，可以用分量将$v_{\infty 2}$表示如下：

$$\boldsymbol{v}_{\infty 2}=v_\infty\cos\phi_2\hat{\boldsymbol{u}}_V+v_\infty\sin\phi_2\hat{\boldsymbol{u}}_S \tag{10-170}$$

因此，在离开交点处航天器的日心速度为

$$\boldsymbol{V}_2^{(v)}=\boldsymbol{V}+\boldsymbol{v}_{\infty 2}=[V_2^{(v)}]_V\hat{\boldsymbol{u}}_V+[V_2^{(v)}]_S\hat{\boldsymbol{u}}_S \tag{10-171}$$

这里，$\boldsymbol{V}_2^{(v)}$的分量为

$$[V_2^{(v)}]_V=V+v_\infty\cos\phi_2,[V_2^{(v)}]_S=v_\infty\sin\phi_2 \tag{10-172}$$

由此可知，日心速度的径向和切向分量为

$$V_{\perp_2}=[V_2^{(v)}]_V,V_{r_2}=-[V_2^{(v)}]_S \tag{10-173}$$

最后，新的日心双曲线离开轨道的 3 个参数e_2、h_2和θ_2可由以下三式求出

$$h_2=RV_{\perp 2} \tag{10-174}$$

$$R=\frac{h_2^2}{\mu_{太阳}}\frac{1}{1+e_2\cos\theta_2} \tag{10-175}$$

$$V_{r_2}=\frac{\mu_{太阳}}{h_2}e_2\sin\theta_2 \tag{10-176}$$

注意，在脉冲机动进行飞越期间，可以认为航天器的日心半径R不发生变化且始终位于行星的影响球范围之内。

例题 10.5　在一次飞越金星的太空任务中，航天器以垂直于地日连线的速度离开地球。在到达轨道真近点角为－30°时与金星相遇。近地点高度为 300km。（1）若从行星的背阴一

侧经过，证明飞越后的轨道如图 10－33 所示；（2）若从行星向阳的一侧经过，证明飞越后的轨道如图 10－34 所示。

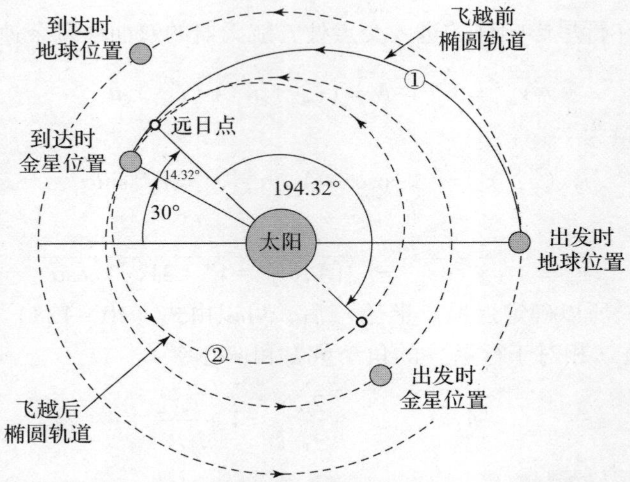

图 10－33　由背阴侧接近，飞越金星前后的航天器轨道

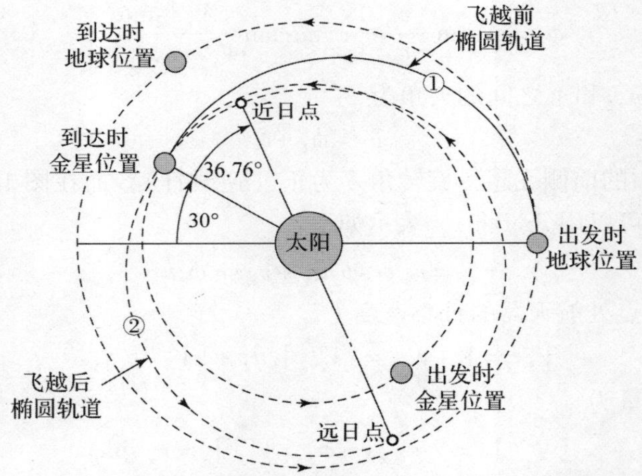

图 10－34　由向阳侧接近，飞越金星前后的航天器轨道

解：太阳、金星和地球的相关参数为

$$\mu_{太阳} = 1.32712 \times 10^{11}\,\text{km}^3/\text{s}^2$$

$$\mu_{金星} = 324900\,\text{km}^3/\text{s}^2$$

$$R_{地球} = 149.6 \times 10^6\,\text{km}$$

$$R_{金星} = 108.2 \times 10^6\,\text{km}$$

$$r_{金星} = 6052\,\text{km}$$

1. 飞越前椭圆轨道（轨道 1）

在轨道 1 的近日点处利用轨道方程，可得

$$R_{地球} = \frac{h_1^2}{\mu_{太阳}} \frac{1}{1 - e_1}$$

因此

$$h_1^2=\mu_{太阳}R_{地球}(1-e_1) \tag{a}$$

在相遇处

$$R_{金星}=\frac{h_1^2}{\mu_{太阳}}\frac{1}{1+e_1\cos\theta_1}$$

将式（a）和 $\theta_1=-30°$代入，并解出

$$e_1=\frac{R_{地球}-R_{金星}}{R_{地球}+R_{金星}\cos\theta_1}=\frac{149.6\times10^6-108.2\times10^6}{149.6\times10^6+108.2\times10^6\cos(-30°)}=0.1702$$

将此结果代回式（a），可得

$$h_1=\sqrt{1.327\times10^{11}\times149.6\times10^6(1-0.1702)}=4.059\times10^9(\mathrm{km^2/s})$$

利用式（10－162）计算出进入金星影响球交点处航天器日心速度的径向和切向分量为

$$V_{\perp1}=\frac{h_1}{R_{金星}}=\frac{4.059\times10^9}{108.2\times10^6}=37.51\mathrm{km/s}$$

$$V_{r1}=\frac{\mu_{太阳}}{h_1}e_1\sin\theta_1=\frac{1.327\times10^{11}}{4.059\times10^9}\times0.1702\times\sin(-30°)=-2.782\mathrm{km/s}$$

航迹角为

$$\gamma_1=\arctan\frac{V_{r_1}}{V_{\perp1}}=\arctan\left(\frac{-2.782}{37.51}\right)=-4.241°$$

负号证明了这一点，即航天器正向飞越前椭圆轨道（轨道 1）的近日点。

航天器在进入交点处的速度为

$$V_1^{(v)}=\sqrt{V_{r_1}^2+V_{\perp1}^2}=\sqrt{(-2.782)^2+37.51^2}=37.62\mathrm{km/s} \tag{b}$$

2. 飞越双曲线轨道

由式（10－159）和式（10－161）可知

$$\boldsymbol{V}_1^{(v)}=37.51\hat{\boldsymbol{u}}_V+2.782\hat{\boldsymbol{u}}_S\mathrm{km/s}$$

金星在其假定的绕日圆轨道上的速度为

$$\boldsymbol{V}=\sqrt{\frac{\mu_{太阳}}{R_{金星}}}\hat{\boldsymbol{u}}_V=\sqrt{\frac{1.327\times10^{11}}{108.2\times10^6}}\hat{\boldsymbol{u}}_V=35.02\hat{\boldsymbol{u}}_V\mathrm{km/s} \tag{c}$$

因此

$$\boldsymbol{v}_{\infty1}=\boldsymbol{V}_1^{(v)}-\boldsymbol{V}=(37.51\hat{\boldsymbol{u}}_V+2.78\hat{\boldsymbol{u}}_S)-35.02\hat{\boldsymbol{u}}_V=2.490\hat{\boldsymbol{u}}_V+2.782\hat{\boldsymbol{u}}_S\mathrm{km/s} \tag{d}$$

可以推出

$$v_\infty=\sqrt{\boldsymbol{v}_{\infty1}\cdot\boldsymbol{v}_{\infty1}}=3.733\mathrm{km/s}$$

近地点半径为

$$r_p=r_{金星}+300=6352\mathrm{km}$$

以行星为中心的双曲线轨道的角动量和偏心率可由式（10－128）和式（10－129）求出

$$h=6352\sqrt{v_\infty^2+\frac{2\mu_{金星}}{6352}}=6352\sqrt{3.733^2+\frac{2\mu_{金星}}{6352}}=68480\mathrm{km^2/s}$$

$$e = 1 + \frac{r_p v_\infty^2}{\mu_{金星}} = 1 + \frac{6352 \times 3.733^2}{324900} = 1.272$$

渐近线的旋转角和真近点角分别为

$$\delta = 2\arcsin\left(\frac{1}{e}\right) = 2\arcsin\left(\frac{1}{1.272}\right) = 103.6°$$

$$\theta_\infty = \arccos\left(-\frac{1}{e}\right) = \arccos\left(-\frac{1}{1.272}\right) = 141.8°$$

瞄准半径为

$$\Delta = r\sqrt{\frac{e+1}{e-1}} = 6352\sqrt{\frac{1.272+1}{1.272-1}} = 18340\text{km} \quad (e)$$

最后，由式（10－168）可知，$\boldsymbol{v}_{\infty 1}$和 $\boldsymbol{V}$ 之间的夹角为

$$\phi_1 = \arctan\frac{2.782}{2.490} = 48.17° \quad (f)$$

存在两条飞越路径，如图 10－35 所示。在背阴的一侧到达，旋转角为逆时针（+103.6°），而在向阳的一侧到达，旋转角则为顺时针（－103.6°）。

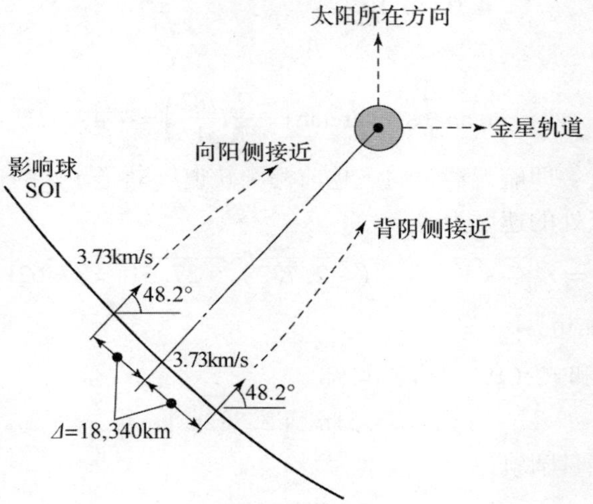

图 10－35　背阴侧和向阳侧接近

背阴侧接近时，由式（10－169）可得

由式（10－169）可知，在离开交点处，$\boldsymbol{v}_\infty$ 和 $\boldsymbol{V}_{金星}$之间的夹角为

$$\phi_2 = \phi_1 + \delta = 48.17° + 103.6° = 151.8°$$

因此，由式（10－170）可知

$$\boldsymbol{v}_{\infty 2} = 3.733(\cos151.8°\hat{\boldsymbol{u}}_V + \sin151.8°\hat{\boldsymbol{u}}_S) = -3.289\hat{\boldsymbol{u}}_V + 1.766\hat{\boldsymbol{u}}_S(\text{km/s})$$

利用此结果及式（c），可以计算出离开交点处航天器的日心速度

$$\boldsymbol{V}_2^{(v)} = \boldsymbol{V} + \boldsymbol{v}_{\infty 2} = 31.73\hat{\boldsymbol{u}}_V + 1.766\hat{\boldsymbol{u}}_S(\text{km/s})$$

由式（10－173）可得

$$V_{\perp 2} = 31.73\text{km/s}, V_{r_2} = -1.766\text{km/s} \quad (g)$$

航天器在离开交点处的速度为

$$V_2^{(v)} = \sqrt{V_{r_2}^2 + V_{\perp 2}^2} = \sqrt{(-1.766)^2 + 31.73^2} = 31.78\text{km/s}$$

比进入点处的速度小 5.83km/s。

3. 背阴侧接近飞越后的椭圆轨道（轨道 2）

对于飞越后的日心轨道，如图 10－33 中的轨道 2，其角动量可由式（10－174）求出

$$h_2 = R_{金星} V_{\perp 2} = (108.2 \times 10^6) \times 31.73 = 3.434 \times 10^9 \text{km}^2/\text{s} \tag{h}$$

根据式（10－175）可得

$$e\cos\theta_2 = \frac{h_2^2}{\mu_{太阳} R_{金星}} - 1 = \frac{(3.434 \times 10^9)^2}{1.327 \times 10^{11} \times 108.2 \times 10^6} - 1 = -0.1790 \tag{i}$$

又由式（10－176）可得

$$e\sin\theta_2 = \frac{V_{r_2} h_2}{\mu_{太阳}} = \frac{-1.766 \times 3.434 \times 10^9}{1.327 \times 10^{11}} = -0.04569 \tag{j}$$

因此

$$\tan\theta_2 = \frac{e\sin\theta_2}{e\cos\theta_2} = \frac{-0.04569}{-0.1790} = 0.2553 \tag{k}$$

即

$$\theta_2 = 14.32° \text{或} 194.32°$$

由式（i）和式（j）可知，正余弦均为负值，因此，θ_2 必位于第三象限，所以

$$\theta_2 = 194.32° \tag{m}$$

然后，可以由式（i）或式（j）计算出偏心率

$$e_2 = 0.1847 \tag{n}$$

离开轨道的近日点位于相遇点顺时针 194.32°处（远日点则位于 14.32°处），如图 10－33 所示。近日点半径为

$$R_{近日点} = \frac{h_2^2}{\mu_{太阳}} \frac{1}{1 + e_2} = \frac{(3.434 \times 10^9)^2}{1.327 \times 10^{11}} \frac{1}{1 + 0.1847} = 7.498 \times 10^7 \text{km}$$

显然，位于金星的轨道内部。

向阳侧接近时，在离开交点处 $\boldsymbol{v}_\infty$ 和 $\boldsymbol{v}_{金星}$ 之间的夹角为

$$\phi_2 = \phi_1 - \delta = 48.17° - 103.6° = -55.44°$$

因此

$$\boldsymbol{v}_{\infty 2} = 3.733[\cos(-55.44°)\hat{\boldsymbol{u}}_V + \sin(-55.44°)\hat{\boldsymbol{u}}_S] = 2.118\hat{\boldsymbol{u}}_V - 3.074\hat{\boldsymbol{u}}_S \text{km/s}$$

航天器在离开交点处的日心速度为

$$\boldsymbol{V}_2^{(v)} = \boldsymbol{V}_{金星} + \boldsymbol{v}_{\infty 2} = 37.14\hat{\boldsymbol{u}}_V - 3.074\hat{\boldsymbol{u}}_S (\text{km/s})$$

即

$$V_{\perp 2} = 37.14\text{km/s}, V_{r_2} = 3.074\text{km/s}$$

航天器在离开交点处的速度为

$$V_2^{(v)} = \sqrt{V_{r_2}^2 + V_{\perp 2}^2} = \sqrt{3.074^2 + 37.14^2} = 37.27\text{km/s}$$

该速度仅比进入点处的速度小 0.348km/s。相对较小的速度变化是由于双曲线轨道的拱线几乎与金星的运行轨迹相垂直，如图 10－36 所示。应当注意的是两条双曲线的近地点均位于行星的前侧。

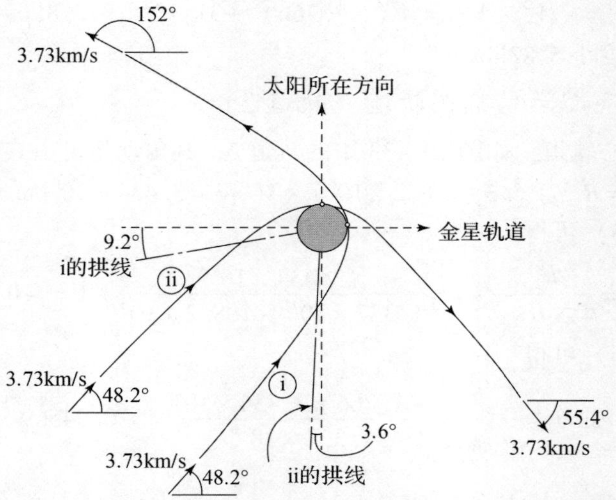

图 10-36　双曲线飞越轨道（i）背阴侧接近（ii）向阳侧接近

4. 向阳侧接近飞越后椭圆轨道（轨道 2）

为了确定出图 10-36 中飞越后的日心轨道 ii，需重复上述式（h）~式（n）的步骤。

$$h_2 = R_{金星} V_{\perp 2} = (108.2 \times 10^6) \times 37.14 = 4.019 \times 10^9 \mathrm{km}^2/\mathrm{s}$$

$$e\cos\theta_2 = \frac{h_2^2}{\mu_{太阳} R_{金星}} - 1 = \frac{(4.019 \times 10^9)^2}{1.327 \times 10^{11} \times 108.2 \times 10^6} - 1 = 0.1246 \tag{o}$$

$$e\sin\theta_2 = \frac{V_{r_2} h_2}{\mu_{太阳}} = \frac{3.074 \times 4.019 \times 10^9}{1.327 \times 10^{11}} = 0.09309 \tag{p}$$

$$\tan\theta_2 = \frac{e\sin\theta_2}{e\cos\theta_2} = \frac{0.09309}{0.1246} = 0.7469$$

$$\theta_2 = 36.08° \text{或} 216.08°$$

由于其正余弦均为正值，所以 θ_2 应位于第一象限，因此

$$\theta_2 = 36.76° \tag{q}$$

有了 θ_2，可以从式（o）或式（p）中解出偏心率

$$e_2 = 0.1556$$

离开轨道的近日点位于相遇点顺时针旋转 36.76°处，如图 10-34 所示。近日点半径为

$$R_{近日点} = \frac{h_2^2}{\mu_{太阳}} \frac{1}{1+e_2} = \frac{(4.019 \times 10^9)^2}{1.327 \times 10^{11}} \frac{1}{1+0.1556} = 1.053 \times 10^8 \mathrm{km}$$

行星飞越刚好位于金星轨道内部。远日点位于地球和金星轨道之间。

引力辅助机动常用来增加航天器自身推进系统的可用动量。通过一系列的行星飞越可以使航天器获得抵达太阳系那些仅凭航天器自身携带的推进剂无法到达的区域所需要的速度增量。利用这项技术还可以减少飞行时间。为充分利用行星间的相对位置，在运用引力辅助飞越的行星际太空任务时，需要仔细地进行设计。

1973 年 4 月发射的质量为 260kg 的“先锋” 11 号探测器利用一次 1974 年 12 月进行的木星飞越，获得了 1979 年 9 月第一次飞越土星所需要的速度增量。

1977 年 9 月发射的“旅行者” 1 号，同样利用了一次木星飞越（1979 年 3 月）后，于

1980 年 11 月抵达土星。1977 年 8 月发射的“旅行者”2 号进行了一次“伟大之旅”，其所应用的引力辅助飞越有：木星（1979 年 7 月）、土星（1981 年 8 月）、天王星（1986 年 1 月）及海王星（1989 年 8 月），此后又以 30°的角（相对于黄道）离开太阳系并飞向更远处。

1989 年 10 月 18 日出发的双自旋稳定伽利略号探测器，质量为先锋 11 号的 9 倍，其主要目的是对木星及其卫星进行一次极其广泛的太空探索，一直持续到 2003 年 9 月。在于 1995 年 12 月抵达木星之前，其所利用的引力辅助飞越为：金星（1990 年 2 月），地球（1990 年 12 月）及第二次飞越地球（1992 年 12 月）。

探索土星的国际卡西尼太空任务也广泛运用了引力辅助飞越机动。1997 年 10 月 15 日自佛罗里达卡纳维拉尔角发射升空的卡西尼号航天器，经过近 7 年的飞行后于 2004 年 7 月 1 日抵达土星。此次任务涉及 4 次飞越，如图 10 – 37 所示。1998 年 4 月 26 日，卡西尼号以近地点 284km 的高度飞越金星，并获得 7km/s 的速度增量。该速度增量刚好将航天器送入位于火星轨道外部的轨道上，并于 1999 年 6 月 24 日返回金星以进行第二次飞越，此次的高度为 600km。这次的飞越使卡西尼号向地球行进并于 1999 年 8 月 18 日在高度 1171km 处飞越地球。飞越地球所获得的 5. 5km/s 的速度增量将使航天器向木星行进，并将进行下一次飞越机动。这次飞越发生在 2000 年 12 月 30 日，距离木星 9700000km 处，使卡西尼号获得 2km/s 的速度增量，并调整自身轨道以便能够在 3. 5 年后与土星交会。

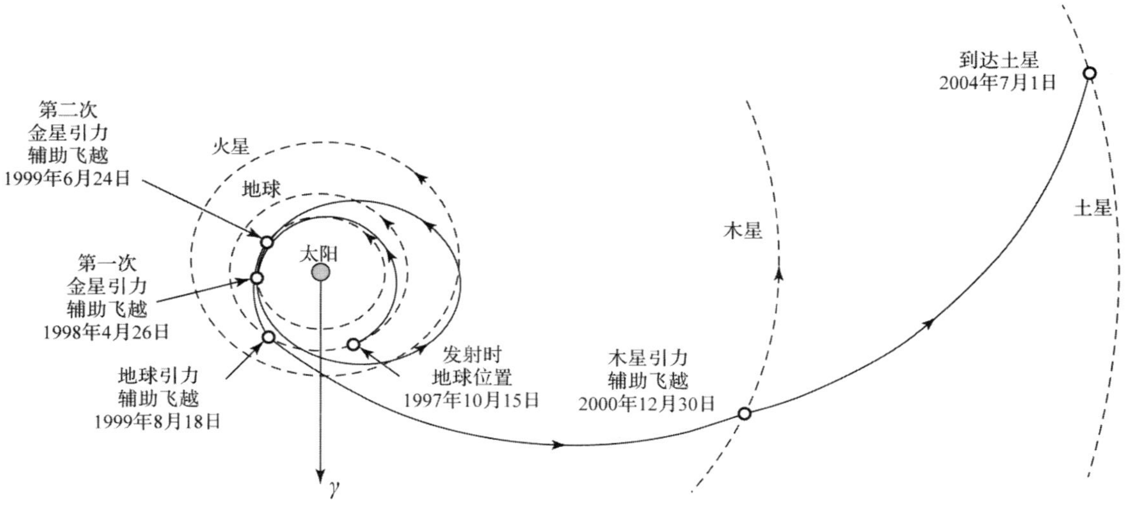

图 10 – 37　卡西尼号探测土星的飞行轨道

习　　题

1. 对于太阳 – 地球系统，求拉格朗日点 L_1、L_2 和 L_3 与太阳 – 地球系统质心的距离。

2. 求水星、金星、火星和木星的影响球半径。

3. 一月球探测器从接近地球表面的近地点入轨，求令它刚好到达月球作用范围的飞行轨道的偏心率。

4. 计算从地球轨道到土星轨道的霍曼转移所需的总速度增量。

5. 在制订空间飞行任务的初步计划时，需要知道是否能获得完成任务所需的速度。

（1）飞行器环绕地球，以半径为 7020km 的圆轨道运动。欲将此飞行器转移到抛物线逃逸轨道上，所需的速度为多大？所需的 Δv 为多少？

（答案：$v_{esc}=10.656\text{km/s}$，$\Delta v=3.121\text{km/s}$）

（2）若希望双曲线剩余速度达 1.525km/s，那么在离开圆轨道时的速度应为多大？Δv 应为多少？

（答案：$v=10.765\text{km/s}$，$\Delta v=3.230\text{km/s}$）

参考文献

[1] Curtis H D. Orbital Mechanics for Engineering Students [M]. 4th ed. UK：Butterworth Heinemann，2020.
[2] Bate R R，Mueller D D，White J E，et al. Fundamentals of Astrodynamics [M] 2nd ed. New York：Dover Publications，2020.
[3] 刘林，侯锡云. 轨道力学基础 [M]. 北京：高等教育出版社，2018.
[4] 张洪波. 航天器轨道力学理论与方法 [M]. 北京：国防工业出版社，2015.
[5] 李俊峰，宝音贺西，蒋方华. 深空探测动力学与控制 [M]. 北京：清华大学出版社，2014.
[6] 袁建平，赵育善，唐歌实，等. 航天器深空飞行轨道设计 [M]. 北京：中国宇航出版社，2014.
[7] 崔平远，乔栋，崔祜涛. 深空探测轨道设计与优化 [M]. 北京：科学出版社，2013.
[8] 刘林，侯锡云. 深空探测轨道理论与应用 [M]. 北京：电子工业出版社，2015.
[9] 孙泽洲，等. 深空探测技术 [M]. 北京：人民邮电出版社，2018.
[10] 尚海滨. 行星际飞行轨道理论与应用 [M]. 北京：北京理工大学出版社，2019.
[11] 解永春. 航天器动力学与控制 [M]. 北京：北京理工大学出版社，2015.

附录 A 轨道力学常数

地球平均赤道半径	6378.140km
地球平均半径	6371.004km
地球极半径	6356.755km
地球扁率	1/298.257
地球质量	5.977×10^{24}kg
太阳质量	1.9889×10^{30}kg
月球质量	7.35×10^{22}kg
万有引力常数	$6.670\times10^{-11}\mathrm{m}^3/(\mathrm{kg}\cdot\mathrm{s}^2)$
地球引力常数	$3.986012\times10^{5}\mathrm{km}^3/\mathrm{s}^2$
太阳引力常数	$1.327154\times10^{11}\mathrm{km}^3/\mathrm{s}^2$
月球引力常数	$0.4902802627\times10^{4}\mathrm{km}^3/\mathrm{s}^2$
第一宇宙速度	7.905368km/s
第二宇宙速度	11.2km/s
第三宇宙速度	16.7km/s
地球引力势的二阶带谐系数	1.08263×10^{-3}
地球到太阳的平均距离	1.495996×10^{8}km
圆周率	3.1415926
地球自转角速度	7.2921158×10^{-5}rad/s
黄赤交角	23.433°

附录 B 方向余弦阵

设 $O-x_p y_p z_p$ 及 $O-x_q y_q z_q$ 为两个原点重合、坐标轴不重合的右手直角坐标系，分别用字符 P 和 Q 表示。令 $\boldsymbol{E}_Q$ 为 Q 系 x_q，y_q，z_q 坐标轴的单位矢量，$\boldsymbol{E}_P$ 为 P 系 x_p，y_p，z_p 坐标轴的单位矢量，即

$$\boldsymbol{E}_P = [\boldsymbol{x}_p^0 \quad \boldsymbol{y}_p^0 \quad \boldsymbol{z}_p^0] \quad \boldsymbol{E}_Q = [\boldsymbol{x}_q^0 \quad \boldsymbol{y}_q^0 \quad \boldsymbol{z}_q^0] \tag{B-1}$$

则 $\boldsymbol{E}_Q$ 与 $\boldsymbol{E}_P$ 为正交矩阵，它们的逆等于其转置。

对于位置矢量 $\boldsymbol{A}$，在两个坐标系中有不同的坐标表示：

$$\boldsymbol{A} = a\boldsymbol{x}_q^0 + b\boldsymbol{y}_q^0 + c\boldsymbol{z}_q^0 = [\boldsymbol{x}_q^0 \quad \boldsymbol{y}_q^0 \quad \boldsymbol{z}_q^0]\begin{bmatrix} a \\ b \\ c \end{bmatrix} = \boldsymbol{E}_Q\begin{bmatrix} a \\ b \\ c \end{bmatrix}$$

$$\boldsymbol{A} = e\boldsymbol{x}_p^0 + f\boldsymbol{y}_p^0 + g\boldsymbol{z}_p^0 = [\boldsymbol{x}_p^0 \quad \boldsymbol{y}_p^0 \quad \boldsymbol{z}_p^0]\begin{bmatrix} e \\ f \\ g \end{bmatrix} = \boldsymbol{E}_P\begin{bmatrix} e \\ f \\ g \end{bmatrix}$$

$$\Rightarrow \begin{bmatrix} e \\ f \\ g \end{bmatrix} = \boldsymbol{E}_P^{-1} \cdot \boldsymbol{E}_Q \begin{bmatrix} a \\ b \\ c \end{bmatrix} = \boldsymbol{E}_P^{\mathrm{T}} \cdot \boldsymbol{E}_Q \begin{bmatrix} a \\ b \\ c \end{bmatrix} = \boldsymbol{P}_Q \begin{bmatrix} a \\ b \\ c \end{bmatrix} \tag{B-2}$$

称 $\boldsymbol{P}_Q$ 为从 Q 系到 P 系的坐标转换矩阵，则有

$$\boldsymbol{P}_Q = \boldsymbol{E}_P^{\mathrm{T}} \cdot \boldsymbol{E}_Q = \begin{bmatrix} \boldsymbol{x}_p^0 \cdot \boldsymbol{x}_q^0 & \boldsymbol{x}_p^0 \cdot \boldsymbol{y}_q^0 & \boldsymbol{x}_p^0 \cdot \boldsymbol{z}_q^0 \\ \boldsymbol{y}_p^0 \cdot \boldsymbol{x}_q^0 & \boldsymbol{y}_p^0 \cdot \boldsymbol{y}_q^0 & \boldsymbol{y}_p^0 \cdot \boldsymbol{z}_q^0 \\ \boldsymbol{z}_p^0 \cdot \boldsymbol{x}_q^0 & \boldsymbol{z}_p^0 \cdot \boldsymbol{y}_q^0 & \boldsymbol{z}_p^0 \cdot \boldsymbol{z}_q^0 \end{bmatrix} \tag{B-3}$$

显然，$\boldsymbol{P}_Q$ 矩阵中的 9 个元素是由两个坐标系坐标轴之间夹角的余弦值组成，即

$$\begin{cases} \boldsymbol{x}_p^0 \cdot \boldsymbol{x}_q^0 = \cos(\boldsymbol{x}_p, \boldsymbol{x}_q) \\ \boldsymbol{x}_p^0 \cdot \boldsymbol{y}_q^0 = \cos(\boldsymbol{x}_p, \boldsymbol{y}_q) \\ \boldsymbol{x}_p^0 \cdot \boldsymbol{z}_q^0 = \cos(\boldsymbol{x}_p, \boldsymbol{z}_q) \end{cases}$$
$$\begin{cases} \boldsymbol{y}_p^0 \cdot \boldsymbol{x}_q^0 = \cos(\boldsymbol{y}_p, \boldsymbol{x}_q) \\ \boldsymbol{y}_p^0 \cdot \boldsymbol{y}_q^0 = \cos(\boldsymbol{y}_p, \boldsymbol{y}_q) \\ \boldsymbol{y}_p^0 \cdot \boldsymbol{z}_q^0 = \cos(\boldsymbol{y}_p, \boldsymbol{z}_q) \end{cases} \tag{B-4}$$
$$\begin{cases} \boldsymbol{z}_p^0 \cdot \boldsymbol{x}_q^0 = \cos(\boldsymbol{z}_p, \boldsymbol{x}_q) \\ \boldsymbol{z}_p^0 \cdot \boldsymbol{y}_q^0 = \cos(\boldsymbol{z}_p, \boldsymbol{y}_q) \\ \boldsymbol{z}_p^0 \cdot \boldsymbol{z}_q^0 = \cos(\boldsymbol{z}_p, \boldsymbol{z}_q) \end{cases}$$

故称该矩阵为方向余弦阵。

同理，可得从 P 系到 Q 系的坐标转换矩阵 $\boldsymbol{Q}_P$，即

$$\boldsymbol{E}_P\begin{bmatrix}e\\f\\g\end{bmatrix}=\boldsymbol{E}_Q\begin{bmatrix}a\\b\\c\end{bmatrix}\Rightarrow\boldsymbol{E}_Q^{\mathrm{T}}\cdot\boldsymbol{E}_P\begin{bmatrix}e\\f\\g\end{bmatrix}=\begin{bmatrix}a\\b\\c\end{bmatrix}\tag{B-5}$$

则

$$\boldsymbol{Q}_P=\boldsymbol{E}_Q^{\mathrm{T}}\cdot\boldsymbol{E}_P=(\boldsymbol{E}_P^{\mathrm{T}}\cdot\boldsymbol{E}_Q)^{\mathrm{T}}=\boldsymbol{P}_Q^{\mathrm{T}}\tag{B-6}$$

由式（B－5），亦可知

$$\boldsymbol{Q}_P=\boldsymbol{E}_Q^{-1}\cdot\boldsymbol{E}_P=(\boldsymbol{E}_P^{-1}\cdot\boldsymbol{E}_Q)^{-1}=\boldsymbol{P}_Q^{-1}\tag{B-7}$$

故有

$$\boldsymbol{Q}_P=\boldsymbol{P}_Q^{-1}=\boldsymbol{P}_Q^{\mathrm{T}}\tag{B-8}$$

可见，方向余弦阵是正交矩阵。由式（B－3）可知，方向余弦阵的每行（或列）自身点乘等于1，方向余弦阵的行与行（或列与列）之间互相点乘等于0，故方向余弦阵的9个元素中只有3个是独立的。

若有3个直角坐标系 $O-x_s y_s z_s$，$O-x_q y_q z_q$，$O-x_p y_p z_p$，分别记为 S，P，Q，某矢量在3个坐标系下的坐标分别为 $\begin{bmatrix}x_s\\y_s\\z_s\end{bmatrix}$，$\begin{bmatrix}x_q\\y_q\\z_q\end{bmatrix}$，$\begin{bmatrix}x_p\\y_p\\z_p\end{bmatrix}$，则根据式（B－2）可得

$$\begin{bmatrix}x_q\\y_q\\z_q\end{bmatrix}=\boldsymbol{Q}_P\begin{bmatrix}x_p\\y_p\\z_p\end{bmatrix}$$

$$\begin{bmatrix}x_s\\y_s\\z_s\end{bmatrix}=\boldsymbol{S}_Q\begin{bmatrix}x_q\\y_q\\z_q\end{bmatrix}\tag{B-9}$$

则

$$\begin{bmatrix}x_s\\y_s\\z_s\end{bmatrix}=\boldsymbol{S}_Q\cdot\boldsymbol{Q}_P\begin{bmatrix}x_p\\y_p\\z_p\end{bmatrix}=\boldsymbol{S}_P\begin{bmatrix}x_p\\y_p\\z_p\end{bmatrix}\tag{B-10}$$

即

$$\boldsymbol{S}_P=\boldsymbol{S}_Q\boldsymbol{Q}_P\tag{B-11}$$

可见，坐标系之间的方向余弦阵具有传递性。

设两个坐标系的3个坐标轴中有一组相对应的坐标轴平行，而另外两组坐标轴的夹角均为 θ，则此时两个坐标系之间的方向余弦阵记为 $\boldsymbol{M}_i[\theta](i=1,2,3)$，表示第 i 轴平行，其他相应两轴夹角为 θ，即

$$\boldsymbol{M}_1[\theta]=\begin{bmatrix}1&0&0\\0&\cos\theta&\sin\theta\\0&-\sin\theta&\cos\theta\end{bmatrix}\tag{B-12}$$

$$\boldsymbol{M}_2[\theta]=\begin{bmatrix}\cos\theta&0&-\sin\theta\\0&1&0\\\sin\theta&0&\cos\theta\end{bmatrix}\tag{B-13}$$

$$\boldsymbol{M}_3[\theta]=\begin{bmatrix}\cos\theta & \sin\theta & 0\\ -\sin\theta & \cos\theta & 0\\ 0 & 0 & 1\end{bmatrix} \tag{B-14}$$

$\boldsymbol{M}_i[\theta]$又称为初等转换矩阵，它其实表示了绕坐标轴的旋转变换。

根据欧拉有限转动定理，任意两个坐标系之间的方向余弦阵都可分解为若干个$\boldsymbol{M}_i[\theta]$，最常用的是分解为3个。

附录 C　球面三角形

将球面上的 3 个点用 3 个大圆弧连接起来所围成的图形叫做球面三角形，这 3 个点称为该球面三角形的顶点。由于连接两个顶点的大圆弧有两个不同的弧段，所以球面上 3 点可以确定 8 个球面三角形，如图 C－1 所示。图中有一个球面三角形的 3 个边都小于半圆周，称之为简单球面三角形。本书以后提到的球面三角形都为简单球面三角形。

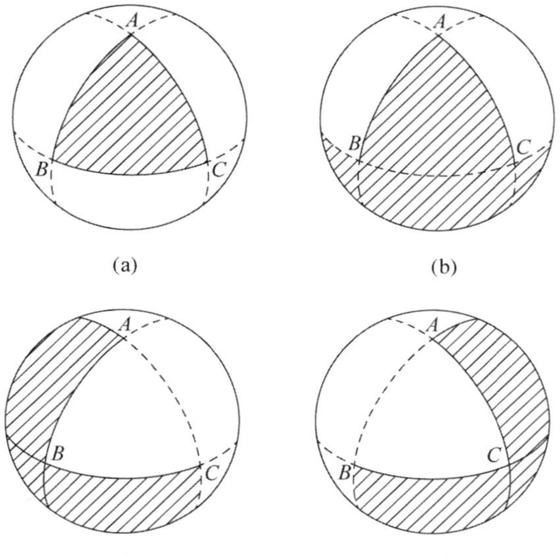

图 C－1　8 个球面三角形

如图 C－2 所示，球面上的三个顶点（A，B，C）组成了简单球面三角形，由该球面三角形的 3 个大圆弧所在平面构成一个三面角 $O-ABC$，其顶点为球心 O，棱为由球心到球面三角形 3 个顶点（A，B，C）的球半径。

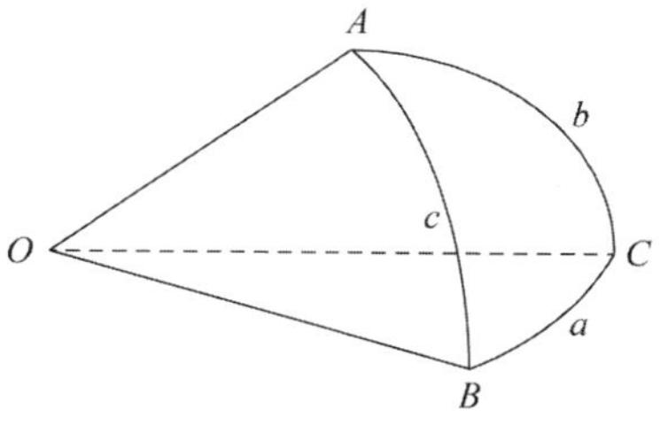

图 C－2　球面三角形及其三面角

可见，三面角 $O-ABC$ 的 3 个平面角，可用它们所对应的球面三角形的边来度量，即

$$\angle AOB = c \quad \angle AOC = b \quad \angle BOC = a \tag{1}$$

而任两个平面之间的交角即二面角等于其对应的球面三角形的球面角，即

$$\begin{cases} \text{平面 } AOB \text{ 与平面 } COB \text{ 之间的夹角} = \angle ABC \\ \text{平面 } AOC \text{ 与平面 } BOC \text{ 之间的夹角} = \angle ACB \\ \text{平面 } BOA \text{ 与平面 } COA \text{ 之间的夹角} = \angle BAC \end{cases} \tag{2}$$

简单球面三角形具有以下基本性质：

（1）球面三角形的两边之和大于第三边，即 $a+b>c$。

（2）在同一球面三角形中，等边所对的角相等，等角所对的边相等，即

$$a = b \Leftrightarrow A = B$$

（3）在同一球面三角形中，大边对大角，大角对大边，即

$$a > b \Leftrightarrow A > B$$

（4）球面三角形 3 个角之和恒大于 180°小于 540°，即

$$180° < A + B + C < 540°$$

（5）球面三角形的三边之和大于 0°而小于 360°，即

$$0° < a + b + c < 360°$$

下面介绍两种特殊的球面三角形。

1. 直角球面三角形

当球面三角形中有一个角为 90°时，称这种球面三角形为直角球面三角形。假设球面三角形 ABC 中角 $C = 90°$，利用前面所建立的球面三角形基本公式，很容易导出直角球面三角形的基本公式。这组公式的规律性很强，可以利用纳比尔法则导出，即把直角球面三角形中的直角 C 除去，其余 5 个元素沿圆周排列，它们的顺序与球面三角形一样，其中用 a、b 两直角边的余角代替两个直角边，如图 C－3 所示，则直角球面三角形的基本公式就可归纳为以下两条：

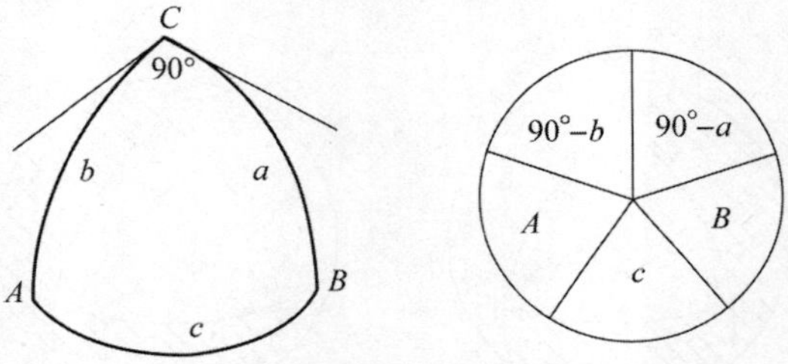

图 C－3　直角球面三角形

（1）每一元素的余弦等于与其相邻的两元素的余切的乘积。

（2）每一元素的余弦等于与其不相邻的两元素的正弦的乘积。

2. 象限球面三角形

当球面三角形中有一条边为 90°时，称这种球面三角形为象限球面三角形。象限球面三角形的基本公式仍可以应用纳比尔法则帮助记忆。假设球面三角形 ABC 中 $a = 90°$，则除 90°边外，其他五元素顺序写为 $180° - A$、b、$90° - C$、$90° - B$、c，如图 C－4 所示。其中每一个元素仍然满足上述规则，即每一元素的余弦等于与其相邻的两元素的余切的乘积，或等于与其不相邻的两元素的正弦的乘积。

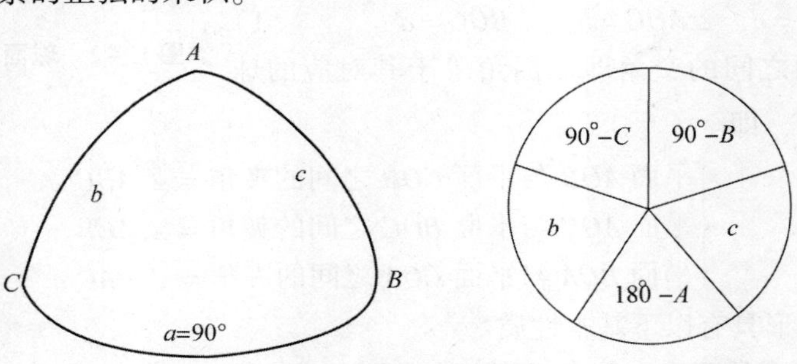

图 C－4　象限球面三角形